DEUTSCHE DEMOKRATISCHE REPUBLIK
DEUTSCHE AKADEMIE DER LANDWIRTSCHAFTSWISSENSCHAFTEN ZU BERLIN
INSTITUT FÜR LANDWIRTSCHAFTLICHE INFORMATION UND DOKUMENTATION

Landwirtschaftliches Zentralblatt

ABTEILUNG III

TIERZUCHT · TIERERNÄHRUNG FISCHEREI

8. JAHRGANG

1963

AKADEMIE-VERLAG · BERLIN

LZ III TIERZUCHT · TIERERNÄHRUNG · FISCHEREI · JG. 1963 · NR. 8 · SEITE 1577—1800 · BERLIN · AUGUST 1963

LANDWIRTSCHAFTLICHES ZENTRALBLATT

ABTEILUNG TIERZUCHT · TIERERNÄHRUNG · FISCHEREI

Zur Beachtung!

Fischereiliche Dokumentation

Im Jahre 1954 wurde auf Anregung der Deutschen Akademie der Landwirtschaftswissenschaften zu Berlin das „Landwirtschaftliche Zentralblatt" als Referatenorgan begründet. Seine Abteilung III, die Tierzucht, Tierernährung und Fischerei umfaßt, fand bei Fischereiwissenschaftlern, Fischereipraktikern, Hydrobiologen sowie Mitarbeitern in Institutionen verwandter Fachgebiete großen Anklang. Bis zum heutigen Zeitpunkt erschienen im Teil Fischerei mehr als 9000 Referate von Arbeiten aus Periodica des In- und Auslandes sowie zahlreiche Bibliographien und Buchbesprechungen. In den Heften der Abteilung III, die monatlich herauskommt, nimmt der Teil Fischerei drei Druckbogen (48 Seiten) ein. Die Referate werden von Fachleuten angefertigt und informieren in kurzer Form über das wichtigste neuerscheinende Schrifttum, insbesondere auf dem Gebiet der Binnenfischerei, sie orientieren darüber hinaus aber auch über Fragen der Hydrobiologie und der Meeresfischerei. Aus diesem Grunde wurde gerade der Fischereiteil in aller Welt mit starkem Interesse aufgenommen.

Von vielen Beziehern wird es als Mangel empfunden, daß sie beim Kauf der Abteilung III auch die umfangreichen Abschnitte über Tierzucht und Tierernährung mitbeziehen müssen. Redaktion und Verlag erwägen daher eine gesonderte Ausgabe des Fischereiteils. Hierzu ist es jedoch erforderlich, einen zahlenmäßigen Überblick über den zu erwartenden Abnehmerkreis zu erhalten. Bei einer Verwirklichung des Planes würde der Fischereiteil in einem Umfang von drei Bogen monatlich einmal erscheinen und der Preis etwa 8,— DM je Heft betragen (Preis der gesamten Abteilung III 20,— DM je Heft).

Wir bitten alle Interessenten den anhängenden Abschnitt unverbindlich auszufüllen und der Redaktion bis spätestens 31.10.1963 einzusenden, weil nur bei einer genügenden Anzahl von Beziehern eine getrennte Ausgabe des Fischereiteils möglich ist.

Berlin, den 15.8.63 **Landwirtschaftliches Zentralblatt**

An die
Redaktion des Landwirtschaftlichen Zentralblattes
Berlin W 8
Krausenstraße 38/39

Ich/Wir habe/n Interesse am Teil Fischerei des Landwirtschaftlichen Zentralblattes und werde/n diesen Teil bei gesondertem Erscheinen zu einem Preis von ca. 8,— DM je Heft beziehen.

Genaue Anschrift: ______________________

____

____

INHALTSVERZEICHNIS

LZ. III/8/63

NAMENVERZEICHNIS

Seitenzahl in [Klammer] bedeutet Bibliographie, mit Stern * bedeutet Buchbesprechung

LANDWIRTSCHAFTLICHES ZENTRALBLATT

ABT. TIERZUCHT · TIERERNÄHRUNG · FISCHEREI

1963 **NR. 8** **AUGUST**

ALLGEMEINES

A. GESCHICHTE, FORSCHUNG, UNTERRICHT

Ross, K.; Halle/S. Martin-Luther-Univ. Halle-Wittenberg, Inst. für Tierzucht. **Professor Dr. Werner Wussow 60 Jahre alt.** Arch. Tierzucht **6** (1963) Nr. 4. S. 249–250. 20.

Bogner, H. **Aufgaben und Ergebnisse einer Tierzuchtversuchsanstalt, dargestellt am Beispiel der Bayerischen Landesanstalt für Tierzucht in Grub.** Schweiz. landwirtsch. Mh. **41** (1963) Nr. 1. S. 3–30. – 9 Tab.
Das 1918 aus Mitteln der Bauernschaft angekaufte Gut Grub sollte durch Versuchsanstellungen sowie durch Ausbildung und Schulung von Fachkräften die Leistungsfähigkeit der landwirtsch. Nutztiere fördern. 1940 übernahm das Bayerische Landwirtschaftsministerium das Institut mit der Bezeichnung „Bayerische Landesanstalt für Tierzucht“. Der Ausbau erfolgte nach 1945 durch Zorn. Die Anstalt hat vorwiegend folgende Aufgaben zu erfüllen: 1. Versuche und Forschungen, die auf die praktische Nutzanwendung ausgerichtet sind. 2. Durchführung von Lehrgängen. 3. Veröffentlichungen und Vorträge. 4. Durchführung von Leistungsprüfungen. – Die Versuchsergebnisse sowie die laufenden Forschungsvorhaben werden angeführt.
H. Kleiber. 40.

Dittrich, W. **Weitere Entwicklung des sozialistischen Bildungswesens in der Milchindustrie.** Dtsch. Milchwirtsch. **10** (1963) Nr. 2. S. 54–56.
Das Ausbildungswesen der Milchwirtschaft hat sich den neuen veränderten Produktionsbedingungen anzupassen. Hierauf ist bereits im polytechnischen Unterricht einzuwirken. In den polytechnischen Oberschulen können die Grundlagen in der Berufsausbildung für verwandte Berufsgruppen gelegt werden. – Über die spez. Ausbildung von Laboranten in Dresden und Güstrow, Assistenten und Ingenieuren in Halberstadt, für Meister in Güstrow und für Diplom-Milchwirte an der Humboldt-Univ. Berlin und deren Ausbildungsziele wird berichtet. Bes. Augenmerk wird auf kombinierte Fernstudien mit laufend steigendem Qualifikationsniveau gelenkt. Für 1963 ist die Erarbeitung eines neuen Studienplanes vorgesehen, nach dem sich der Ausbildungsgang org. vom Facharbeiter bis zum akademischen Kader gliedert.
W. Zeller. 50.

B. GRUNDLAGENWISSENSCHAFTEN UND METHODIK

Korostovceva, N. V. (Korostowzewa, N. W.); Leningrad, Inst. für Bluttransfusionen, Abt. für Exp. Pathol. K metodike iskusstvennogo dychanija v opytach na melkich životnych. **(Zur Methodik der künstlichen Beatmung bei Versuchen mit Kleintieren.)** Fiziologičeskij žurnal SSSR imeni I. M. Sečenova, Moskva–Leningrad **49** (1963) Nr. 2. S. 260–261. – 1 Abb. 120.

Healy, M. J. R. und Taylor, L. R. Tables for power–law transformations. **(Tafeln für Potenztransformationen.)** Biometrika [London] **49** (1962) Nr. 3/4. S. 557–559. – 8 Tab., 3 Lit.
Beobachtungsdaten müssen oft transformiert werden, bevor eine statistische Auswertung vorgenommen werden kann. Neben $z = \log x$ kommt der Trans-

formation $z = x^p$ bes. Bedeutung zu. Vff. geben Tafeln für die Transformation $z = x^p$ für $p = 0{,}2$; $0{,}4$; $0{,}6$; $0{,}8$ und für die Transformation $z = 10 (1 - x^p)$ für $p = -0{,}2$; $-0{,}4$; $-0{,}6$ und $-0{,}8$. Die x-Werte laufen von 0–99. D. Rasch. 160.

Ito, Koichi. A comparison of the powers of two multivariate analysis of variance tests. **(Ein Vergleich der Güte zweier Tests in der multivariablen Varianzanalyse.)** Biometrika [London] **49** (1962) Nr. 3/4. S. 455–462. – 3 Tab., 14 Lit.

Vf. vergleicht Hottelings' T_0^2-Test und Wilks' Likelihood-Quotienten-Test W bez. ihrer Güte. Für eine Irrtumswahrscheinlichkeit von $\alpha = 5\%$, für $p = 1.2.3.4$ Variable, $m = 2.3$ Freiheitsgrade der Hypothese und $n = 100, 200, \infty$ Freiheitsgrade für den Fehler wird die Güte tabelliert. Spezialisiert man sich auf eine bestimmte Klasse von Alternativhypothesen, so zeigen sich zwischen beiden Tests für große n nur geringe Unterschiede. Es gibt Alternativhypothesen, wo entweder der T_0^2- oder der W-Test zu bevorzugen ist. Vf. diskutiert diese Fälle ausführlich (Kenntnisse der Matrizenrechnung sind erforderlich). D. Rasch. 160.

Williams, W. T. und Dale, M. B. Partition correlation matrices for heterogeneous quantitative data. **(Die Aufteilung der Korrelationsmatrizen von heterogenen quantitativen Daten.)** Nature [London] **196** (1962) Nr. 4854. S. 602.

Bes. in der Ökologie werden oft Merkmale bearbeitet, die zwar meßbar sind, teilweise aber nicht am Beobachtungsobjekt auftreten, so daß viele Beobachtungswerte gleich Null sind. Wendet man auf solche Merkmale Standardverfahren der multivariablen Analyse, wie Komponenten- oder Faktoranalyse, an, so erhält man verfälschte Ergebnisse. Vff. spalten den Vektor der Beobachtungswerte (O, x) in einen qualitativen Teil (O, m_x) und einen quantitativen Teil $(O, x - m_x)$ auf (m_x Mittel der nichtverschwindenden Werte). Auf Grund dieser Aufspaltung lassen sich 3 Korrelationsmatrizen definieren, die den weiteren Auswertungen zugrundegelegt werden sollen.
D. Rasch. 160.

C. JAHRESBERICHTE UND TAGUNGEN

Anonym. Abstracts of papers for presentation at the 54th Annual National Meeting of the American Society of Animal Science. **(Referate der auf der 54. Jahresversammlung der American Society of Animal Science gehaltenen Vorträge.)** J. Animal Sci. **21** (1962) Nr. 4. S. 969–1042. 200.

Anonym. Abstracts of papers presented at the 1962 meetings of the Genetics Society of America, Corvallis, Oregon, August 29 to August 31, 1962. **(Referate der auf der Tagung der Genetic Society of America vom 29.-31. August 1962 in Corvallis, Oregon, gehaltenen Vorträge.)** Genetics **47** (1962) Nr. 8. S. 937–997. 200.

Anonym. Abstracts of papers presented at the Western Division Meeting of the American Dairy Science Association University of Wyoming, Laramie, July 8 to 11, 1962. **(Referate der auf der Western-Division-Tagung der American Dairy Science Association vom 8. –11. Juli 1962 in der Universität von Wyoming, Laramie, gehaltenen Vorträge.)** J. Dairy Sci. **45** (1962) Nr. 11. S. 1418 bis 1422. 200.

ALLGEMEINE TIERZUCHT

A. ENTWICKLUNGSLEHRE

Narr, Karl. J. **Kulturgeschichtliche Erwägungen zu frühen Haustiervorkommen.** Z. Tierzücht. Züchtungsbiol. **76** (1961) Nr. 1. S. 43–48. – 25 Lit.

Darstellung und Diskussion von Funden aus dem Gebiet von Guyenne und der franz. Mittelmeerküste. Von bes. Interesse sind Ziegen- und Schafreste.

Neben dem Begriff „Haustier" wird auch der des „Zahmtieres" erörtert. Es wird dargestellt, daß sich nicht alle Formen der Tierhaltung auf Grund anatomischer bzw. osteologischer Merkmale erkennen lassen. Von Bedeutung sind statistische Auswertungen über den Anteil der Arten und der Altersstufen. — Aus dem Fundmaterial läßt sich nachweisen, daß die Tiere aus benachbarten Gruppen geraubt worden sind. F. Lüpnitz. 1030.

Kurth, Gottfried. **Ernährungsbasis, Domestikation und ihr möglicher Aussagewert für die Rassendifferenzierung beim Homo sapiens.** Z. Tierzücht. Züchtungsbiol. **76** (1961) Nr. 1. S. 76–87. — 1 Tab., 18 Lit.
Auf Grund von Untersuchungen im Nahostraum und bes. im Jerichograben wird das Problem des "Domestikations-Anlasses" erörtert. Es wird dargestellt, daß der Verzehranteil der damaligen Haustiere sehr gering war und daher ihre Domestikation zur Unterstützung der Ernährungsbasis als unwahrscheinlich anzusehen ist. Demzufolge wird die Ansicht vertreten, daß die ursprüngliche Haustierhaltung auf rituelle Gründe zurückzuführen ist. — Bez. der Untersuchungsmethodik in frühen Siedlungen wird vorgeschlagen, auch solche Tiere zu berücksichtigen, die zwar keine recenten Haustiere darstellen, den Zeitgenossen jedoch nicht mehr als „wild" galten. — Aus der räumlichen Verbindung zwischen der Domestikation bestimmter Tiere und der Rassendifferenzierung des Menschen lassen sich Verbindungen herleiten und Rückschlüsse auf regionale Vermehrungszentren ziehen.
F. Lüpnitz. 1030.

Ducos, Pierre. Application de quelques données de la biologie des boeufs domestiques actuels à l'étude historique de leur domestication. **(Anwendung von biologischen Überlegungen beim recenten Hausrind für die Untersuchung der Geschichte seiner Domestikation.)** Z. Tierzücht. Züchtungsibol. **76** (1961) Nr. 1. S. 24–30. — 4 Abb.
Allg. und variationsstatistische Auswertung von Entwicklungs- und Formmerkmalen der Zähne recenter Hausrinder zur Bestimmung ihrer genetischen Struktur. Auf Grund der Variabilität der Zähne wird angenommen, daß die Heterogenität durch die Isolation während der Domestikation gesteigert wurde, d. h., daß für die Entwicklung von Rassen schon in der ersten Zeit der Domestikation die Voraussetzungen vorlagen. F. Lüpnitz. 1030.

Boessneck, Joachim; München, Univ., Tieranatom. Inst.; Inst. für Geschichte der Tiermed. **Haustierfunde präkeramisch-neolithischer Zeit aus Thessalien.** Z. Tierzücht. Züchtungsbiol. **76** (1961) Nr. 1. S. 39–42. — 2 Tab., 9 Lit.
Bericht und Auswertung des Fundgutes der deutschen Thessalien-Grabungen im Gebiet Argissa-Magula. Unter den ca. 3500 Stücken wurden neben den Resten von Muscheln, Vögeln und Jagdwild hauptsächlich Rinder, Schweine und kleine Wiederkäuer (Schafe, Ziegen) nachgewiesen. Der Anteil dieser Wirtschaftstiere betrug untereinander ca. 5:10:85%. Von Bedeutung ist, daß auch Reste von Hunden gefunden wurden. — Der Jungtieranteil ist beim Schwein am höchsten, beim Rind am geringsten; bei den kleinen Wiederkäuern wurden auch Reste von infantilen Individuen (möglicherweise auch Feten) gefunden. Es wird angenommen, daß das Fundmaterial aus dem Bereich einer viehzüchtenden bäuerlichen Bevölkerung stammt.
F. Lüpnitz. 1030.

Reed, Charles A.; New Haven, Yale Univ., Peabody Museum of Nat. History. Osteological evidences for prehistoric domestication in Southwestern Asia. **(Osteologischer Nachweis der prähistorischen Domestikation in Südwest-Asien.)** Z. Tierzücht. Züchtungsbiol. **76** (1961) Nr. 1. S. 31–38. — 1 Tab., 13 Lit.

Die Untersuchung von Knochenfunden im Nahost-Gebiet, bes. im nördlichen Irak, läßt die dortigen Haustierformen noch weiter als bisher üblich rückdatieren. Hausschweine, die auf Grund der Zahnentwicklung identifiziert wurden, lassen sich bis auf die Zeit u m 6500 v. u. Z. zurückverfolgen, Hausrinder bis ca. 5000, Schafe bis ca. 11000 .Bez. der Hunde konnten keine sicheren Differenzierungen gegenüber dem dortigen kleinen Wolf gemacht werden, Caniden-Reste an sich konnten bis ca. 8500 rückdatiert werden. F. Lüpnitz. 1030.

Urban, Manfred. **Aussage und Quellenwert polynesischer Mythen und Überlieferungen in bezug auf die voreuropäische Haustierhaltung in der Südsee.** Z. Tierzücht. Züchtungsbiol. **76** (1961) Nr. 1. S. 56–75. — 1 Abb., 58 Lit. Unter bes. Berücksichtigung von Siedlungsgebieten im Stillen Ozean wird nachgewiesen, daß historische Traditionen (das mündliche Überlieferungsgut von Mythen u. a. „gesprochene Geschichte") Wert für die Rekonstruktion kulturgeschichtlicher Vorgänge haben. Auf die Polynesische Inselwelt bezogen decken sich diese Überlieferungen mit den neuesten archäologischen und ethnographischen Forschungsergebnissen. Demgemäß sind dort schon in voreuropäischer Zeit Schwein, Hund und Huhn als Haustier gehalten worden. Es ist anzunehmen, daß diese Tiere sich in west-östlicher Richtung auf den Inseln verbreitet haben, wobei die Gesellschafts-Inseln ein bes. Diffusionszentrum darstellen. F. Lüpnitz. 1030.

B. ORGANE DES TIERKÖRPERS

Verter, W. und Morsk, H.; Berlin, Humboldt-Univ., Med. Tierklin., Abt. für Pathol. Physiol.; Inst. für Gerichtl. Tierheilkunde. **Untersuchungen zum Blutbild der Rinder der Gruppen Bos primigenius taurus, Bos indicus, Bubalus arnee bubalis und Bos (Pöephagus) mutus grunniens (L).** Mh. Veterinärmed. **18** (1963) Nr. 1. S. 22–26. — 7 Tab., 67 Lit.
Vff. ermitteln das physiol. Blutbild der o. a. Rinderarten. In der Gattung *Bos primigenius taurus* (L) werden 12 Tiere, in der Gattung *Bos indicus* (L) 18 Tiere, in der Gattung *Bos* (*Pöephagus*) *mutus grunniens* 12 Tiere und in der Gattung *Bubalus arnee bubalis* 8 Tiere untersucht. Es werden nur solche Tiere zur Untersuchung herangezogen, die klinisch und hämatologisch gesund erscheinen und parasitologisch und tuberkulin negativ sind. Jahreszeit und Geschlecht scheinen keinen Einfluß auf das Blutbild zu haben. Im wesentlichen besteht eine Übereinstimmung mit dem Blutbild des Hausrindes. Es ist ein lymphocytäres Blutbild, in dem keine Myelocyten und Metamyelocyten nachgewiesen worden sind. Die Zahl der Erythrocyten/mm^3 und der Leukocyten/mm^3 ist bei jungen Tieren (bis zu 3 Jahren) erhöht.
G. Becker. 1120.

Podoba, E. G., Tockaja, L. Ja. und Birjuk, I. I. (Podoba, Je. G., Tozkaja, L. Ja. und Birjuk, I. I.) Nekotorye konstitucional'nye osobennosti sostava krovi u teljat. **(Einige konstitutionelle Besonderheiten der Zusammensetzung des Blutes von Kälbern.)** Tr. Chaŕkovsk. s.-ch. in-ta **34(81)** (1961) S. 25–30. — Aus: Referativnyj žurnal. Biologija, Moskva **1962** Nr. 7. L 35. S. 4. Neugeborene Kälber kann man in schnell-, mittelschnell- und langsam wachsende sowie auf die Fütterungs- und Haltungsbedingungen unterschiedlich reagierende einteilen. Die Leukocytenformel ist mehr vom Futter als von der Schnelligkeit des Wachstums abhängig. Bei den Kälbern, die im Wachstum zurückblieben, waren im Blut rel. wenig Lymphocyten und mehr Neutrophile vorhanden. In der Regel war die Embryonalentwicklung bei den langsam wachsenden Kälbern länger. Bei einer kurzen Embryonalentwicklung wuchsen und entwickelten sich die Tiere schneller. Es konnte kein Zusammenhang zwischen der Hb-Menge und der Erythrocytenzahl sowie der Wachstumsgeschwindigkeit der Kälber festgestellt werden.
übersetzt v. Th. C. Boetticher. 1120.

Kiričenko, I. V. (Kiritschenko, I. W.) Dinamika belka i belkovych frakcij v syvorotke krovi krupnogo rogatogo skota simmental'skoj porody v zavisimosti ot vozrasta, uslovij soderžanija i produktivnosti. **(Die Dynamik von Eiweiß und Eiweißfraktionen im Blutserum der Simmentaler Rasse in Abhängigkeit von Alter, Haltungsbedingungen und Leistung.)** Tr. Chaŕkovsk. s.-ch. in-ta **34(81)** (1961) S. 103–108. – Aus: Referativnyj žurnal. Biologija, Moskva **1962** Nr. 12. L 18. S. 3.

Die Versuche wurden an Färsen und Kühen der Simmentaler Rasse durchgeführt. Es wurde festgestellt, daß Eiweiß und Eiweißfraktionen des Blutserums durch das Alter bedingte qualitative und saisonbedingte Veränderungen bei den Tieren aller Altersgruppen erfahren. Bei 10 Tage alten Kälbern betrug der Gesamtgehalt an Eiweiß im Blutserum 6,7, bei 3 Mon. alten 5,9, zum Wachstumsabschluß 7,1%. Bei frohwüchsigen Kälbern, die sich durch eine hohe Assimilationsfähigkeit auszeichnen, ist im Alter von 3 und 6 Mon. der Gesamtgehalt an Eiweiß im Blutserum etwas niedriger und der Globulingehalt etwas höher als bei langsam wachsenden Kälbern.

übersetzt v. Ch. Eshkowa. 1120.

Venkatayan, S., Nambiar, K. T. K. und Nayar, K. N. Govindan; Madras, Veterin. Coll., Dep. of Physiol. Studies on the plasma of the domestic fowl. Specific gravity, viscosity, refractive index, and their relationship with plasma proteins. **(Untersuchungen des Blutplasmas der Haushühner. Das spezifische Gewicht, die Viskosität, der refraktäre Index und ihre Beziehung zu den Plasmaproteinen.)** Indian veterin. J. **39** (1962) Nr. 11. S. 608–611. – 1 Tab., 7 Lit.

Es wird das Blutplasma von Hühnern der Roten Rhodeländer, Weißen Leghorn und einer Gebrauchsrasse untersucht. Das Geschlecht und Alter der Tiere wurde nicht berücksichtigt. Alle untersuchten Hühner waren scheinbar gesund. Die Gewinnung des Plasmas erfolgte durch Zentrifugieren bei 3000 Umdrehungen für 30 Min. aus mit Oxalat versetztem Blut. Das spez. Gew. des Plasmas wurde mit der Kupfersulfatmethode nach Phillips u. a. (1943) bestimmt, die Viskosität mit dem Blutviskosimeter, der refraktäre Index mit dem Refraktometer nach Abbe und die Plasmaproteinkonzentration nach der Methode von Gornall u. a. (1949) modifiziert durch Verwendung von Biuret Reagens. Die Untersuchung von 98 Blutproben ergab eine positive Korrelation des spez. Gew. mit der Viskosität ($P < 0{,}0005$), dem refraktären Index ($P < 0{,}05$) und der Plasmaproteinkonzentration ($P < 0{,}05$). Es konnte jedoch festgestellt werden, daß die Viskosität des Plasmas und der refraktäre Index mit der Plasmaproteinkonzentration in besserer Korrelation standen als mit dem spez. Gew.

W. Verter. 1120.

Sorenson, A. L., Kirschner, Leonard B. und Barker, Jennifer; Pullmann, Washington State Univ., Dep. of Zool. Sodium fluxes in the erythrocytes of swine, ox, and dog. **(Der Natriumstoffwechsel der Erythrocyten von Schwein, Rind und Hund.)** J. gen. Physiol. **45** (1962) Nr. 6. S. 1031–1047. – 3 Abb., 6 Tab., 35 Lit.

An Erythrocyten von Schwein, Rind und Hund wird der Na-Stoffwechsel mit Hilfe von ^{22}Na untersucht. Der Austritt und Einstrom von Na durch die Erythrocytenmembran kann bei den untersuchten Species in Form eines aktiven Transportes, einer einfachen Diffusion und einer Austauschdiffusion ablaufen. Den höchsten Na-Gehalt weisen die Hundeerythrocyten, den niedrigsten die Schweineerythrocyten auf. Der Austausch des intrazellulären Na gegen ^{22}Na geht bei Rindererythrocyten schneller vor sich als bei Schweineerythrocyten. Der Austausch gegen radioaktiv markiertes Na ist temperaturabhängig, kann aber durch Strophantin nicht gehemmt werden.

H.-A. Ketz. 1120.

Rao, G. Rajeshwar, Narasimhalu, P. R., Reddy, V. Krishna und Hussain, M. Ahmed. Observations on some aspects of blood of sheep. **(Be-**

stimmung einiger Blutwerte bei Schafen.) Indian veterin. J. **39** (1962) Nr. 8 S. 429–433.
An 26 gesunden indischen Schafen der Rajasthani-Rasse werden die Erythrocytenzahl, der Hb-Gehalt, der Hämatokritwert, das mittlere Zellvolumen und der Hb-E-Wert ermittelt. Die Erythrocytenzahl beläuft sich auf 9,58 ± 0,25 Mill./mm³, der Hb-Gehalt auf 9,76 ± 0,15 g%, der Hämatokritwert auf 30,25 ± 0,25%, das mittlere Zellvolumen auf 32,35 ± 1,10 μ^3, der Hb-E-Wert auf 10,30 ± 0,37 · 10^{-12} g. Die Hb-Konzentration beträgt 32,30 ± 0,44%. Die Erythrocytenzahl, der Hb-Gehalt und der Hämatokritwert weichen von Untersuchungen an Schafen in anderen Ländern ab. Über das mittlere Zellvolumen, den Hb-E-Wert und die Hb-Konzentration werden keine Vergleiche mit Untersuchungen anderer Autoren angegeben.
H. J. Gussmann. 1120.

Karlov, V. N. (Karlow, W. N.) O vzaimosvjazi teloslоženija životnych s tipologičeskimi osobennostjami nervnoj sistemy. **(Über den Zusammenhang zwischen dem Körperbau der landwirtschaftlichen Nutztiere und den typologischen Besonderheiten des Nervensystems.)** Životnovodstvo, Moskva **24** (1962) Nr. 7. S. 66–70. – 4 Tab.
Bei Bullen mit unterschiedlichen Typen des Nervensystems ist eine unterschiedliche Erhöhung der Pulsfrequenz bei max. Erregung, ein unterschiedlich schneller Übergang von der Maximal- zur Minimalfrequenz usw. vorhanden, so daß die typologischen Besonderheiten des Nervensystems schnell und objektiv nach der Herztätigkeit bestimmt werden können. Außerdem zeigte sich, daß dem hemmungslosen Typ des Nervensystems die zarte, aber robuste Konstitution entspricht, dem lebhaften Typ die kräftige Konstitution, dem ruhigen Typ die derbe, feine oder die derbe, robuste Konstitution und dem schwachen Typ des Nervensystems die zarte, feine Konstitution.
B. Schenk. 1250.

Linzell. J. L.; Babraham, Cambridge, A.R.C., Inst. of Animal Physiol. Some effects of denervating and transplanting mammary glands. **(Einige Auswirkungen der Denervierung und Transplantation der Milchdrüsen.)** Quart. J. exp. Physiol. cognate med. Sci. **48** (1963) Nr. 1. S. 34–60. – 9 Abb., 2 Tab., 27 Lit.
Es werden Ergebnisse von 6jährigen Versuchen an Saanenziegen und Meerschweinchen über funktionelle Veränderungen an denervierten und transplantierten Milchdrüsen mitgeteilt. In 4 Fällen lag der Milchertrag von transplantierten Milchdrüsen zwischen 80 und 118% der verbliebenen Drüsenhälften. Die transplantierten Drüsenteile zeigen normales Wachstum und normale Funktion entspr. der Laktationsperiode. Bei der Transplantation der Milchdrüse in die Nackengegend eines anderen Tieres liegt der Milchertrag innerhalb der ersten 24 Std. nach der Übertragung in 2 Fällen bei 80% und fällt dann in wenigen Tagen stark ab. Bei nicht laktierenden oder juvenilen Tieren ist das Wachstum und die Sekretionstätigkeit der transplantierten Drüsenteile gegenüber dem verbliebenen Drüsengewebe, das kompensatorisch hypertrophiert, vermindert. Die denervierten Milchdrüsen weisen entspr. dem Laktationsstadium in der Gesamtmilchleistung keine charakteristischen Veränderungen auf. Der Milchejektionsreflex ist nur für die vollständige Entleerung der stark gefüllten Drüsen von Bedeutung. Alle Versuchstiere mit transplantierten oder denervierten Milchdrüsen leiden mehr unter Erkrankungen der Fortpflanzungsorgane als die anderen Tiere derselben Herde.
H.-A. Ketz. 1250.

Woolley, Dorothy E. und Timiras, Paola S.; Berkeley, Univ. of California, Dep. of Physiol. Gonad-brain relationship: Effects of castration and testosterone on electroshock convulsions in male rats. **(Gonaden-Hirn-Beziehung.**

Einfluß von Kastration und Testosteron auf Elektroschock-Konvulsionen bei männlichen Ratten.) Endocrinology **71** (1962) Nr. 4. S. 609–617. – 2 Abb., 3 Tab., 32 Lit.

Der Einfluß von Kastration und Testosteron auf die Gehirnreizbarkeit von ♂ Ratten wurde durch Messung der min. Stromstärke (Schwellenwert, ~20 bis 30 mA für 0,2 Sek.), die gerade noch Konvulsion auslöst (I) und durch Bestimmung der Dauer der einzelnen Schockphasen in Sek., die durch eine Stromstärke von 150 mA verursacht werden (II), ermittelt. Kastration nach der Pubertät verringerte die Reizbarkeit im Verhältnis zu den intakten Kontrollen (II). Die Reizbarkeit (ermittelt nach I) war jedoch etwas erhöht, wenn die Kastration vor der Pubertät ausgeführt worden war. Die tägl. Verabfolgung hoher Dosen Testosteron an kastrierte Ratten verminderte die Reizbarkeit (I), während niedrige bis mäßige Dosen keinen Einfluß hatten. Aus den Versuchen wird geschlossen, daß Testosteron einen konvulsionsfördernden oder -hemmenden Einfluß auf die Gehirnfunktion haben kann in Abhängigkeit von der Hormondosis, dem Alter der Tiere und dem Testverfahren (I oder II). H. Cziharz. 1250.

Sturkie, Paul D., Vogel, J. A. und Textor, K.; New Brunswick, N. J., Rutgers State Univ., Physiol. Sect. Cardiovascular differences between hihg and low blood pressure chickens. **(Kardiovaskuläre Unterschiede zwischen Küken mit hohem und niedrigem Blutdruck.)** Poultry Sci. **41** (1962) Nr. 5. S. 1619–1620. – 1 Tab., 5 Lit.

Sturkie und Mitarbeiter stellten 1956 als erste eine Beziehung zwischen der Sterblichkeit und der Höhe des Blutdruckes bei Hühnern fest. 1961 wiesen Sturkie und Textor darauf hin, daß Vögel mit niedrigem Blutdruck gegen gewisse phys. Anstrengungen viel empfindlicher waren als solche mit normalem oder hohem Blutdruck. Daher erschien es der Mühe wert, andere haemodynamische Unterschiede, wie z. B. die Herzleistung und die äußere Widerstandskraft an Vögeln mit hohem und niedrigem Blutdruck, zu untersuchen. Die Herzleistung wurde an 12–18 Mon. alten männl. und weibl. Tieren festgestellt. Die Ergebnisse sind in 1 Tab. dargestellt. Die Herzleistungen waren bei den männl. und weibl. Tieren mit niedrigem Blutdruck erhöht, aber die Differenzen waren nur bei den weibl. Tieren signifikant. Die gesamte periphere Resistenz war bei den Vögeln mit hohem Blutdruck bedeutend höher, was auf eine größere Gefäßverengung hindeuten kann. G. Heidler. 1370.

Nordenfelt, Ivar. Choline acetylase in normal and denervated salivary glands. **(Die Cholinacetylase-Aktivität in normalen und denervierten Speicheldrüsen.)** Quart. J. exp. Physiol. cognate med. Sci. **48** (1963) Nr. 1. S. 67–79. – 4 Abb., 3 Tab., 22 Lit.

Die Cholinacetylase-(ChA)-Aktivität der normal innervierten Speicheldrüsen von Katze und Kaninchen wurde bestimmt. Dabei war in der Gl. submaxillaris eine doppelt so hohe Aktivität nachweisbar wie in der Gl. parotis. Die Enzymaktivität der Speicheldrüsen des Kaninchens lag mehr als 3fach über der der entspr. Speicheldrüsen der Katze. Nach länger dauernder präganglionärer parasympathischer Denervation der Gl. submaxillaris trat bei beiden Tierarten eine Verringerung der ChA-Aktivität ein. Die Gesamtaktivität der denervierten Drüse war nur noch halb so hoch wie die der kontralateralen gesunden Drüse. Eine partielle postganglionäre Denervation der Gl. submaxillaris der Katze führte zu einem Verlust der Gesamtaktivität der Drüse um 15% im Vergleich zur gesunden Drüse. In der Gl. parotis beider Tierarten trat nach postganglionärer Denervation ein ebenso großer Aktivitätsverlust ein, jedoch konnte noch mehrere Wochen nach der Operation eine meßbare Aktivität festgestellt werden. E. Grün. 1385.

Habermehl, K. H. **Besitzt das weibliche Hausschwein permanent wachsende Hakenzähne?** Berliner Münchener tierärztl. Wschr. **75** (1962) Nr. 23. S. 441 bis 444. – 3 Abb., 1 Tab., 19 Lit. Zus. in Engl.

Als Untersuchungsmaterial standen zahlreiche Schädel weibl. Schweine aller Altersstufen zur Verfügung. Zum Vergleich wurde das Schädelmaterial früh kastrierter männl. Hausschweine im Alter von 8–12 Mon. herangezogen. Die Milchhakenzähne werden von der Themastellung dieser Arbeit nicht berührt. Die Hakenzähne des Schweines weisen Formunterschiede auf. Die Hakenzähne des Oberkiefers weibl. Schweine haben eine mit je einer deutlichen mittleren Längsfurche ausgestattete laterale und mediale Fläche, die durch abgerundete orale und aborale Ränder miteinander verbunden sind. Die Zahnspitze ist deutlich gegen den Zahnkörper abgesetzt. Beim männl. Schwein hat der an seiner Oberfläche gleichmäßig längsgerillte Oberkieferhakenzahn eine rundliche bis vierkantige Querschnittsform. Die Zahnspitze geht kontinuierlich aus dem Zahnkörper hervor. Die Formunterschiede an den Unterkieferhauern sind geringer. Bei beiden Geschlechtern ist der Zahn stark gebogen und zeigt dreieckigen Querschnitt. Die Zahnkanten sind beim männl. Tier scharfgratig, beim weibl. Tier mehr abgerundet. Das Verhalten der Hakenzähne wurde an den einzelnen Entwicklungsstadien verfolgt. Die Untersuchungsbefunde lassen erkennen, daß die Entwicklung der Hakenzähne beim weibl. Schwein anderen Gesetzmäßigkeiten unterworfen ist als beim Eber. Die Hakenzähne des Ebers sind zeitlebens zu dauerndem Längenwachstum befähigt. Wie sich die Hauer früh kastrierter männl. Schweine mit zunehmendem Alter der Tiere verhalten, ist bis heute noch ungeklärt. Das weibl. Hausschwein besitzt im Gegensatz zum Hausschweineber keine permanent wachsenden Hakenzähne. R. Berg. 1385.

Tambovcev, A. N. (Tambowzew, A. N.) Dannye fiziologii kišečnych želez u krupnogo rogatogo skota. **(Angaben über die Physiologie der Darmdrüsen beim Rind.)** Tr. Omskogo vet. in-ta **19** (1961) S. 111–117. – Aus: Referativnyj žurnal. Biologija, Moskva **1962** Nr. 22. L 45. S. 9.

An 2 Bullen mit einer Dünndarmfistel wurde festgestellt, daß der Fütterungsakt und die Anregung durch das Futter die Darmsaftsekretion verstärken. Die Sekretion ist um so stärker, je hungriger das Tier ist. Bei s. c. Injektion von Pilokarpin und Lentin verstärkte sich die Saftabsonderung, und nach der Injektion von Atropin und Adrenalin wurde sie schwächer. Vf. zieht Schlußfolgerungen über das Vorhandensein eines parasympathischen Nervs beim Rind, der die Darmsekretion anregt, und eines sympathischen Nervs, der sie unterdrückt. Verfütterung von Kartoffeln und Mischfutter bedingten eine verstärkte Saftabsonderung, der Sekretionsspiegel war jedoch beim Mischfutter niedriger und die peptische und amylolytische Aktivität des Darmsaftes höher als bei Verfütterung von Kartoffeln.

übersetzt v. Ch. Eshkowa. 1385.

Pospeev, F. A. (Pospejew, F. A.) Vozrastnye izmenenija stroenija želez piščevoda svinej. **(Die Altersveränderung der Struktur von Drüsen der Speiseröhre bei Schweinen.)** Tr. Baškirsk. s.-ch. in-ta **9** (1960) Nr. 2. S. 71–76. – Aus: Referativnyj žurnal. Biologija, Moskva **1962** Nr. 4. L 24. S. 4.

Es wurden 41 Speiseröhren und 244 isolierte Drüsen vom Embryonalstadium bis zum ausgewachsenen Zustand untersucht. Das Erscheinen von Drüsen in der Speiseröhre wurde bei 2 Mon. alten Schweinefeten festgestellt, während dieser Zeit waren die Drüsen rundlich oval. Im cranialen Drittel der Speiseröhre liegen die Drüsen in Form von 7–8 Längsreihen in einer Schicht. Ihre abs. Zahl beträgt 425–485. Die Größe der Drüsen beträgt 0,05–0,3 mm. Mit 3 Mon. sehen die Drüsen der Speiseröhre wie einfache oder verzweigte Röhrchen mit Verdickungen an den Enden aus. Ihre Lage ist die gleiche wie im Alter von 2 Mon. Die abs. Zahl der Drüsen beträgt 760–800, ihre Größe

0,25–0,6 mm. Im Alter von 2,5–5 Mon. nehmen Zahl und Größe der Drüsen zu, und ihre Formen werden mannigfaltiger. Von 6 Mon. bis zu 1,5 Jahren verändern sich Zahl und Größe der Drüsen weniger, ihre Formen werden aber außerordentlich verschiedenartig. übersetzt v. Th. C. Boetticher. 1385.

Anderson, R. S. und Pickering, E. C. Effects of intravenous infusion of potassium chloride on potassium and sodium excretion and on the rate of urine formation in the cow. **(Die Wirkungen einer intravenösen Infusion von Kaliumchlorid auf die Kalium- und Natriumausscheidung sowie auf die Harnbildungsrate beim Rind.)** J. Physiol. [London] **164** (1962) Nr. 1. S. 180–188. – 6 Abb., 17 Lit.

Bei insgesamt 3 nicht narkotisierten Rindern wird das Ausscheidungsvermögen der Nieren für K und Na nach parenteraler Kaliumchloridbelastung untersucht. Im Verlaufe der i. v. Kaliumchloridzufuhr steigt der Plasmakaliumspiegel. Die Ausscheidungsrate des K steigt in Abhängigkeit von der i. v. K-Zufuhr. Dabei übersteigt die Kaliumclearance die Inulinclearance. Parallel dazu steigt Harnfluß und Natriumclearance. Auf Grund der Befunde wird der renale Ausscheidungsmechanismus des K beim Rind diskutiert. H.-A. Ketz. 1390.

Hörter, R. **Untersuchungen über die mykotische Besiedlung des Bullenpräputiums.** Zbl. Veterinärmed. **9** (1962) Nr. 9. S. 879–889. – 8 Abb., 1 Tab., 18 Lit. Zus. in Engl., Franz., Span.

Bei der Untersuchung von 293 Präputialspülproben von Bullen konnten in 38 Proben Pilze nachgewiesen werden. Neben den zahlenmäßig am meisten isolierten Gattungen Aspergillus, Mucor und Penicillium wurden auch Vertreter der Gattungen Rhizopus, Graphium, Cephalosporium, Phoma, Oosporum, Fusarium und Scopulariopsis gefunden. Cephalosporium als zusammenhängendes Pilzmycel wurde aus dem Präputium eines Bullen isoliert, der an einer hochgradigen eitrigen Balanitis litt. Einige Hinweise für die Unterscheidung der einzelnen Pilzgattungen werden gegeben. Der Penis und das mit Pilzen besiedelte Präputium des Bullen werden als fakultative Infektionsquellen für Pilzinfektionen angesehen. G. Scheibner. 1410.

Dorfman, Ralph I. und Dorfman, Adeline S.; Shrewsbury, Mass., Worcester Foundation for Exp. Biol. The assay of orally administered androgens using the chick's comb. **(Die Testierung oral verabreichter Androgene am Kükenkamm.)** Acta endocrinol. [Copenhagen] **42** (1963) Nr. 2. S. 240–244. – 3 Tab., 6 Lit.

Die Hormone wurden mit dem Futter gemischt und über 7 Tage, mit dem 1. Lebenstag beginnend, an männl. Küken verfüttert. Als Endpunkt diente das Kammgewicht. Wenn Testosteron gleich 100 gesetzt wurde, wiesen die übrigen Androgene folgende rel. Wirksamkeit auf: 19-Nortestosteron 76; Androst-4-en-3,17-dion 71; Methyltestosteron 63; 11 α-Hydroxy-androst-4-en-3,17-dion 57; 11β-Hydroxy-androst-4-en-3,17-dion 39; Adrenosteron 32; Androstan-3,17-dion 24; 17β-Hydroxyandrostan-3-on 14; Dehydroepiandrosteron 7; Epiandrosteron 6; 17α-Methyl-androst-5-en-3β,17β-diol 5. F. Döcke. 1510.

Dorfman, Ralph I. und Dorfman, Adeline S.; Shrewsbury, Mass., Worcester Foundation for Exp. Biol. Assay of androgens administered by inunction to the chick's comb. **(Testierung von Androgenen mittels Auftragen auf den Kükenkamm.)** Acta endocrinol. [Copenhagen], Suppl. **42** (1963) Nr. 74. S. 1–22. – 12 Tab., 9 Lit.

Verschiedene Androgene, die in Kornöl oder in abs. Äthanol gelöst waren, wurden über 7 Tage einmal tägl. auf die Kämme 1–2 Tage alter Hahnenküken aufgetragen. In öliger Lösung betrug die Gesamt-Grenzdosis von Testeron 10–20 μg, in Äthanol 1–2 μg. Die $17C{=}O-\Delta^4-3C{=}O$-Verbindungen waren

aktiver als die entspr. 17β-OH-Steroide mit Ausnahme der Androstanserien. Dsgl. wirkten die 17α-Methyl-Verbindungen stärker als die entspr. 17-Desmethyl-Steroide. Die Einführung einer 11-Oxy-Gruppe mit oder ohne eine 9α-Fluoro-Gruppe verringerte die Aktivität. In öliger Lösung zeigte Δ^{16}-Dehydroprogesteron eine beträchtliche androgene Wirkung. Bei Verwendung von Äthanol resultierte die Einführung der 17α-Äthyl-Gruppe in das 19-Nortestosteron in einer Verbindung mit der 2,7fachen Aktivität von Testosteron.
F. Döcke. 1510.

Hinton, G. G. und Stevenson, J. A. F.; London, Univ. of Western Ontario, Dep. of Physiol. The effect of hypothalamic lesions on growth. **(Der Einfluß der Hypothalamusektomie auf das Wachstum.)** Canad. J. Biochem. Physiol. **40** (1962) Nr. 9. S. 1239–1243. – 2 Abb., 1 Tab., 9 Lit.
An 25–30 Tage alten Ratten wurde eine Schädigung des Hypothalamus herbeigeführt und Futter- und Wasseraufnahme, Gewichts- und Längenzunahme etc. geprüft. Die Lebendgewichtszunahme war gegenüber der Kontrollgruppe bei gleicher Futteraufnahme stark vermindert. Die Gewichte der gemessenen Organe waren entspr. dem geringeren Körpergewicht niedriger, die Testes waren rel. größer. Angaben über den Blutzuckergehalt wurden gemacht. Die Körpertemperatur war gegenüber der Kontrollgruppe bei Fütterung höher, beim Hungern niedriger. Die O_2-Aufnahme war normal, die Aufnahme von ^{131}J durch die Thyreoidea geringer, als Anzeichen für eine geringere Schilddrüsenfunktion. Das Fehlen von Diabetes insipidus deutete darauf hin, daß keine stärkere Verringerung der Sekretion von Adiuretin eintrat.
W. Jentsch. 1512.

Herrick, Raymond B., McGibbon, W. H. und McShan, W. H.; Madison, Univ. of Wisconsin, Dep. of Poultry Husbandry and Zool. Gonadotropic activity of chicken pituitary glands. **(Gonadotrope Aktivität von Hühnerhypophysen.)** Endocrinology **71** (1962) Nr. 3. S. 487–491. – 2 Abb., 2 Tab., 13 Lit.
Untersucht wurde der Gonadotropingehalt (**I**) des Hypophysenvorderlappens (HVL) von intakten männl. und weibl. 10–210 Tage alten Hühnern (New Hampshire × Barred Plymouth Rock), von 50–210 Tage alten Hähnen, die im Alter von 40 Tagen kastriert worden waren, von 16–18 Wochen alten Breitbrüstigen Bronzeputen und von jungen männl. Holtzman-Ratten. Die HVL wurden nach beschriebenen Methoden gewonnen und behandelt und an 3 Tage alten, 38–52 g schweren männl. Küken, ebenso alten Putenküken bzw. an 21 Tage alten weibl. Ratten auf ihren **I** getestet. Als Kriterium dienten das Hoden- bzw. Ovargewicht. Vor dem 90. Lebenstag war kein Einfluß der Kastration auf den **I** des HVL festzustellen. Nach diesem Alter war die Gonadotropinkonzentration bei den Kastraten signifikant niedriger, nicht aber der **I** pro HVL. Die Ovarien infantiler Rattenweibchen reagierten nur auf Rattengonadotropin, die Hoden von Küken auf das aller 3 Tierarten und die Putenhoden auf Hühner- und Ratten-, nicht aber auf Putengonadotropin.
F. Döcke. 1512.

Premachandra, B. N. und Turner, C. W.; Columbia, Univ. of Missouri, Dep. of Dairy Husbandry. Thyrotropic hormone secretion in cattle after prolonged thyroxine therapy and after complete withdrawal. **(Die Sekretion von thyreotropem Hormon bei Kühen nach verlängerter Thyroxin-Therapie und nach vollständiger Einstellung derselben.)** J. Dairy Sci. **45** (1962) Nr. 9. S. 1102–1105. – 1 Abb., 2 Tab., 12 Lit.
Laktierende Kühe erhielten 11–12 Wochen lang und eine Holstein-Kuh 21 Wochen lang, nachdem bei allen Tieren der Höhpunkt der Laktation erreicht war, tägl. eine Thyroxinmenge injiziert, welche der um 50% erhöhten und experimentell bestimmten Thyroxinausscheidungsrate (TSR) entsprach.

Die Holstein-Kuh erhielt weitere 8 Wochen zusätzlich eine um 100% erhöhte TSR. Nach Aufhören der Thyroxin-Verabreichung fiel die Milchmenge ziemlich rasch bei allen Tieren 10–12 Tage lang steil ab. Danach kam es bei einigen Tieren zu einem allmählichen Ansteigen, bis die frühere Höhe wieder erreicht war. Eine ^{131}J-Ausscheidung durch die Schilddrüse begann 12 Tage nach Aufhören des Thyroxinversuches und hielt normale 3 Wochen an. Es wird angenommen, daß der steile Abfall der Milchmenge nach Einstellung der Thyroxingaben von einem Subnormalspiegel herrührt und so lange anhält, bis die endogene Thyroxin-Sekretion wiederhergestellt ist.

R. Neseni. 1525.

Premachandra, B. N. und Turner, C. W.; Columbia, Univ. of Missouri Dep. of Dairy Husbandry. Increased lactation response in cattle with thyroxine 50% above thyroxine secretion rate. **(Gesteigerte Laktation bei Kühen nach Thyroxinverabreichung, die 50% über der Thyroxinsekretionsrate liegt.)** J. Dairy Sci. **45** (1962) Nr. 9. S. 1098–1101. — 2 Tab., 12 Lit.

Laktierende Kühe erhielten während des Frühjahres und Sommers Thyroxingaben injiziert, welche 50% über der Sekretionsrate lagen, die im Winter individuell bestimmt worden war. Untersucht wurde die Wirkung auf Milchmenge, Blut, Körpertemperatur und Körpergewicht. Die mittlere Steigerung der Milchmenge betrug 27,6% (12,1–67,9%) und erreichte das Maximum bei den meisten Kühen in der 4. Versuchswoche. Ein Einfluß der Sommerwärme scheint nicht vorhanden zu sein. Die Erhöhung der Körpertemperatur war nur gering, das mittlere Körpergewicht war um 9,7% verkleinert mit Schwankungen von 3,7–14,2%. Diese Verminderung wurde 2 Wochen nach Aufhören des Thyroxinversuches wieder ausgeglichen. Vff. glauben, daß es möglich ist, die gefütterte Thyreoproteinmenge von 15 auf 10 g/1000 lb./Tag bei der Mehrzahl der Milchkühe zu vermindern. R. Neseni. 1525.

Kolb, E., Seidel, H., Müller, I., Gürtler, H., Grün, E. und Ellrich, Th. **Untersuchungen an Schweinen. 3. Mitt. Untersuchungen über das Verhalten des Natrium- und Kaliumgehaltes im Serum, des Blutzuckers, des Erythrocyten-Kaliums, der Serum-Glutaminsäure-Oxalessigsäure-Transaminase — der Ausscheidung von Natrium, Kalium und von 17-Ketosteroiden im Harn — sowie über das Verhalten des Natrium-, Kalium- und Calciumgehaltes in der Herz- und Skelettmuskulatur nach halbseitiger und totaler Adrenalektomie.** Arch. exp. Veterinärmed. **16** (1962) Nr. 2. S. 327–360. — 11 Abb., 14 Tab., 53 Lit.

In Fortsetzung ihrer Versuche führten Vff. biochemische Untersuchungen an halbseitig und total adrenalektomierten Schweinen durch. Die Untersuchungen wurden an 4 klinisch gesunden, kastrierten männl. Schweinen von 24,5–54 kg Lgw. durchgeführt. Zunächst erfolgte die rechtsseitige Adrenalektomie (AE) und nach 14 Tagen die linksseitige. Ein weiteres Tier wurde nach einseitiger Adrenalektomie getötet und einer spez. Untersuchung unterzogen. Nach einseitiger Adrenalektomie konnten keinerlei klinische Störungen beobachtet werden. Die Ausscheidung an 17-Ketosteroiden, die bei normalen Tieren ⌀ 5,1 ± 1,3 mg/Tag betrug (0,15 ± 0,02 mg/kg tägl.), stieg nach einseitiger AE auf 6,0 ± 0,7 mg (0,17 ± 0,02 mg/kg tägl.) an. Nach beidseitiger AE trat im Verlaufe von 4–7 Tagen bei allen 4 Versuchstieren der Tod ein. Die nach totaler AE auftretenden Störungen im Na- und K-Gehalt des Blutes und der verschiedenen Organe sind Ausdruck tiefgreifender Permeabilitätsstörungen an den Zellmembranen, die bes. nachhaltig die Erregungsleistung, die Muskelkontraktion und Stoffwechselvorgänge beeinflussen. Die Ergebnisse werden ausführlich diskutiert. Chr. Garlt. 1530.

Seidel, H., Müller, I, und Kolb, E. **Untersuchungen an Schweinen. 4. Mitt. Das Elektrokardiogramm nach totaler Adrenalektomie und seine Beziehung**

zu Änderungen des Natrium- und Kalium-Serumspiegels. Arch. exp. Veterinärmed. **16** (1962) Nr. 2. S. 361–392. – 37 Abb., 3 Tab., 28 Lit. 3. Mitt. vgl. vorst. Ref.
Nach totaler Adrenalektomie (AE) kam es bei Schweinen neben anderen Veränderungen zu schweren Herz- und Kreislaufstörungen, die in Form von zyanotischen Verfärbungen der Ohren, Abnahme der Körpertemperatur, der Körperoberflächentemperatur und in Form starker Pulsverlangsamung vor dem Tode in Erscheinung traten. Um die Natur der Kreislaufveränderungen genauer zu erfassen, wurden eingehende elektrokardiographische Untersuchungen durchgeführt und in Beziehung zu den Veränderungen des Na- und K-Serumspiegels sowie zum Na/K-Quotienten gesetzt. Die schweren Störungen der Herz- und Kreislauftätigkeit nach totaler AE bestanden, ohne daß eine Veränderung der Serum-Glutaminsäure-Oxalessigsäure-Transaminase (SGOT)-Aktivität nachweisbar war. Zusammenfassend konnte festgestellt werden, daß im EKG des Schweines (3 Versuchstiere, je 5 Analysen) unter normalen Verhältnissen Veränderungen auftraten, wie sie bei vegetativer Labilität des Menschen gefunden worden sind. Von den Veränderungen, die nach totaler AE auftraten, standen die Störungen der Erregungsleitung im Vordergrund. Die Ergebnisse werden diskutiert, wobei die EKG-Befunde klinisch gesunder Versuchstiere und total adrenalektomierter im Zusammenhang mit dem Problem der Pathogenese des „plötzlichen Herztodes" bes. herausgestellt werden. Die nach totaler AE nachweisbaren Störungen der Herztätigkeit sind dem Wesen nach von den beim plötzlichen Herztod des Schweines auftretenden Veränderungen verschieden. Chr. Garlt. 1530.

Cunningham, N. F. The insulin activity of bovine and ovine blood plasma. I. Biological assay of insulin using the isolated rat diaphragm. **(Die Insulinaktivität im Blutplasma von Rind und Schaf. 1. Mitt. Die biologische Bestimmung von Insulin mit Hilfe des isolierten Rattenzwerchfelles.)** J. Endocrinol. [London] **25** (1962) Nr. 1. S. 35–42. – 1 Abb., 5 Tab., 14 Lit.
Es wird eine Methode zur biol. Insulinbestimmung im Blutplasma beschrieben. Das Prinzip der Methode beruht auf Glucoseaufnahme eines isolierten Rattenzwerchfelles. Mit Hilfe der Methode gelingt es, Insulin in einer Größenordnung von 10–100 μ Einheiten/ml Plasma nachzuweisen. Die größte Empfindlichkeit besitzt die Methode in einem Konzentrationsbereich von 10–150 μ Einheiten/ml. Zwischen der Insulinkonzentration und dem Insulineffekt auf die Glucoseaufnahme durch das isolierte Rattenzwerchfell besteht Linearität.
H.-A. Ketz. 1540.

Cunningham, N. F. The insulin activity of bovine and ovine blood plasma. II. The insulin-like action of extracts of bovine and ovine blood plasma. **(Die Insulinaktivität im Blutplasma von Rind und Schaf. 2. Mitt. Die insulinähnliche Wirkung von Rinder- und Schafplasmaextrakten.)** J. Endocrinol. [London] **25** (1962) Nr. 1. S. 43–52. – 8 Tab., 14 Lit. 1. Mitt. vgl. vorst. Ref.
Es wird nachgewiesen, daß Säure-Äthanol-Extrakte von Rinder- und Schafplasma beim isolierten Rattenzwerchfell in vitro eine insulinähnliche Wirkung haben. Diese Wirkung entspricht ca. 100–500 μ Einheiten Insulin pro ml und steht in keiner Relation zum Blutzuckerspiegel. Es werden Werte über den Insulinplasmaspiegel und die insulinähnliche Wirkung des Blutplasmas von trächtigen Schafen und Rindern unmittelbar nach dem Abkalben, bei Rindern mit Acetonämie und bei Schafen mit Trächtigkeitstoxämie mitgeteilt.
H.-A. Ketz. 1540.

Mikami, Schin-Ichi und Ono, Kazuyuki. Glucagon deficiency induced by extirpation of alpha islets of the fowl pancreas. **(Glucagonmangel, hervor-**

gerufen durch Entfernung der Alpha-Zellen des Pankreasinselgewebes beim Huhn.) Endocrinology **71** (1962) Nr. 3. S. 464–473. – 4 Abb., 3 Tab., 20 Lit.

Bei Weißen-Leghorn-Hähnchen im Alter von 4–6 Mon. wird der Kohlenhydratstoffwechsel nach der Entfernung der α-Zellen im Pankreasinselgewebe untersucht. Nach der partiellen Pankreatektomie kommt es zur extremen Hypoglykämie, die nach sich steigernden Krämpfen innerhalb 12–36 Std. der Operation zum Tode führt. Der Tod tritt i. allg. nach starken Krämpfen 10–30 Min. nach vollständiger Lähmung der Hinterextremitäten ein. Der Eintritt der Krämpfe erfolgt bei einem Blutdruck von 50 mg%. Die postoperative Hypoglykämie kann durch Glucagoninjektionen vollkommen behoben werden. Solange die Glucagontherapie aufrechterhalten wird, tritt kein Tod ein. Aus den Versuchsergebnissen wird geschlossen, daß die durch partielle Pankreatektomie bedingte Hypoglykämie durch Glucagonmangel zustande kommt. H.-A. Ketz. 1540.

Rahlmann, D. F. und Cupps, P. T. Effects of estradiol and dehydroepiandrosterone on the reproductive cycle of the cow. I. Estrous cycle length, ovulation, temperature changes, vaginal mucus flow, initiation and maintenance of pregnancy. **(Die Wirkung von Oestradiol und Dehydroepiandrosteron auf den Sexualzyklus der Kuh. 1. Mitt. Dauer des Brunstzyklus, Ovulation, Temperaturänderungen, Scheidenschleimbeschaffenheit. Beginn und Verlauf der Trächtigkeit.)** J. Dairy Sci. **45** (1962) Nr. 8. S. 1003–1010. – 8 Tab., 22 Lit.

Während der Brunst bewirkten Oestradiolmengen von 50–150 μg pro Tag keine Veränderungen der Zyklusdauer, der Zeit vom Brunstbeginn bis zur Ovulation, der Scheidenschleimbeschaffenheit und -menge und der Rectaltemperatur. 200–300 μg Oestradiol pro Tag verkürzten die Zyklusdauer, verzögerten die Ovulation, verstärkten die Scheidenschleimsekretion, veränderten die Schleimkonsistenz und erhöhten die Rectaltemperatur. 350μg Oestradiol verursachten eine Vergrößerung der Eierstocksfollikel bis zu einem Dmr. von 20 mm. Während der Trächtigkeit unterbrach eine vom 3.–16. Tage injizierte Oestradiolmenge von tägl. 150 μg den normalen Trächtigkeitsablauf. Am 66. Tage nach der Befruchtung beginnende tägl. Oestradiolgaben von 250–350 μg führten zum Verkalben. Dieselbe Dosis blieb bei Injektion vom 100. Trächtigkeitstage an ohne Einfluß auf Trächtigkeit und Geburt. Im Verlauf der Brunst durchgeführte tägl. Injektionen von 5–10 mg Dehydroepiandrosteron (DHA) erzeugten keine signifikante Änderung der Zyklusdauer, der Zeit zwischen Brunstbeginn und Ovulation, der Scheidenschleimbeschaffenheit und der Rectaltemperatur. 15–20 mg DHA setzten die Zeitspanne vom Brunsteintritt bis zur Ovulation herab, ohne die Zyklusdauer wesentlich zu beeinflussen. Follikelvergrößerungen traten bei DHA-Mengen bis zu 80 mg pro Tag nicht auf. J. Jürgens. 1580.

Rahlmann, D. F. und Cupps, P. T. Effects of estradiol and dehydroepiandrosterone on the reproductive cycle of the cow. II. Histology of primary and accessory reproductive organs, pituitary, thyroid, and adrenal glands. **(Die Wirkung von Oestradiol und Dehydroepiandrosteron auf den Sexualzyklus der Kuh. 2. Mitt. Histologie der Geschlechtsorgane, der Hypophyse, der Schilddrüse und der Nebennieren.)** J. Dairy Sci. **45** (1962) Nr. 8. S. 1011–1014. – 1 Abb., 2 Tab., 18 Lit. 1. Mitt. vgl. vorst. Ref.

Nach tägl. Injektionen von 250–350 μg Oestradiol zeigte die Granulosa der Eierstocksfollikel pathologische Veränderungen oder fehlte ganz, während die Theka verdickt und partiell luteinisiert war. Bei 3,5 mg Oestradiol pro Tag erreichten die Follikel höchstens einen Dmr. von 10 mm, wobei alle Follikel über 1 mm Atresieerscheinungen aufwiesen. 350 μg Oestradiol erhöhten den Anteil der granulierten β-Zellen im HVL. Dehydroepiandrosteron(DHA)-Injektionen von tägl. 20–80 mg führten zur Bildung cystöser Corpora lutea. Ab

40 mg tägl. bewirkte DHA eine Zunahme der hyalinisierten β-Zellen des HVL. Die Höhe der Epithelzellen von Schilddrüse, Eileiter, Cervix und Uterindrüsen war nach Injektion von Oestradiol größer als nach DHA-Zufuhr.

J. Jürgens. 1580.

Vinson, G. P., Norymberski, J. K. und Jones, I. Chester; Sheffield, Univ., Dep. of Zool.; Jessop Hospital for Women, M.R.C. Chem. Pathol. Steroid Res. Unit. The conversion of progesterone into oestrogens by the mouse ovary. **(Die Umwandlung von Progesteron in Oestrogen im Eileiter der Maus.)** J. Endocrinol. [London] **25** (1963) Nr. 4. S. 557–558. — 12 Lit.

1580.

Cook, R. E. und Warnick, A. C.; Gainesville, Florida Agric. Exp. Stat. The effects of progesterone and progestational compounds upon the production of laying pullets. **(Die Einflüsse von Progesteron und progestationellen Verbindungen auf die Produktion legender Hühner.)** Poultry Sci. **41** (1962) Nr. 5. S. 1545–1550. — 3 Tab., 9 Lit.

In 2 Versuchen wurde der Einfluß von Progesteron und progestationellen Verbindungen auf die nachfolgende Produktion legender Hennen geprüft. Kristallines Progesteron in Getreideöl — s.c. injiziert in einfachen oder mehrfachen Dosen von 0, 2, 4, 8, 16, 32 und 64 mg Gesamtmenge — verursachte ein deutliches Absinken der Legeleistung während der 15tägigen Versuchs- und der 28tägigen Nachversuchsperiode. Die auf Grund ihrer Leistungen während der Vorversuchsperiode in Produktionsgruppen eingeteilten Hennen nahmen eine rel. gleiche Stellung während der Versuchs- und Nachversuchsphase ein. Dies deutet darauf hin, daß die Tiere mit höheren Leistungen eine größere Ausscheidung von gonadotropen Hormonen — hervorgerufen durch die Eiproduktion — haben, und daß genetische Unterschiede zwischen den Produktionsgruppen in der Resistenz gegen gonadotrope Inhibition durch Progesteron bestehen. Die progestationelle Verbindung „Provera“ wurde entweder oral oder in Pillen in Mengen bis zu 160 mg verabfolgt und war nicht in der Lage, die Produktion der Hennen während oder nach der Versuchsperiode zu hemmen. G. Heidler. 1580.

C. GENETIK

Ohno, S., Christian, L. C. und Stenius, Christina; Duarte, Calif., Dep. of Exp. Pathol. Nucleolus-organizing microchromosomes of Gallus domesticus. **(Die Microchromosomen von Gallus domesticus als Organisatoren des Nucleolus.)** Exp. Cell Res. **27** (1962) Nr. 3. S. 612–614. — 3 Abb.

Kleinste Chromosomen sind bei Reptilien und bes. bei Vögeln bekannt. Bei Säugetieren kommen sie nur bei Monotremen vor. Ihre Bedeutung war bisher unbekannt. Vff. glauben, den Microsomen beim Huhn eine Rolle bei der Nucleolus-Bildung zuschreiben zu können. In Quetschpräparaten sind in der Metaphase die 6 größten Chromosomen leicht identifizierbar. Zu ihnen gehören auch die Geschlechtschromosomen (5. Paar mit medianer Spindelfaseransatzstelle). Hinzu kommen ca. 60 Microsomen, von denen die 3 größten ca. 0,5 μm lang sind, sich also größenmäßig den kleineren Autosomen anschließen, und die kleinsten an der Grenze des Sichtbaren liegen. Auf 30 guten Prophase-Bildern ist ein mit Lichtgrün gefärbter Nucleolus zu erkennen. Eine Assoziation mit den großen Chromosomen wurde nie gefunden, hingegen stets eine solche mit mindestens 12 größeren, stäbchenförmigen Microsomen.

P. Hertwig. 1615.

Rapoport, I. A.; Inst. für Chem. Physik der Akad. der Wiss. der UdSSR. 85% mutacij v polovoj chromosome pod vlijaniem nitrozoëtilmočeviny. **(85% Mutationen im Geschlechtschromosom unter Einwirkung von Nitrosoäthylkarbamid.)** Doklady Akademii nauk SSSR, Moskva **146(30)** (1962) Nr. 6. S. 1418–1421. — 3 Lit.

Unter Einfluß von Nitrosoäthylkarbamid (NÄK) wurde eine äußerst hohe Zahl von Chromosomenveränderungen, und zwar nicht nur in Chromosomen mit letalen Mutationen, beobachtet. Bei Drosophila übertrifft der Anteil der sichtbaren Mutationen, die unter Einwirkung von NÄK entstehen, den infolge der Mutagenwirkung von Kurzwellenstrahlung beobachteten Prozentsatz. NÄK in alkalischer Lösung bildet Diazoäthan, das 3% der Mutationen hervorruft. In diesem Fall reagiert NÄK aber direkt mit den Eiweißen und den Nucleinsäuren des Gens. Die Ergebnisse, die die Vorteile des Mutationsindexes von NÄK gegenüber den stärksten phys. Mutagenen zeigen, sind ein überzeugendes Argument gegen die herrschende radiomimetische Theorie, die den Mechanismus der Molekularmutagenese als Röntgenmechanismus betrachtet. R. Filina. 1680.

Busch, B.; Dummerstorf, Arbeitsgruppe Immunogenetik des Inst. für Tierzuchtforsch. der Dtsch. Akad. Landwirtsch.-Wiss. zu Berlin. **Blutgruppenserologische Untersuchungen an Rinderzwillingen zur Klärung einer Mono- bzw. Dicygotie.** Mh. Veterinärmed. **18** (1963) Nr. 1. S. 20–22. – 2 Tab., 9 Lit.

Bei der Untersuchung von Rinderzwillingen auf Mono- bzw. Dizygotie empfiehlt Vf., vor allem die Blutgruppeneigenschaften heranzuziehen, da die äußeren Merkmale wenig Sicherheit bieten. 41 im Äußeren weitgehend übereinstimmende Zwillingspaare wurden auf ihre Blutgruppeneigenschaften untersucht. Nur ein Zwillingspaar zeigte völlige Übereinstimmung in den Blutgruppenfaktoren. Durch Bestimmung der Serumtransferrintypen kann die Sicherheit der Untersuchung noch erhöht werden. G. Becker. 1690.

Conneally, P. M., Patel, J. R., Morton, N. E. und Stone, W. H.; Madison, Univ. of Wisconsin, Div. of Genetics. The J substance of cattle. VI. Multiple alleles at the J locus. **(Die J-Substanz beim Rind. 6. Mitt. Multiple Allele im J-Locus.)** Genetics **47** (1962) Nr. 7. S. 797–805. – 2 Abb., 3 Tab., 13 Lit. 1. Mitt. vgl. J. Immunol. [Baltimose] **73** (1954) S. 397.

Die statistische Auswertung der Ergebnisse der Serum-Inhibitionstests von 375 Rindern mit J^s sowie der Serum-Inhibitionstests und Zelltitrationen von 363 Rindern mit J^{cs} ergab, daß die unterschiedliche Stärke von J durch multiple Allele kontrolliert wird, deren Zahl nicht genau ermittelt werden konnte, jedoch über 8 liegen muß. B. Busch. 1690.

Asofsky, R., Trnka, Z. und Thorbecke, G. J.; New York City, New York Univ., School of Med., Dep. of Pathol. Serum protein synthesis by embrionic and neonatal chicks. **(Die Serumproteinsynthese durch Embryonen und frischgeschlüpfte Küken.)** Proc. Soc. exp. Biol. Med. **111** (1962) Nr. 2. S. 497–499. – 2 Abb., 14 Lit.

Sowohl Embryonen als auch frischgeschlüpfte Küken bilden neben Albuminen und α- und β-Globulinen mindestens 3 langsam wandernde Proteine. Die Bildung von γ-Globulinen und β_2-Makroglobulinen konnte nicht nachgewiesen werden. Daraus folgt, daß Embryonen und frischgeschlüpfte Küken noch nicht über einen Antikörperbildungsmechanismus verfügen.

B. Busch. 1690.

Norman, C., Goldberg, E. und Porterfield, I. D.; Morgantown, West Virginia Univ., Dep. of Biol. The effect of visible radiation on the functional life-span of mammalian and avian spermatozoa. **(Die Wirkung sichtbarer Strahlen auf die Dauer der Lebensfunktionen von Säugetier- und Vogelspermatozoen.)** Exp. Cell Res. **28** (1962) Nr. 1. S. 69–84.

In Fortsetzung früherer Untersuchungen wird festgestellt, in welchem Maße die Motilität der Spermien von Schaf, Mensch und Hahn unter Lichteinwirkung herabgesetzt und der Eintritt des Todes beschleunigt wird. Die Inaktivierung der Spermatozoen durch sichtbares Licht kann in Abhängigkeit zur Lichtquelle und zum Nährmedium variiert werden. Sauerstoff fördert die Inaktivierung, durch Cystein oder Katalase kann sie hinausgezögert werden. Das Wirkungsspektrum der Photoinaktivierung für Widderspermien hat Maxima bei 440, 480 und 550 nm. Dies entspricht dem Absorptionsspektrum eines Hämoproteins, etwa dem eines Cytochroms, als sensibilisierende Substanz. Es wird angenommen, daß die Inaktivierung von einem sensiblen sauerstoffhaltigen Komplex ausgehend zur Bildung von Radikalen führt, die erste Schäden im Cytoplasma auslösen, wie durch Inaktivierung dekapitierter, aber beweglicher und metabolisch aktiver Spermienschwänze bewiesen werden konnte. H. Fischer. 1695.

Cox, D. F. und Willham, R. L.; Ames, Iowa State Univ. Genetic effects of irradiation on early mortality in swine. **(Strahleninduzierte genetische Wirkungen auf die Frühsterblichkeit von Schweinen.)** Genetics **47** (1962) Nr. 7. S. 785–788.
Die Testes von 23 Ebern im Alter von 6 Mon. wurden mit 300r Röntgenstrahlen bestrahlt. Die gleiche Zahl von Ebern diente als Kontrollgruppe. Die durchschnittl. Wurfgröße der Nachkommenschaft bestrahlter und unbestrahlter Väter war praktisch gleich (10,4 bzw. 10,3), die Frühsterblichkeit bestrahlter Väter erheblich größer und der prozentuale Anteil der überlebenden Ferkel in den ersten 3 Wochen von 78,5% bei den Kontrollen auf 72,6% gesenkt. H. Fischer. 1695.

Dobrynina, A. Ja., Zubareva, L. A., Kostin, I. G., Kušner, Ch. F., Samoletov, A. I. und Salgannik, M. G. (Dobrynina, A. Ja., Subarjowa, L. A., Kostin, I. G., Kuschner, Ch. F., Samoljotow, A. I. und Salgannik, M. G.) Vlijanie oblučenija ėmbrionov na postėmbrional'nyj rost, razvitie i produktivnost'kur. **(Der Einfluß der Bestrahlung der Embryonen auf das postembryonale Wachstum, die Entwicklung und die Leistungen der Hühner.)** Tr. In-ta genet. AN SSSR **1961** Nr. 28. S. 359–370. – Aus: Referativnyj žurnal. Biologija, Moskva **1962** Nr. 14. L 181. S. 25.
Auf der Tomilinsker Geflügelfarm erfolgten Versuche mit der Bestrahlung von Eiern des Russischen Weißen und des New-Hampshire-Huhns vor und während der Bebrütung. Die Eier wurden für 5–10 Min. in eine bestimmte Entfernung von den Glasröhrchen mit Uran- und Thoriumsalzen gebracht. Die Bestrahlung erfolgte einmalig, ferner mit 5–7 Unterbrechungen und in Form einer 20tägigen Dauerbehandlung. – Die Bestrahlung ergab einen positiven Einfluß auf die Schlupfleistung der Küken. Bei den bestrahlten Eiern war sie um 3,5% höher. Die Anzahl der Bestrahlungen hatte demgegenüber keine wesentliche Bedeutung. Je schlechter die Bruteigenschaften der Eier und die Schlupfleistung waren, desto stärker war die Wirkung der Bestrahlung. Es konnte eine geringe Beschleunigung in der Entwicklung der bestrahlten Embryonen beobachtet werden. γ-Strahlen in Kleinstgaben hatten auf die Entwicklung der inneren Organe sowie auf das Blutbild und die Schilddrüse von Eintagsküken keine feststellbare Wirkung. Eine bessere Legeleistung wiesen die Gruppen aus bestrahlten Eiern auf, sie war um 11,9; 12,6; 13,6 und 16,5% höher als bei der Kontrollgruppe. Die Behandlung der Embryonen mit γ-Strahlen hatte auf Wachstum, Entwicklung und Leistungsfähigkeit der Hühner keinen schädlichen Einfluß.
übersetzt v. R. Hüffer. 1695.

D. FORTPFLANZUNG

Grant, D. L. und Anastassiadis, P. A; Quebec, McGill Univ., MacDonald Coll., Fac. of Agric. Effects of reproductive stage, sex, and gonadal hormones on hexosamine and protein levels of avian and bovine sera. **(Wirkungen von Fortpflanzungsstadium, Geschlecht und Gonadenhormonen auf die Höhe des**

Hexosamin- und Proteingehaltes in Vogel- und Rinderseren.) Canad. J. Biochem. Physiol. **40** (1962) Nr. 5. S. 639–651. – 10 Tab., 20 Lit.

An weibl. und männl. Hühnern wie auch Kühen und Bullen in verschiedenem Fortpflanzungsstadium wurde der Gehalt der Sera an Hexosamin und Protein bestimmt. Er war bei Rindern höher als bei Hühnern. Mit Eintritt der Reife stieg die Menge an Hexosamin beim weibl. Geflügel stark an, bei der Kuh dagegen nur wenig. Trächtigkeit hatte bei der Kuh eine mäßige Zunahme des Gehaltes an Hexosamin zur Folge. Das Verhältnis von Hexosamin: Protein war im Serum der Rinder kleiner und konstanter als in dem der Hühner. Die i. m. Verabfolgung von Gonadenhormonen neben Oestrogen an nicht geschlechtsreife Junghennen erhöhte den Gehalt des Serums an Hexosamin und erniedrigte das Verhältnis von Hexosamin: Protein. Die Wirkung von Oestrogen auf den Gehalt an Hexosamin wurde bei gleichzeitiger Verabreichung von Androgen offenbar gesteigert, durch Androgen plus Progesteron dagegen erniedrigt. L. Sperling. 1750.

Edwards, M. J.; Neston, Ches., Univ. of Liverpool, Veterin. Field Stat. Weights of cyclic and pregnancy corpora lutea of dairy cows. **(Gewicht von Gelbkörpern in Zyklus und Trächtigkeit bei Milchkühen.)** J. Reproduct. Fertility **4** (1962) Nr. 1. S. 93–98. – 4 Tab., 7 Lit.

Ein Vergleich des Gelbkörpergewichtes (C.-l.-Gewicht) ergab signifikant höhere Werte bei Trächtigkeit (6,52 g) als im Zyklus (5,71 g). Einem Anstieg des C.-l.-Gewichtes bis zur 2- bis 3monatigen Trächtigkeit auf 7,21 g von 6,57 g in den ersten Mon. folgt ein Absinken auf 6,17 g in den letzten 3 Mon. Während sich bei dem zyklischen C. l. zwischen Jahreszeit und C.-l.-Gewicht kein Zusammenhang zeigte, konnte für das Trächtigkeits-C.-l. ein solcher ermittelt werden. Die höchsten Werte ergaben sich nach einer im Sommer, die niedrigsten nach einer im Winter erfolgten Konzeption. Insgesamt wurden 114 zyklische und 245 Trächtigkeits-C.-l. gemessen. J. Bergfeld. 1763.

Thorsøe, Hans; Copenhagen, Univ., Inst. of Med. Anatomy, Connective Tissue Lab. Inhibition of ovulation and changes in ovarian mucopolysaccharides induced by thyroidectomy in rabbits. **(Ovulationshemmung und Veränderungen in den ovarialen Mucopolysacchariden nach Thyreoidektomie bei Kaninchen.)** Acta endocrinol. [Copenhagen] **41** (1962) Nr. 3. S. 441–447. – 1 Abb., 3 Tab., 14 Lit.

Im Alter von 18 Wochen wurden 25 weibl. Albino-Kaninchen operativ thyreoidektomiert und 20 Tiere als Kontrollen scheinoperiert. 30 Tage später wurden 10 Versuchs- und 9 Kontrolltiere gedeckt. Nach 10 Std. wurden die Ovarien entnommen, gewogen und jedes Ovar je zur Hälfte für die histol. und die biochem. Untersuchung verwendet. 5 der 10 thyreoidektomierten und 8 von 9 Kontrollkaninchen ovulierten nach der Paarung. Die Hälfte aller Versuchstiere wies eine hochgradige polycystische Degeneration der Ovarien auf. Durch die Paarung wurden der Wasser- und der Hexosamingehalt der Eierstöcke bei den thyreoidektomierten Kaninchen erhöht. Nach der Ovulation wechselte das Follikelsekret der Meta- zur Orthochromasie. Vf. schließt daraus, daß die Mucopolysaccharide des Follikelsekrets vor der Ovulation depolymerisiert werden. F. Döcke. 1763.

Kincl, Fred A. und Dorfman, Ralph, I. Mexico, Mexico Syntex Res. Lab.; Shrewsbury, Mass., Worcester Foundation for Exp. Biol. Antiovulatory activity of steroids in the adult oestrus rabbit. Part I: Subcutaneous administration. Part. II: Administration by gavage. **(Antiovulatorische Wirkung von Steroiden beim erwachsenen oestrischen Kaninchen. 1. Mitt. Subcutane Verabreichung. 2. Mitt. Verabreichung im Futter.)** Acta endocrinol. [Copenhagen], Suppl. **42** (1963) Nr. 73. S. 1–30. – 19 Tab., 24 Lit.

36 bzw. 37 Steroidhormone wurden einmalig s. c. bzw. oral an erwachsene weibl. Kaninchen verabreicht, die 18–24 Std. später belegt wurden. 18–24 Std. post copul. wurden die Ovarien auf Ovulationspunkte untersucht. Progesteronbestimmungen wurden nach Kincl (1961) durchgeführt und die Gonadotropinhemmung nach Kincl e. a. (1961) und Shipley (1962) ermittelt. Während bei s. c. Applikation das 19-Norprogesteron die starkste antiovulatorische Wirkung zeigte und 150mal aktiver als Progesteron war, wirkte bei oraler Verabreichung 6-Chloro-Δ^6-dehydro-17α-acetoxy-progesteron am stärksten und damit in gleichem Maße wie bei s. c. Injektion. Seine Muttersubstanz, 17 α-Acetoxyprogesteron, wies in beiden Tests einen nur sehr schwachen antiovulatorischen Effekt auf. Die antiovulatorische Aktivität der einzelnen Verbindungen stand nicht immer in Beziehung zur gestagenen oder zur antigonadotropen Wirkung. F. Döcke. 1763.

Sturkie, Paul D. und Freedman, S. L.; New Brunswick, N. J., Rutgers Univ. Effects of transection of pelvic and lumbosacral nerves on ovulation and oviposition in the fowl. **(Die Wirkung der Transsektion der pelvinen und lumbosacralen Nerven auf die Eibildung und Eiablage beim Huhn.)** J. Reproduct. Fertility **4** (1961) Nr. 1. S. 81–85. – 1 Abb., 1 Tab., 18 Lit.
Die Rolle der pelvinen und lumbosacralen Nerven bei der Eiablage wurde bestimmt durch Transsektion dieser Nerven kurz vor Legebeginn. Es zeigte sich, daß die parasympathische Reizung des Uterus nur geringen oder keinen Einfluß auf den Beginn der Eiablage hat. H. Pingel. 1763.

Lamond, D. R. und Bindon, B. M.; Armidale, New South Wales, C. S. I. I. R. O., Div. of Animal Physiol., Pastoral Res. Lab.; Univ. of New England, Fac. of Rural Sci. Oestrus, ovulation and fertility following suppression of ovarian cycles in Merino ewes by progesterone. **(Oestrus, Ovulation und Fruchtbarkeit bei Merinoschafen nach Unterdrückung der Ovarialzyklen mittels Progesteron.)** J. Reproduct. Fertility **4** (1962) Nr. 1. S. 57–66. – 2 Abb., 5 Tab., 15 Lit.
In 2 Versuchsreihen erhielten insgesamt 11 geschlechtsreife weibl. Merinoschafe über 13 Tage 10 oder 20 mg Progesteron (**I**) jeden oder jeden 2. Tag bzw. 40 mg jeden 2. Tag vormittags oder nachmittags i. m. injiziert. Zur Feststellung des Oestrus dienten vasektomierte (während der Behandlung) bzw. normale Böcke (nach der Behandlung), die dann auch zur Belegung verwendet wurden. Ovulationszeitpunkt und Trächtigkeit wurden mittels Laparatomie festgestellt. – Die Dauer des Oestrus betrug ⌀ 25–30 Std., die Ovulationen traten gegen Ende der Brunst ein. Brunstbeginn und Fruchtbarkeit hingen von der **I**-Dosis, den Behandlungsintervallen, der Tageszeit der Injektionen und dem Stadium der Zuchtsaison ab. Der Oestrus trat nach ca. 70 Std. bei 10 mg/Tag, nach ca. 100 Std. bei 40 mg **I**/2 Tage ein. Die Synchronisation war am besten, wenn die letzte Injektion morgens erfolgte. Die Gesamtfruchtbarkeit war im Mai nahezu doppelt so hoch wie im Febr. Durch Verabreichung der letzten Injektion am Nachmittag wurde sie signifikant verringert. Ovulationen zwischen 9 Uhr und 15 Uhr führten zum höchsten Trächtigkeitsprozentsatz von 50%. Vff. gelangen zu der Ansicht, daß mittels **I**-Verabreichung eine gute Brunstsynchronisation bei ausreichender Fruchtbarkeit erzielbar ist. F. Döcke. 1765.

Maksimov, Ju. L. (Maximow, Ju. L.); Fernöstl. Forsch.-Inst. für Landwirtsch. Vlijanie kofeina i tkanevogo preparata na polovuju aktivnost' bykov. **(Die Wirkung von Coffein und Gewebepräparaten auf den Geschlechtstrieb bei Bullen.)** Veterinarija, Moskva **40** (1962) Nr. 2. S. 47–49.
In der praktischen Arbeit der Besamungsstationen beobachtet man bei den Vatertieren Hemmerscheinungen in der Geschlechtsaktivität, die auf die verschiedensten Ursachen zurückgehen können. Kleine Dosen von Coffein

(1 g) wurden 40–80 Min. vor der Samengewinnung mit dem Futter verabreicht. Diese Behandlung verkürzte den Geschlechtsreflex um das 2- bis 4fache. Ähnliche Ergebnisse wurden auch bei der Applikation von Gewebepräparaten erzielt. Die Hemmungen im Reflexablauf konnten durch diese Behandlungen überwunden werden. W. Plaschke. 1768.

Berry, J. E. und Burnham, R. J.; Orono, Me., Univ., Dep. of Poultry Sci. Relationships among blood androgen level, aggressive behavior and semen characteristics of cocks. **(Die Wechselwirkung zwischen dem Androgengehalt des Blutes, der Angriffslust und Spermaeigenschaften bei Hähnen.)** Poultry Sci. **41** (1962) Nr. 2. S. 457–460. – 1 Tab., 12 Lit.

Statistisch gesicherte Korrelationen konnten ermittelt werden zwischen der Samenkonzentration, dem Samenvolumen, der Befruchtung und dem Androgengehalt des Blutes. Die Fruchtbarkeit weist eine höhere Korrelation zu der Spermienkonzentration als zur Bewegungsfähigkeit der Spermien oder dem Samenvolumen auf. Keine Unterschiede zeigten sich zwischen dem Androgengehalt des Blutes und dem geschlechtlichen Temperament, vielmehr zeigte sich eine positive Verbindung zur Fruchtbarkeit. Mit der Zahl der gewonnenen Wettkämpfe der Hähne nahm auch der Androgengehalt des Blutes ab. Die aggressivsten Hähne zeigten neben dem gesenkten Androgengehalt eine schlechte Befruchtung. E. Urban. 1770.

Kumanov, S. und Aleksiev, A. (Kumanow, S. und Alexiew, A.); Sofia, Höheres Landwirtsch. Inst. „Georgi Dimitrow". Vlijanie na izliška ot kalcievi soli vŭrchu polovata aktivnost i spermogramata na petli. **(Einfluß des Überschusses an Calciumsalzen auf die Geschlechtsaktivität und das Sperma der Hähne.)** Naučni trudove. Visš selskostopanski institut „Georgi Dimitrov". Zootechničeski fakultet, Sofija **12** (1962) S. 117–123. – 1 Abb., 4 Tab., 8 Lit. Zus. in Russ., Dtsch.

In einem 42tägigen Versuch mit 2 Gruppen zu je 3 Hähnen (2 Leghorn und 1 Rebhuhnfarbiger Italiener), deren Rationen sich dem Calciumgehalt nach unterschieden (3961 mg in der Ration der Gr. I und 1676 mg in der Ration der Gr. II), wurden folgende Ergebnisse erhalten (in Klammern Gr. II): Geschlechtsaktivität 2,46 (2,07), Ejakulatvolumen 0,33 (0,37) cm^3, Spermienzahl/cm^3 Ejakulat 2,08 (2,55) Md., Spermienaktivität 0,75 (0,76). Die obigen Angaben stellen die Mittelwerte von 18 (23) Ejakulaten dar. N. Platikanow. 1770.

Kamar, Gamal A. R.; Giza, Egypt, Cairo Univ., Fac. of Agric., Animal Product. Dep. Semen characteristics of various breeds of drakes in the subtropics. **(Spermacharakteristik verschiedener Entenrassen in den Subtropen.)** J. Reproduct. Fertility **3** (1962) Nr. 3. S. 405–409. – 2 Tab., 13 Lit.

Wegen der schlechten Befruchtungsergebnisse bei Enten in Ägypten wurden Untersuchungen über Spermaeigenschaften von 11 Sudan-, 8 Dumyati-, 20 Rouen- und 24 Pekingerpeln durchgeführt. Das Sperma wurde durch Massagemethode gewonnen. Die Spermaqualität war bei den beiden einheimischen Rassen am schlechtesten in Übereinstimmung mit der geringen Befruchtungsrate und dem geringen Durchzüchtungsgrad. Die Pekingerpel hatten eine durchschnittl. Spermamenge von 0,32 cm^3, eine Beweglichkeitsrate von 7,5, einen Prozentsatz lebender Spermien von 83,5% und 12,6% abnorme Spermien (aufgerollte, gebrochene Schwänze, Schwanzlosigkeit, aufgerollte, hakenförmige, zerbrochene Köpfe u. a.). Als Ausdruck sexueller Aktivität gilt die Häufigkeit gelungener Samengewinnungen. 90% aller Versuche zur Samengewinnung gelangen. Die Spermienkonzentration bei Pekingerpeln betrug 5,85 Mill. Spermien je mm^3 und war bedeutend höher als die der anderen Rassen. H. Pingel. 1775.

Hendrikse, J. Hemospermie; beschrijving dezer afwijking bij een stier. **(Hämospermie; Beschreibung dieser Abweichung bei einem Bullen.)** Tijdschr. Diergeneeskunde **87** (1962) Nr. 16. S. 1083–1087. – 3 Tab., 13 Lit. Zus. in Engl., Franz., Dtsch.
Bei einem Bullen trat wiederholt Rot- oder Braunfärbung der Ejakulate auf, die auf Blutbeimengung zurückzuführen war. Es wird vermutet, daß dieses Blut aus den accessorischen Geschlechtsdrüsen stammte. Bei stärkerer Blutbeimengung war der erzielte Trächtigkeitsprozentsatz etwas vermindert; der Unterschied war jedoch statistisch nicht signifikant. Es wird gefolgert, daß mit Blut verunreinigtes Sperma gut für die KB verwendet werden kann. W. Wittig. 1775.

Dziuk, Philip J. und Norton, H. W. Influence of drugs affecting the autonomic system on seminal ejaculation. **(Einfluß von Arzneipräparaten, die das autonome System der Samenausschüttung beeinflussen.)** J. Reproduct. Fertility **4** (1962) Nr. 1. S. 47–50. – 1 Tab., 10 Lit.
Von den zur Testung gelangten Mitteln Atropinsulfat, Carbachol, Dibenamin und getrocknetes Oxytoxinpräparat hatte lediglich das Atropin meßbare Auswirkungen. Bei Kaninchen wurde durch Atropin in steigenden Dosen ein linearer Abfall des Logarithmus der Zahl der ejakulierten Spermatozoen, bei Ebern eine Verringerung des Ejakulatvolumens bei gleichbleibender Spermienzahl verursacht. Die Befunde sagen aus, daß die männl. accessorischen Sexualdrüsen teilweise von dem parasympathischen System kontrolliert werden, welches ebenfalls einen Einfluß auf den Samentransport vom Nebenhoden durch den Samenleiter ausübt. J. Bergfeld. 1775.

Justice, Wayman P., McDaniel, Gayner R. und Craig, J. V.; Manhattan, Kans., Agric. Exp. Stat., Dep. of Poultry Sci. Techniques for measuring sexual effectiveness in male chickens. **(Eine Technik zur Messung der sexuellen Wirksamkeit bei Hähnen.)** Poultry Sci. **41** (1962) Nr. 3. S. 732 bis 739. – 5 Tab., 11 Lit.
Es wurde der Einfluß verschiedener Experimente auf die Paarungsbereitschaft von Leghorn- und Rhodeländerhähnen festgestellt. Keine signifikanten Differenzen wurden gefunden bei der Benutzung von unterschiedlichen Ställen, der Zahl der paarungsbereiten Hennen sowie der vollzogenen Verpaarungen. Die Bekanntschaft der Hähne mit den Ställen und den Hennen übt einen großen Einfluß aus, der hochsignifikant ist. Statistisch gesicherte Unterschiede ergaben sich bei den Hähnen einer Rasse, während zwischen den beiden Rassen keine Differenzen auftraten. E. Urban. 1778.

Hancock, J. L.; Edinburgh, A. R. C., Animal Breeding Res. Organisation. Fertilization in farm animals. **(Die Befruchtung bei den Haustieren.)** Animal Breeding Abstr. **30** (1962) Nr. 3. S. 285–310. – 1 Abb., 190 Lit.
Nach einer Zusammenstellung der Termini technici behandelt Vf. folgende Gebiete der Befruchtung bei den Haustieren: Brunstdauer, Zeitpunkt der Ovulation, Ort der Befruchtung und Überleben der Spermien im weibl. Genitaltrakt, Lebensdauer der ovulierten Eizelle, Eindringen des Spermiums in die Eizelle, morphologische Veränderungen vor und nach der Befruchtung, Veränderungen der unbefruchteten Eizelle, Kriterien der Befruchtung, Befruchtungsanomalien, Ausbleiben der Befruchtung, Mängel im Spermatransport, Gametendefekte, Befruchtung nach Hormonbehandlung, Befruchtung in vitro und nach Eitransplantation und selektive Befruchtung.
F. Döcke. 1785.

Noyes, R. W. und Thibault, C. (unter techn. Mitarb. von Gerard, Micheline). Endocrine factors in the survival of spermatozoa in the female reproductive tract. **(Endokrine Faktoren bei der Überlebensrate der Spermatozoen im weiblichen Geschlechtstrakt.)** Fertility and Sterility **13** (1962) Nr. 4. S. 346–365.

Von fruchtbaren Kaninchenrammlern werden Spermatozoen in Eileiter, Uterushörner und Vagina von 42 Häsinnen gebracht, die vorher ovariektomiert werden und Injektionen von Oestrogenen oder Progesteron bzw. Oestrogen und Progesteron erhalten. Die Vagina wird im Mittelabschnitt und einseitig die Zervix, die Uterus-Eileiterverbindung und das Infundibulum des Eileiters ligiert. 1 oder 2 Tage später gewinnt man Flüssigkeit aus den abgeteilten Segmenten und bestimmt die Anzahl und die Beweglichkeit der Spermatozoen sowie die Leukocyten. Außerdem werden frisch ovulierte Eier von mit Gonadotropin behandelten Häsinnen gewonnen und diese in die unligierten Eileiter und Gebärmutterhörner verbracht. Weitere Eier werden in vitro, und zwar in der aus den ligierten Abschnitten gewonnenen Flüssigkeit aufbewahrt. 5 Std. nach der Transplantation gewinnt man die Eier zurück und unterzieht sie einer mikroskopischen Betrachtung. Nur 70 von 462 Eiern weisen nach verschieden langem Aufenthalt im Geschlechtstrakt eingedrungene Spermien auf. Die in vitro kultivierten Eier zeigen sämtlich keine und von 213 in Uterus und Zervix übertragenen Eiern nur 7 Anzeichen von Befruchtung. Nach 43- bis 50stündigem Aufenthalt der Spermien im Eileiter ist nur 1 von 51 in die Tuben verbrachten Eiern befruchtet, obwohl in der Regel bewegliche Spermien in den gegenüberliegenden ligierten Teilen der Eileiter gesehen werden. Die Spermatozoen behalten im weibl. Geschlechtstrakt wohl 43–50 Std. ihre Beweglichkeit, die Befruchtungsfähigkeit verlieren sie aber schon nach 22–29 Std. Ein Vergleich zwischen der Art der Hormonbehandlung, der Anzahl beweglicher Spermien in den ligierten Abschnitten und der Anzahl Eier, die Anzeichen der Befruchtung aufweisen, ergibt, daß durch Hormoninjektionen die Befruchtungskraft ohne Auswirkung auf die Beweglichkeit der Spermien erhöht wird. K. Rothe. 1785.

Erb, R. E., Nofziger, J. C., Stormshak, F. und Johnson, J. B. Progesterone in corpora lutea, ovaries and adrenals of pregnant sows and its relationship to number of implants. **(Beziehungen des Progesterongehaltes von Corpora lutea, Ovarien und Nebennieren bei trächtigen Sauen zur Zahl der Früchte.)** J. Animal Sci. **21** (1962) Nr. 3. S. 562–567. – 2 Tab., 19 Lit.

Vff. untersuchten bei trächtigen Sauen den Progesterongehalt von Corpora lutea, Stromagewebe des Ovars und Nebennieren. Dabei sollte in der Hauptsache geprüft werden, ob Beziehungen zur Anzahl der Früchte bestünden, auf welche andere Autoren auf Grund ihrer Untersuchungen in dem Sinne hingewiesen hatten, daß erhöhte Progesteronwirkung zu einer verminderten Fruchtbarkeit führen sollte. Aus den zahlreichen Einzelergebnissen, die im Orig. nachgelesen werden müssen, seien die folgenden genannt: Es bestand eine hochsignifikante Abhängigkeit der Zahl der Früchte vom Gewicht des Corpus-luteum-Gewebes bzw. der Zahl der Früchte von der Progesteronkonzentration im Stromagewebe des Ovars. Keine signifikanten Beziehungen jedoch konnten zwischen Anzahl der Früchte und Progesterongehalt bzw. -konzentration von Corpora lutea und Nebennieren beobachtet werden. Vff. weisen auf die Notwendigkeit weiterer Untersuchungen hin, wobei sie von der Progesteronbestimmung im Venenblut von Ovarien und Nebennieren weitere Aufschlüsse erwarten. H. Grychtolik. 1792.

Günzler, O. **Zur Pathogenese und Therapie der Ovarialcyste des Rindes.** Tierärztl. Umschau **17** (1962) Nr. 11. S. 378–390.

Die Cystenbildung am Ovar ist auf eine hormonale Fehlsteuerung seitens des Hypophysenvorderlappens zurückzuführen. Hierbei erfolgt eine ungenügende Ausschüttung des luteotropen Gonadotropins, so daß es zur Cystenbildung wegen der ungenügenden Luteinisierung kommt. Dementsprechend ist auch die Behandlung auszurichten. Es muß dazu das luteinisierenden Charakter besitzende Choriongonadotropin der Frau (PU, HCG) gegeben werden. Die Verabreichung geschieht direkt in die Cyste. Der Hypophysenvorderlappen wird dabei geblockt und erholt sich; inzwischen gelingt es dem Eierstock, ein funktionstüchtiges Corpus luteum aufzubauen und den ehemaligen Überhang an FH zum Verschwinden zu bringen. – In einer Versuchsreihe bringt die Behandlung bei 93% der Fälle klinische Heilung und bei 71% Trächtigkeit. Wichtig ist es, die zur Krankheit führenden Noxen (qualitative Futterschäden) zu beseitigen. F. Schaetz. 1797.

Santamarina, Enrique; New Jersey, Rutgers State Univ. Factores fisiopatologicos relacionados con la funcion reproductora de los bovidos. **(Physiopathologische Faktoren in Beziehung zur Fortpflanzung beim Rind.)** Gac. veterin. [Buenos Aires] 24 (1962) Nr. 148. S. 499. 502–513. 1797.

Chang, M. C. und Bedford, J. M.; Shrewsbury, Mass., Worcester Foundation for Exp. Biol. Fertilizability of rabbit ova after removal of the Corona radiata. **(Befruchtungsfähigkeit von Kanincheneiern nach Entfernung der Corona radiata.)** Fertility and Sterility **13** (1962) Nr. 5. S. 421–425. – 4 Abb., 1 Tab., 7 Lit.

12; 14 oder 16 Std. nach i. v. Injektion von ca. 30 IE LH wurden unbefruchtete Kanincheneizellen mittels einem Gemisch von Kaninchenserum und Ringer-Lösung aus den Tuben ausgespült. Nach Zugabe von Hyaluronidase wurde bei einem Teil der Eizellen die Corona radiata durch Schütteln entfernt. Diese und die Kontrolleizellen wurden dann in Serum suspendiert und 1 Std. bei 30 °C gehalten. Anschließend wurden die Eizellen ohne Corona radiata in die linke, die Kontrolleier in die rechte Tube 12–16 Std. vorher gedeckter Empfänger übertragen. 6 oder 24 Std. post transplantationem wurden die Empfänger getötet und die ausgespülten Eizellen histologisch untersucht. 46–55% der Eizellen ohne und 85–90% der Eizellen mit Corona radiata waren befruchtet worden. Nur aus 6 von 29 der befruchteten Eizellen entwickelten sich nach nochmaliger Transplantation normale Junge (21%). Vff. schlußfolgern, daß die Corona radiata sowohl für die Befruchtungsfähigkeit als auch für die weitere Entwicklung der befruchteten Eizelle eine wesentliche Bedeutung hat. F. Döcke. 1800.

Lamond, D. R.; Armidale, New South Wales, C. S. I. R. O., Pastoral Res. Lab., Div. of Animal Physiol. Effect of season on hormonally induced ovulation in Merino ewes. **(Der Einfluß der Jahreszeit auf die hormonell induzierte Ovulation bei Merinoschafen.)** J. Reproduct. Fertility 4 (1962) Nr. 1. S. 111–120. – 2 Abb., 4 Tab., 34 Lit.

An 4 Gruppen von weibl. Merinoschafen (196 Tiere 3–5 Jahre alt) wurde der Einfluß folgender Faktoren auf das Auftreten von physiol. oder Superovulationen untersucht: 1. 4 Jahreszeiten; 2. 2 PMS-Dosen: 300 und 900 IE s. c.; 3. 3 HCG-Dosen: 300, 600 und 1200 IE i. m.; 4. 2 Intervalle zwischen PMS- und HCG-Applikation: 24 und 48 Std. Alle Tiere wurden über 2 Wochen mit 12,5 mg Progesteron i. m. jeden 2. Tag vorbehandelt. PMS wurde am Tag der letzten Progesteronverabreichung injiziert. Die Feststellung der Ovulationsrate erfolgte zu verschiedenen Zeitpunkten während und nach der Behandlung mittels Laparatomie. – Weder bei der Zahl der Ovulationen, die schon während der Progesteronbehandlung auftraten, noch bei der Anzahl der induzierten Superovulationen konnte ein sicherer Einfluß der Jahreszeit nachgewiesen werden. Dagegen waren jahreszeitliche Unterschiede im Anteil der Schafe, die nicht ovulierten, sowie im Ovulationszeitpunkt festzustellen. Im Jan. war der Anteil nicht ovulierender Tiere am größten, wenn das HCG 24 Std. nach dem PMS injiziert wurde. Vf. schließt daraus, daß die ovulationshemmende Wirkung des Progesterons im Winter am stärksten war. Der Ovulationszeitpunkt variierte im Okt. am stärksten, doch nimmt Vf. an, daß bei entspr. Korrektur des PMS-HCG-Verhältnisses und

-Intervalles Ovulationen über das ganze Jahr mit großer Regelmäßigkeit ausgelöst werden können. F. Döcke. 1812.

Clegg, M. T., Cole, H. H., Howard, C. B. und Pigon, H.; Davis, Univ. of California, Dep. of Animal Husbandry. The influence of foetal genotype on equine gonadotrophin secretion. **(Der Einfluß des fetalen Genotyps auf die Gonadotropin-Sekretion beim Pferd.)** J. Endocrinol. [London] **25** (1962) Nr. 2. S. 245–248. — 1 Abb., 1 Tab., 8 Lit.

Vff. führten bei 9 trächtigen Stuten zu verschiedenen Zeitpunkten der Trächtigkeit Serumgonadotropinbestimmungen nach der Methode von Cole und Erway durch. Die Tiere waren teils von einem Hengst, teils von einem Esel gedeckt worden. Um individuelle Unterschiede auszuschließen, wurden 2 Stuten nacheinander von einem Esel und einem Hengst gedeckt. Es zeigte sich, daß diejenigen Stuten, die einen Maultierfeten trugen, nur ca. $^1/_{10}$ der Serumgonadotropinkonzentration hatten, als die von einem Hengst gedeckten Muttertiere. Die Zeitpunkte für das Erscheinen von Serumgonadotropin nach der Paarung und für den Konzentrationsgipfel jedoch glichen sich in beiden Gruppen. Bei einer von einem Esel gedeckten Stute, die am 69. Tag der Trächtigkeit getötet wurde, fanden die Autoren bei der histologischen Untersuchung jene Endometriumzellen normal, die für die Bildung des Serumgonadotropins verantwortlich gemacht werden. Der Hormongehalt dieser Zellen erwies sich jedoch im Vergleich zu entspr. Geweben von Stuten, die Pferdefeten trugen, als deutlich erniedrigt. Vff. nehmen an, daß die Funktion der gonadotropinsezernierenden Endometriumzellen durch den Genotyp des Feten beeinflußt wird. H. Grychtolik. 1830.

Leclercq, M. und Derivaux, J.; Cureghem-Bruxelles, École Méd. Vétérin., Lab. Obstétrique. Détermimation des oestrogènes urinaires chez la vache en fin de gestation. **(Bestimmung der Urin-Oestrogene am Ende der Schwangerschaft der Kuh.)** Ann. Endocrinol. [Paris] **23** (1962) Nr. 1. S. 105–109. — 2 Tab., 15 Lit. Zus. in Engl.

Die Bestimmung erfolgt mit der Methode nach Brown, nur wurde statt der Säurehydrolyse die enzymatische gebraucht. Die Mengenangabe in μg pro 1 g Tr.-Subst. ist genauer als die von μg Oestrogen pro 1 l Urin. Die Urin-Oestrogenausscheidung nimmt während des letzten Trächtigkeitsabschnittes ständig zu. Werte von 45–90 μg pro 1 g Tr.-Subst. werden im letzten Trächtigkeitsmonat erreicht. Es handelt sich um Oestradiol und Oestron. K. Wohanka, 1830.

Hall, Kathleen, Hoare, Margaret und Turner. C. B.; Birmingham, Univ., Dep. of Physiol. Relaxin in the blood of preparturient ewes. **(Relaxingehalt im Blut trächtiger Schafe.)** J. Endocrinol. [London] **25** (1962) Nr. 2. S. 271 bis 278. — 3 Tab., 28 Lit.

Als Grundlage einer therapeutischen Anwendung von Relaxin bei Geburtsstörungen untersuchten Vff. den Relaxinspiegel im Blut trächtiger Schafe während der beiden letzten Mon. vor der Geburt. Nach Heparinisierung der durch Venenpunktion gewonnen Blutproben und Extraktion des Plasmas (Methode von Albert und Money) wurden die Extrakte bei der oestrogenvorbehandelten Maus an Hand der Schamfugenweite, des Gewichtes und der Histologie des inneren Genitale und der Cervixweite testiert. Die symphysenerweiternde Wirkung der Extrakte erwies sich als gering. Es wurden weniger als 0,2 E Relaxin pro ml Plasma gefunden. Meßbare Effekte der Extrakte auf Gewicht und Histologie des Genitaltraktes sowie auf die Weite der Cervix wurden nicht beobachtet. Die Autoren kommen zu dem Schluß, daß bei Schafen in den beiden letzten Mon. der Trächtigkeit die Konzentration von Relaxin im Plasma — wie sie durch die verfügbaren Methoden ermittelt werden kann — zu niedrig ist, um Aussagen über Abweichungen bei pathologischen Zuständen machen zu können. H. Grychtolik. 1830.

Milham jun., Samuel. Experimental study of the developing mammalian egg: Removal of the zona pellucida. **(Experimentelle Untersuchung über die Entwicklung des Säugereis: Entfernung der Zona pellucida.)** Science [Washington] **138** (1962) Nr. 3540. S. 594.

Die Zona pellucida der Eizelle kann mit Glasnadeln entfernt werden, doch resultiert daraus häufig eine Schädigung der Blastomeren. Auch andere, chem. Methoden führten zu einer Beeinträchtigung der Lebensfähigkeit des Eies. Vf. stellte fest, daß das Enzym Pronase die Z. pellucida von Mäuseeizellen in allen Entwicklungsstadien entfernt und dabei anscheinend keine Schädigung verursacht. Eine Standardmethode für die Anwendung des Enzyms, das zuerst in Japan von *Streptomyces griseus* isoliert wurde, wird beschrieben. Zwischen Eizellen vor und nach der Befruchtung konnten keine Unterschiede in der Verdaulichkeit der Z. pellucida durch das Enzym gefunden werden. Da die Interzellularsubstanz des Cumulus oophorus und der Corona radiata durch Pronase ebenfalls aufgelöst wurde, nimmt Vf. an, daß neben Hyaluronsäure auch ein Eiweißbestandteil in dieser Substanz enthalten ist. Während 2-Zelleier nach Entfernung der Z. pellucida in vitro ein abnormales Teilungsverhalten zeigten, verhielten sich 8-Zelleier etwa normal. F. Döcke. 1840.

Čilingarjan, A. A. und Magakjan, Ju. A. (Tschilingarjan, A. A. und Magakjan, Ju. A.); Jerewan, Zool. Inst. der Akad. der Wiss. der Armen. SSR. Sraviteln'oe issledovanie rannich stadij razvitija pekinskoj i muskusnoj utok i ich gibridov. **(Vergleichende Untersuchung früher Entwicklungsstadien der Peking- und Moschusenten und ihrer Hybriden.)** Žurnal obščej biologii, Moskva **24** (1963) Nr. 1. S. 43–49. — 2 Abb., 16 Lit. Zus. in Engl.

Mikroskopische Untersuchungen früher Entwicklungsstadien von F_1-Hybriden aus Peking- und Moschusenten im Vergleich zu Embryonen der Ausgangsformen lassen langsameres Wachstum und „verzögerte Heterosis" der Hybriden in den ersten Tagen der Embryogenese erkennen. Bis auf eine Ausnahme (Entwicklung bis zum 6. Bruttag) hörte die Entwicklung der F_2-Hybriden unter normalen Brutbedingungen schon in sehr frühen Stadien auf. Es wurden Embryonen aus Rückkreuzungen der F_1-Hybriden (♀) mit Pekingenten (♂) untersucht. E. Rieske. 1840.

Lemburg, Peter. **Histophysiologische Untersuchungen zum Problem des Flüssigkeits- und Stofftransportes in der frühen Embryonalentwicklung. Experimentelle Studien am Fruchthüllensystem vom Hühnerei.** Z. Zellforsch. mikroskop. Anatom. **57** (1962) Nr. 5. S. 737–765. — 16 Abb., 36 Lit.

Der Autor versuchte, durch Markierung der Flüssigkeiten des Fruchthüllenapparates mit Myofer den Weg des Fruchtwassers bzw. die Zirkulationsverhältnisse bei 5–7 Tage alten Hühnerembryonen zu erkunden. — Das Eisen des Myofers wurde mit Hilfe der Turnbulls-Blau-Methode nachgewiesen. — Der Weg des Fruchtwasser-Myofer wurde vom Eiklar aus verfolgt. Die Chorionwand kann es von dort aus aufnehmen und speichern. Darauf ist das Myofer des Fruchtwassers im extraembryonalen Coelom nachweisbar, um später im Amnionepithel gefunden zu werden. Daß das markierte Myofer-Fruchtwasser vom Amnionepithel in das Cavum amnii sezerniert wird, konnte nicht exakt bewiesen werden. Das vom Embryo aufgenommene Myofer-Fruchtwasser ist 4 Std. nach der Injektion teilweise in der Allantois nachweisbar. — Es empfiehlt sich, die vielen Fakten im Original nachzulesen. H. Seidel. 1840.

Milkovic, Karmela und Milkovic, Stevan; Bethesda, Md., Nat. Inst. of Health, Nat. Inst. of Arthritis and Metabolic Diseases, Lab. of Nutrit. and Endocrinol. Studies of the pituitary-adrenocortical system in the fetal

rat. **(Untersuchungen über das Hypophysen-Nebennierenrindensystem bei der fetalen Ratte.)** Endocrinology **71** (1962) Nr. 5. S. 799–802. – 3 Abb., 15 Lit.
Die Untersuchungen wurden an 21–22 Tage alten Sprague-Dawley-Rattenfeten durchgeführt, die durch Laparatomie von normalen oder 24 Std. vorher hypophysektomierten Muttertieren gewonnen wurden. – Die Hypophysektomie der Mutter übte, ebenso wie ein 1stündiger Aufenthalt des Fetus ex utero, keinen Einfluß auf die Ascorbinsäureentleerung der fetalen NNR nach Stress (Narkose, Laparatomie) aus. Fetale Nebennieren, die in Krebs-Ringer-Bicarbonatpuffer inkubiert wurden, produzierten gleiche Mengen an Corticosteron wie die von erwachsenen Ratten. Sie waren in vitro aber empfindlicher gegenüber ACTH. Die Corticosteronproduktion der Nebennieren erwachsener Ratten wurde durch fetale Hypophysen in vitro erhöht. Vff. schließen, daß gegen Trächtigkeitsende die Nebenniere der Rattenfeten durch die fetale Hypophyse stimuliert wird. Fetale Nebennieren und Hypophysen besitzen in vitro eine volle Funktionsfähigkeit. F. Döcke. 1840.

Cross, B. A. und Silver, I. A. Mammary oxygen tension and the milk-ejection mechanism. **(Die Sauerstoffspannung in der Milchdrüse und der Milchejektions-Mechanismus.)** J. Endocrinol. [London] **23** (1962) Nr. 4. S. 375–384. – 7 Abb., 17 Lit.
Die Sauerstoffspannung wurde polarografisch mittels Goldnadel-Elektroden gemessen, die Kaninchen in leichter Urethannarkose durch die Haut in die Milchdrüse eingeführt wurden. Die O_2-Spannung erhöhte sich beim Entzug der Milch aus stark angefüllten Milchdrüsen. Sie erniedrigte sich bei i. v. Oxytocininjektionen, die zu Myoepithelkontraktionen führten, und bei Wirkung von endogenem und exogenem Adrenalin. Erhöhte sich die O_2-Spannung bei einer Sauerstoffatmung oder erniedrigte sie sich bei einer N_2-Atmung, so wurde die durch exogenes Oxytocin auslösbare Milchejektion davon nicht beeinflußt. Die elektrische Reizung der lateralen und caudalen Hypothalamusgebiete verminderten die O_2-Spannung und hemmten bei Adrenalinapplikation die Milchejektion. Die Vff. vertreten die Meinung, daß die O_2-Spannung im Milchdrüsengewebe Rückschlüsse auf den kapillaren Blutdurchfluß in der Milchdrüse und damit auch auf die Reaktion der Myoepithelzellen auf zirkulierendes Oxytocin zuläßt. H. Mielke. 1862.

Zelfel, S., Walther, B. und Herrmann, G. **Stand der künstlichen Besamung bei Rindern in der Deutschen Demokratischen Republik.** Tierzucht **16** (1962) Nr. 12. S. 534–538.
Ende 1961 standen auf 36 VE Besamungsstationen insgesamt 1452 Bullen mit einem Durchschnittsalter von 3 Jahren und 4 Mon. (der älteste Besamungsbulle war 16jährig). 1549 Erstbesamungen (EB) entfielen im Durchschnitt auf jeden Bullen, es wurden insgesamt 2 028 013 EB (⌀ 57943 EB je Station) durchgeführt. Ebenso wie die Anzahl der Besamungsbullen, der EB und damit auch die Besamungsdichte (1961 im ⌀ 77,2%) in den letzten Jahren stärker angestiegen sind, hat sich auch die Durchschnittsleistung der Besamungsbullenmütter verbessert (Schwankungsbreite zwischen 7 Rassen für Milch-kg: 3681–5245 kg, für Fettprozente 4,17–6,70%). Der Befruchtungserfolg, gemessen nach der Non-Return-Methode oder mit Hilfe der Stallanalysen, stieg für 1961 auf 69% für die EB an. Der Besamungsindex betrug bei gesunden Tieren 1,65. Auf spezialisierten Betrieben (VEG u. ä.) wurden Färsenprüfherden gebildet und Bullenverwahrstationen errichtet, die als Betriebsabteilungen den VE Besamungsstationen angeschlossen sind. Damit wurden die praktischen Voraussetzungen für eine frühzeitige Erbwertermittlung der Besamungsbullen geschaffen. Für die individuelle Anpaarung der besten Herdbuchkühe mit bes. Bullen steht Tiefgefriersperma zur Verfügung. Die Neuorganisation der KB bewirkte, daß spez. dafür ausge-

bildete LPG-Mitglieder und Angehörige der VEG die Besamungen auf ihren Betrieben durchführen, während auch Besamungstechniker zu Mitgliedern der LPG wurden. Die VE-Besamungsstationen haben sich das Ziel gesetzt, die Besamungsdichte bis 1965 auf 90% zu erhöhen, die Zwischenkalbezeiten zu verkürzen und einen hohen Befruchtungserfolg zu erzielen. Die Entwicklung der Stationen auf 50000–80000 EB je Jahr und Station ist vorgesehen.

R. Menzel. 1881.

Anonym. **Künstliche Besamung in der Welt.** Zuchtwahl u. Besam. **1962** Nr. 24. S. 13–14.

Nach Bonadonna werden z. Z. von 100 Mill. Rindern in der Welt 12–14% künstlich besamt. In den einzelnen Ländern beläuft sich die Besamungsquote (Stand 1960) auf: Dänemark 95%, Israel 90%, England 66%, Holland 61%, Schweden 50%, Frankreich 50%, UdSSR 43%, USA 33%, BRD 32% und Belgien 29%. Über die Entwicklung der KB in Frankreich, Polen, England, den Niederlanden und den USA enthält die Veröffentlichung detaillierte Angaben. Aus der BRD wurde angefragt, ob es zuträfe, daß in den USA die Nachkommen besamter Tiere nach dem 3. oder 4. Kalben nicht wieder aufnehmen. Die Angaben beziehen sich jedoch auf eine kleine Besamungsstation von 500 Tieren, die unter äußerst ungünstigen Voraussetzungen arbeitet. Tatsächlich liegt bei 7 Mill. Besamungen in den USA der Besamungsindex bei 1,5–1,6. Auch in Deutschland sei in Beständen, die teilweise länger als 10 Jahre künstlich besamt werden, ein Rückgang der Fruchtbarkeit oder ein verstärktes Auftreten der stillen Brunst infolge der KB nicht zu beobachten gewesen. Unter den die Fruchtbarkeit beeinträchtigenden Infektionskrankheiten in den USA werden die Vibriosis, die Trichomonadenseuche und der Scheidenkatarrh genannt. Die Befruchtungsleistung der einzelnen Bullen zeigt eine starke Varianz. Die Vererbung der Fruchtbarkeit ist zwar vorhanden, der Erblichkeitsanteil an der Gesamtvarianz der Fruchtbarkeit jedoch wesentlich geringer als der Einfluß der Umwelt. Die Besamungsstationen setzen keine Bullen mit bekannt schlechter Befruchtungsleistung ein. Die Fruchtbarkeit der Kuhfamilien spielt für den Besamungserfolg ebenfalls eine Rolle. Auch der Besamer hat hierauf einen Einfluß. Hier sind die beobachteten Differenzen jedoch geringer als zwischen den Bullen. Ehe man die Schuld für eine mangelhafte Konzeption beim Besamer sucht, soll man sich erst orientieren, ob im betr. Bezirk mehrere Betriebe in der Nachbarschaft des fraglichen Bestandes hierüber auch klagen. Dann ist eine Überprüfung in dieser Richtung angezeigt. Ist dies jedoch nicht der Fall, liegt der Fehler in dem betreffenden Bestande, oder der Herdenbesitzer arbeitet mit dem Besamer nicht gut zusammen. Die Minderung der Fruchtbarkeit bei steigender Milchleistung wird zwar immer wieder beobachtet, obwohl andererseits Kühe mit den höchsten Leistungen regelmäßig konzipieren. Der embryonale Frühtod, seine erbliche Beeinflussung seitens des Vaters oder der Mutter, verdienen bes. Aufmerksamkeit. Dieser Tatbestand wird bei regelmäßiger rectaler Trächtigkeitskontrolle durch einen Tierarzt schneller und exakter erfaßt. In Offenställen gehaltene Rinderbestände müssen bez. des Brunstgeschehens bes. sorgfältig beobachtet werden, da hier die Gefahr eines Übersehens der Brunst oder der Entstehung haltungsbedingter Fruchtbarkeitsstörungen größer als im Anbindestall ist.

H. Busse. 1881.

Smith, Geoffrey. **Rückblick auf neunzehn Jahre künstliche Besamung.** Tierzüchter **14** (1962)Nr. 16. S. 590–591.

Das Milk Marketing Board (MMB) ist im Laufe der Zeit zu einem der größten Rinderbesamungsunternehmen der Welt geworden. 1962 gehörten 23 englische Besamungsstationen mit über 700 Bullen, die bis März 1962 1,75 Mill. Erstbesamungen (EB) zu verzeichnen hatten, zu dieser Vereinigung. Der

Preis von DM 11,20 je EB schließt freie Nachbesamungen ein und wird über das Milchgeld eingezogen. Die privaten Besamungsstationen Großbritanniens fordern verschieden hohe Gebühren. Im Hinblick auf die größtmögliche Wirtschaftlichkeit bahnen sich Bestrebungen enger Zusammenarbeit zwischen den Stationen, den Besamungsvereinigungen und den Züchtern an. Z. B. ist der Samenaustausch geprüfter Bullen vorgesehen und die Entwicklung eines Programms zur Leistungssteigerung bei Milch und Fleisch, wobei die Erbwertermittlung bes. im Vordergrund steht. Auch der Verbesserung der Technik und der Aufbewahrungsmöglichkeiten für tiefgefrorenes Sperma wird Beachtung geschenkt. R. Menzel. 1881.

Schäfer, Wolfgang; Schönow bei Bernau, Inst. für Künstl. Besam. **Versuche zur künstlichen Besamung bei Pferden.** Zuchthyg., Fortpflanzungsstör. Besam. Haustiere **6** (1962) Nr. 4. S. 254–261. – 2 Abb., 3 Tab., 44 Lit.
Von zwei Hengsten wurden 55 Ejakulate gewonnen, wobei durch Verwendung eines neuentwickelten doppelwandigen Spermaauffangglases eine zu schnelle Abkühlung des Spermas nach der Ejakulation vermieden werden konnte. Volumen, Spermakonzentration, pH-Wert etc. wurden nach variierten Aufbewahrungszeiten bei 0 bis +4 °C in der Verdünnung(1 :6, mit Vollmilch-Eidotter-Glucosepuffer + Penicillin + Streptomycin) ermittelt. 20 Stuten wurden mit verdünntem, nicht abgekühltem Sperma fernbesamt. Die Befruchtungsergebnisse von 60% (natürliche Paarung 40–50%) beweisen, daß die Fernbesamung über beschränkte Entfernungen durchführbar ist. M. Metze. 1881.

Saeki, Yuichi und Brown, Keith I.; Wooster, Ohio Agric. Exp. Stat., Dep. of Poultry Sci. Fertilizing ability and laboratory evaluation of ejaculated and vasa deferentia semen in turkeys. **(Die labormäßige Wertbestimmung und die Befruchtungsfähigkeit von Ejakulaten und Vasa-Deferentia-Samen bei Puten.)** Poultry Sci. **41** (1962) Nr. 3. S. 905–909. – 4 Tab., 15 Lit.
Samen aus dem Samenleiter hatte eine höhere Spermienkonzentration bei geringerem Prozentsatz anormaler Spermien als vergleichende Ejakulate. Unverdünntes Ejakulat hatte eine höhere Befruchtungsfähigkeit als Samen aus dem Samenleiter. Bei einer Verdünnung von 1:1 erreichte der Samen die gleiche Befruchtungsfähigkeit wie unverdünntes Ejakulat. Die Spermiendichte nimmt vom oberen zum unteren Teil des Samenleiters ab und entspricht am unteren Ende der Konzentration im Ejakulat. Diese Untersuchungen zeigen, daß im unteren Teil des Samenleiters durch Sekretion die Befruchtungsfähigkeit der Spermien gesteigert wird. E. Urban. 1886.

Dennis, Stanley M.; Sydney, Univ., Dep. of Veterin. Pathol. and Bacteriol. Spermicidal activity of bacterial endotoxin. **(Spermicide Wirkung bakterieller Endotoxine.)** Nature [London] **195** (1962) Nr. 4847. S. 1227–1228. – 1 Abb., 6 Lit.
Ein von *Vibrio fetus* isoliertes Lipopolysaccharid wirkte auf Schaf- und Rinderspermien in vitro spermicid. Nach 3 Std. (1 mg/ml) hörte jede Bewegung der Spermien auf. Vorheriges Erhitzen erhöhte die Wirkung des Lipopolysaccharids um das 5fache. Lipopolysaccharide von *Pasteurella multocida* und *Serratia marcescens* waren ebenfalls effektiv. H. Cziharz. 1887.

Flipse, R. J.; University Park, Pennsylvania State Univ., Dairy Breeding Res. Center, Dep. of Dairy Sci. Metabolism of bovine semen. XII. Galactose as an indicator of hexose transport by bovine spermatozoa. **(Stoffwechsel von Bullensperma. 12. Mitt. Galaktose als ein Indikator für den Hexosetransport durch Bullenspermien.)** J. Dairy Sci. **45** (1962) Nr. 9. S. 1083 bis 1086. – 2 Abb., 3 Tab., 7 Lit. 11. Mitt. vgl. LZ. Abt. III 8 (1963) Nr. 4. S. 688.
Mittels Galaktose-1-^{14}C wurde der Transport von Hexosen durch die Zellmembran gewaschener Rinderspermien untersucht. Versuche mit Glukose

und mit 2,4-Dinitrophenol zeigten, daß ein Energiebedarf für den Galaktosetransport besteht. Das Transportsystem war gegenüber Jodacetat und Quecksilberchlorid empfindlich, reagierte aber nicht auf Insulin. Da sich Galaktose in der Zelle anhäufte und nur wenig $^{14}CO_2$ produziert wurde, war sie ein guter Indikator für den Hexosetransport. Ein Teil des Transportes schien passiv und energieunabhängig abzulaufen. F. Döcke. 1887.

Schröder, G.; Halle/S., Martin-Luther-Univ. Halle-Wittenberg, Inst. für Tierzucht. **Morphologische Untersuchungen am Rindersperma.** Arch. Tierzucht **6** (1963) Nr. 4. S. 284–299. – 3 Abb., 4 Tab., 11 Lit. Zus. in Russ., Engl. nach Zus.

In 459 Ejakulaten betrug der Anteil der Gesamtdeformationen bei den lebenden Spermien 24,92%, während bei den toten Samenzellen nur 18,38% deformierte Spermien vorkamen. Die Differenz konnte durch den χ^2-Test mit P = 0,05 gesichert werden. Die Differenzen zwischen den lebenden und toten Spermien bei den Kopfkappen-, Kopf- und Halsdeformationen sind statistisch mit P = 0,001 gesichert. Dabei wiesen die abgestorbenen Samenzellen den höchsten Anteil auf. Die Mittelstücksdeformationen traten mit 5,39% und 5,57% bei den lebenden wie auch bei den toten Spermien in annähernd gleichem Umfang auf. Der Anteil der Schwanzdeformationen betrug bei den lebenden Samenzellen 18,3%. Bei den bereits abgestorbenen Spermien wurden nur 8,50% ermittelt. Durch die Berechnung von 38 Korrelationskoeffizienten konnte keine Beeinflussung der Deformationsarten durch physiol. Spermaeigenschaften nachgewiesen werden. Die Untersuchungen über den jahreszeitlichen Einfluß auf die einzelnen Deformationsarten zeigten: 1. Die Kopfkappen-, Kopf- und Kopfbasis- und Halsdeformationen liegen in den Wintermonaten nahezu einheitlich unter dem Gesamtjahresmittel. 2. Die Mittelstücks- und Schwanzdeformationen weisen in den Wintermonaten den höchsten Anteil auf. Eine Beeinträchtigung des Befruchtungserfolges durch Kopf- und Mittelstücksdeformationen konnte nachgewiesen werden. Die unterschiedliche Höhe der Schwanzdeformationen hat keinen Einfluß auf den Befruchtungserfolg. 1889.

Demark, N. L. van und Barlett jun., F. D.; Urbana, Univ. of Illinois, Dep. of Dairy Sci. Factors affecting the maintenance of CO_2 levels and the survival of bovine spermatozoa in carbonated diluents. **(Faktoren, die den CO_2-Gehalt und die Lebensfähigkeit von Rinderspermatozoen in CO_2-haltigen Verdünnern beeinflussen.)** J. Dairy Sci. **45** (1962) Nr. 3. S. 375–382. – 3 Abb., 3 Tab., 10 Lit.

Die Untersuchungen zeigten die Notwendigkeit eines CO_2-Anteils und der Reduktion des Sauerstoffs in den verschlossenen Spermaampullen, um eine optimale Lebensdauer während der Aufbewahrung im IVT-Verdünner zu gewährleisten. Bessere Haltbarkeit des Spermas ergab sich bei 2-ml-Ampullen, die 1,2 und 1,3 ml Sperma enthielten, als bei solchen, in denen die Füllmenge niedriger war. Bei starker Füllung blieb der pH-Wert der Samenflüssigkeit während der Lagerung nahezu unverändert um 6,5. Andernfalls stieg dieser Wert teilweise bis auf 7,3. Der Zusatz von Katalase ergab eine erhebliche Verbesserung der Spermahaltbarkeit, bes. bei niedriger Füllmenge, was auf eine Sauerstoffschädigung schließen ließ. Bei höheren Lagerungstemperaturen (26,5 °C) jedoch wurde nach CO_2-Spülung der Ampullen vor dem Füllen eine bessere Spermalebensfähigkeit erreicht, wenn kein Katalasezusatz erfolgte. Der letzte Abschnitt des Berichtes ist dem Vergleich zweier verschiedener Methoden zur Erzielung des CO_2-Gehaltes gewidmet. Von Bedeutung jedoch ist allein ein möglichst hoher CO_2-Gehalt.
K.-H. Heinrich. 1891.

Ließ, J. und Grove, D.; Hannover, Tierärztl. Hochschule, Inst. für Haustierbesam. und -Androl., Richard-Götze-Inst. **Die „verlorenen Packungen“ beim**

kurzfristigen Versand von kleinen Mengen Tiefgefriersamen. Dtsch. tierärztl. Wschr. **69** (1962) Nr. 10. S. 268–270.
Da das Sperma erst kurz vor der Insemination aufgetaut werden darf, macht sich ein Versand in entspr. Gefäßen mit Trockeneis notwendig. Aus diesem Grunde sind nach dem Prinzip des Dewargefäßes schon verschiedene Transportbehälter entwickelt worden, die gleichzeitig beim Empfänger als Aufbewahrungsgefäße Verwendung finden (Ließ, 1959). Die bisher üblichen Gefäße haben ein Fassungsvermögen von 36–490 Einzeldosen. Aus mehreren Gründen wird aber auch der Versand kleinerer Mengen Einzeldosen notwendig. Der bisher begangene Weg mit kleineren, weithalsigen Thermosgefäßen ist jedoch wegen der Rücksendepflicht umständlich, und der finanzielle Aufwand steht weiterhin in keinem Verhältnis zu der benötigten Menge von 2–4 Portionen. Aus diesen Gründen macht sich die Entwicklung einer Verpackung nötig, die auf das Dewarprinzip verzichtet. Diese kleinen Verpackungen brauchen natürlich einen gut isolierenden Kunststoff als Verpackungsmaterial. Die Art der Verpackung wird als „verlorene Verpackung" bezeichnet. Vf. sieht in dem Kunststoff Styropor die benötigten Eigenschaften. Diese kleinen Versandpackungen bestehen aus: Pappkarton, der Trockeneis und Spermaportionen aufnimmt und einem Styropor-Würfel, der halbiert ist und eine Aussparung zur Aufnahme des Pappkartons besitzt. Die Wanddicke des den Karton umgebenden Würfels beträgt 4 cm. Der Spalt zwischen den beiden Würfelhälften wird mit Klebeband abgedichtet. Die Versuche zeigen, daß diese Art der Verpackung für den kurzfristigen Versand ausreicht. Allerdings wird die Styropor-Verpackung erst bei industrieller Anfertigung großer Mengen finanziell tragbar. W. Busch. 1892.

Eapen, K. J.; Izatnagar, Uttar Pradesh, Indian Veterin. Res. Inst. The effect of glycerol levels and equilibration time of freezing on survival of bovine spermatozoa after storage at −79 °C. **(Einfluß von Glyzerinmenge und Äquilibrierungszeit auf den Überlebenserfolg von Bullenspermien nach Tiefkühlung und Lagerung bei —79 °C.)** Indian veterin. J. **38** (1961) Nr. 10. S. 508–512. – 4 Tab., 7 Lit.
Lagerungszeit 7 Tage, Verdünner homogenisierte Milch, Glyzerinkonz. 0; 7; 10 und 15%. Äquilibrierungszeiten 0; 6; 12 und 18 Std. Die höchste Beweglichkeit fand sich nach einem Glyzerinzusatz von 7 und 10%. Bei Benutzung der Differentialfärbung als Kriterium für die Spermaqualität erwies sich ein Glyzerinzusatz von 7% als am günstigsten. Die Äquilibrierungszeit hatte in jedem Fall keinen oder nur wenig Einfluß auf die Überlebensrate. H. Cziharz. 1893.

Lopatko, M. I. Zberigannja spermy baraniv pry temperaturi −196°. **(Aufbewahrung von Bocksperma bei −196 °C.)** Socialistyčne tvarynnyctvo, Kyïv **34** (1962) Nr. 7. S. 36–37. – 1 Tab. Orig.: ukrain.
Im Lab. für KB des Inst. für Tierzucht des Waldsteppengebietes der UdSSR wurde eine Methode zur Daueraufbewahrung von Bocksperma ausgearbeitet: Nach der Gütekontrolle wird das Sperma 1:1 verdünnt. Der Verdünner besteht aus 100 ml aqua dest., 3,5 g Natriumcitrat, 1,5 g Glukose und 1,5 ml Eigelb. Der filtrierte Verdünner muß eine Temperatur von 25–30 °C haben. Gleichzei ig wird eine zweite Flüssigkeit aus 88 ml der genannten Verdünnung und 12 ml Glyzerin vorbereitet. Das verdünnte Sperma und die zweite Flüssigkeit werden 1 Std. lang im Thermosbehälter mit Eis langsam bis auf 2–5 °C abgekühlt, dann schichtweise im Verhältnis 1:1 vermischt und 5 Std. bei Temperaturen von 2–5 °C gehalten. Dann wird das Sperma nochmals bewertet, in Ampullen von 1–2 ml Inhalt abgefüllt und eingeschmolzen. Die Ampullen wurden in ein Mullnetz getan und in eine bis −20 °C abgekühlte Spirituswanne des Tiefkühlers gegeben. Die Wannentemperatur wurde sodann durch die Zugabe von Trockeneis oder flüssigem Sauerstoff

gesenkt, von −20 bis −50 °C je 2 °C in der Minute, von −50 bis −80 °C je 5–10 °C und von −80 bis −196 °C je 10–20 °C in der Minute. Mit dem so zubereiteten und 3–5 Mon. aufbewahrten Sperma wurden nach der 1. Besamung Befruchtungsergebnisse zwischen 44,3% und 67% erzielt.
X. Abelmann. 1893.

Kazakov, V. M. (Kasakow, W. M.); Stawropol, Unions-Inst.-Forsch. für Schaf- und Ziegenzucht. Lučšij sposob osemenenija ovec ochlaždennym semenem. **(Das günstigste Verfahren zur Besamung der Schafe mit abgekühltem Sperma.)** Ovcevodstvo, Moskva **9** (1963) Nr. 2. S. 20–22. – 2 Tab.
Frisches Sperma von jeweils gleichen Böcken zeigte im Aug. eine geringere Qualität als im Okt. Dem konnte dadurch begegnet werden, daß die Schafe zweimal hintereinander gedeckt wurden. Daraus zog man den Schluß, daß auch bei Samen, der auf 0 °C abgekühlt worden war (allmähliche Abkühlung im Laufe von 2–2,5 Std.), die dadurch verschlechterte Qualität mit Hilfe einer zweimaligen Besamung kompensiert werden kann. Bei einmaliger Besamung betrug die Befruchtung 58,3%. Bei nochmaliger Insemination nach 24 Std. stieg sie um 6% und bei einer Verkürzung des Zeitraumes bis zur Nachbesamung auf 8 Std. um 16,1%. Deshalb wird allen Betrieben, die mit angeliefertem gekühltem Samen arbeiten, empfohlen, die 2. Besamung nach 8 Std. vorzunehmen.
E. Kahn. 1895.

E. ZÜCHTUNG

Stengel, Hans. **Fortpflanzungsbiologische Probleme der extremen Rassenkreuzung.** Z. Tierzücht. Züchtungsbiol. **77** (1962) Nr. 4. S. 365–373. – 2 Tab.,
Auf Grund der Untersuchungsergebnisse von Walton und Hammond hat sich die Vorstellung verbreitet, daß bei der Kreuzung extrem großer Rassen die Größe der Embryonen durch die Mutter beeinflußt wird und die Geburt zu einem Zeitpunkt erfolgt, an dem die Embryonen die Geburtswege noch passieren können. Von 1953–56 wurden am Max-Planck-Institut für vergleichende Erbbiologie in Berlin-Dahlem Kreuzungen zwischen extrem großen und kleinen Kaninchenrassen (Deutsche Riesen und Hermelin) durchgeführt, deren Ergebnisse die bisher herrschende Meinung nicht bestätigten. Es wurde festgestellt, daß bei der Paarung eines großen männl. und kleinen weibl. Tieres häufig Störungen bei der Geburt auftraten. Die statistische Auswertung ließ die Schlußfolgerung zu, daß als Folge extremer Kreuzungen Tot- und Mißgeburten auftreten. Die Ursache dieser Erscheinung wird in gestörtem Gleichgewicht zwischen genetischer Information (Wachstumsdruck) und mütterlicher Regulation angenommen. Bei einem Größenverhältnis der gepaarten Tiere von ca. 5:1 ist vermutlich die Grenze des Gleichgewichts zwischen Regulation des mütterlichen Körpers und dem Wachstumsdruck des Embryos erreicht.
K. Löhle. 1935.

Ajzinbudas, L. B. und Vagonis, Z. I. (Aizinbudas, L. B. und Wagonis, S. I.); Litau. Veterinärmed. Akad; Baigosola, Bezirk Šeduva, Litau. Forsch.-Inst. für Tierzucht und Veterinärmed. O fiziologičeskom napravlenii v učenii o konstitucii sel'skochozjajstvennych životnych. **(Über den physiologischen Aspekt beim Studium der Konstitution des landwirtschaftlichen Nutzviehs.)** Žurnal obščej biologii, Moskva **23** (1962) Nr. 6. S. 432–440. – 1 Abb., 3 Tab., 36 Lit. Zus. in Engl.
Opsonophagocytäre Aktivität, Gehalt an γ-Globulinen im Blut, Intensität der Antikörperproduktion u. a. Konstitutionskriterien werden an Hand der Literatur und eigener Untersuchungen diskutiert. Kälber unterschiedlicher Struktur und gleicher Raten an FE und verd. Proteinen zeigen bei gleichem Gewicht verschiedene phagocytäre Aktivität der Leukocyten und ungleiche

Intensität bei der Produktion von Immunkörpern. Starkes Wachstum junger Bullen führt in einigen Fällen zur Abnahme ihrer immunobiologischen Reaktionsfähigkeit. E. Rieske. 1940.

Sengel, Philippe und Abbott, Ursula K.; Davis, Univ. of California, Poultry Husbandry Dep. Comportment in vitro de l'épidermo et du derme d'embryon de poulet mutant „scaleless" en association avec le derme et l'épiderme d'embryon normal. **(In-Vitro-Vergleich von Epidermis und Embryonalhaut der Hühner-Mutante „scaleless" in Verbindung mit Haut bzw. Epidermis normaler Embryonen.)** C. R. hebd. Séances Acad. Sci. **255** (1962) Nr. 16. S. 1999–2000.
Die Haut von „scaleless" (schuppenlosen) Embryonen ist nur in der Epidermis funktionsgestört. In-vitro-Versuche ergaben, daß diese nicht auf die morphogenen Reize reagiert, die von normalem Hautgewebe ausgehen. Andererseits entwickelt sich die Unterhaut dieser Tiere bei in-vitro-Versuchen funktionsgerecht und bildet eine normale Epidermis, wenn sie mit „normalem" Unterhautgewebe in Berührung kommt. F. Lüpnitz. 1950.

F. WACHSTUM UND ENTWICKLUNG

Stephenson, S. K.; Armidale, New South Wales, Univ. of New England, School of Rural Sci. Growth measurements and the biological interpretation of mammalian growth. **(Wachstumsmessungen und die biologische Interpretation des Säugerwachstums.)** Nature [London] **196** (1962) Nr. 4859. S. 1070–1074. – 3 Abb., 3 Tab., 15 Lit.
Das Fetenwachstum und die Entwicklung wurden an 2 Schafrassen gemessen und die Beziehungen von Gewicht, Körpermaßen und Entwicklung verschiedener Organe zum Alter biometrisch dargestellt. I. allg. war eine kubische Abhängigkeit der Entwicklung der Körpergröße vom Alter festzustellen. Bis zum Fetenalter von 80–90 Tagen war die Entwicklungskurve stark gekrümmt und verlief von diesem Zeitpunkt an bis zum 140. Tage nahezu linear. Die Gleichungen für die verschiedenen Entwicklungsabschnitte und -merkmale werden angegeben. Abschließend wird festgestellt, daß die Wachstums- und Entwicklungsprozesse sehr komplex sind und schwer verallgemeinert dargestellt werden können. W. Jentsch. 2110.

Zielińska, Barbara und Malcowa, Helena; Kraków, Zakład Hodowli Drobiu. Badania proównawcze nad wzrostem i rozwojem kurcząt rasy Sussex i Rhode Island Red. **(Vergleichende Untersuchungen über die körperliche Entwicklung von Küken der Rassen Sussex und Rote Rhodeländer.)** Zeszyty naukowe wyższej Szkoły rolniczej Krakowie **3** (1962) S. 141–151. – 3 Tab., 5 Lit. Zus. in Russ., Engl.
Verglichen wurden Entwicklung und Futterverwertung von Junghühnern der Rassen Sussex und Rote Rhodeländer bis zum Alter von 5 Mon. sowie ihre Schlachtleistung im Alter von 11 Wochen. Die Gewichtszunahme war bei Sussex-Hühnern etwas höher (statistisch nicht signifikant) als bei den Roten Rhodeländern. Während der Untersuchung (22 Wochen) hatten die Sussex-Junghühner 2,5% weniger Trockenfutter aufgenommen als die Roten Rhodeländer. Die Futterverwertung war demzufolge bei den Sussex etwas besser. Die Schlachtleistungsprüfung ergab im Schlachtkörper der Sussex-Junghühner einen höheren Gewichtsanteil an Muskeln und ein besseres Fleisch: Knochen-Verhältnis als im Schlachtkörper von Junghühnern der Roten Rhodeländer. G. Znaniecka. 2110.

Ketz, Hans-Albrecht. **Das Altern bei den Haustieren.** Wiss. Z. Karl-Marx-Univ. Leipzig, math.-naturwiss. R. **11** (1962) Nr. 4. S. 647–652. – 39 Lit.
Als Ursachen des Alterns können das Aufhören der Zellneubildung und damit des Stoffwechsels und die Ansammlung von giftigen Stoffwechselprodukten

angesehen werden. Durch die Arbeiten Pawlows rückte das Zentralnervensystem in den Vordergrund allg. physiol. und pathologischer Betrachtungen. Es konnte nachgewiesen werden, daß das Zentralnervensystem auch mit dem Alterungsprozeß in ursächlichem Zusammenhang stehen muß. Messungen am Gesamthirn haben gezeigt, daß dieses mit zunehmendem Alter kleiner und leichter wird. Neben Veränderungen der chem. Bausteine des Hirngewebes treten bes. in den Nervenzellen charakteristische Abweichungen vom Normalzustand auf. Das Kernvolumen der Nervenzellen ist bei alten Tieren 20–30% kleiner als bei jungen. Außerdem ist in vielen funktionell wichtigen Nervenzentren eine sich ständig ausbreitende Neuronophagie nachweisbar. Daneben werden in den Blutgefäßen des Gehirns bei alten Tieren Kalkablagerungen beobachtet, welche die Elastizität der Blutgefäße beeinträchtigen. Erst die systematische Erforschung aller Vorgänge im Verlauf des Alterungsprozesses wird einen objektiven Einblick in den Ablauf dieses Lebensabschnittes von Mensch und Tier geben. H. Winkler. 2145

G. ÖKOLOGIE EINSCHLIESSLICH HALTUNG UND PFLEGE

Aleandri, M. Sulle condizioni igienico-ambientali dei pollai, con particolare riferimento alla situazione avicola italiana. **(Die hygienischen Umweltfaktoren im Hühnerstall unter besonderer Berücksichtigung der Geflügelzucht in Italien.)** Zooprofilassi [Rom] **17** (1962) Nr. 12. S. 943–970. — 6 Abb., 2 Tab., 47 Lit. 2165.

King, D. F.; Auburn, Ala., Auburn Univ., Agric. Exp. Stat., Dep. of Poultry Sci. Egg production of chickens raised and kept in darkness. **(Die Legeleistung von dunkel aufgezogenen und dunkel gehaltenen Hühnern.)** Poultry Sci. **41** (1962) Nr. 5. S. 1499–1503. — 4 Tab., 8 Lit.

Dunkel aufgezogene und während des Legens ständig dunkel gehaltene Leghorn-Hennen hatten normal entwickelte Augen; die Sterblichkeit war höher als bei den Kontrollen (6 Std. Licht + wöchentl. Steigerungen von 15 Min. tägl.), der Legebeginn verzögerte sich um 12 Tage, die Legeleistung lag bei 59% (Kontrolle 73%). Die Tiere waren nach überstandener Newcastle-Infektion nur zögernd wieder ins Legen gekommen. Dunkel gehaltene Tiere legten größere Eier ($p < 0,05$) mit dickerer Schale ($p < 0,06$) als die Kontrollen. Anzeichen deuten darauf hin, daß die Dunkelhaltung während der Aufzucht die Eigröße beeinflußt. Aufzucht bei Dunkelheit und wenig Licht nach Legebeginn (1 Std. + wöchentl. Steigerung von 15 Min. tägl.) führten ebenfalls nicht zu vollen Leistungen. W. Rudolph. 2170.

Balevska, R. und Petkova, G. (Balewska, R. und Petkowa, G.); Sofia, Höheres Landwirtsch. Inst. „Georgi Dimitrow“. Po vŭprosa za svetlinnija režim pri ugojavaneto na stari kokoški. **(Zur Beleuchtungsfrage bei der Althennenmast.)** Naučni trudove. Visš selskostopanski institut „Georgi Dimitrov“. Zootechničeski fakultet, Sofija **12** (1963) S. 85–91. — 6 Tab., 3 Lit. Zus. in Russ., Dtsch.

Drei Gruppen zu je 50 zweijährigen Schwarzen-Schumener-Hennen wurden einer 40tägigen Wintermast bei gleicher Kraftfuttermischung unterzogen. Durch entspr. Verdunklung war die Tageslänge für Gr. I auf 2,25, für Gr. II auf 5,37 und für Gr. III (Kontrollgruppe) auf 10,07 Std. gekürzt worden. Ergebnisse (in der Reihenfolge der Gruppen): Gewichtszuwachs in 14 Tagen 48, 106 und 88 g; gelieferte Eigewichte 44,8, 54,9 und 59,4 g; Futteraufwand je kg Zuwachs + Eimasse 15,8, 9,1 und 10,0 kg.
N. Platikanow. 2170.

Borisov, V. A. (Borissow, W. A.); Krasnodar, RSFSR, Landwirtsch. Inst. des Kubangebietes. Fiziologičeskaja skorospelost' gusej. **(Die physiologische Frühreife der Gänse.)** Životnovodstvo, Moskva **24** (1962) Nr. 12. S. 72–75. — 4 Tab.

Versuche mit verschiedener Länge des Lichttages (natürliche Länge – **I**, 150 Tage lang 9 Std. – **II**, 150 Tage lang 12 Std. – **III**, von 90 Tagen an 12 Std. – **IV**, 150 Tage lang 15 Std. – **V**, von 90 Tagen an 15 Std. – **VI**) haben ergeben, daß sich bei Toulouser Gänsen die Hoden bei **VI** am schnellsten entwickelt haben (**I**: 90 Tage – 0,09 g; 120 Tage – 0,21 g; 150 Tage – 0,72 g; **VI**: 0,09 g; 3,63 g; 6,53 g). Eierstöcke und Eileiter reagieren ebenso (**I**: 0,28 g; 0,34 g; 0,51 g; **VI**: 0,28 g; 5,85 g; 17,48 g). Das 1. Ei wurde ebenfalls bei **VI** am zeitigsten gelegt (Chinesische Gänse bei **I** – 327. Tag, **VI** – 158. Tag; Gorkier **I** – 321. Tag, **VI** – 165. Tag; Toulouser bei **I** – 315. Tag, **VI** – 197. Tag). Bei natürlichem Lichttag, normaler Haltung und vollwertiger Fütterung hängt die Frühreife stark vom Schlupftermin ab.

F. Schenk. 2170.

Vunder, P. A. (Wunder, P. A.); Saratow, Tschernyschewski-Univ. Povyšenie jajcenoskosti gusej. **(Die Erhöhung der Legeleistung von Gänsen.)** Pticevodstvo, Moskva **1962** Nr. 10. S. 26–27. – 1 Abb., 1 Tab.

Durch 13stündigen Lichttag wurde die Legeleistung im 1. Legezyklus von Apr.–Juni erhöht. Danach wurde die Tageslänge künstlich auf 6 Std. verkürzt. Nachdem der Tag wieder auf die natürliche Länge verlängert wurde, legten die Gänse im Okt.–Nov. einen 2. Legezyklus ein. Insgesamt wurde die Legeleistung gegenüber der Kontrolle auf 146% gesteigert.

H. Pingel. 2170.

Harper, J. A. und Parker, J. E.; Corvallis, Oreg., Agric. Exp. Stat. Effect of fall hatch date and length of light restriction on the photoperiodic response of turkey females. **(Die Wirkung der Herbstschlupfdaten und die Länge der Lichtbegrenzung auf die photoperiodische Reaktion von Truthennen.)** Poultry Sci. **41** (1962) Nr. 2. S. 493–497. – 3 Tab., 4 Lit.

Aus einem Sept.-, Okt.- und Nov.-Schlupf der Jahre 1958/59 wurden je 10 Beltsville-Puten vor dem 27. Mai des folgenden Jahres 0, 4, 6 bzw. 8 Wochen bei einem 9-Std.-Lichttag gehalten. Die Gesamtlegeleistung aller Schlüpfe kombiniert betrug bei den Tieren ohne Lichtbegrenzung 37,8 Eier, bei 4wöchiger Lichtbegrenzung 64,8 Eier, bei 6wöchiger Lichtbegrenzung 67,3 Eier und bei 8wöchiger Lichtbegrenzung 63,4 Eier. Hinsichtlich der Befruchtungsrate bestanden nur unwesentliche Unterschiede (88,8 und 88,2%). Das Lgw. der Truthennen mit Lichtbegrenzung war im Juni gegenüber den Kontrollhennen signifikant höher, im Okt. waren die Unterschiede aufgehoben.

H. Pingel. 2170.

Irvaneć, O. M. und Bańkivśkyj, B. V. (Irwanez, O. M. und Bankiwsky, B. W.); Lwow, Forsch.-Inst. für Ackerbau und Tierzucht der Westl. Bezirke der Ukrain.SSR. Efektyvnist' oprominennja porosjat ul'trafioletovym prominnjam. **(Der Einfluß ultravioletter Bestrahlung auf Ferkel.)** Visnyk sil'śkogospodarśkoï nauky, Kyïv **5** (1962) Nr. 4. S. 117–118. – 2 Tab., Orig.: ukrain., Ausz.: russ.

Die Saugferkel von 10 Sauen wurden 2 Mon. lang UV-bestrahlt. Bereits am 20. Tage wurden die Ferkel lebhafter, sie fraßen schneller, ihre Haut war intensiver gefärbt, und die Borsten glänzten mehr. Die Bestrahlung erfolgte mit einer 15-W-Lampe aus 2 m Entfernung hauptsächlich zu den Futterzeiten, und zwar jeweils 30–40 Min. lang, tägl. 6–8 Std. Am Ende des 1. Mon. wogen die bestrahlten Tiere ⌀ 0,3 kg, am Ende des 2. Mon. ⌀ 1,9 kg mehr als die Kontrolltiere. Beim Absetzen wies die Versuchsgruppe 12,5% mehr Erythrocyten und 5,6% mehr Hb im Blut auf.

K. Neumann. 2170.

Dzjubenko, P. K. (Dsjubenko, P. K.); Forsch.-Inst. für Sanitäre Techn. der Akad. für Bauwes. und Architektur der Ukrain.SSR. Ulučšit' ventiljaciju svinarnikov. **(Die Verbesserung der Lüftung in Schweineställen.)** Svinovodstvo, Moskva **16** (1962) Nr. 10. S. 39–40.

Es werden Formeln für die Berechnung der Feuchtigkeitsverdampfung vom Boden der Schweineställe (**I**) sowie der Temperatur der entweichenden Luft (**II**) entwickelt. Sie lauten: $G = (29{,}7 + 18{,}9 \cdot v)\,(P_2 - P_1)\,\frac{760}{B}$ g/m²h (**I**), darin bedeuten: V – Luftgeschwindigkeit über der Verdampfungsfläche in m/s; P_2 – Partialdruck des Wasserdampfes bei der Temperatur der verdampfenden Flüssigkeit und völliger Sättigung in mm Hg; P_1 – Partialdruck des Wasserdampfes in der die Verdampfungsfläche umgebenden Luft in mm Hg; B – barometrischer Luftdruck; $t_{yx} = t_{so} + (1 - 1{,}27)\,(H - h_{so})$ C° (**II**), darin bedeuten: t_{so} – Lufttemperatur des Stalles in der Aufenthaltszone der Tiere in °C; H – Höhe der Berechnung der Lufttemperatur in m; h_{so} – Höhe der Aufenthaltszone der Tiere in m. – Die Luftzufuhr soll den Luftabzug etwas übersteigen. Die Abluft soll aus der oberen Zone des Stalles durch große Schächte abziehen, die Zuluft ebenfalls in der oberen Zone an mehreren Stellen eintreten. F. Schenk. 2175.

Orlov, P. V. (Orlow, P. W.); Stawropol, Inst. für Landwirtsch. Vlijanie temperatury i vlažnosti vozducha na matok i jagnjat v zimnee vremja goda. **(Der Einfluß von Temperatur und Luftfeuchtigkeit auf Mutterschafe und Lämmer im Winter.)** Ovcevodstvo, Moskva **9** (1963) Nr. 2. S. 25–26.
Bei Temperaturen von 8–17 °C fühlen sich die neugeborenen Lämmer am wohlsten. Temperaturen von 3 °C und darunter wirken sich negativ auf 2–3 Wochen alte Lämmer aus. Bei –3 bis –5 °C und einer rel. Luftfeuchtigkeit von mehr als 90% gingen die Lämmer nach 3–4 Tagen massenweise ein. In kalten Räumen lagen die Zuwachsgewichte von 2 Mon. alten Lämmern gegenüber denen in geheizten Ställen um 36% niedriger. – Bei Mutterschafen konnte das Umgekehrte beobachtet werden: Bei + 8 °C und darunter war ihr Zustand normal; steigt die Temperatur über 8 °C, so verlieren die Schafe ihre Freßlust, und die Atmungsfrequenz steigt auf 184, der Puls auf 216/Min. Für neugeborene Lämmer wird daher eine Temperatur von +8 °C bei einer rel. Luftfeuchtigkeit von nicht mehr als 80% gefordert; für ältere Lämmer nicht unter +5 °C. E. Kahn. 2180.

Mothes, E.; Berlin, Humboldt-Univ., Inst. für Landwirtsch. Maschinen- und Bauwes. **Nutzeffekt von Landbauten.** Dtsch. Landwirtsch. **14** (1963) Nr. 2. S. 95–97. – 5 Tab. 2260.

Sjöland, Ralph. Vilken ladugårdstyp blir billigast. **(Welcher Stalltyp wird am billigsten?)** Svensk Husdjursskötsel **1963** Nr. 2. S. 42–46. – 4 Abb., 2 Tab.
Kuhställe mit erdlastiger Lagerung des Futters sind ca. 10% billiger als solche mit deckenlastiger Lagerung. Für sie spricht auch die bessere Anpassungsmöglichkeit an andere Aufstallungsarten und die größere Sicherheit gegen Feuer. Seit ca. 1950 sind Laufställe entstanden. Die Einsparung an Kosten durch dieses System wird mit 40–50% angegeben. In den letzten Jahren wurden Laufställe mit Spaltenboden gebaut. Für Betriebe mit 22 und 45 Kühen zuzüglich Nachzucht werden die Baukosten und die Ausgaben für die maschinelle Ausrüstung im Falle von Anbindeställen mit erdlastiger Futterlagerung, Spaltenbodenställen, kalten offenen Laufställen und überdachten Laufställen miteinander verglichen. Die Gesamtkosten liegen bei beiden Stallgrößen für den zuerst genannten Typ um 8% höher als beim zuletzt genannten, der am günstigsten abschneidet. Der kalte Laufstall ist nur ⌀ 2,5% teurer als dieser. Der Spaltenbodenstall ist etwas billiger als der Anbindestall. Er liegt aber bei der Berechnung der Produktionskosten je kg Milch günstiger als alle anderen Stalltypen. Insgesamt sind die Laufstalltypen nicht um so viel billiger, wie allg. angenommen wird.
J. K. Hinrichsen. 2260.

Hill, D.; Kiel. **Erfahrungen mit Gemeinschaftskuhställen.** Tierzüchter **14** (1962) Nr. 13. S. 502–503. – 2 Abb.
In Dänemark beschlossen die Leiter landwirtsch. Betriebe der Größenklassen von 15–60 ha, zu einer gemeinsamen Rinderhaltung überzugehen, weil ihre eigenen Rinderställe veraltet waren. Zudem erhoffen sich die Landwirte die Vorteile eines Großbetriebes. Die Zusammenlegung der Rinderbestände in moderne Ställe ermöglicht durch qualifiziertes Melkpersonal bei geringstem Arbeitsaufwand und wirtschaftlicher Fütterung die Erzeugung bester Milchqualitäten. Die rechtlichen Verhältnisse dieser genossenschaftlich organisierten Gemeinschaftsställe werden gestreift. Auch in Schweden befaßt man sich mit den Möglichkeiten der „Kuh-Koorporation", da infolge hoher Löhne und des Arbeitskräftemangels das Interesse für eine zentrale Milchproduktion groß ist. Über eine ähnliche Einrichtung auf dem Gebiete der Schweinehaltung in Schleswig-Holstein, wo sich 10 Landwirte zu einer Sauenhaltungsgenossenschaft zusammenschlossen, wird abschließend berichtet.
J. Strecke. 2275.

Jonsson, Bengt Inge; Malmö. Danska erfarenheter av andelsladugårdar. **(Dänische Erfahrungen mit Genossenschaftsställen.)** Svensk Husdjursskötsel **1962** Nr. 12. S. 451–454. – 3 Abb., 1 Tab.
In Dänemark gibt es 5 Genossenschaftsställe, von denen der erste 1951 eingerichtet wurde. Die Zahl der erfaßten Milchkühe liegt zwischen 36 und 150, die der Jungtiere zwischen 20 und 57. Die Zahl der Arbeitskräfte je Stall liegt zwischen 1 und 3. Außer einer Stallanlage mit Laufstall sind alle anderen Genossenschaftsställe Anbindeställe. Die Verträge über den Anschluß an die Genossenschaften gelten für 10–25 Jahre, also etwa für die Zeit bis zur Amortisation der Anlage. Als günstig wird angesehen, daß der Landwirt nicht mehr durch die regelmäßige Stallarbeit gebunden ist und daß die schwierige Suche nach Arbeitskräften wegfällt, die die Stallarbeit im Einzelbetrieb übernehmen. Frauen helfen lieber bei der Außenarbeit als im Stall. Es ergibt sich die Möglichkeit, die Gebäude besser auszunutzen, so auch für die weniger arbeitsaufwendige Jungtiermast. An der Milchviehhaltung und der Zucht persönlich nicht interessierte Mitglieder erhalten durch den Einsatz qualifizierter Kräfte im Genossenschaftsstall die Möglichkeit, den Tieren eine bessere Behandlung zukommen zu lassen als im eigenen Betrieb. Als nachteilig wird angesehen, daß die Diskussion und Beschlußfassung zu viel Zeit in Anspruch nimmt. Man hat keine Möglichkeit, den Anbauplan im Betrieb zu ändern, wenn man sich zur Lieferung von Rauhfutter an den Gemeinschaftsstall verpflichtet hat. Bei Abschätzung des Futters und bei anderen Gelegenheiten kann die gute Nachbarschaft leiden. Der Gesichtspunkt, daß zu wenig Geld aus dem Stall erlöst wird, tritt in Dänemark bes. in den Vordergrund, da dort seit Jahren die Milcherzeugung mit Verlust arbeitet. 2 Genossenschaftsställe in Dänemark werden beschrieben, davon einer mit einer Gegenüberstellung der Einnahmen und Ausgaben. In Schweden liegen Erfahrungen mit 2 Genossenschaftsställen vor. Ein dritter ist geplant.
J. K. Hinrichsen. 2305.

Andrusevič, E. und Brodskij, V. (Andrussewitsch, Je. und Brodski, W.); Sibir. Zweigstelle des Unions-Forsch.-Inst. für Ökonomie der Landwirtsch.; Jarkowo, Versuchs-Betriebswirtsch. des Sibir. Inst. für Tierzuchtforsch. Soveršentvuem besprivjaznoe soderžanie skota v Sibiri. **(Die Vervollkommnung der Rinder-Laufstallhaltung in Sibirien.)** Moločnoe i mjasnoe skotovodstvo, Moskva **7** (1962) Nr. 9. S. 28–33. – 4 Abb.
Vorteilhaft ist die Einrichtung eines Boxenliegestalles mit getrenntem Freß- und Liegeplatz (Streustrohbedarf 1,0–1,5 kg/Tier/Tag bei tägl. Ausmisten). Die Kühe werden nach der Milchleistung in 3 Gruppen eingeteilt. Als beste Kennzeichnungsmethode der Kühe erweist sich der Brand (auf der rechten

Kreuzseite werden Nummern von 70 mm Länge und 7 mm Breite eingebrannt). Die in Schichten arbeitenden Melker und Viehpfleger werden nach dem Gruppenleistungslohn in Abhängigkeit vom Endprodukt vergütet.
R. Ihssen. 2320.

Ipatenko, N. G. Veterinarno-sanitarnye meroprijatija pri besprivjaznom soderžanii životnych. **(Veterinärhygienische Maßnahmen bei der Laufstallhaltung der Tiere.)** Veterinarija, Moskva **39** (1962) Nr. 12. S. 47–52.
Beim gegenwärtigen Stand der Mechanisierung der Milchgewinnung müßten 1965 an die Stelle der jetzt vorhandenen 1 Mill. Melker und Melkerinnen 2 Mill. treten. Nur eine umfassende Mechanisierung kann dem begegnen. Große Bedeutung wird dem Fischgrätenmelkstand beigemessen. Vf. beschäftigt sich mit den veterinärhygienischen Fragen im Laufstall und weist auf die große Bedeutung der Melkhygiene hin. Darüber hinaus berührt er Fragen der richtigen Einstreu, der Enthornung und der Gewöhnung der Tiere an das Maschinenmelken im Melkstand. W. Plaschke. 2320.

Panajotov, P. und Marinkov, R. (Panajotow, P. und Marinkow, R.); Tolbuchin, Bulgarien, Forsch.-Inst. für Landwirtsch. der Dobrudsha. Rezultati ot svobodnoto otgleždane na teleta prez obornija period. **(Ergebnisse der Winteraufzucht der Kälber im Laufstall.)** Izvestija na Dobrudžanskija selskostopanski naučnoizsledovatelski institut – Tolbuchin, Sofija **3** (1962) S. 149–175. – 5 Abb., 15 Tab., 15 Lit. Zus. in Russ., Engl.
In drei Versuchen mit je 2 Gruppen zu je 15, 8 und 7 weibl. 8- bis 15monatigen Kreuzungskälbern (Rote Sadowoer Kühe × Rote Dänen- bzw. Rotbraune Letten-Bullen) von 144–230 kg Lgw. wurden die Tiere während der Wintermonate im Offenstall gehalten, und zwar die Versuchsgruppe im Laufstall und die Kontrollgruppe im Anbindestall. Ergebnisse (in der Reihenfolge der Versuche; in Klammern Kontrollgruppe): tägl. Gewichtszuwachs 680 (741), 555 (606) und 460 (473) g; Futteraufwand je kg Zuwachs (7,814), 8,742 (8,018) und 15,500 (14,960) FE. In einem Wirtschaftsversuch wurde festgestellt, daß ein Pfleger bei Haltung der Tiere im Laufstall 100–110, bei Haltung im Anbindestall 30–35 Kälber betreuen kann.
N. Platikanow. 2320.

Ritschel, H.; Jena, Univ., Inst. für Tierzucht. **(Die Kennzeichnung der Rinder mit Hilfe von Halsbändern.** Tierzucht **16** (1962) Nr. 11. S. 490–493. – 5 Abb.
Die Identifizierung von Rindern in Laufställen und auf der Weide bereitet mit den herkömmlichen Kennzeichnungsmethoden durch Ohrkerbung, Hornbrände und Ohrmarken Schwierigkeiten. Deshalb wurde der Versuch unternommen, mit Hilfe von Halsbändern dieses Problem zu lösen. Als geeignetes Halsbandmaterial erwies sich 70 mm breites und 4 mm starkes ekalitiertes Dederon-Gewebe. Das Halsband erhält beiderseits an der Außenseite die laufende Stallnummer des Tieres mit schwarzem Winoflexlack in 30 mm hohen und 20 mm breiten Zahlen aufgestempelt, deren einwandfreie Erkennung bis auf 30 m Entfernung möglich ist. Ober- und unterhalb dieser Nummer befinden sich jeweils 6 Löcher von ca. 10 mm Dmr., die die 12 Mon. des Jahres versinnbildlichen. Sie dienen zum Einziehen farbiger Kunststoffbänder (Bedeckung = grün, Trächtigkeit = rot, Kalbung = blau, Verkalbung = schwarz), welche verschiedene Leistungsdaten des Tieres im entspr. Mon. dokumentieren. Dei Leistungsgruppenzugehörigkeit wird durch entspr. Anzahl gelber Kunststoffbänder markiert. Die vorgeschlagene Kennzeichnungsmethode ist dauerhaft. Das Halsband widerstand bei Zerreißproben Belastungen bis zu 1500 kp. Es kann somit außerdem zum Festbinden der Tiere benutzt werden. Da ein Schnallenverschluß die Zerreißfestigkeit des Bandmaterials bis auf 150–250 kp reduziert, wurde stattdessen ein

Schraubverschluß entwickelt, der die Festigkeit des Materials kaum herabsetzt. Es wird angeregt, die industrielle Herstellung der Halsbänder aufzunehmen. Die Kosten je Halsband wurden auf DM 14–16 kalkuliert.

J. Strecke. 2320.

Weiland, G. **Intensive Weidewirtschaft in rindviehstarken Großbetrieben. XV. Die Einteilung des Jungviehs in Weidegruppen, eine Maßnahme zur Verbesserung der Jungviehaufzucht und der Befruchtungsergebnisse.** Tierzucht 16 (1962) Nr. 12. Grünland-Feldfutter **3** 54–58. – 3 Abb., 6 Lit. 14. Mitt. vgl. LZ. Abt. III **8** (1963) Nr. 1. S. 41.

Eine wesentliche Voraussetzung für den erfolgreichen Weidegang des Jungviehs ist die richtige Einteilung des Bestandes in Weidegruppen. Jungvieh zwischen 6–12 Mon. sind in der Kälbergruppe, die übrigen Jungrinder zumindest in einer Jungviehgruppe zusammenzufassen, wobei 150–200 Tiere je Weidegruppe empfohlen werden. Um die bei der Kälbergruppe verstärkt auftretenden Futterverluste einzuschränken, wird insbesondere Stundenweide, bei hohem Futterbestand auch Portionsweide vorgeschlagen. Jungvieh über 250 kg Lgw., bei Weideaustrieb über 200 kg, kommt bei ausreichendem Weidefutter ohne Zufütterung aus. Das Tränkwasser sollte hygienisch einwandfrei sein. Vor allem die Kälbergruppe muß von den anderen Weidegruppen völlig getrennten Weidegang haben (Lungenwurmgefahr); sie sollte bei ungünstiger Witterung auch in einen Stall eingetrieben werden können. Die einzelnen Altersstadien müssen entspr. unterschiedlich beobachtet werden. Für den Weidebetrieb ist aus mehreren Gründen die Frühwinterkalbung anzustreben. Noch evtl. Deckfärsen sind in der Kuhgruppe oder gesondert zu halten. Diesen Tieren Jungbullen beizugeben, ist nicht empfehlenswert. Trächtige oder zu befruchtende Tiere sollten gekennzeichnet werden.

E. Buhtz. 2355.

Franzke, H. und Schöps, G. **Intensive Weidewirtschaft in rindviehstarken Großbetrieben. XVI. Einrichtung und Betrieb von Intensivweiden in Mittelgebirgslagen – dargestellt am Beispiel des Weidekombinates der LPG „Oberland“ in Lobenstein/Thür.** Tierzucht **16** (1962) Nr. 12. Grünland/Feldfutter **3** S. 58–63. – 8 Abb., 11 Lit. 15. Mitt. vgl. vorst. Ref.

44% der LN der Beispiel-LPG sind Grünland auf groben Schieferverwitterungsböden in geneigten bis stark hängigen Lagen, das bis 1959 als ein- bis zweischürige Wiese auf zahlreichen Schlägen genutzt wurde. Mit der Neufestlegung von Acker- und Grünlandflächen wurden möglichst große Bewirtschaftungseinheiten angestrebt. 88 ha Grünland konnten zu einem Milchviehweidekombinat mit 3 Weidenutzungseinheiten zusammengefaßt werden. Vorhandene Ställe dienen gleichzeitig als Weidezentrale. Das Kombinat ist von einem Knotengitterzaun umgeben, die Weidenutzungseinheiten sind durch stationäre, 1drähtige Elektrotriftwege abgegrenzt. Vom Triftweg aus werden die Flächen mit Elektro-Wanderzäunen tagesportionsweise abgeweidet. Die Elektrotriftwege sind von 2 EZ IV-Geräten unter Spannung gehalten. Für das Kombinat waren 12,1 km Zaunlänge notwendig. Die Kosten der Einzäunung, einschließlich 5 Geräten, betragen DM 113/ha. Die Kühe haben von 6^{30}–10^{30} und 18^{00}–21^{00} Weidegang. Die trockenstehenden Kühe werden den tragenden Färsen zugeteilt und bleiben, wie das Jungvieh, in Herden bis zu 60 Stck. auf ortsfernen Weiden Tag und Nacht im 1 drähtigen Wanderzaun. Tränkwasser steht hier aus Bachläufen oder Wasserwagen zur Verfügung. 1961 wurden im Durchschnitt aller Weidenutzungseinheiten 2650 kg StW/ha erzielt. Das Jungvieh nahm auf der Weide 662 g/Tier/Tag zu.

E. Buhtz. 2355.

Franzke, H., Falke, H. und Grimm, H.; Gera, Rat des Bezirkes, Inst. für Landwirtsch.; Jena, Zweigstelle des Inst. für Grünland- und Moorforsch. Paulinenaue der Dtsch. Akad. der Landwirtsch.-Wiss. zu Berlin. **Anwendung,**

Arbeitsaufwand und Kosten verschiedener Verfahren des Einsatzes von Elektro-Wanderzäunen. Dtsch. Landwirtsch. **14** (1963) Nr. 2. S. 87–90. – 4 Abb., 2 Tab.
Der materialeinsparende, eindrähtige Elektrowanderzaun mit leichtem und stabilem Zubehör kommt bes. bei der weiteren Unterteilung von bestehenden Koppeln sowie zur Abgrenzung der Freßfläche auf eingezäunten Weiden oder zum Abweiden von nicht umfriedeten Futterflächen zur Anwendung. Auf den langen, schmalen Grünlandgürteln der Tallagen, wo auf Grund ungünstiger Breiten-Längenverhältnisse der Aufwand für stationäre Zäune sehr hoch ist sowie auf Weideflächen mit rel. kurzer Nutzungsdauer und in Wintersportgebieten hat die alleinige Anwendung des Elektrowanderzaunes in Verbindung mit Stunden-, Kurztags- oder Halbtagsweide bes. Bedeutung. Verschiedene Wanderzaunverfahren mit unterschiedlichem Material- und Arbeitszeitaufwand sind bei Milch- und Jungviehweiden anwendbar. Der Arbeitszeitaufwand läßt sich u. a. dadurch verringern, daß die Portionseinzäunung, die durch Querdrähte unterteilt werden kann, nur alle 2 und 3 Tage erfolgt oder tragbare Drahthaspeln in Verbindung mit skizzierten Schemen des verbesserten Wanderzaunverfahrens benutzt werden. Bei Jungviehganztagsweiden sind sichere Außenzäune und eine stetig gesicherte Tränkwasserversorgung obligatorisch; auch müssen 2 Wanderzaunanlagen vorhanden sein, um einen ungestörten Umtrieb der Herden zu ermöglichen.
E. Buhtz. 2355.

Untersuchungen über den Einfluß der Witterung auf die Milch- und Milchfettleistung der Weidetiere. Dummerstorf, Inst. Tierzuchtforsch. Dtsch. Akad. Landwirtsch.-Wiss. Berlin Plan-Nr.: 1701 16 h-1-25/0. 39 S. Abschlußber. (28/2. 1963).
Der Versuch lief 1959 und 1960 als Gruppen-Periodenversuch im Parallelbeweidungssystem mit Aufstallung einer Gruppe während der ungünstigen Tageszeit im Weideschuppen. Unter den geprüften Verhältnissen konnten zwischen beiden Gruppen für die Milchmenge keine signifikanten Unterschiede gefunden werden. Im Jahre 1960 traten einige signifikante Unterschiede im Fettgehalt und in der Gewichtsentwicklung zugunsten der Halbtagsweide auf. Für beide Gruppen wurde ein Einfluß der Temperatur auf den Fettgehalt der Milch nachgewiesen. Eine Wirkung der Witterungsfaktoren auf die Milchmenge war nur beim Weideaustrieb und in den letzten Wochen der Weideperiode zu erkennen. 2360.

Renatus, K. und Ulbrich, M. **Vorbeugende Maßnahmen zur Verhütung von Verlusten in großen Schweinebeständen.** Tierzucht **17** (1963) Nr. 1. S. 19–23.
Die Tierhaltung in großen Produktionseinheiten wirft auch für die Seuchenbekämpfung und Verhütung von Tierverlusten neue Probleme auf. Von großer Bedeutung ist deshalb die tägl. genaue Kontrolle des Bestandes und ein sofortiges Aussortieren der verdächtigen Tiere in einen Krankenstall. Die Viehpfleger tragen eine große Verantwortung und müssen in hygienischer Sicht bes. sorgfältig arbeiten. Im einzelnen werden die Verlustquellen – Infektionskrankheiten, Parasitenbefall, Vergiftungen durch Futtermittel und chem. Stoffe, Wassermangel, u. a. – kurz geschildert und Maßnahmen zu ihrer Verhütung aufgezeigt. Bes. wichtig ist eine wirksame Desinfektion, deren Durchführung beschrieben wird. G. Möbius. 2410.

Damm, K. **Durchsetzung der Stallordnung — Bestandteil des Wettbewerbs in der Viehwirtschaft aller LPG.** Tierzucht **16** (1962) Nr. 12. S. 519–521.
Da in den Stallordnungen für Viehwirtschaftsbrigaden nur allg. Festlegungen enthalten sind, gilt es, durch die Aufschlüsselung des Produktionsplanes die Verantwortlichkeit jedes einzelnen Viehpflegers zu erhöhen. Durch die

materielle Interessiertheit der Mitglieder an der Planerfüllung wird eine wirksame Kontrolle auf die Einhaltung der Stallordnung und der Planerfüllung ausgeübt. Am Beispiel von 3 LPG im Bezirk Halle wird die Durchsetzung der Stallordnung in Verbindung mit dem sozialistischen Wettbewerb aufgezeigt. Herbert Winkler. 2425.

Parsons, L. M. Less work in the cowshed. **(Weniger Arbeit im Kuhstall.)** Agriculture [London] **69** (1962) Nr. 9. S. 416–418. — 1 Abb.
Die Frage wird vom Blickpunkt der Fütterung aus untersucht, um durch Eliminierung von Arbeitsvorgängen dies Ziel zu erreichen. Der Fütterungseffekt ist weniger von der Zubereitung als von der Qualität des Futters abhängig. So kann man die Futterzeit pro Kuh von 10 Min. auf 1 Min. reduzieren, wenn man die Selbstfütterung einschaltet. Das Heu muß an der Längsseite des Kuhstalles gelagert sein und möglichst in Preßballen, was auch die genaue Zuteilung erleichtert. Die deckenlastige Lagerung erfordert zu hohe Gebäudekosten, wenn auch Futterzeiten von ½ Min./Kuh erreicht werden. Die Silagezuteilung mittels Futterwagen erfordert 1½ Min./Kuh, bei gehäckselter Silage 1 Min./Kuh. Die Kraftfutterverabfolgung braucht nicht mehr als 0,2 Min./Kuh mit Hilfe eines Futterwagens einschl. Beladen und Ausfahren in Anspruch zu nehmen. Örtlich zu entscheiden ist die Frage der Eigenherstellung der Kraftfuttermischungen oder ihr fertiger Ankauf. H. Senger. 2425.

Postma, G. De arbeitsorganisatie in het weidebegrijf. **(Die Arbeitsorganisation im Weidebetrieb.)** Inst. Landbouwtechn. Rationalisatie Wageningen, Publ. **1962** Nr. 67. S. 1–166. — 63 Abb., 99 Tab., Zus. in Engl.
Es handelt sich um einen Bericht über die Ergebnisse einer 3jährigen Untersuchung (1956–59) der Arbeitsorganisation von 10 Weidebetrieben auf Tonboden in Friesland. Zeituntersuchungen zeigten, daß die Anzahl der Stunden auf die verschiedenen Arbeiten prozentual folgendermaßen verteilt waren: a) Melken und Pflege der Rinder 55%, b) Erntearbeiten zur Futtergewinnung 16%, c) Düngen und Pflege des Grünlandes 7%, d) Bodenbearbeitung etc. von Ackerland bzw. Neuansaat von Grünland 4%, e) verschiedene Arbeiten 18%. Alle Arbeiten können in 3 Gruppen eingeteilt werden: 1. tägl. Verrichtungen (a), 2. saisonbedingte bzw. periodische Arbeiten (b, c, d), 3. gelegentliche Arbeiten (die verschiedensten allg. Beschäftigungen des Betriebes umfassend). Die höchste Arbeitsproduktivität wurde in Intensivbetrieben mit einer großen Anzahl betriebseigener Maschinen und ständigen Arbeitskräften erreicht. E. M. Ardelt. 2425.

Markman, V. S. (Markman, W. S.); Moskau, Landwirtsch. Timirjasew-Akad. Isčislenie proizvoditel'nosti truda v pticevodstve. **(Die Berechnung der Arbeitsproduktivität in der Geflügelzucht.)** Pticevodstvo, Moskva **1962** Nr. 10. S. 4–7. — 3 Tab.
Die Arbeitsproduktivität wird als Bruttoproduktion (Natural- oder Wertausdruck) je Zeiteinheit aufgewandter lebendiger Arbeit oder Zeiteinheit aufgewandter Arbeit je Einheit Produkt angegeben. Für die Bestimmung der Arbeitsproduktivität muß die Bruttoproduktion, die durchschnittl. Anzahl AK und der Arbeitsaufwand in AKh insgesamt und je Produkt ermittelt werden. Bei der Ermittlung der aufgewandten AKh oder AK-Tage müssen auch die Hilfsproduktion- und Verwaltungsbereiche erfaßt werden. H. Pingel. 2425.

Sommerkamp, G.; Infeld über Nordham. **Erfahrungen in der Schwemmentmistung.** Mitt. dtsch. Landwirtsch.-Ges. **78** (1963) Nr. 10. S. 302–304. — 3 Abb. 2425.

Heckl, Rudolf. **Güllewirtschaft und Schwemmentmistung in Österreich.** Förderungsdienst [Wien] **11** (1963) Nr. 2. S. 52–57.

Betriebe, die intensiv güllen, benötigen einen höheren AK-Besatz als Betriebe, die nicht oder nur teilweise güllen. Ausbringen der Gülle im 1500-l-Faß ist auf Entfernungen von mehr als 500 m der Verschlauchung überlegen. Nur auf Entfernungen von weniger als 250 m ist die Rohrgüllerei der Faßgüllerei eindeutig überlegen. Offene Kotgräben dürfen nicht breiter als 45 cm sein, die Tiefe entscheidet nicht über ihre Gefährlichkeit. Tiefen von 35–40 cm genügen, um den Kotanfall einer Nacht aufzunehmen. Schwemmentmistungsanlagen setzen 8–10 m^3 Grubenraum je GV voraus. Gitterroste erfordern gegenüber offenen Kotgräben zusätzliche Arbeit für die Reinigung. Der Arbeits- und der Kostenaufwand des hydromechanischen Verfahrens ist gleich hoch wie der der modernen mechanischen Verfahren der Mistausbringung. E. Höpler. 2425.

Harvey, Nigel. Fitting-in self-feeding. **(Die Anwendung der Selbstfütterung.)** Agriculture [London] **70** (1963) Nr. 1. S. 30–33. — 1 Abb.
In England stieg innerhalb von 3 Jahren die Anzahl der milcherzeugenden Betriebe mit Silage-Selbstfütterung von 2500 auf 7000. Vf. gibt daher auf der Grundlage wiss. Untersuchungen und praktischer Erfahrungen zahlreiche Hinweise für die Einrichtung und den Betrieb der Silage-Selbstfütterung. Im einzelnen werden die Gestaltung der Ausläufe und des Silos, die Säuberung der Laufflächen sowie die Größe des Silageanschnittes und die Art des Freßgitters behandelt. Abschließend werden die Einsparungen an Arbeitszeit und die Erleichterung der körperlichen Arbeit diskutiert. K.-H. Voigtländer. 2425.

Anonym. 120-cow milking enterprise mechanized. **(Ein Milchviehbetrieb für 120 Kühe.)** Farm. Mechanizat. **14** (1962) Nr. 159. S. 391. — 1 Abb.
Auf einer Milchviehfarm in Schottland wird eine neue Rinderanlage errichtet. Ein wesentlicher Teil dieser Anlage ist der Hochsilo. Die Silage kann aus diesem Silo mechanisch entnommen werden. Schneckenförderer bringen die Silage bis zu einem zentralen Futterplatz, der zwischen den Ausläufen liegt. Gemolken wird im Fischgrätenmelkstand. Die Anlage soll nach völliger Inbetriebnahme von 2 AK betreut werden. Gegenwärtig sind noch 4 AK erforderlich. W. Heinig. 2425.

Babin, P., Kuznecova, M., Chlebnikov, I. und Achapkin, A. (Babin, P., Kusnezowa, M., Chlebnikow, I. und Achapkin, A.); Kotschenowo, Gebiet Nowosibirsk, Sowchos; Westsibir. Zweigstelle der Akad. für Bauwes. und Architektur der UdSSR. Svinovodčeskaja ferma dlja uslovij Zapadnoj Sibiri. **(Eine Schweinemastfarm für Westsibirien.)** Kolchoznoe proizvodstvo, Moskva **22** (1962) Nr. 10. S. 29–30. — 4 Abb.
Bei der für 8000–10 000 Schweine bestimmten Farm sind alle Produktionsräume zu einem einheitlichen Komplex zusammengefaßt worden, der 1 Futterküche, 2 Freßställe und 8 Liegeställe für je 1250 Tiere umfaßt. Die Liegeställe werden schachbrettartig links und rechts neben den Freßställen angeordnet, die über die Ausläufe erreicht und nur bei starkem Frost direkt von den Liegeställen aus betreten werden. Im Freßstall werden alle Mechanisierungsmittel konzentriert, die Futterautomaten und Selbsttränken stehen 20 cm über dem Futter-, Dung- und Arbeitsgang. Das Skelett der Farm besteht aus vorgefertigten Stahlbetonbögen mit 10 m Spannweite. Die Stallwände bestehen bis zu 1,4 m Höhe aus Ziegelmauerwerk. Die folgende Verlattung wird mit mit Mineralwatte gedämmten Platten beschlagen; das Dach besteht aus Wellasbestplatten. Belichtet werden die Ställe durch Fenster, ventiliert durch Zu- und Abluftvorrichtungen. B. Schenk. 2425.

Adrianov, K. und Domračev, V. (Adrianow, K. und Domratschew, W.) Kompleksnaja mechanizacija na pticevodčeskoj ferme. **(Die Vollmechanisierung einer Geflügelfarm.)** Kolchoznoe proizvodstvo, Moskva **22** (1962) Nr. 11. S. 30–32. — 3 Abb.

Die vom Konstruktionsbüro des Sibirischen Forschungsinstituts für Landwirtschaft erarbeiteten vollmechanisierten Geflügelhäuser sind bereits in 5 Betrieben errichtet worden. Der Arbeitsaufwand für die Gewinnung von 1000 Eiern beträgt hier 1,5 AKh, und die Selbstkosten belaufen sich auf Rbl. 47 (nicht mechanisiert — Rbl. 77). Die Zubereitung des Futters erfolgt in einem Standardrührwerk; von hier aus gelangt es zu einem Förderband, von dem es den einzelnen Futtertrögen zugeleitet wird. Die Eier werden von einem Förderband, das zwischen der rechten und linken Nestreihe verläuft, einem Sortiertisch zugeführt. Hier werden sie sortiert und gleichzeitig verpackt. In einem solchen mechanisierten Geflügelhaus kann 1 AK 25000 Legehennen betreuen. E. Kahn. 2425.

Ružickij, N. (Rushizki, N.) Mechanizirovannyj kormocech. **(Mechanisierte Futterabteilungen.)** Kolchoznoe proizvodstvo, Moskva **22** (1962) Nr. 10. S. 24.

Die Farmen der Kolchosen und Sowchosen gehen immer mehr zur Haltung von Mastschweinen in großen Gruppen über, deren Fütterung nach der neuesten Technologie durchgeführt wird. Im Gebiet Pensa wurden zu diesem Zweck 100 mechanisierte Futterküchen eingerichtet, an die sich die Räumlichkeiten für die Fütterung der Schweine anschließen. Das zerkleinerte, gut durchmischte Futter wird in roh-breiigem Zustand aus dem Aufbereitungsraum über Rohrleitungen den Futterplätzen zugeführt und auf die Tröge für 4000–10 000 Tiere verteilt. Die ganze Anlage wird von 2 AK bedient. Von den Liegeplätzen haben die Schweine freien Zugang zu den Futtertrögen. Im Durchgang, der zu den Freßplätzen führt, misten die Tiere; der Kot wird entweder weggespült oder mit an Traktoren angebauten Schiebeschilden entfernt. Eine solche Komplex-Anlage mit Lagerraum für die Futtermittel, Futterküche, angrenzenden Freß- und Liegeplätzen ermöglicht die max. Mechanisierung der Arbeitsprozesse. E. Kahn. 2425.

Pappritz, Carl Ludwig. v. **Interessante Maschinen und Geräte für die Tierhaltung und -fütterung.** Tierzüchter **14** (1962) Nr. 13. S. 499–502.

Als abs. Neuentwicklung wird ein Säugeapparat für Ferkel genannt und kurz beschrieben. Ferner wird auf eine elektrische Stall-Bodenheizung, Stallklimaanlage, die Milchkühlung, ein Viehputzgerät, Desinfektions-Sprühgerät, auf die Schubstangen-Entmistung, eine Silo-Unten- und -Obenentnahmefräse, Hammermühlen und Futtermischer, einen Hühnerstall, eine Futterkette und ein Eierband sowie einen Kotschlitten für den Hühnerstall eingegangen und deren Funktionsprinzip kurz erläutert. F. Schenk. 2425.

Pljaščenko, S. I. und Dudarev, M. A. (Pljastschenko, S. I. und Dudarew, M. A.); Minsk, Beloruss. Forsch.-Inst. für Tierzucht. Usoveršenstvovannyj ognekalorifer likvidiruet syrost' v svinarnikach. **(Ein verbesserter Gaslufterhitzer zur Entfernung der Feuchtigkeit in Schweineställen.)** Svinovodstvo, Moskva **16** (1962) Nr. 8. S. 35–37. — 2 Abb.

Der von Safronow und Taubin entwickelte Lufterhitzer, der mit Holz, Torf oder Kohle geheizt wird, erzeugt bis zu 70 000 Kalorien/h; die Lufttemperatur beträgt 120–150 °C bei einer Geschwindigkeit von 1,5 m/s. Um die Temperaturschwankungen der Stalluft zu verringern, werden die Warmluft-Auslaßrohre über den Buchten verlegt und an der Unterseite mit regulierbaren Öffnungen (aller 3–4 m) versehen. Der Lufterhitzer wird am besten in einem Vorraum aufgestellt und nicht ganztags geheizt. In Ställen mit einer Luftfeuchtigkeit von 100% sank diese nach 6–7 Tagen (je 4–6 Std. geheizt) auf 70–80%. B. Schenk. 2425.

Šaff, N. M. (Schaff, N. M.) Mechaničeskij kormorazdatčik-smesitel'. **(Ein mechanisierter Futtermischer und -verteiler.)** Svinovodstvo, Moskva **16** (1962) Nr. 9. S. 40–42. — 3 Abb.

Der Futtermischer und -verteiler „KRS“ ist 1200 mm breit, 1100 mm hoch und 2600 mm lang. In dem Ganzmetallwagenkasten von 1,3 m^3 Fassungsvermögen befinden sich 2 Wellen mit Rührflügeln und eine Druckschnecke von 180 mm Dmr. Das durch die Beschickungsluke eingefüllte Futter für 450–500 Schweine wird in 12–15 Min. gemischt und durch die bewehrten Gummischläuche mit 100–120 mm Dmr., deren Neigungswinkel verstellt werden kann, verteilt. Der von einem Verbrennungsmotor angetriebene „KRS“ läuft auf Schmalspurschienen oder auf Gummirädern. B. Schenk. 2425.

Eliseev, K. M. (Jelissejew, K. M.); Semipalatinsk, Zootechn. und Veterinärmed. Inst. Stacionarnaja duševaja ustanovka (SDU-G) dlja mechanizirovannoj kupki životnych. **(Stationäre Duschanlage „SDU-G“ für mechanisiertes Baden der Tiere.)** Veterinarija, Moskva **39** (1962) Nr. 6. S. 73–76. – 1 Abb.
Es wird eine stationäre Einrichtung zum mechanisierten Baden von Schafen vorgestellt. Die Behandlungsflüssigkeit wird in einem Vorratsbehälter gemischt, erhitzt, verdünnt und über Pumpen und durchlöcherte Rohre in einem Raum versprüht, in dem sich die Schafe befinden. Vor und hinter dieser geräumigen Kammer befinden sich durch Gatter abgetrennte Vorhöfe, so daß die Behandlung der Schafe gruppenweise im Takt erfolgen kann. Stündl. können ca. 1500–2000 Schafe behandelt werden. Die Anlage kostet ca. Rbl. 3000. Die Kammer faßt ca. 200–250 Schafe. W. Plaschke. 2425.

Pinfold, W. J. Milking parlours. **(Melkstände.)** Agriculture [London] **69** (1962) Nr. 9. S. 445–446.
Vf. gibt einen Überblick über die Nutzungsfähigkeit verschiedener Melkstände entspr. der gehaltenen Kuhzahl. Die beste Wirtschaftlichkeit der Milchgewinnung in größeren Herden ist nur mit dem Fischgrätenmelkstand gegeben, der heute normalerweise mit 4/4 Plätzen gebaut wird. 5/5-Stände sind bei 1-Mann-Bedienung nicht so wirkungsvoll. Besser ist dann der 8/8-plätzige Stand mit 2 Melkern und 1 Zutreiber. Schnelles Melken wird oft gleichbedeutend gesetzt mit wirkungsvollem Melken, letzteres hängt aber sehr von der Fähigkeit des Melkers ab. Eine gute Ausbildung des Melkers ist eine Vorbedingung zur erfolgreichen Inbetriebnahme von Melkständen. H. Senger. 2425.

McFetridge, M. J. Manure disposal from milking sheds. **(Die Abwasserbeseitigung von Melkhäusern.)** New Zealand J. Agric. **105** (1962) Nr. 5. S. 423. 425. 427. 429. – 11 Abb.
An Hand von Aufrissen und Querschnittzeichnungen wird die Anlage, Wandstärke und der Dmr. entspr. verschieden starker Beanspruchung der Abwasserrinnen und Auffangbecken erläutert. Diese Methode der Abwasserbeseitigung wird mit Erfolg in vielen Milchviehfarmen angewendet. H. Senger. 2425.

H. NUTZUNG UND QUALITÄT TIERISCHER ERZEUGNISSE

Bronsch, K. **Forderungen der neuzeitlichen Veredlungswirtschaft an die Veterinärmedizin.** Berliner Münchener tierärztl. Wschr. **75** (1962) Nr. 19. S. 361–365.
Vf. stellt die Notwendigkeit der Steigerung des tierischen Produktionsvermögens heraus und weist auf die Arbeit des Tierarztes in Tierzucht und Tierernährung hin. 3 Md. Menschen werden z. Z. von den Erträgen von nur 1 Md. ha LN ernährt. Nur $^1/_7$ der Menschen ist frei von Mangelkrankheiten und wird voll ernährt. Der Zuwachs von jährl. 60 Mill. Menschen erfordert größte Produktionssteigerungen. In der Landwirtschaft der BRD kommen 73,2% der Einnahmen aus der tierischen Produktion; bei 3406 kg Milch mit 3,75% Fett je Kuh wurden 19,5 Mill. t erzeugt und brachten einen Erlös von DM 5,4 Md., die Fleischerzeugung stieg von 1950–60 von 1,64 auf 2,71 Mill. t,

die Eierproduktion von 4,74 auf 7,63 Md. Stck. Trotzdem wird der Bedarf durch die Eigenerzeugung nicht gedeckt. Züchtung und Umweltgestaltung müssen zum weiteren Produktionsanstieg beitragen bei gleichzeitiger Senkung des Futterverbrauches. Der Populationsgenetik wird Bedeutung beigemessen. Neue Verfahren sollen physiol. Eigenschaften schneller erkennen lassen. In der Tierernährung ist die Mangellage bes. beim Mineralstoffwechsel von Bedeutung. Das junge Tier hat ein hohes Resorptionsvermögen für Ca und P, das mit zunehmendem Alter unterschiedlich absinkt. Beim Schwein kann Hyperthyreose durch einen Ca/P-Quotienten von 3:1 ausgelöst werden. „Stoffe mit Sonderwirkung" bedürfen eingehender Untersuchungen. Vf. begrüßt, daß an der Universität Berlin (West) im Studium der Veterinärmedizin die „Tierernährung" der „Tierzucht" gleichgestellt wird und dem Veterinärmediziner auf diesen Gebieten neben der Gesundheitsprophylaxe eine volkswirtschaftliche Verantwortung übertragen wird. K. Neuffer. 2505.

Hesselbach, J.; Bad Kreuznach. **Melkmaschine oder Melkanlage?** Mitt. dtsch. Landwirtsch.-Ges. **78** (1963) Nr. 2. S. 38–39. — 3 Abb., 2 Tab.
Die einfache Melkmaschine ist von der Industrie zur Melkanlage weiterentwickelt worden. Außer der theoretischen Zeiteinsparung gegenüber dem Handmelken von 48% ist die Melkmaschine vor allem auf Grund der großen Arbeitserleichterung und hygienischeren Milchgewinnung (die durch komplizierte Anlagen wieder erschwert wird) bereits in Herden ab 5–6 Kühen zu empfehlen. Dem Schnell- bzw. Kurzzeitmelken mißt Vf. keine praktische Bedeutung bei. Das Melken im Melkstand bringt erst ab 40 Kühen in Verbindung mit Laufstallhaltung und Verwendung von Milchtanks Vorteile gegenüber den Rohrmelkanlagen. Letztere sind den Eimermelkanlagen in Beständen ab ca. 20 Kühen vorzuziehen. Abschließend wird auf die Verbesserungen der Melkmaschinen (durchgehende Zitzengummis, Wasch- und Desinfektionsgeräte, Kannenkühlgeräte, doppelmantelige Milchtanks) sowie auf die Bedeutung der Euterpflege und sorgfältigen Reinigung der Melkmaschinen hingewiesen. E. Kulpe. 2511.

Whittlestone, W. G. und Harper, N. Electrical leakages on the milking machine may reduce milk production. **(Kriechströme an der Melkmaschine verringern unter Umständen die Milchleistung.)** Milk Board J. **13** (1962) Nr. 12. S. 13. 15. 17. 19. — 2 Tab. 2511.

Watts, A. J. The non-refrigerated system. **(Das Nichttiefkühlverfahren.)** Austral. Soc. Dairy Technol., techn. Publ. **11** (1962) S. 11–14.
Gegenübergestellt sind die Kosten der Milchaufbewahrung und Einsammlung aus Kannen, wassergekühlten Tanks und Tiefkühltanks vom Blickpunkt des Farmers und der Molkerei. Die Wasserkühlung wird effektvoller bei Verwendung von Wasserkühltürmen. Solche Milch muß aber immer in den Sommermonaten 2mal, in den Wintermonaten 1mal tägl. abgeholt werden. Die Milchsammlung aus Tanks spart dem Farmer Verluste und Arbeit. Waschen, Füllen, Lüften der Kannen entfällt wie deren Transport. Die Reinigung der innen polierten Stahltanks ist leicht. Der Tank hat ein Rührwerk, das den Inhalt in 1 Min. zum einwandfreien Probenehmen durchmischt. H. Senger. 2511.

Ikonomov, L., Todorov, D. und Cvetkova, C. (Ikonomow, L., Todorow, D. und Zwetkowa, Z.) Sŭstav i svojstva na mljako ot kravi, chraneni sŭs silaž. **(Über die chemische Zusammensetzung und die Eigenschaften der Milch bei Silagefütterung der Kühe.)** Izvestija na Centralnija naučnoizsledovatelski veterinarnochigienen institut za životinski produkti, Sofija **2** (1962) S. 213 bis 223. — 3 Tab., 14 Lit. Zus. in Russ., Dtsch.
In 2jährigen Versuchen stellten Vff. fest, daß zwischen der chem. Zusammensetzung und den Eigenschaften der Milch von Kühen, die mit vollwertigen Rationen ohne Silage gefüttert werden, und der von Kühen, deren Rationen

20–50 kg Maissilage enthalten, keine wesentlichen Unterschiede bestehen. Lediglich der Vit.-A-Gehalt ist in der Milch von Kühen, deren Rationen Gärfutter enthalten, etwas höher. So enthielt z. B. im Mon. Jan. die Milch der Kühe, die Gärfutter bekamen, 0,240–0,350 mg/kg Vit. A, gegen 0,155 bis 0,220 mg/kg in der Milch der Kühe ohne Gärfutteranteil in der Ration.

N. Platikanow. 2512.

Ikonomov, L., Todorov, D. und Cvetkova, C. (Ikonomow, L., Todorow, D. und Zwetkowa, Z.) Vŭrchu sŭdŭržanieto na kalcij i fosfor v mljakoto na sofijskoto kafjavo govedo. **(Über den Kalzium- und Phosphorgehalt in der Milch von Braunviehkühen.)** Izvestija na Centralnija neučnoizsledovatelski veterinarnochigienen institut za životinski produkti, Sofija 2 (1962) S. 225 bis 231. – 3 Tab., 11 Lit. Zus. in Russ., Dtsch.

Vff. untersuchten die Milch von Sofioter Braunviehkühen, die in Gruppen zu je 80–120 Tieren zusammengestellt waren und rel. gut gefüttert wurden. Die Winterrationen bestanden aus Maissilage (25 kg), Wurzelfrüchten, Maisschlempe, Heu, Stroh und Kraftfutter und die Sommerrationen aus Grün- und Kraftfutter. Die für die Untersuchung benötigten Milchproben wurden 2mal monatl. aus der Sammelmilch genommen. Es wurde festgestellt, daß der Ca-Gehalt der Milch 0,080–0,118% (durchschnittl. 0,109%) und der P-Gehalt 0,072–0,098% (durchschnittl. 0,082%) beträgt. Im Winter ist der Ca-Gehalt der Milch höher als im Sommer, und zwar am niedrigsten im Juli-Aug. und am höchsten im Nov.-Jan. In bezug auf den P-Gehalt der Milch ist keine derartige Saisonabhängigkeit feststellbar.

N. Platikanow. 2512.

Ambrosino, Carlo, Liberatori, Jone, Ubertalle, Antonio und Pianarosa, Margherita; Torino, Univ., Ist. di Chim. Fisica; Ist. di Zootecn. Gen. Le proteine del siero di latte. Nota I: Aspetti elettroforetici della denaturazione termica delle proteine del siero di latte vaccino. Nota II: Ricerche elettroforetiche in gel di agar sulle proteine del siero di latte vaccino. Nota III. Ricerche immunoelettroforetiche in gel di agar sulle proteine del siero di latte vaccino. **(Die Proteine des Milchserums. 1. Mitt. Elektrophoretische Aspekte der thermischen Denaturation der Eiweiße des Kuhmilchserums. 2. Mitt. Elektrophoretische Untersuchungen der Eiweiße des Kuhmilchserums auf Agargel. 3. Mitt. Immunoelektrophoretische Untersuchungen der Eiweiße des Kuhmilchserums auf Agargel.)** Ricerca sci., Sez. B. [2] 1 (1961) Nr. 1. S. 83–86.; Nr. 2. S. 141 bis 150.; S. 151–156. – 16 Abb., 48 Lit. Zus. in Engl., Franz., Dtsch.

Milchproben gesunder Kühe wurden auf verschiedene Temperaturen bis zum Kochen jeweils für 5 Min. erhitzt und durch freiphasige Elektrophorese unter Zusatz von Veronal-Zitrat-Puffer bei pH 7,8 untersucht, um festzustellen, bei welcher Erhitzung Denaturationserscheinungen auftreten. Ein Vergleich der erhaltenen elektrophoretischen Diagramme mit denen roher, pasteurisierter und sterilisierter Milch erlaubt die Feststellung, daß bereits bei Erhitzung auf +75 °C die bei erhöhter Erhitzung wachsende Veränderung besteht. Die Untersuchungen der Eiweißstoffe mittels Elektrophorese auf Agargel erfolgten unter Verwendung von 5 verschiedenen Puffern bei pH 6–9, unterschiedlicher Ionenkraft und verschiedener Eiweißkonzentration. Der Vergleich mit Ergebnissen ähnlicher Versuche ergibt, daß unter den gegebenen Versuchsbedingungen 4 neue Komponenten festgestellt werden können. Die Untersuchungen mittels Immunoelektrophorese ergeben, daß die Eiweißbestandteile des Kuhmilchserums in vielen Fällen eine Analogie mit Antigen-Loci aufweisen. Die Existenz von Fällungsbanden mit mehrfacher Biegung wird aus dem immunoelektrophoretischen Diagramm deutlich. Die Untersuchungen mittels Mikroimmunoelektrophorese führen praktisch zu dem gleichen Ergebnis. Eine Besprechung der Literatur geht jeweils voran. Die Untersuchungsmethodik wird beschrieben, die erhaltenen Diagramme werden abgebildet und die Ergebnisse diskutiert. G. Krische. 2512.

Knoop, Ernst. **Die radioaktiven Substanzen in der Milch.** Milchwissenschaft 18 (1963) Nr. 1. S. 17–20. – 11 Abb., 4 Lit.

Nach der Behandlung des ^{90}Sr-Gehaltes der Milch in der BRD von 1955–61 wird die Kontamination der Milch mit ^{90}Sr, ^{137}Cs, ^{131}J und $^{140}Ba + {}^{140}La$ für die Zeit von Nov. 1961 bis Sept. 1962 mitgeteilt. Die Aktivität dieser Isotope steht in direktem Verhältnis zur gefallenen Regenmenge. Die Zeitspanne, die von hoher Gesamt-β-Aktivität des Regens bis zum Auftritt eines Maximums in der Milch verging, betrug für ^{131}J 4 Tage und für $^{140}Ba + {}^{140}La$ 7 Tage. Das Verhältnis $\frac{^{137}Cs/g\ K}{^{90}Sr/g\ Ca}$ nimmt unter der Voraussetzung, daß keine frischen Spaltprodukte von erneuten Kernexplosionen hinzukommen, mit einer Halbwertszeit von 15 Mon. ab. Dieser Quotient ist nach Untersuchungen des Vf. bei frischem fallout von der Regenmenge abhängig. Er erreichte im Sept. 1962 den Wert 5,4. Für ^{90}Sr und ^{137}Cs wurde in der BRD die Risikogrenze nicht erreicht, lediglich für ^{131}J ermittelte Vf. im Sept. bis 200 pc/l Milch, wonach der für ^{131}J angegebene Grenzwert von 100 pc/l kurzfristig überschritten wurde. I. Niepel. 2512.

Konrad, H. **Die Standardisierung von chemischen und physikalischen Prüfmethoden im Jahre 1962.** FBM Milch Standard 5 (1963) Nr. 1. S. 3–5. Beil. zu: Dtsch. Milchwirtsch. 10 (1963) Nr. 2. 2512.

Hauke, H. **Bestimmung des Chlor- und Zellgehaltes maschinengemolkener Milch als Beitrag zur Eutergesundheit der Rinder bei der maschinellen Milchgewinnung.** Mh. Veterinärmed. 18 (1963) Nr. 3. S. 84–88. – 2 Tab., 24 Lit.

Innerhalb von 10 Wochen wurden in einem klinisch und bakteriologisch eutergesunden Rinderbestand von 43 mit der Maschine gemolkenen Tieren 263 Milchproben auf Cl- und Zellgehalt untersucht. Bei 33 Tieren = 76,7% (Gr. I) konnten in den Milchproben gleichbleibende, phys.-chem. Werte festgestellt werden. Die in der Literatur angegebenen Cl-Grenzwerte (0,063 bis 0,104 g%) für normale Milch wurden nicht überschritten. Beim Einzeltier traten innerhalb der physiol. Grenzen größere Schwankungen auf. Der Zellgehalt in Gr. I bewegte sich ebenfalls noch in normalen Grenzen (Zellgrenzzahl 450000–500000/ml Milch). Der durchschnittl. Zellgehalt liegt bei der maschinengemolkenen Milch höher als bei der handgemolkenen. Die Milchproben von 10 Tieren = 23,3% (Gr. II) wiesen eine gleichbleibende Erhöhung des Cl-Gehaltes über die physiol. Normalwerte hinaus auf. In Gr. II mit abakteriellen Sekretionsstörungen traten vermehrt polymorphkernige Leukocyten auf, max. 7,17%. Ein Anstieg des Zellgehaltes oder Cl-Wertes der Milch während der Untersuchungsdauer war nicht zu beobachten. Die maschinelle Milchgewinnung übte keinen signifikanten Einfluß auf die Zellzahlen und den Cl-Gehalt aus. Sachgemäßes Maschinenmelken verursacht keine gesundheitsschädliche Reizung des Eutergewebes. E. Kunter. 2512.

Kunter, E. **Der praktizierende Tierarzt bei der hygienischen Überwachung der maschinellen Milchgewinnung.** Mh. Veterinärmed. 18 (1963) Nr. 2. S. 55–58.

Die Kontrolle der notwendigen Verbesserung der Milchgewinnung wird künftig eine Aufgabe der praktizierenden Tierärzte sein. Sie wird die Bekämpfung der Euterkrankheiten sinnvoll ergänzen. Auf Grund von bisherigen Überprüfungen an 60 Fischgrätenmelkständen durch die Abt. Milchhygiene und Serologie des VUTGA Dresden werden die wichtigsten Gesichtspunkte für eine solche Kontrolltätigkeit aufgezeigt. Sie beinhalten die Hygiene des Melkpersonals und die zweckmäßige Vorbereitung der Milchkühe ebenso wie die Behandlung der Milch nach dem Melken. Als bes. Schwerpunkt wird die exakte und regelmäßige Reinigung und Desinfektion der Melkanlage herausgestellt. R. Held. 2516.

Tarrant, J. C. Economics of collection. **(Fragen der Wirtschaftlichkeit des Milcheinsammelns.)** Austral. Soc. Dairy Technol., techn. Publ. **11** (1962) S. 24–27. – 1 Tab.
Sorgfältige Studien ergaben, daß gegenüber der Kanneneinsammlung 50% an Wegstrecken bei Einsammlung tiefgekühlter Milch eingespart werden können, 12,5–25% durch Verminderung der Häufigkeit des Einsammelns und 37,5% durch Erhöhung der Ladekapazität. Das Nichttiefkühlverfahren bringt keine Einsparung betr. der Häufigkeit des Einsammelns. An einem Beispiel sind die geldlichen Kosten betr. Arbeitsaufwand, Reparaturen, Unterhaltung, Kraftstoff, Abschreibung, Konzessionen, Zulassung aufgeführt. Es ergibt sich ein klarer Vorteil für das Einsammeln durch Einschaltung der Tiefkühltanks, wenngleich auch unter begrenzten Umständen die Wasserkühlung angebracht ist. Für den Farmer ergibt sich ein leichteres Leben und die Möglichkeit der Lieferung einer qualitätsvolleren Milch.
H. Senger. 2516.

Rangappa, K. S.; New Delhi, Centr. Water and Power Commiss. Bacterial standards for milk and milk products. **(Bakteriologische Standards für Milch und Milchprodukte.)** Indian Dairyman **14** (1962) Nr. 12. S. 389. 2516.

Howey, R. I. Quality of milk. **(Die Qualität der Milch.)** Austral. Soc. Dairy Technol., techn. Publ. **11** (1962) S. 22–23.
Vf. beschäftigt sich mit den Maßnahmen zur Vermeidung einer stärkeren bakteriellen Verschmutzung der Milch als qualitätsmindernden Faktor. Dies geschieht durch Verwendung von innen polierten Tanks aus Nirostastahl, durch Beachtung der schnellen Kühlung und Kühlhaltung bei 40 °F, durch Vermeidung des Zusammenschüttens frischer Milch mit solcher, die nicht bei 40 °F, z. B. in Kannen, aufgehoben wurde. Die Qualitätsfeststellung mit Hilfe der Methylenblaumethode ist unzureichend. Es muß mehr Gewicht auf die Erziehung der Erzeuger gelegt werden, damit diese die Standards der Keimfreimachung und richtigen Kühlung genauer beachten.
H. Senger. 2516.

Kirschke, H.; Oranienburg, Inst. für Milchforsch. **Die Qualitätsprüfung und die Produkte unserer Milchindustrie.** Dtsch. Milchwirtsch. **10** (1963) Nr. 2. S. 47–50. – 15 Abb.
In kurzen Zügen wird über die Arbeit der ZMUA (Zentrale Milchwirtschaftliche Untersuchungsanstalt) berichtet. Die Probenahme wird, nachdem sie bereits 1961–62 in einigen Bezirken durch beauftragte Fachleute in den Molkereien und Käsereien direkt erfolgte, ab 1963 in allen Bezirken nach dieser Vertikalmethode erfolgen. Bereits 1962 hat sich eine Qualitätsverbesserung in den entspr. Betrieben bemerkbar gemacht. W. Zeller. 2516.

Kalsbeek, H. C. und Tulner, P. R. De ontwikkeling der melkproduktie in Nederland vanaf 1947 en het verband tussen de produkties in opeenvolgende lactatieperiodes bij groepen F.H.-en M.R.IJ.-dieren. **(Die Entwicklung der Milcherzeugung in den Niederlanden seit 1947 und die Beziehung zwischen den Leistungen in aufeinanderfolgenden Laktationsperioden bei Gruppen von schwarzbunten und rotbunten Tieren.)** Tijdschr. Diergeneeskunde **88** (1963) Nr. 3. S. 133–146. 6 Abb., 5 Tab., 9 Lit. Zus. in Franz. und Dtsch.
Die Darstellung der Milchleistungen und des Fettgehaltes aller niederländischen Kontrollkühe, der schwarzbunten Kühe in Friesland und der rotbunten in Utrecht für die Jahre 1947–58 zeigt, daß die Leistungen allg. erheblich angestiegen sind und daß die Rotbunten sich im Fettgehalt und noch mehr in der Milchmenge dem Leistungsstand der Schwarzbunten Friesen genähert

haben. Von beiden Rassen wurden Tiere ausgewählt, die mindestens sechs aufeinanderfolgende Leistungen aufwiesen. Bei 100 schwarzbunten Kühen stieg die Milchleistung von der 1. zur 2. Laktation um 19%, von der 1. zur 3. um 35%, zur 4. um 49%, zur 5. um 55%, zur 6. um 61% und zur 7. um 62%. Die entspr. Werte für 47 rotbunte Kühe liegen bei 19, 33, 44, 43, 47 und 45%. Diese Werte werden mit früheren Angaben verglichen.

J. K. Hinrichsen. 2518.

Sen, K. C. The progress of dairy industry in India. **(Der Fortschritt in der Milchwirtschaft Indiens.)** Indian Dairyman **14** (1962) Nr. 12. S. 385–388. 2518.

Petersen, Einar O. The co-operative movement with special reference to dairying. **(Die Co-operations-Bewegung unter besonderer Berücksichtigung der Milchwirtschaft.)** Indian Dairyman **15** (1963) Nr. 1. S. 18–30. 2518.

Sedgwick, F. J. Bulk milk conference. **(Tagung über Tankmilch.)** Milk Board J. **13** (1962) Nr. 19. S. 11. 13.

Die Tagung befaßte sich mit Fragen der Milchqualität, den Produktionsbedingungen und der dadurch veränderten Lebensweise in den Farmen, den Untersuchungsmethoden und der Mengenmessung der einzusammelnden Milch. Die Milcheinsammlung sollte in Australien auf der Grundlage der Verwendung von Kühltanks erfolgen, wobei die Kostenfrage im Vordergrund stand. Das Messen der Milchmenge mit Hilfe eines Tauchstabes erscheint immer noch das einfachste. Bei Vorhandensein von ausreichend Wasser ist das Vorkühlen zur Kostensenkung angebracht. Die Tankgröße sollte sich aus der Milchmenge von 3 Melkzeiten ergeben. Zur Klassifizierung wurde eine zentrale Autorität gefordert. Die einwandfreie Feststellung der Qualität auch in bakteriol. Hinsicht ist noch ein Problem. H. Senger. 2518.

Brazendale, E. Current trends in New Zealand. **(Der milchwirtschaftliche Entwicklungsverlauf in Neuseeland.)** Austral. Soc. Dairy Technol., techn. Publ. **11** (1962) S. 18–21.

Behandelt wird die geschichtliche Entwicklung der Milcheinsammlung von den Farmen, der hervortretende Wechsel zur stärkeren Frischmilchlieferung, die Einführung der Einsammlung mit Hilfe von Tankwagen aus Sammeltanks in den Farmen, die Bedeutung der verschiedenen Kühlverfahren bis zur Ein-um-den-andern-Tag-Einsammlung, die sich bes. für die Verarbeitung zu Käse, Casein und Milchpulver eignet. Die Frage Eisbank- oder direkte Expansionskühlung ist eine Frage der Versorgung mit Elektroenergie, die in vielen Gegenden wegen des Vorhandenseins von 3 Spitzenbelastungszeiten zur Eisbankkühlung zwingt. Die Milcheinsammlung aus Tiefkühltanks hat für die Zukunft die größere Wirtschaftlichkeit, bei nicht zu großen Entfernungen auch noch die Wasserkühlung. H. Senger. 2518.

Krüger, Werner; Oranienburg, Inst. für Milchforsch. **Das Institut für Milchforschung Oranienburg — das wissenschaftlich-technische Zentrum der Milchindustrie der DDR.** Dtsch. Milchwirtsch. **10** (1963) Nr. 2. S. 43–47. — 15 Abb.

Ein kurzer Rückblick weist auf die enge Verbindung der Stadt Oranienburg mit der deutschen Milchwirtschaft hin. Bereits 1653, dem Gründungsjahr Oranienburgs, wurde in der Umgebung der Stadt durch Luise-Henriette von Oranien die Milchverarbeitung entwickelt. 1923 wurde eine milchwirtschaftliche Lehr- und Untersuchungsanstalt nach Oranienburg verlegt, die 1937 in ihr neues Institutsgebäude übersiedeln konnte. Diese Untersuchungsanstalt war die dritte neben Kiel und Weihenstephan. Seit 1958 hat das Institut in Oranienburg die Aufgabe einer zentralen milchwirtschaftlichen Forschungsstätte übernommen. Der Strukturplan und die bearbeiteten Forschungsthemen werden besprochen. W. Zeller. 2519.

Linke, H.; Kulmbach, Bundesanst. für Fleischforsch., Inst. für Bakteriol. und Histol. **Zum Begriff „Fleisch" im Sinne des Fleischbeschaurechtes.** Berliner Münchener tierärztl. Wschr. **75** (1962) Nr. 10. S. 188–191.
Die Rechtsauffassung in der BRD kennt nicht mehr den gesetzvertretenden Charakter der zum Gesetz erlassenen Verordnungen, die Ermächtigung zu diesen Folge-VO muß nach Inhalt, Zweck und Ausmaß klar im Gesetz bestimmt sein (§ 80 des Grundgesetzes). Es ist daher die Frage zu prüfen, ob die bisher in § 3 des Fleischbeschaugesetzes vom 15.3.60 erfolgte Begriffsbestimmung für Fleisch noch ausreichend ist, um eine einheitliche Handhabung zu gewährleisten. Die bei der Schlachtung anfallenden Teile finden entweder als Lebensmittel Verwendung (Skelettmuskulatur, Blut, Innereien usw.) oder sie werden zu techn. Produkten verarbeitet (Leim, Öl, Düngemittel, pharmazeutische Präparate u. a.). Da die Untersuchung vor der Verarbeitung erfolgt, bereitet die Definition „Teile, sofern sie sich zum Genuß für Menschen eignen" gewisse Schwierigkeiten; im Lebensmittelrecht ist die Formulierung „bestimmt sind" gewählt. Unter Anführung von Beispielen wird gezeigt, daß eine ganz klare Trennung nur sehr schwierig ist, zumal da obendrein der Begriff „Teile von warmblütigen Tieren" eigentlich Geflügel und Wild auch umfaßt, die aber Sondergesetze erfordern und die „Teile von. . ." ganz verschiedener Art sein können, was zudem auch beim Begriff „Fleischerzeugnisse" zutagetritt. Es wird zur Diskussion gestellt, alle Teile der Schlachttiere dem Begriff „Fleisch" zu unterstellen und diejenigen, die entweder niemals als Lebensmittel Verwendung finden oder bei denen der Charakter als Schlachttierkörperteil verlorengegangen ist, ausdrücklich auszunehmen. W. Mathieu. 2521.

Anonym. Analytical product control. **(Analytische Erzeugniskontrolle.)** Meat **28** (1962) Nr. 4. S. 46.
Jedes Qualitätskontroll-Programm setzt sich zusammen aus 3 wesentlichen Elementen. Diese Elemente sind Spezifikationen, Plan der Arbeitsverrichtungen (der Inspektionen, Analysen und Bericht über die Ergebnisse umfaßt) und die Entscheidung, die sich erforderlich macht auf der Grundlage der Ergebnisse. Wenn analytische Kontrollen angewendet werden, bieten sich spez. Probleme hinsichtlich des Grades der Kontrollgenauigkeit an. Sie werden durch Unterschiede hervorgerufen, die den Analysenmethoden eigen sind. Man kann sie klassifizieren und ihre normale Größe bestimmen.
K. Hahn. 2524.

Bestimmung der Quantität und Qualität von Fleisch und Fett bei Schwein, Rind, Schaf und Geflügel durch Schlachtversuche, physikalische, chemische und biologische Methoden. Dummerstorf, Inst. Tierzuchtforsch. Dtsch. Akad. Landwirtsch.-Wiss. Berlin Plan-Nr.: 170116h-1-15/6. Abschlußber. (28/2.63).
Die Anwendung von einheitlichen objektiven Maßstäben in den Prüfungsanstalten ist die Voraussetzung für die Vergleichbarkeit und für eine genaue Bestimmung des Schlachtwertes, über den gearbeitet wurde. Eine einheitliche Zerlegung wurde für Schweine, Rinder, Geflügel erarbeitet. Für Schweine wurde eine objektive Methode der Bewertung vorgeschlagen. Untersuchungen zur Methodik der Schlachtleistungsprüfung bei den Nachkommenschaftsprüfungen bei Rindern und Schafen wurden durchgeführt und Vorschläge unterbreitet. Die Qualitätsmerkmale Wasserbindung, Farbe, Muskelfaserstärke wurden bei Schweinen, Rindern, Schafen und Geflügel untersucht, ebenso der Bratverlust ermittelt. Zahlreiche Korrelationen wurden bei Schweinen zwischen den Qualitätsfaktoren berechnet. 2524.

Elliot, R. Paul; Albany, Calif., Western Regional Res. Lab. Determination of pyoverdine on the surface of chicken meat. **(Die Bestimmung von Pyoverdin auf der Oberfläche von Geflügelfleisch.)** Poultry Sci. **41** (1962) Nr. 2. S. 513 bis 518. – 2 Abb., 3 Tab., 20 Lit.

Es wird eine Methode zur Bestimmung von Pyoverdin, einem wasserlöslichen fluoreszierenden Pigment der Pseudomonaden, auf der Oberfläche von Geflügelfleisch beschrieben und mit der Auszählung der Bakterien, der NH_3-Bestimmung und der Geruchsprüfung verglichen. Die geeignetste Methode zur Bestimmung der Frische des Fleisches ist die Auszählung der Bakterien.
H. Pingel. 2524.

Wöhlken, E.; Göttingen, Inst. für Landwirtsch. Marktlehre. **Die Versorgung mit Geflügelfleisch aus inländischer Erzeugung und Einfuhren.** Dtsch. Geflügelwirtsch. **14** (1962) Nr. 3. S. 29–34. – 15 Tab.

Der Verbrauch an Geflügelfleisch ist in den Jahren 1950-60 an die 3. Stelle nach Schweine- und Rindfleisch gerückt. In der BRD verdoppelte sich in diesen Jahren die Geflügelfleischproduktion auf 100000 t. $^2/_3$ des Fleisches stammen von Hühnern. Von der gesamten Geflügelfleischerzeugung nehmen ausgewachsene Hühner 44%, Junghennen 17%, Gänse 13%, Enten 19% und sonstiges Geflügel 5% ein. Die Fleischimporte erhöhten sich in dieser Zeit von 7000 t auf 144000 t, d. h. von 12 auf 58% der Inlanderzeugung, wobei eine krasse Umstellung von Lebendimporten auf Einfuhr von geschlachtetem Geflügel stattfand. Auch hier liegt das Hauptgewicht bei Hühnerfleisch. Bis 1935/38 wurde Schlachtgeflügel aller Art vornehmlich aus Ost- und Südost-Europa eingeführt. Seit 1950 stammt das meiste Schlachtgeflügel aus Nordwest-Europa (Niederlande und Dänemark) und den USA. Der Gesamtverbrauch an Geflügelfleisch (d. i. Markt- und Eigenverbrauch) betrug 1960 bei Hühnern 70%, bei Enten und Gänsen 25%. W. Sommerfeld. 2528.

Sauter, E. A., Peterson, C. F. und Lampman, C. E.; Univ. of Idaho, Dep. of Poultry Husbandry. The effectiveness of various sanitizing agents in the reduction of green rot spoilage in washed eggs. **(Die Wirksamkeit von verschiedenen Desinfektionsmitteln zur Verringerung der Grünfäule in gewaschenen Eiern.)** Poultry Sci. **41** (1962) Nr. 2. S. 468–473. – 3 Tab., 10 Lit.

In den Farmen werden häufig Eier gewaschen, die bei nachfolgender Lagerung bis zu 3 oder 4 Wochen wegen Grünfäule verderben. Durch Eintauchen über 1 Min. in eine Jodlösung mit einer Konzentration von 50 und 100 ppm konnten gewaschene Eier ohne Schaden 6 Wochen gelagert werden. Eine günstige Wirkung hatte ferner eine quartäre Ammoniumverbindung.
H. Pingel. 2535.

Davis, George T. und Beeckler, Allen F.; Bozeman, Montana State Coll. Plastic packaging of eggs. I. Methods of packaging. **(Plastikverpackung von Eiern. 1. Mitt. Verpackungsmethoden.)** Poultry Sci. **41** (1962) Nr. 2. S. 391 bis 397. – 4 Abb., 2 Tab., 8 Lit.

In 7 Versuchen wurden Eierkartons für 6 Eier mit verschiedenen Plastikhüllen versehen, um der Verflüssigung des Eiklars entgegenzuwirken. Die Plastikhüllen mit der geringsten Durchlässigkeit für Feuchtigkeit und CO_2 ließen die geringste Verflüssigung des Eiklars zu. Diese Wirkung ist bedingt durch die Verringerung der Verdunstung und durch die Erhaltung eines niedrigen pH-Wertes im Eiklar. Der Vorteil der Einhüllung von Eierkartons mit Plasten gegenüber dem Eintauchen der Eier in Öllösungen besteht darin, daß im Moment des Öffnens der Kartons das CO_2 entweicht. Damit verbunden ist eine Erhöhung des pH-Wertes im Ei, was wiederum bedingt, daß sich hartgekochte Eier leicht abpellen lassen. H. Pingel. 2535.

Katrandžiev, K. (Katrandshiew, K.) Hrsg.: Veterinärmed. Forsch.-Inst. für Lebensmittelhyg. in Sofia. **Bŭlgarskoto kiselo mljako. Mikrobiologični i dietični kačestva.** (Der bulgarische Joghurt. Mikrobiologische und diätetische Eigenschaften). Sofija: Bŭlgarska akademija naukite. 1962. (211 S. m. 33 Abb., 5 Tab. u. 90 Lit. Zus. in Russ., Dtsch.) Eine originelle Monographie über den bulgarischen Joghurt, die auf eigenen Untersuchungsergebnissen und Literaturangaben beruht und neben einer historischen Übersicht folgende Fragen ausführlich behandelt:

Bact. bulgaricum und *Str. thermophilus* und den Einfluß der verschiedenen Faktoren auf die beiden Mikroorganismen im Zusammenhang mit ihrer Eigenschaft als Haupterreger der Milchsäuregärung bei der Joghurtbereitung; die Ergebnisse der durchgeführten vergleichenden mikrobiologischen und diätetischen Untersuchungen des bulgarischen Joghurts und der acidophilen Milch; die Technologie der Joghurtbereitung, die Eigenschaften des bulgarischen Joghurts: Säurewecker, chem. Zusammensetzung, Nährwert u. diätetischen Wert des bulgarischen Joghurts; ein originelles Verfahren zur Lyophilisierung der Milchsäurekulturen usw. Auf Grund der ausführlichen Beschreibung der Technologie und Eigenschaften des bulgarischen Joghurts und des vom Vf. entwickelten Verfahrens zur Gewinnung dauerhafter Säurewecker wird es in allen Ländern möglich sein, dieses für Gesunde und Kranke, Jugendliche und Erwachsene, Menschen und Tiere hochdiätetische Milchprodukt herzustellen. N. Platikanow.

K. TIERPSYCHOLOGIE

Haendler, Eberhard; Berlin-Reinickendorf, **Weinen Rinder aus Angst?** Prakt. Tierarzt **1963** Nr. 1. S. 7–10. — 11 Lit.

Die bei Rindern mehrfach beobachtete stärkere Sekretion der Tränendrüsen hat zu mannigfaltigen Deutungen, auch solchen anthropomorphen Charakters, Anlaß gegeben. Vf. weist solche Erklärungen wie „das Rind weine aus Angst" zurück, gestützt u. a. auf Aussagen von K. Lorenz, nach dem es aus erkenntnistheoretischen Gründen grundsätzlich unmöglich ist, über das Erleben von Tieren qualitative Aussagen zu machen. Jede tierpsychologische Darstellung sollte — so fordert Vf. — aus 2 Teilen bestehen: 1. der möglichst genauen zool.-physiol. Beschreibung des beobachteten Tatbestandes und 2. aus der psychol. Deutung. Bei der Verhaltensforschung, zumal an Haustieren, ist eine stärkere Beteiligung der Tierärzte nicht nur erwünscht, sondern notwendig. C. Engelmann. 2610.

Stichmann, Wilfried. **Transpositionsversuche mit Haushuhnrassen stark verschiedener Körpergröße.** Z. Tierpsychol. **19** (1962) Nr. 3. S. 290–320. — 1 Abb., 13 Tab., 53 Lit., Zus. in Engl.

Die Untersuchungen wurden an 4 Gruppen mit insgesamt 40 Hennen unterschiedlicher Rasse und Herkunft durchgeführt: 1. „Riesen" (Helle Brahma); 2. normalgroße Tiere (Rebhuhnfarbige Italiener und Weiße Leghorn); 3. Sekundärzwerge (Zwerg-Wyandotten und Zwerg-Italiener); 4. Primärzwerge (Chabo). — Die Dressur erfolgte mit straffreier Zweifachwahl in einem 100 × 55 × 65 cm großen Dressurkasten. Es erwies sich als günstig, die Versuchstiere vor Beginn der Experimente etwas hungern zu lassen. Zunächst mußten die Versuchstiere auf bestimmte visuelle Merkmale (kreisförmig angeordnete Punkte und Raster) dressiert werden. Bei den schwierigeren Transpositionsversuchen wurden dann z. B. Anordnung und Breite der Raster geändert. — Ergebnisse: Die vorbereitenden Dressuren ergaben, daß die kleineren Hühnerrassen einfache Dressuren (z. B. das Abwerfen eines Deckels) schneller erlernten als die größeren Rassen; das könnte nach Rensch (1958) mit dem intensiveren Stoffwechsel der kleineren Tiere zusammenhängen. Schwierige Aufgaben dagegen wurden von den „Riesen" am besten und von den Zwergen am schlechtesten gelöst. Bei mittelschweren Dressuren konnten keine nennenswerten Rassenunterschiede festgestellt werden. Von insgesamt 8 Versuchstieren der 4 Rassen besaß allerdings keines die Fähigkeit zur Aufführung einer aufgeschobenen Handlung. H. Knappe. 2610.

Tembrock, G.; Berlin, Humboldt-Univ., Zool. Inst. **Zur Strukturanalyse des Kampfverhaltens bei Vulpes.** Behaviour [Leiden] **19** (1962) Nr. 4. S. 261–282. — 14 Abb., 16 Lit. Zus. in Engl.

In einer 25 m^2 großen Freianlage wurde das Kampfverhalten 2er ca. 3 Jahre alter Fuchsrüden gefilmt. Zur Auswertung wurden die einzelnen Bilder auf eine Fläche projiziert und protokollarisch ausgewertet sowie jedes 6. Bild (480 Einzelbilder) gekennzeichnet. Die Frequenz von 24 Bildern pro Sek. erwies sich für die qualitative und quantitative Analyse als ausreichend.

Es konnten 16 Verhaltenselemente (Bewegungselemente) bei diesem Kampf ermittelt werden, wobei sich die einzelnen Elemente durch gesetzmäßige Koordination der Motorik und Sensorik und durch häufige Wiederholung auszeichneten: 1. Frontalstellung; 2. und 3. Antiparallelstellung I und II (beide Partner stehen gegensinnig); 4. Aufstellen (Aufrichten); 5. Parallelstellung; 6. Vornniedergehen; 7. Kopfheben; 8. Kopfsenken; 9. Pfoteheben; 10. Pfoteklammern; 11. Pfoteauflegen; 12. Abwehrbuckeln; 13. Gegenstemmen; 14. Halsbiß; 15. Beißschütteln; 16. Niederdrücken. – Der Kampfablauf ließ 2 Phasen erkennen; A) Initialphase, B) Hauptphase. Unabhängig davon wurden zwei Verhaltensgruppen unterschieden: I. Alternativverhalten (Beißkampfverhalten oder Abwehrverhalten) und II. gleichsinniges Verhalten (beide Partner führen gleiche Handlungen aus). In der Initialphase wird bereits durch das Verhalten des revierfremden Rüden der weitere Kampfablauf während der Hauptphase festgelegt, wobei 3 Möglichkeiten des Kampfverhaltens in Betracht kommen: Ernstkampf, Kommentkampf und Flucht (hier: Ernstkampf). Beim Kampf selbst sind Angriff und Abwehr dominierend; je nach dem Vorherrschen des einen oder des anderen erfolgt eine Zuwendung zum bzw. eine Abwendung vom Partner; als Resultante beider Tendenzen ist die Querstellung zu beobachten. Die Hauptphase wird durch zwei Verhaltenskomplexe („Syndrome") charakterisiert, und zwar 1. durch das alternierende und 2. durch das gleichsinnige Verhalten, wobei das SAP (= spez. Aktionspotential) annähernd gleich bleibt. Hauptkomponenten sind dabei Halsbiß und Antiparallelstellung I; da sie die Hauptelemente des Kampfverhaltens darstellen, werden sie als „Grundkoordinationen" bezeichnet und den übrigen untergeordneten Verhaltenselementen, den „Rahmenkoordinationen (1. und 2. Grades)" gegenübergestellt. – In der Diskussion werden zahlreiche theoretische Probleme erörtert, z. B. die Möglichkeit des Überganges von einer Grundkoordination auf eine andere Phasenverschiebung, Triebreduktion u. a. An Hand von Kurven, in denen u. a. das SAP wichtiger Verhaltensweisen dargestellt ist, konnte eine qualitative und quantitative Analyse des Handlungsablaufes gegeben werden. Ein Schema veranschaulicht die Möglichkeiten des Vergleichs zwischen biol. und regeltechnischen (kybernetischen) Systemen. H. Knappe. 2610.

Todd, Neil B.; Cambridge, Mass., Harvard Univ., Biol. Lab. Behavior and genetics of the domestic cat. **(Verhalten und Genetik bei der Hauskatze.)** Cornell Veterinarian **53** (1963) Nr. 1. S. 99–107. – 11 Lit. 2610.

SPEZIELLE GROSSTIERZUCHT

A. ALLGEMEINES

Schäfer, H. **Tierzucht und Tierhaltung in Steppengebieten.** Mitt. dtsch. Landwirtsch.-Ges. **78** (1963) Nr. 5. S. 130–133. – 5 Abb., 2 Tab.
Nach einer kurzen Darlegung der Gründe für das Abgleiten der Karakulschafzucht in der Farm Haribes in SWA werden die Maßnahmen geschildert, die in den letzten 11 Jahren durchgeführt wurden, um den derzeitigen hohen züchterischen Stand der Karakulschafzucht zu erreichen. Das Durchschnittsalter der Schafe liegt heute bei 4,0–4,5 Jahren. Die Fruchtbarkeit beträgt über 100%, wobei Zwillingsgeburten nicht immer erwünscht sind. Als jährl. normale Verlustquote werden 12% angegeben; höhere Verluste sind Folgen der Dürre. 70% der Gesamtverluste entfallen auf Altersschwäche (Totlammen der Muttern). Auf dem Wege der Linienzucht wird neben der Lockenzucht in Haribes auch die flache Zuchtrichtung bei der Lammfellproduktion berücksichtigt. An die erste Stelle der Zuchtarbeit wurde bewußt die Haarqualität gestellt, da diese für den Adel der Felle verantwortlich ist. W. Altenkirch. 3001.

Breitfeld, F. **Hannoversche Landwirtschaft — Hannoversche Tierzucht.** Dtsch. Geflügelwirtsch. **15** (1963) Nr. 3. S. 26–30.
Vf. zeigt die vielgestaltigen Verhältnisse des 3,25 Mill. ha großen Gebietes der Landwirtschaftskammer Hannover auf und geht bes. auf die Tierzucht ein. H. Winkler. 3001.

Bernhardt, L. **Entwicklung einer hochproduktiven Viehwirtschaft — planmäßige Vergrößerung der Viehbestände und die Steigerung ihrer Leistungen.** Tierzucht **17** (1963) Nr. 1. S. 16–19.
Zur Deckung des volkswirtschaftlichen Bedarfes an Milch und Rindfleisch in der DDR sind sowohl die Rinderbestände in den sozialist. Landwirtschaftsbetrieben als auch deren Leistungen zu erhöhen. Der Umfang der Rinderbestände in den sozialist. Landwirtschaftsbetrieben wird bestimmt vom Umfang der von den Betrieben zur Deckung des volkswirtschaftlichen Bedarfes beizutragenden Marktproduktion. Ausgehend von der zu haltenden Zahl an Rindern und deren Leistungen ist die Futterproduktion der Betriebe zu organisieren. Vf. führt an Hand mehrerer Beispiele die noch häufig vertretene Ansicht, daß die Betriebe mit weniger Kühen mehr Milch erzeugen, ad absurdum und zeigt Reserven zur Verbesserung der Futtererzeugung auf.
K. Pilz. 3001.

B. PFERDE

Ebhardt, Hermann; Hannover. **Ponies und Pferde im Röntgenbild nebst einigen stammesgeschichtlichen Bemerkungen dazu.** Säugetierkundl. Mitt. **10** (1962) Nr. 4. S. 145–168. — 6 Abb., 38 Lit.
Vf. bestimmt an Hand von röntgenologischen Untersuchungen an Pferdeskeletteilen (14 Merkmale) aus der Zeit vor und nach der frühesten Domestikation 4 Skelettfunktionstypen, die auch bei den heutigen Hauspferdepopulationen auftreten. Im Rahmen seiner Analysen kommt der Vf. zu der Feststellung, daß sich der Stamm der Pferde schon während der Eiszeitperiode in 2 Gruppen mit mehreren Untergruppen aufgespalten hat, die ein unterscheidbares Knochengewebe und unterschiedliche Skelettfunktionen mit zunehmender Spezialisierung aufweisen. Er bezeichnet die nördliche Gruppe „Ponies“, die südliche „Pferde“, wobei sich kein Hinweis auf die erreichbare Körpergröße ergibt; beide Gruppen können Zwerg- und Riesenformen bis zum Verhältnis 1:2 hervorbringen. Zur Poniegruppe gehören als Beispiele für die Untergruppen die Funktionstypen I und II, zur Pferdegruppe III und IV. Die Poniegruppe (die nördliche) hält sich am Südrand der Kaltklimazonen, die Pferdegruppe (die südliche) in den warmen Klimazonen bis zu deren Nordrand und der gemäßigten Zone auf. Die Veränderungen dieser Zonen ergeben folgerichtig jeweils auch eine Veränderung und Verschiebung des Verbreitungsgebietes der Ponie- und Pferdepopulationen.
J. E. Flade. 3010.

Dobrev, D. (Dobrew, D.); Sofia, Höheres Landwirtsch. Inst. „Georgi Dimitrow“. Vŭrchu genealogijata i plemennoto izpolzuvane na žrebcitepepinieri pri polukrŭvnoto stado v DZS „St. Karadža“. **(Über die Genealogie und die Zuchtverwendung der Hauptbeschäler in der Halbblutherde des bulgarischen Staatsgutes „Stefan Karadsha“.)** Naučni trudove. Visš selskostopanski institut „Georgi Dimitrov“. Zootechničeski fakultet, Sofija **12** (1963) S. 349–368. — 5 Abb., 5 Tab., 12 Lit. Zus. in Russ., Dtsch.
Die in dem Artikel enthaltenen Angaben über die Hauptbeschäler, die auf dem Staatsgut „Stefan Karadsha“ seit dem Bestehen der Stammherde (1896) bis 1960 verwendet wurden, beruhen auf Literaturangaben, auf Eintragungen in den Stutbüchern, auf den Ergebnissen der Leistungsprüfungen für junge Pferde in den Gestüten sowie auf eigenen Beobachtungen des Vf. während der vergangenen 10 Jahre. Es werden die Genealogie und die Ergebnisse

der Zuchttätigkeit dieser Hengste einer Betrachtung unterzogen. Vf. stellt fest, daß in der Herde wertvolle englische Vollblut- und Halbbluthengste gewirkt haben, wobei die Vollblüter dominierten, so daß $^{1}/_{3}$ der Stuten heute zu $^{7}/_{8}$ und darüber englisches Vollblut haben. Die Halbbluthengste haben zur Herausbildung eines schweren Pferdes und zur Verbesserung von Exterieur und Konstitution beigetragen. Daher ist die Einstellung ihrer Verwendung verfehlt. Vf. empfiehlt, die Blutlinien von 3 auf 5–6 zu erweitern und die Verwendung der Vollbluthengste einzuschränken sowie bei der Zuchtwahl nicht nur die Leistungsprüfungsergebnisse, sondern auch das Kaliber der Pferde in Betracht zu ziehen. N. Platikanow. 3170.

Ščekin, V. (Stschekin, W.) Geografičeskij geterozis v životnovodstve i ego osobennosti. **(Die geographische Heterosis in der Tierzucht und ihre Besonderheiten.)** Konevodstvo i konnyj sport, Moskva **33(108)** (1963) Nr. 1. S. 12–13.
Die geographische Heterosis tritt auf Grund äußerer Einflüsse auf, und zwar am häufigsten, wenn eine trächtige Stute in einen anderen Betrieb gebracht wird und dort abfohlt oder wenn ein Hengst eingeführt wird. Diese Tiere liefern im 1. Jahr ihres Aufenthaltes im neuen Betrieb die wertvollsten Nachkommen. Die zu einer Erhöhung der Vitalität führende geographische Heterosis hat keinen direkten Einfluß auf den Kern der Geschlechtszellen, sondern nur auf deren Plasma, und die Nachkommen bleiben immer typische Vertreter ihrer Blutlinie. Die geographische Heterosis ist bei Pferden ungleich wertvoller als die bei der Hybridisation auftretende Heterosis, da letztere innerhalb der Gattung Equus zu Unfruchtbarkeit führt. B. Schenk. 3255.

Žilinskij, A. A. (Shilinski, A. A.) K voprosu o vozraste sparivanija lošadej. **(Zum Problem des Alters bei der Zuchtverwendung von Pferden.)** Tr. Čuvašsk. s.-ch. in-ta **5** (1962) Nr. 2. S. 27–38. – 14 Lit. Aus: Referativnyj žurnal. Biologija, Moskva **1962** Nr. 17. L 113. S. 18.
Die beste Nachkommenschaft wurde bei der Paarung von Hengsten im Alter von 8–13 Jahren mit Stuten im Alter von 4–11 Jahren erhalten. Die nachhaltigste Brunst und die längste Trächtigkeitsdauer wurden bei jungen Stuten im Alter von 3–6 Jahren beobachtet. Bei der Paarung von Tieren im Alter bis zu 7 Jahren gab es in der Nachkommenschaft mehr Hengstfohlen. übersetzt v. Ch. Eshkowa. 3308.

König, U.; Halle/S., Martin-Luther-Univ. Halle-Wittenberg, Inst. für Tierzucht. **Beitrag zu Fruchtbarkeitsuntersuchungen beim Pferd.** Arch. Tierzucht **6** (1963) Nr. 4. S. 337–345. – 1 Abb., 8 Tab., 11 Lit. Zus. in Russ., Engl. nach Zus.
Als Zykluslänge, d. h. Abstand zwischen dem Beginn der einzelnen Rosseperioden, wurden ⌀ 22,73 ± 0,16 Tage ermittelt. Von 1775 Kaltblutstuten wurden 65,4% im 1. und 25,5% im 2. Zyklus tragend. Eine Auswirkung der Jahreszeit auf die Zykluslänge konnte nicht festgestellt werden ($r = -0{,}06 \pm 0{,}04$). Zwischen dem Lebensalter und dem Konzeptionszyklus konnte ein statistisch gesicherter Zusammenhang ($\chi^2 = 38{,}9$; $p < 1\%$) ermittelt werden. Die erstmalig gedeckten Stuten zeigten eine schlechtere Aufnahmebereitschaft als die älteren. Das beste Ergebnis wurde bei den 10- und 11-jährigen Stuten gefunden. In diesen Klassen nahmen 71,3 bzw. 75,0% der gedeckten Tiere bereits im 1. Zyklus auf. Bei einer Gruppierung der Stuten nach dem Bedeckungsergebnis „tragend" oder „nicht tragend" konnte in der Folge mehrerer Jahre keine Abhängigkeit der nachfolgenden von der Vorjahresleistung festgestellt werden. Zwischen der Vorjahresleistung (tragend, güst, nicht gedeckt) und der Anzahl der Zyklen bis zur Trächtigkeit im folgenden Zuchtjahr besteht ein statistisch gesicherter Zusammenhang ($\chi^2 = 9{,}01$; $p = 5\%$). Von den im Vorjahr tragend gewesenen Stuten wurden im folgenden Jahr 74,4% im 1. Zyklus, von den güst gewesenen 55,6 und von den nicht gedeckten 52,6% tragend. 3310.

Sadykov, B. und Venjarskij, A. (Sadykow, W. und Wenjarski, A.); Semipalatinsk, Zootechn. und Veterinärmed. Inst., Lehrstuhl für Großtierzucht. Osennij nagul i mjasnye kačestva lošadej. **(Die Herbstweidemast und die Fleischqualität der Pferde.)** Konevodstvo i konnyj sport, Moskva **32(107)** (1962) Nr. 11. S. 20–21. – 1 Abb., 2 Tab.
20 kasachische Pferde wurden vom 1. Sept. bis 27. Okt. 1961 ausschließlich (tägl. 19 Std.) auf natürlichen Weiden im Gebiet Semipalatinsk gehalten. Dabei betrugen die Tagesdurchschnittszunahmen 996 g (627–1720 g). Die Kontrollschlachtung erbrachte eine Schlachtausbeute von 49,5–49,9% (sehr guter Ernährungszustand) bzw. 48,8% des Lgw. (guter Ernährungszustand). Die Ausbeute an Innereien betrug Blut 4,34%; Herz 0,62%; Leber 1,34%; Lunge 0,73%; Nieren 0,31%. Das Fleisch der Tiere mit gutem Ernährungszustand enthielt 69,96% Wasser; 23,05% Eiweiß; 5,71% Fett und 1,2% Asche; 1 kg Fleisch lieferte 1476 kcal. F. Schenk. 3350.

Puškarskij, V. (Puschkarski, W.) Opyty po ulučšeniju ispytanij rysakov. **(Versuche zur Verbesserung des Trabertrainings.)** Konevodstvo i konnyj sport, Moskva **33 (108)** (1963) Nr. 1. S. 19–20. – 1 Abb., 1 Lit.
Bei dem neuen individuellen Training werden die Trainingsbelastungen dem Zustand des Nerven- und Muskelsystems angepaßt, der mit Hilfe der Aufnahme von Kraft–Zeit-Kurven ermittelt wird. Bei Verschlechterung der Verfassung des Muskelsystems erhalten die Pferde eine Ruhepause oder sie laufen im Schritt. Wenn sich der Zustand etwas gebessert hat, geht man zum freien kurzen Trab über und trainiert, bis eine gute Verfassung des Nerven- und Muskelsystems erreicht ist. Erst dann beginnt das Training im schnellen Trab. Bei Anwendung dieser Methode konnte z. B. die Schnelligkeit des Orlow-Traberhengstes „Schipr" von 3. 06,2 auf 2.42,1 verbessert werden.
B. Schenk. 3360.

C. RINDER

Obée, H. **Entwicklung und Stand der Milchleistungsprüfungen.** Mitt. dtsch. Landwirtsch.-Ges. 77 (1962) Nr. 49. S. 1608–1610.
Nach einem geschichtlichen Überblick über die Entwicklung der Milchleistungsprüfung (MLP) in Deutschland (1904 = 4% des Gesamtbestandes, 1934 = 11,2%) betont Vf., daß sich in Erkenntnis der wirtschaftlichen Bedeutung der MLP der Durchschnittskuhbestand in den kontrollierten Betrieben der BRD von 20,9 (1925) auf 8,9 (1961) verringert hat. – Das 1926 eingerichtete DRLB sollte in Sonderleistungsprüfungen die abs. Leistungsfähigkeit deutscher Kühe zeigen. Aus ihm ging dann später das heutige RL für Dauerleistungskühe hervor. Auch ohne Sonderprüfungen wurden z. T. hohe Leistungen erbracht: Im Jahre 1929 erreichte eine schwarzbunte Kuh im Rheinland eine Jahresleistung von 14483 kg Milch mit 3,41% Milchfettgehalt und 494 kg Milchfett, 1929 eine Rotbuntkuh (dam. Schlesien) 11575 – 4,51 – 522 und 1957 ein schwarzbuntes Tier (Kurhessen) 13452 – 4,48 – 603. 1927–61 brachten 13 Kühe über 500 kg Milchfett und 11 Kühe über 12000 kg Milch/Jahr. Wichtiger ist jedoch der durch die MLP ausgewiesene stetige Leistungsanstieg aller Kühe: 1926 = 3293 – 3,35 – 110 (Deutsches Reich), 1961 = 4069 – 3,83 – 158 (BRD) bei mehr als verdoppelter Anzahl kontrollierter Tiere. Die Überlegenheit der Herdbuchkühe spiegelt sich im Ergebnis der MLP 1961 (BRD) wider: Herdbuch: 4349 – 3,95 – 172 (79 8635 Kühe); Nichtherdbuch: 3801 – 3,79 – 144 (83 4330 Kühe). Daraus ergibt sich ein Leistungsvorsprung von ⌀ 548 – 0,16 – 28 für die Herdbuchkühe. Vf. weist weiter nach, daß trotz geschilderter Leistungssteigerung Gesundheit und Fruchtbarkeit der Kühe stark beachtet wurden, wie die hohen Eintragungszahlen in das RL beweisen. Trotz starker Verjüngung der Kuhbestände durch Tbc- und Brucellosefreimachung konnten die Leistungen stetig gesteigert werden. W. Häckert. 3520.

Wenger, H. **Die wichtigsten Ergebnisse der Milchleistungsprüfungen in der Berichtsperiode 1961/62.** Mitt. schweiz. Fleckviehzuchtverb. **1962** Nr. 5. S. 1–4. – 9 Tab.
Im Berichtszeitraum wurden ca. 85000 Kühe kontrolliert. Die Zahl der Tiere hat sich gegenüber dem Vorjahr infolge der hohen Kontrollgebühren nicht erhöht. Die Kontrollergebnisse werden, unterteilt nach Flachland und Berggebiet (Zone 1–Zone 3), angegeben. Für die Standardlaktation von 305 Tagen betrug die Durchschnittsleistung von 57249 Kontrollkühen 4003 kg Milch mit 3,98% Fett und 159,5 kg Fett. Bei Dez.- bis Febr.-Kalbungen wurden die höchsten Leistungen erzielt. Das Erstkalbealter betrug 2 Jahre, 9 Mon. und 21 Tage. Die mittlere ZKZ lag bei 13 Mon. Da eindeutige Wechselbeziehungen zwischen Abkalbealter und Leistung bestehen, ist bei der Beurteilung der Leistungen das Alter der Tiere zu beachten. Die Kühe mit den höchsten Milch- und Fetterträgen sind angeführt. H. Kleiber. 3520.

Anonym. Kokontrollen året 1961/62. **(Die Milchleistungskontrolle im Jahre 1961/62.)** Svensk Husdjursskötsel **1963** Nr. 2. S. 56–58. – 2 Tab.
Aus dem vorläufigen Bericht über die Milchleistungsprüfungen in Schweden ergibt sich, daß die Kuhzahl in den Betrieben über 2 ha von 1961–62 um 0,6% auf 1,208 Mill. zurückgegangen ist, während sie im Vorjahr um 0,25% angestiegen war. Die Zahl der Kontrollkühe ist um 1,4% gestiegen, während die Zahl der Kontrollbetriebe etwas zurückgegangen ist. Bei den einzelnen Rassen ist die Entwicklung verschieden. Während bei den Rotbunten, bei den Jerseys und bei den Kreuzungen und Sonstigen die Zahl der Kontrollkühe größer geworden ist, ist bei den Schwarzbunten und den Hornlosen ein leichter Rückgang zu verzeichnen. Die Leistungen sind bei allen Rassen angestiegen, und zwar bei Milchmenge, Fettgehalt und Fettmenge (kg). Die Schwarzbunten haben 5114 kg Milch und 4,0% Fett erreicht. In der Fettmenge werden sie von den Jerseys mit 216,5 kg übertroffen. Der Gesamtdurchschnitt aller Kontrollkühe liegt bei 4571 kg Milch mit 4,13% Fett und 188 kg Fett. J. K. Hinrichsen. 3520.

Bradbury, C. J. und Maclean, T. N. Association dairy herd test report 1962. **(Verbandsmilchleistungsprüfungen 1962 in Victoria—Australien.)** J. Agric. [Melbourne] **61** (1963) Nr. 1. S. 1–9. – 3 Abb., 10 Tab. 3520.

Lobmaier, Gottfried. **Fleischleistungsprüfung beim Rind.** Förderungsdienst [Wien] **11** (1963) Nr. 2. S. 57–59.
Das österreichische Bundesministerium für Land- und Forstwirtschaft hat auf dem Bundesgut Königshof eine Nachkommen-Prüfstation für Fleischleistung beim Rind eingerichtet, in der jährl. 20–25 Gruppen von je 12 Söhnen von Vatertieren geprüft werden können. Die Mastprüfung beginnt am 140. Lebenstag bei genauer Futterkontrolle und endet mit einem Lgw. von 500 kg. Die Tiere der ersten 9 Nachkommengruppen wurden mit einem Durchschnittsgewicht von 79,3 kg eingestellt und wogen 110 Tage später durchschnittl. 183,4 kg, sie haben je Tier und Tag 944 g zugenommen. Mit 140 Lebenstagen werden 12 Körpermaße genommen. Kälber, welche nicht bei der Mutter gesaugt haben, sind Saugkälbern überlegen. E. Höpler. 3528.

Ross, K.; Halle/S., Martin-Luther-Univ. Halle-Wittenberg, Inst. für Tierzucht. **Auswertung der Ergebnisse von Viertelgemelkprüfungen zur Verbesserung von Zuchtwahl und Leistung beim Rind.** Arch. Tierzucht **6** (1963) Nr. 4. S. 251–273. – 5 Tab., 26 Lit. Zus. in Russ., Engl. nach Zus.
Melkbarkeitsprüfungen mit Viertelgemelkmaschinen dienen sowohl der Zuchtwertschätzung als auch direkt dem rationelleren Einsatz der Melkmaschine. Von 1959–61 wurde zunächst in Wiederholungs- und Parallelversuchen eine geeignete Prüfungsmethode für die breite Anwendung in der praktischen

Zucht entwickelt. Nach dieser Methode wurden bereits über 1500 Kühe und Färsen mit bes. Bedeutung für die Zucht in sozialistischen Landwirtschaftsbetrieben der Bezirke Halle und Magdeburg untersucht. Die korrelative Auswertung ermöglichte die Entwicklung eines Schlüssels, der die wichtigsten Prüfungsergebnisse für jede Kuh in einer einzigen Zahl, der „Melknote", zusammenfaßt, die für eine günstige holleriihmäßige Verwendung in 10 Klassen abgestuft wird. Von den für jede Kuh gewonnenen 166 Einzelwerten werden zur Errechnung der Melknote nur das höchste Minutengemelk, der Vorderviertelanteil, die Summe der Abweichungsquadrate von der gleichmäßigsten Viertelverteilung und das Handnachgemelk herangezogen, wobei auch die unterschiedliche Wichtigkeit dieser Faktoren noch berücksichtigt wurde. Zur Erzielung einer optimalen Vergleichbarkeit wird der Einfluß der abs. Gemelkmenge auf das höchste Minutengemelk über die Regression ausgeschaltet. Der Bewertungsschlüssel wurde nicht nur für die Einschätzung weibl. Tiere, sondern auch für Bullen an Hand ihrer Töchtergruppen angewendet und ermöglicht gegenüber der bisherigen subjektiven Euterbonitur eine wesentliche Verbesserung der Selektion. 3546.

Blau, G.; Kassel. **Beobachtungen über den Einfluß der Milchmenge und Euterkapazität auf die Sekretionsdauer nach dem letzten Melken.** Züchtungskunde **35** (1963) Nr. 1. S. 1–7. – 3 Abb., 12 Lit. Zus. in Russ., Engl., Franz. In den Jahren 1954–58 wurden 39 Schwarzbunt-Kühe zwischen der 1. und 5. Laktation auf den Zeitpunkt der Milchsekretionseinstellung nach dem Trockenstellen untersucht. Die Milchleistungen schwankten zwischen 2 und 11 kg. Das Trockenstellen wurde ohne Überspringen von Melkzeiten bzw. ohne Futterentzug vorgenommen. Der Strichkanal wurde mit einer antibiotischen Salbe verschlossen. Es wurde der Zeitpunkt zwischen letztem Melken und Kulminationspunkt der Euterfüllung festgestellt. An 69 Beobachtungen konnte ermittelt werden, daß sich alle Tiere ohne irgendwelche Beschwerden auf diese Weise trockenstellen lassen. Zwischen der Milchmengenleistung der letzten Laktationstage und dem Logarithmus der Zeitdauer vom letzten Melken bis zum Stillstand der Sekretion bestand eine gesicherte negative Korrelation von $r = -0{,}5618 \pm 0{,}082$. Die Regressionsgeraden wurden dargestellt. Der Sekretionsstop trat nach 24–78 Std. ein. Je höher die Milchleistung um so früher. Bei Kühen mit kleineren Eutern tritt der sekretionshemmende Einfluß schneller ein als bei anderen. H. Fiedler. 3546.

Nielsen, Ejner. Afkomsprøver med tyre. XVI. **(Nachkommenschaftsprüfungen an Bullen. 16. Mitt.)** Beretn. Forsøgslab. [Statens Husdyrbrugsudvalg] **1962** Nr. 329. S. 1–260. – 3 Abb., 135 Tab. 15. Mitt. vgl. LZ. Abt. III **6** (1961) Nr. 8. S. 1376.
Im Prüfungsjahr 1960/61 wurden in 31 Stationen 1661 Töchter von 93 Bullen geprüft. Der Rückgang um 6,7% Butterfett wird auf die verminderte Melkhäufigkeit (durchgehend 2mal tägl., früher im Winter 3mal) zurückgeführt. Ergebnisse:

	Gruppen	Kühe	Milch lb.	Fett %	Butterfett lb.	Protein %	Protein lb.
Rote Dänen	55	991	9925	4,64	461	3,88	386
Sbt. Dänen	18	331	9943	4,47	445	3,75	373
Jersey	20	339	7291	6,40	467	4,36	317

Die Jersey hatten die höchste Butterfettleistung, die Sbt. die geringste, die Roten Dänen stellten die Spitzengruppe mit 12489 lb. Milch und 593 lb. Butterfett. Die Korrelationen zwischen Fett- und Proteingehalt (250-Tageperiode) waren 0,64; 0,63 bzw. 0,59 für die 3 Rassen in o. a. Reihenfolge. Melkbarkeitsprüfungen ergaben folgende Rassendurchschnitte:

	Milch/ Min. lb.	Milch/ 3 Min. %	⌀ Melkzeit Min.	Viertelgemelk v. l.	v. r.	h. l.	h. r.	v.
Rote Dänen	3,81	72,8	4,2	21,9	22,5	28,0	27,6	44,4
Sbt. Dänen	4,28	81,0	3,6	21,4	21,9	28,2	28,5	43,3
Jersey	3,62	83,6	3,1	22,6	23,7	27,4	26,3	46,3

In allen 3 Rassen bestanden zwischen den Gruppen sehr große Differenzen. Die durchschnittl. Tageszunahme von Jungbullen betrug bei 13 Rote-Dänen-Gruppen 1028 g, bei 4 Sbt.-Gruppen 1033 g. Die Sbt. waren in der Schlachtqualität etwas überlegen. A. Schaaf. 2550.

Nielsen, Ejner. Afkomsprøver med tyre. XVII. **(Nachkommenschaftsprüfungen an Bullen. 17. Mitt.)** Beretn. Forsøgslab. [Statens Husdyrbrugsudvalg] **1963** Nr. 335. S. 1–272. – 2 Abb., 237 Tab. 16. Mitt. vgl. vorst. Ref.

Im Prüfungsjahr 1961/62 wurden in 30 Stationen Färsen von 91 Bullen geprüft und im Rassendurchschnitt folgende Leistung erreicht:

	Gruppen	Kühe	Milch lb.	Fett %	Fett lb.	Protein %	Protein lb.
Rote Dänen	55	976	10452	4,64	485	3,84	401
Sbt. Dänen	29	522	10426	4,39	458	3,67	381
Jersey	7	135	7864	6,51	512	4,40	346

Die Butterfettleistung war 4,3% höher als im Vorjahr, wieder lagen die Jersey an der Spitze. Die Sbt. stellten die Spitzengruppe in der Milchmenge mit 12463 lb. und 540 lb. Butterfett. Melkbarkeitsprüfungen ergaben folgende Rassendurchschnitte:

	Milch/ Min. lb.	Milch/ 3 Min. %	⌀ Melkzeit Min.	Viertelgemelk v. l.	v.r.	h. l.	h. r.	v.
Rote Dänen	3,97	72,5	4,3	21,9	22,4	28,0	27,7	44,3
Sbt. Dänen	4,48	79,8	3,7	21,1	21,8	28,5	28,6	42,9
Jersey	4,06	86,9	3,1	22,8	23,9	26,5	26,8	46,7

In der Mastleistungsprüfung (14 Gruppen mit 185 Jungbullen) führten die Sbt. mit 2,26 lb. Zunahme, 1,40 FE und 72,2% Fleisch (Rote Dänen 2,24 – 1,47 – 71,8). Laborbestimmungen betrafen Zartheit, Farbe, Fettgehalt, Tr.-Subst., Wasserhaltefähigkeit und pH an Proben von M. long. dorsi und M. subscapularis. Bei Zunahmen über 2,20 lb. besteht erhöhte Tendenz zu zartem Fleisch. A. Schaaf. 3550.

Evtimov, B., Konstantinov, G., Vasileva, J. und Venev, I. (Ewtimow, B., Konstantinow, G., Wassilewa, J. und Wenew, I.); Sofia, Höheres Landwirtsch. Inst. „Georgi Dimitrow". Precenka po potomstvoto na njakoi bici ot sofijskoto kafjavo govedo. **(Nachkommenschaftsprüfungen einiger Sofioter Braunviehbullen.)** Naučni trudove. Visš selskostopanski institut „Georgi Dimitrov". Zootechničeski fakultet, Sofija **12** (1963) S. 149–171. – 13 Abb., 15 Tab., 18 Lit. Zus. in Russ., Engl.

Der Artikel enthält die Ergebnisse der im Rinderzuchtbetrieb „Dr. Paschow" bei Sofia durchgeführten Beurteilung von 6 Bullen. Für die Periode 1955–59 wurden die Angaben aus den Herdbüchern benutzt. In dieser Zeit war die Fütterung der Kühe verhältnismäßig gut. Die Beurteilung erfolgte nach der Methode des Töchter-Mütter-Vergleichs und des Vergleichs gleichaltriger Töchter. Für die Abhängigkeit zwischen den Milchleistungen von Müttern und Töchtern wurde ein Wert von $r = +0{,}323 \pm 0{,}114$ erhalten. 2 der Bullen verbesserten die Milchleistung, 2 andere ebenfalls, jedoch nur bei Paarung mit Kühen, deren Milchleistung unter 3000–3100 kg liegt. Die Milchleistung der Töchter eines Bullen ist, im ganzen genommen, höher als die ihrer Mütter, jedoch niedriger als die ihrer Altersgenossinnen. Den Fettprozentgehalt der Milch senkte 1 Bulle, 2 Bullen im Falle der Paarung mit Kühen, deren Milchfettgehalt über 3,60 beträgt. 3 Bullen erwiesen sich als neutral.

N. Platikanow. 3550.

Ruzskij, S. A. (Russki, S. A.) Ocenka bykov po moločnoj produktivnosti dočerej za raznoe čislo laktacij. **(Beurteilung der Bullen nach der Milchleistung der Töchter in verschiedenen Laktationsperioden.)** Tr. Vses. s.-ch. in-ta zaočn. obrazovanija **1961** Nr. 4. S. 13–16. — Aus: Referativnyj žurnal. Biologija, Moskva **1962** Nr. 15. L 124. S. 15.

Es wurden 3106 Laktationen von 397 Simmentaler und Kostromaer Kühen untersucht. Dabei wurde festgestellt, daß die Durchschnittsmilchleistung und der durchschnittl. Fettgehalt der Milch in den ersten 2–3 Laktationen mit der Durchschnittsleistung aus allen Laktationen übereinstimmen.

übersetzt v. Th. C. Boetticher. 3550.

Groenewold, H. **Probleme der Nachkommenschaftsprüfungen am neutralen Ort beim Rind.** Ber. Landwirtsch. [N. F.] **40** (1962) Nr. 3. S. 654–674.

Zunächst wird die Problematik der Nachkommenschaftsprüfung am neutralen Ort hinsichtlich der Größe der Prüfungsgruppen, der Vorselektion nach Müttern sowie des Einflusses der Herkunftsgebiete und der Umweltverhältnisse besprochen. Es folgt eine Gegenüberstellung der Prüfungsergebnisse von 189 dänischen Nachkommenschaften (3314 Tiere) und 17 in Loga/Ostfr. überprüften Töchtergruppen (214 Tiere) mit den Ergebnissen einer Nachkommenkontrolle im Züchterstall an insgesamt 2469 Töchtern von Bullen, deren Töchter bereits in Loga geprüft wurden. Bemerkenswert ist, daß die dänische Population eine erheblich höhere durchschnittl. Milchmengenleistung zu verzeichnen hatte als die Logaer Prüfungstiere. In Loga konnte für den Fettprozent- und Eiweißgehalt ein signifikanter Einfluß der Jahre festgestellt werden, und Vf. folgert, daß diese Signifikanz durch genetische Unterschiede zwischen den in verschiedenen Jahren geprüften Vatertieren verursacht wurde. Bei dem großen dänischen Material dagegen sind die Unterschiede in den Durchschnittsleistungen zwischen den Jahren auf Umwelteinflüsse, diejenigen zwischen den Stationen jedoch überwiegend auf unterschiedliche erbliche Veranlagung der Stationsjahrgänge zurückzuführen. Für Eigenschaften mit niedriger Heritabilität (Milchmenge) muß trotz Standardisierung der Umweltverhältnisse mit signifikanten Umwelteinflüssen gerechnet werden. Durch exakte Korrektur dieser Einflüsse können die an verschiedenen Orten und/oder zu verschiedenen Zeiten geprüften Vatertiere miteinander verglichen werden. Bei der Stationsprüfung ist es möglich, die gleiche abs. Genauigkeit der Erbwertschätzung mit weniger Nachkommen gegenüber der Kontrolle im Züchterstall (TMV, Stallgefährtinnenvergleich) zu erzielen, wobei die mögliche Reduktion der Nachkommenzahl durch den echten Anstieg in der Heritabilität bestimmt wird. Die Übereinstimmung der Ergebnisse beider Prüfungsmethoden steigt, je genauer die umweltbedingten Streuungsursachen der Praxis erfaßt werden. Zwischen den Nachkommenschaften verschiedener Bullen bestehen Unterschiede in der „Alter-Leistungs–Entwicklung“. Aus wirtschaftlicher Sicht gesehen sind Stationsprüfungen berechtigt, wenn die erforderlichen Mehrkosten je Vatertier durch die zusätzliche Verbesserung einer großen Anzahl von Töchtern ausgeglichen werden. G. Herrmann. 3550.

Polkovnykova, O. P. (Polkownykowa, O. P.) Rabota z simejstvamy velykoï rogatoï chudoby. **(Zuchtarbeit mit Rinderfamilien.)** Socialistyčne tvarynnyctvo, Kyïv **34** (1962) Nr. 7. S. 33–35. – 1 Tab. Orig.: ukrain.

37 Familien des Roten Steppenrindes wurden nach ihrer Leistung bewertet und die Bullen für die Züchtung von neuen milchfettreichen Linien ausgesucht. Die Bewertung wurde mittels Mütter–Töchter–Enkel-Vergleich vorgenommen. Es wurde außerdem in Betracht gezogen, mit Bullen welcher Linien die Kühe der jeweiligen Familien die besten Nachkommen liefern. Die Leistung aller Töchter der betr. Bullen verglich man mit den Töchtern der Mutterlinie in der betreffenden Familie auf der Basis der Erstlaktationsleistung. Dabei wurde festgestellt, daß für die Züchtung neuer Linien die Familien zu verwenden sind, die ihre hohe Leistung in den Generationen halten und bei der Paarung mit Bullen der betr. Linie Nachkommen liefern, deren Leistung in der 1. Laktation die Durchschnittsleistung der Bullentöchter übersteigt. X. Abelmann. 3560.

Zipper, J.; Iden-Rohrbeck, Inst. für Tierzucht und Tierhalt. der Dtsch. Akad. der Landwirtsch.-Wiss. zu Berlin. **Die Variabilität der Körperform bei Reinzucht und Kreuzung von Deutschem Gelbvieh und Rotem dänischen Milchvieh.** Arch. Tierzucht **6** (1963) Nr. 4. S. 274 – 283. – 3 Abb., 3 Tab., 28 Lit. Zus. in Russ., Engl. nach Zus.

Mit der züchterischen Verbesserung der Nutztierbestände durch Veredlungs- oder Kombinationskreuzung ergeben sich einige Fragen über die Selektionsmöglichkeiten und die Selektionssicherheit sowie die Veränderung der genetischen Struktur innerhalb der Kreuzungsbestände. An Hand der Körpermaße von 2089 5jährigen Kühen des Deutschen Gelbviehs und des Roten Dänischen Milchviehs sowie von F_1- und Rückkreuzungskühen wurde die Variabilität der Körperform untersucht. Eine Zunahme der Variation in den Kreuzungsgenerationen gegenüber den Ausgangsrassen konnte nicht nachgewiesen werden. 3575.

Le Roy, H. L.; Zürich, ETH, Inst. für Tierzucht, Lab. für Biometrik und Populationsgenetik. **Betrachtungen und Hinweise zur Beurteilung phänotypisch normaler Bullen bezüglich rezessiv ererbter Defektmerkmale.** Bayer. landwirtsch. Jb. **39** (1962) Nr. 6. S. 643–652. 1 Tab., 4 Lit.

Die Rückpaarung von Bullen an eigene Töchter ist die wirkungsvollste Prüfung auf rezessive Erbfehler, da bez. eines Defektmerkmales homozygot rezessive Kühe i. a. nicht zur Verfügung stehen und außerdem die Verpaarung mit eigenen Töchtern zu simultanen Tests für alle rezessiv vererbten Defektmerkmale führt, für die der Bulle versteckter Träger ist. Vf. berechnet zunächst die Irrtumswahrscheinlichkeit $Pv\% = \left[\frac{2 + q}{2(1 + q)}\right]^n$, die angibt, mit welcher Wahrscheinlichkeit ein Bulle bei n zufälligen Paarungen und daraus resultierenden gesunden Nachkommen dennoch ein Aa-Typ ist (q = rel. Häufigkeit des Gens a in der Population). Enthält die 1. Nachkommengeneration keine belasteten Nachkommen, so wird der Rückpaarungstest vorgenommen. Die Wahrscheinlichkeit, daß ein Aa-Bulle auf Grund von n Rückpaarungen nicht als Aa-Typ erkannt wird, ist $\left[1 - \frac{1}{4}\left(\frac{1 + q}{2 + q}\right)\right]^n$, im Spezialfall, wenn alle Mütter der rückgepaarten Töchter AA-Typen sind ($q = 0$):

$\left(1 - \frac{1}{8}\right)^n = (0{,}875)_n$. Die Wahrscheinlichkeiten sind auch für multipare Tiere abgeleitet. Beispiele und tabellierte Wahrscheinlichkeitswerte ergänzen die Arbeit. A. Schaaf. 3595.

Gall, Ch. **Umweltgestaltung für Zucht auf hohe Lebensleistung und lange Nutzungsdauer der Milchkuh.** Arb. Inst. Tierzucht, Vererb.- u. Konstitutionsforsch. Univ. München **1962** Nr. 4. S. 44–80.
Vf. behandelt Untersuchungen über die Auswirkung von Umweltfaktoren auf die Nutzungsdauer und die Lebensdauer der Rinder. Die Selektion auf hohe Lebensleistung setzt eine optimale Umwelt für hohe Leistungen und lange Nutzungsdauer voraus. Ein Teil von Umweltfaktoren ist rasch an den Auswirkungen erkennbar, ein anderer Teil jedoch nicht gleich, sondern erst durch Summierung während einer langen Nutzungsdauer. Zum ungestörten Ablauf der Lebensfunktionen kann durch richtige Futterzusammensetzung beigetragen werden. Temperiertes Wasser begünstigt den chem. Verdauungsablauf im Pansen und erhöht das Futteraufnahmevermögen. Die Haltung im Laufstall mit Melkstand wird als gesundheits- und fortpflanzungsfördernd und damit die Nutzungsdauer begünstigend herausgestellt. Frühes Erstkalbealter verlängert die Nutzungsdauer, die Lebensdauer wird dagegen kaum beeinflußt. Fortpflanzungsfunktionen sind stark umweltbedingt, deshalb in hohem Maße ein Ausdruck der Lebensdauer. Das richtige Melken im Melkstand bietet gute Voraussetzungen (Beobachtungsmöglichkeit, Sauberkeit) und ist ein wichtiger Faktor für lange Nutzungsdauer.
H. Tschirschwitz. 3604.

Ruževśkyj, A. B. (Rushewsky, A. B.); Lwow, Zootechn. und Veterinärmed. Inst. Vykorystannja sporidnenogo paruvannja pry utvorenni i udoskonalenni linij v skotarstvi. **(Anwendung der Verwandschaftspaarung bei der Schaffung und Festigung von Linien in der Rinderzucht.)** Visnyk sil'śkogospodarśkoï nauky, Kyïv **5** (1962) Nr. 3. S. 64–69. — 6 Tab. Orig.: ukrain., Ausz.: russ.
Vf. behandelt die unterschiedlichen Meinungen über den Wert der Verwandtschaftspaarung (VP) und führt an Hand reichhaltigen Materials den Beweis, daß alle Formen der VP bei gekonnter Anwendung sehr gute Resultate ergaben. Um die Verringerung der Lebensfähigkeit zu verhindern, wird empfohlen, die VP nach 2 Generationen mit der Nichtverwandtschaftspaarung zu wechseln. Rekordtiere und neue Milchlinien vieler Rassen verdanken ihr Entstehen und ihre Verbesserung der Inzucht, naher und gemäßigter VP. Es wurden hohe Milchfettleistungen ohne Verringerung des Lgw., der Gesundheit, Lebensfähigkeit und ohne Typverschlechterung erreicht. Fehlschläge sind auf falsche Wahl der Partner und mangelhafte Buchführung über positive Eigenschaften oder Mängel der Tiere zurückzuführen. Nahe (II-II) und mäßige VP haben als ein wirksames Mittel der Zuchtarbeit bei der Schaffung und Verbesserung von Linien in der Rinderzucht zu gelten.
K. Neumann. 3606.

Horn, A. **Über die Bewertung der Heterose und der Kreuzungen auf Grund der Ergebnisse der Jersey-Kreuzungsversuche in Ungarn.** Z. Tierzücht. Züchtungsbiol. **77** (1962) Nr. 4. S. 393–419.
Seit 1954 werden dänische Jerseybullen in das Ungarische Fleckvieh eingekreuzt. Die aus dieser Kreuzung anfallenden F_1-Bullen werden an Ungarische Fleckviehkühe zur Erzeugung der R_1-Generation angepaart, die in sich geschlossen weitergezüchtet wird. 25 R_1-Kühe gaben in der 1. Laktation im Durchschnitt 2597 kg Milch mit 4,57% Fett und 3,66% Eiweiß. Ihr Euter ist besser für den Melkmaschineneinsatz geeignet, die Fettleistung liegt 20–25 kg, die Eiweißleistung 10–15 kg höher als bei ihren ungarischen Stall-

gefährtinnen. Die Gewichtszunahme von R_1-Bullen war bei 600 kg Mastendgewicht nur 3% geringer und die Futterverwertung 7% schlechter als bei Bullen des Ungarischen Fleckviehs. Dagegen waren das Ausschlachtungsgewicht und die Schlachtwarenqualität besser. Neben dieser Kreuzung des Ungarischen Fleckviehs wird in einem weiteren Programm das Ungarische Braunvieh mit Jerseybullen gekreuzt und die männl. F_1-Tiere an weibl. Tiere der Kreuzung Jerseybulle × Ungarische Fleckviehkuh gepaart. Das Ziel dieser Kreuzung ist ein im Milchtyp stehendes Ungarisches Braunvieh (50% Jerseyanteil) mit einem Lgw. der ausgewachsenen Kuh von 500–600 kg, einer jährl. Milchleistung von 4000–6000 kg (Normalmilch), einem Milchfettgehalt von 5–5,4% und einem Milcheiweißgehalt von 4%. Die weibl. Tiere sollen mit 24–25 Mon. erstmalig kalben. K. Pilz. 3606.

Woldmar, Gösta. Tidig kvigbetäckning för gödkalvproduktion. **(Frühzeitige Belegung der Färsen zur Erzeugung von Mastkälbern.)** Svensk Husdjursskötsel **1962** Nr. 11. S. 416–418. – 1 Abb.
Im Alter von 10–11 Mon. wurden 8 rotbunte Färsen belegt, von denen 6 ohne Schwierigkeiten mit ca. 20 Mon. abkalbten. Die Kälber blieben bei ihren Müttern, die zugleich als Ammenkühe benutzt und nicht gemolken wurden. Sie wurden im Alter von 2,5–3 Mon. geschlachtet. Die 2. Kalbung erfolgte im Alter von ca. 32 Mon., was dem Erstkalbealter der schwedischen Rotbunten entspricht. Die Belegung bei der 1. Brunst kann nicht als unnatürlich angesehen werden. Eine zu starke Beanspruchung erfolgt erst, wenn die Tiere gemolken und mit stark milchtreibenden Futtermitteln gefüttert werden, wonach sich eine Milchleistung ergibt, die für 3–4 und mehr Kälber ausreichen würde. Physiol. stellt die frühe Abkalbung einen Vorteil dar, da sich das Euter entwickelt, solange das Tier wächst. Aus den wenigen Versuchstieren sind ausgesprochen gute Milchkühe geworden. Ein Tier eines eineiigen Zwillingspaares brachte mit 16 Mon. und 5 Tagen ein gut entwickeltes Kalb. Der Vater des Kalbes war zur Zeit der Belegung 6 Mon. alt. Die junge Kuh kalbte mit 31 Mon. zum 2. Mal, gleichzeitig mit ihrer Zwillingsschwester, die in diesem Alter erstmalig kalbte. In Anbetracht des erwarteten Rückganges der Kuhzahl wird die Zahl der Kälber in Schweden für die Fleischproduktion nicht ausreichen. Durch die geschilderte Methode kann eine große Zahl von Kälbern zusätzlich erzeugt werden. J. K. Hinrichsen. 3608.

Loen, A. van. **Gedanken über die Maßstabsfragen der Fortpflanzungsfähigkeit des Rindes.** Zuchthyg., Fortpflanzungsstör. Besam. Haustiere **6** (1962) Nr. 6. S. 343–352. – 2 Abb., 3 Tab., 22 Lit.
Von ca. 7000 holländischen Kühen mußten 32,4% wegen Abweichungen am Geschlechtsapparat gemerzt werden. Hiervon waren 22,0% unfruchtbar, vermindert fruchtbar oder zeigten Abweichungen im Oestrus. Der jährl. Schaden dieser Sterilitätsfälle im niederländischen Rinderbestand wird auf mehr als 100 Mill. Gulden geschätzt. Die zukünftige Entwicklung der Tierzucht (Zunahme der KB) erfordert die Aufstellung brauchbarer Kriterien der Fortpflanzungsfähigkeit bzw. Fruchtbarkeitslage einer bestimmten Rinderpopulation. Der Prozentsatz der Trächtigkeit nach Erstbesamung (1), die Zahl der Besamungen pro Trächtigkeit (Besamungsindex) (2) und die Zwischenkalbezeit (3) werden m. o. w. als Maßstab der quantitativen Merkmale der Fortpflanzungsfähigkeit abgelehnt, da der Einfluß der Jahreszeit und das Alter des verwendeten Spermas (1), die Berechnungsmethode auf der Basis des Kalenderjahres und der Zuchtwert des weibl. Tieres (2) sowie die wirtschaftlichen Überlegungen des Züchters (3) die Ergebnisse der Untersuchungen bedeutend variieren können. Bei der weibl. Population ist die Aufteilung in genetische und Milieueinflüsse wegen der Vielfalt der möglichen Interaktionseinflüsse zwischen Genotyp und Umwelt und der Interaktions- und Dominanzeinflüsse innerhalb des Genotyps fast unmöglich. Die

gleiche Problematik ergibt sich bei der Ermittlung des Erbwertes hinsichtlich der Fortpflanzungsfähigkeit eines Bullen. Sie wird auf Grund der Fortpflanzungsfähigkeit seiner Nachkommen festgelegt, „worin bereits wieder Sterilitätsfälle verborgen liegen". Auf Grund der Problematik bei der Ermittlung eines Indexes für die Fortpflanzungsfähigkeit wird auf eine frühere Arbeit des Vf. (Mai 1962) hingewiesen, in der ein System zur vollständigen Registrierung und Auswertung der für die Tierzucht wichtigen Tatsachen auf der Basis des Lochkartenverfahrens vorgeschlagen wurde. G. Koriath. 3610.

Andres, J.; Zürich, Univ., Veterin.-Ambulator. Klin. **Die Ursachen der Geburtsstörungen, besonders beim Rind.** Schweiz. landwirtsch. Mh. 41 (1963) Nr. 2. S. 41–47. 3614.

Mäkelä, Aarne; Helsinki, Univ., Dep. of Animal Husbandry. The lactation curve of the cow at the ascending phase. **(Die ansteigende Phase der Laktationskurve der Kuh.)** Maataloustieteellinen Aikakauskirja [J. sci. agric. Soc. Finland] **34** (1962) Nr. 4. S. 173–186. — 3 Abb., 1 Tab., 7 Lit.
Untersuchungen über die tägl. Milchleistungen von Ayrshire-Kühen während der Jahre 1946/47–1960/61 ergaben, daß die durchschnittl. Höchstleistung und die Zeit bis zu ihrer Erreichung im Winter größer war als auf der Weide. Während der Winterfütterung wiesen die Färsen eine längere Dauer der ansteigenden Phase auf als die älteren Kühe. Der Einfluß der Kondition der Kühe und der Zeit des Trockenstehens wird diskutiert. Zwischen der Milchleistung in den ersten 3 Tagen sowie der mittleren Leistung des 9.–11. Tages einerseits und der Höchstleistung andererseits bestanden positive Korrelationen. K.-H. Voigtländer. 3616.

Mäkelä, Aarne. On designing the average lactation curve at the ascending phase. **(Die Berechnung der durchschnittlichen Laktationskurve in der aufsteigenden Phase.)** Maataloustieteellinen Aikakauskirja [J. sci. agric. Soc. Finland] **34** (1962) Nr. 3. S. 162–168.
Im Gegensatz zu früheren Autoren wird eine neue Berechnung der Laktationskurve in der aufsteigenden Phase, d. h. für die Zeit vor der Höchstleistung, berechnet. Für jede der Kühe, die in den Durchschnitt eingehen sollen, wird die Höchstleistung und der Tag der Höchstleistung ermittelt. Für die durchschnittl. Laktationskurve werden die Höchstleistungen und die Anzahl der Tage, die bis zum Erreichen dieser Höchstleistung vergangen sind, gemittelt. Die so entstandene durchschnittl. Laktationskurve nennt Vf. eine zweidimensionale Laktationskurve. An 4 Kühen vergleicht er seine Methode mit denen anderer Autoren. D. Rasch. 3616.

Willems, A. E. R. **Die tierzüchterische Bedeutung der künstlichen Besamung.** Schriftenr. Max-Planck-Inst. Tierzucht Tierernähr., Vortr. II. int. Ferienkurses junge Tierzuchtwissenschaftler in Mariensee, Sonderband **1961** S. 81–98.
Zunächst wird die Verbreitung der KB in einigen Ländern der Welt geschildert, danach ihre Notwendigkeit in 5 Punkten erläutert und besprochen. Eine Station mit 30–50 Bullen wird als am günstigsten herausgestellt. Die Mitarbeiter in der KB sind Tierärzte und Tierzüchter. Der Tierarzt überwacht die gesamte Laborarbeit, der Tierzüchter Einsatz und Prüfung der Bullen. Insemination selbst wird als medizinische Handlung angesehen und sollte nur vom Tierarzt durchgeführt werden. Vf. macht aber die Einschränkung, daß „sorgfältig geübte Laien" ebenso gute Resultate erzielen wie die Tierärzte. Die Durchführung der Insemination stellt nach Meinung des Vf. ein Spezialgebiet für den Tierarzt dar, ebenso wie die Geburtshilfe und die Fleischbeschau (Lebensmittelhygiene). — Die Nachkommenschaftsprüfung soll so schnell wie möglich durchgeführt werden. Folgende Forderungen werden gestellt: 1. Kauf einer ausreichenden Zahl Jungbullen mit guter Abstammung und Exterieur. Etwa nur $^1/_3$ dieser Bullen entsprechen den An-

forderungen der KB. — 2. 500–600 Kühe sollen im Verlauf von 3 Mon. besamt werden. — 3. Sorgfältige Registratur der geborenen Kälber mit guter Kennzeichnung usw. — 4. Es sollten nicht mehr als 1000–1500 Kühe besamt werden, bevor das endgültige Nachkommenprüfungsergebnis nicht vorliegt. — 5. 20 männl. Nachkommen genügen für die Mastleistungsprüfung (Lgw. bei Prüfungsende 300–500 kg). — 6. 20 Töchter für den TMV ist die geringste Zahl bei der Prüfung. — Die Prüfungsmethoden in Dänemark, England und Frankreich werden beschrieben. Ferner wird auf die Gebäude einer Besamungsstation und die damit zusammenhängenden Notwendigkeiten eingegangen. Als Grenzen der KB sieht Vf. folgende Fakten an: 1. Verbreitung der Bullen mit geringerer Qualität ist gefährlich. 2. Zunahme des Inzuchtgrades muß vermieden werden. 3. Unkontrollierte Anwendung der KB ohne jegliche Registratur darf nicht erfolgen. W. Jenichen. 3618.

Le Roy, H. L.; Zürich, Hochschule, Inst. für Tierzucht. **Künstliche Besamung und Inzucht in der Rinderzucht.** Bayer. landwirtsch. Jb. **39** (1962) Nr. 4. S. 387–409. — 3 Abb., 7 Tab.
In der Rinderzucht ist nicht nur die Verbesserung einiger weniger Merkmale von Bedeutung, sondern die Züchtung hat auch auf Gesundheit, Fruchtbarkeit u. a. m. zu achten. Die züchterischen Maßnahmen müssen auf lange Sicht geplant sowohl die wirtschaftliche Seite als auch die Reproduzierbarkeit des Zuchterfolges berücksichtigen. Neuerdings wird die Ansicht vertreten, mit Hilfe der KB über Inzucht auch in der Großviehzucht die komplizierten Verfahren der Pflanzenzucht anzuwenden. Die Inzucht beschleunigt den Reinigungsprozeß im Hinblick auf das Auftreten von Erbfehlern und führt andererseits zu Inzuchtdepressionen, wenn die optimale Ausprägung des Leistungsmerkmales auf vorwiegend heterozygoten Genpaaren beruht. Bez. der Milchleistung konnte je Prozent Inzucht ein Rückgang um 35 kg ermittelt werden. Außerdem muß bei Inzucht eine strenge Selektion betrieben werden. Die Schaffung von Inzuchtstämmen in der Rinderzucht dürfte wirtschaftlich kaum tragbar sein. Vf. hält ein sinnvolles Gleichgewicht zwischen den angepaßten modernsten Verfahren und der zu optimalisierenden Nachkommenschaftsprüfung für die zukünftige Entwicklung. Als Konsequenzen können für die Rinderzucht folgende Richtlinien skizziert werden: 1. Die Bullenprüfung ist zu optimalisieren. 2. Die in der Prüfung stehenden Bullen sind mit einer Anzahl Töchter rückzupaaren zur frühzeitigen Erkennung von Erbfehlern. 3. Auf Grund der Vater-Tochterpaarungen können die Auswirkungen der Inzucht auf die wichtigsten Leistungen studiert werden. 4. Einige männl. Inzuchtnachkommen, die vital und gesund sind, können mit ingezüchteten nicht verwandten Rindern gepaart werden, um mögliche Heterosiseffekte zu erkennen. Die Durchführung eines solchen Zuchtprogrammes müßte zentral gesteuert werden. H. Kleiber. 3618.

Jacob, H. **Ein Kastrationsversuch mit Jungmastbullen.** Arch. Tierzucht **4** (1961) Nr. 3. S. 247–271. — 4 Abb., 27 Tab., 7 Lit. Zus. in Russ., Engl.
Die Jungbullenmast hat in der DDR den größten Anteil am Rindfleischaufkommen. Bei Haltung im Laufstall macht sich die Kastration nötig. Im Versuch wird der Einfluß des Kastrationszeitpunktes auf die Mast- und Schlachtleistung untersucht, wobei gleichzeitig eine Überprüfung der Kastrationsmethoden eingeschlossen ist. Die Kastration erfolgt im Alter von 12; 26 und 39 Wochen durch folgende Kastrationsmethoden: blutig, unblutig, hormonell. Die Fütterung basiert auf ad libitum gegebenem Wirtschaftsfutter und geringsten Kraftfuttermengen. Die Schlachtung erfolgt mit einem Jahr. Geprüft wurden Gewichtsentwicklung und Durchschnittszunahmen insgesamt, in den ersten 28 Tagen nach der Kastration, Futterverzehr und Nährstoffverbrauch, Nährstoffaufwand je kg Zuwachs, Lebend- und Schlachtbeurteilung nach den üblichen Methoden. Die mit 12 Wochen bzw. blutig

kastrierten Tiere liegen in fast allen Postionen am günstigsten. Lediglich in der 1. Vierwochenperiode nach der Kastration treten Rückschläge auf, die bald ausgeglichen werden. Im Fettansatz liegen die blutig kastrierten Tiere deutlich höher. Die mit 26 Wochen bzw. unblutig kastrierten Bullen liegen in ihren Ergebnissen unter der Kontrollgruppe. Die mit 39 Wochen bzw. hormonell kastrierten Tiere sind der Kontrollgruppe leicht überlegen oder gleich. I. Morgenstern. 3620.

Liebenberg, O.; Leipzig, Karl-Marx-Univ.; Oberholz, Inst. für Tierzucht und Milchwirtsch. **Zur Frage der Kälber- und Jungviehaufzucht.** S.-B. dtsch. Akad. Akad. Landwirtsch.-Wiss. Berlin **12** (1963) Nr. 6. — 5 Tab. nach Zus.
Die sorfältige, möglichst verlustlose Aufzucht des Rindes bildet mit die Voraussetzung für den Aufbau leistungsfähiger Milchviehbestände. Die Sorge um das gesunde Kalb beginnt nicht erst bei der Geburt, sondern setzt bereits mit einer vollwertigen Fütterung sowie guter Haltung und Pflege der hochtragenden Kuh ein. Auf die Bedeutung des Abkalbestalles wird hingewiesen. Die Überwachung des Geburtsaktes ist erforderlich. Für die vollmilchsparende Aufzucht der weibl. Zuchtkälber werden auf Grund wiss. Versuchsanstellungen und praktischer Erfahrungen richtungweisende Darlegungen für die Praxis gebracht. Die umsichtige Fütterung und Haltung der weibl. Jungrinder wird betont. Abschließend werden Hinweise zur Fütterung und Haltung in der Jungbullenmast gegeben. 3634.

Engelhard, J. und Thiele, E. **Versuche zur Kälberaufzucht mit herabgesetzten Vollmilchgaben. 3. Mitt.** Tierzucht **16** (1962) Nr. 9. S. 373–376. — 2. Mitt. vgl. LZ. Abt. III **7** (1962) Nr. 10. S. 2164.
In der 3. Versuchsreihe waren 28 männl. und 24 weibl. Kälber in Versuchs- und Vergleichsgruppen aufgeteilt. Die Milchmenge im Versuch wurde auf 70 kg 2%ige Vollmilch herabgesetzt, die Milchfettmenge betrug 1,4 kg. Die Magermilchmenge wurde so erhöht, daß die Gesamtmilchmenge wie bisher 900–920 kg betrug (Tränkplan und Aufwertung mit Kälpan siehe 1. und 2. Mitt.). Die durchschnittl. Futteraufnahme der weibl. Kälber betrug bis zu einem halben Jahr (in kg):

	Vollmilch	Magermilch	Kraftfutter	Heu	Trockenschnitzel
Versuch	70	848	208,3	103,7	36,0
Vergleich	122	779	198,4	117,7	33,7

In der Gewichtsentwicklung sind die Differenzen innerhalb der Gruppen größer als zwischen den Gruppen. Im 1. Vierteljahr liegen die Zunahmen etwas niedriger, im 2. Vierteljahr etwas höher als in der 2. Versuchsreihe. Insgesamt gesehen sind die tägl. Zunahmen von 885 g bei männl. und 729 g bei weibl. Tieren befriedigend. Nährstoffaufnahme und -verwertung sowie die Entwicklung der Körpermaße zeigen keine bedeutenden Unterschiede. Es zeigt sich, daß die Aufzucht auch mit extrem niedrigen Gaben teilentrahmter Vollmilch durchgeführt werden kann, wenn der Ausgleich durch Magermilch und Kälpan erfolgt, so daß die Zufuhr von Milcheiweiß nicht herabgesetzt wird. Weitere Voraussetzungen sind ausreichendes, vollwertiges Kraftfutter und Heu sowie einwandfreie Haltung und Pflege.
I. Morgenstern. 3634.

Kadijski, E. und Zachariev, Z. (Kadijski, E. und Sachariew, S.); Sofia, Höheres Landwirtsch. Inst. „Georgi Dimitrow". Sravnitelen opit za otglež-dane na mŭžki kastrirani teleta ot različni goveždi porodi, prednaznačeni za klane. **(Vergleichende Aufzuchtversuche mit kastrierten männlichen**

Schlachtkälbern verschiedener Rassen.) Naučni trudove. Visš selskostopanski institut „Georgi Dimitrow". Zootechničeski fakultet, Sofija **12** (1963) S. 173 bis 195. — 7 Abb., 13 Tab., 10 Lit. Zus. in Russ., Dtsch.
Die an dem Versuch beteiligten Bullenkälber gehörten folgenden Rassen an: Sofioter Braunvieh (10), Simmentaler (11), Kulaer (9), Rote Sadowoer (12), Iskâr-Rind (12). Sie wurden alle mit 7 Mon. kastriert und bis zum 18. Lebensmonat in einem gemeinsamen Stall aufgezogen, jedoch je nach Rasse und Lgw. in verschiedener Weise gefüttert. Ergebnisse (in der obigen Reihenfolge der Rassen): Geburtsgewicht 32,9; 38,8; 37,3; 34,8 und 27,7 kg; Lgw. mit 6 Mon. 157,4; 157,9; 157,5; 155,7 und 127,9 kg, mit 12 Mon. 285,9; 285,4; 289,8; 272,9 und 235,6 kg, mit 18 Mon. 394,6; 397,0; 394,2; 369,8 und 314,6 kg; tägl. Gewichtszuwachs von der Geburt bis zum 18. Lebensmonat ⌀ 656; 666; 669; 620 und 531 g; Futteraufwand je kg Zuwachs in derselben Periode 7,29; 7,43; 7,30; 6,25 und 6,86 FE mit 570; 567; 564; 484 und 553 g verd. E.; Schlachtausbeute mit 18 Mon. 55,0; 53,8; 54,3; 54,7 und 53,2%; Innenfett 1,84; 2,11; 2,39; 3,18 und 3,45% vom Lgw. Der Artikel enthält auch andere Ergebnisse der Schlachtanalyse sowie ausführliche Angaben über die Körpermaße. N. Platikanow. 3652.

Ivanov, P. und Ivanowa, S. (Iwanow, P. und Iwanowa, S.); Sofia, Höheres Landwirtsch. Inst. „Georgi Dimitrow". Vürchu ugojavaneto na bičeta i kastrati ot sofijskata kafjava poroda. **(Über die Mast kastrierter und nichtkastrierter Bullenkälber des Sofioter Braunviehs.)** Naučni trudove. Visš selskostopanski institut „Georgi Dimitrow". Zootechničeski fakultet, Sofija **12** (1963) S. 41–58. — 1 Abb., 13 Tab., 15 Lit. Zus. in Russ., Dtsch.
Bei dem mit 2 Gruppen (9 kastrierten und 9 nicht kastrierten) Bullenkälbern von 147,5 und 142,3 kg mittlerem Lgw. duchgeführten Stallmastversuch betrug der Kraftfutteranteil in den Rationen der Tiere 35,8–38,7% (nach Nährwert). Mit 300 bzw. 350 kg Lgw. wurden je 2 Tiere und bei 400 kg Lgw. je 4 Tiere aus jeder Gruppe geschlachtet. Ergebnisse (die Angaben in Klammern beziehen sich auf die kastrierten Tiere): tägl. Gewichtszuwachs bis 300 kg Mastendgewicht ⌀ 853 (750) g, Futteraufwand je kg Zuwachs 4,96 (5,77) FE; Schlachtausbeute 55,7 (53,8) %, Innenfett 3,56 (6,30) kg. Bei der Mast bis 350 kg Endgewicht betrugen die entspr. Werte 745 (713) g, 6,25 (6,59) FE, 52,5 (55,2) % und 3,49 (9,72) kg und bis 400 kg Endgewicht — 799 (723) g, 6,06 (7,21) FE, 55,4 (55,6) % und 5,47 (9,92) kg.
N. Platikanow. 3652.

Zel'ner, V. R. (Selner, W. R.) Izučenie moločnosti i žirnomoločnosti černopestrogo i krasnogo pol'skogo skota. **(Die Untersuchung der Milchleistung und des Milchfettgehalts beim Schwarzbunten Rind und Polnischen Rotvieh.)** Nauk praci. Volynśka derž. sil'śkogospod. dosl. st. **1** (1961) S. 116–117. — Orig.: ukrain. Aus: Referativnyj žurnal. Biologija, Moskva **1962** Nr. 12. L 93. S. 13.
Die durchschnittl. Milchleistung betrug in den 191 Tagen des Versuchs bei den 13 Kühen der Schwarzbunten Rasse 1900,2 kg und beim Rotvieh 1638 kg (ebenfalls 13 Tiere), der durchschnittl. Fettgehalt entspr. 3,21 und 3,71%, die Milchfettmenge 61,84 und 60,74 kg. Die Kühe des Polnischen Rotviehs hatten im Vergleich zu den Vertretern des Schwarzbunten Rindes bedeutend kürzere Laktationsperioden und zeigten ein starkes Absinken der Milchleistung in den letzten Laktationsmonaten. übersetzt v. Ch. Eshkowa. 3662.

Galukande, E. B. und Mahadevan, T.; Kampala, Uganda Makerere Univ. Coll.; Kabete, Kenya, Dep. of Veterin. Sci. Milk production in East African zebu cattle. **(Die Milchleistung beim Ostafrikanischen Zeburind.)** Animal Product. **4** (1962) Nr. 3. S. 329–336. — 7 Tab., 6 Lit.
Die Leistungen von 568 Kühen des Kleinen Ostafrikanischen Zeburindes in 3 Zuchtzentren wurden ermittelt und die Beziehungen zwischen Milchlei-

stung und Länge der Laktation, Trockenzeit, Zwischenkalbezeit (ZKZ), Kalbemonat und Alter statistisch ausgewertet. Die Laktationsdauer ist zu 53–66% von der Variation der Milchleistung abhängig. Unterschiedliche Trockenzeiten rufen signifikante Unterschiede des Milchertrages der verschiedenen Kühe hervor. Verlängerte ZKZ erhöhen die Milchleistung der laufenden Laktation, der Kalbemonat hatte keinen Einfluß. Das Alter beim 1. Kalben stand in positiver Korrelation zur Höhe der 1. Laktation. Die Wiederholbarkeit ist bes. hoch für den Milchertrag je Laktation in und zwischen den Herden, ebenfalls für die 1. Laktationsleistung. Die Rasse ist züchterisch noch wenig bearbeitet und wird unter rel. guten Bedingungen gehalten. Bis zu 50% der Gesamtvariation des Milchertrages und der Laktationsdauer können genetisch bedingt sein. Die bisher geübten Selektionsmethoden erbrachten einen genetisch bedingten Anteil der Erhöhung der jährl. Leistung von 0,0–0,15%. Frühere Aussagen anderer Autoren sind damit als unwahrscheinlich anzusehen. K. Damm. 3662.

Schneider, P. **Beobachtungen beim Einmelken eines Fischgrätenmelkstandes.** Tierzucht **16** (1962) Nr. 12. S. 531–534. – 5 Abb.
Vf. untersucht am Beispiel einer LPG die Problematik des Einmelkens eines Fischgrätenmelkstandes (FGM) als mitentscheidenden Faktor für die weitere Melkbarbeit und Leistung der Herde. Er betont mit Cersovsky, daß die Arbeitsproduktivität für die Arbeit im FGM nur bis zu der Grenze bedeutsam ist, welche durch die physiol. und psychologischen Besonderheiten der Kuh gezogen werden. Als Optimum werden im Gegensatz zu den Ergebnissen von Rosenkranz (60 Kühe AK/h) zur Betreuung des FGM 3 AK empfohlen (2 als Melker, 1 als Treiber). Die beiden Melker sind dann in der Lage, 45–50 Kühe/h unter Beachtung der o. a. Besonderheiten zu melken. Im Beispielbetrieb bereitete das Eintreiben der Kühe in den FGM bes. Schwierigkeiten. Nach 10 Melkakten im FGM betraten diesen noch immer erst ca. 40% der Kühe ohne Zwang. Unruhe und Angstzustände verschwanden bei den meisten Tieren nach dem 3. Melkakt. Analog dazu normalisierte sich die Milchmenge und Größe des Nachgemelks bis zum 3. bzw. 6. Melkakt. Ebenfalls nahmen Blindmelkzeit und Gruppenmelkzeit mit zunehmender Gewöhnung der Kühe und Einarbeitung der AK ab. Vf. kommt zu dem Schluß, daß die bauliche und technischen Funktionsfähigkeit des FGM, die Beherrschung der Technik und Arbeitsorganisation durch die AK sowie die Ruhe und Geduld derselben, verbunden mit zweckmäßiger Gruppeneinteilung (Größe der Tiere, Milchleistung, Melkbarkeit, Gruppengröße 32 Tiere), den FGM in Verbindung mit Offenstall- oder Liegeboxenhaltung zu einer ökonomisch guten Lösung für das Melken großer Kuhbestände macht. W. Häckert. 3677.

Neundorf, R.; Leipzig, Karl-Marx-Univ., Ambulator. und Geburtshilfl. Tierklin. **Über gemeinsame Aufgaben der Tierärzte und Tierzüchter zur Senkung der Kälberaufzuchtverluste.** S.-B. dtsch. Akad. Landwirtsch.-Wiss. Berlin **12** (1963) Nr. 6. – 9 Abb. nach Zus.
Die Kälberaufzuchtverluste betragen im internationalen Durchschnitt ca. 12–15%. Die dadurch entstehenden Produktionsausfälle sind im komplexen Zusammenhang erheblich und betragen für das Gebiet der DDR allein nach dem reinen Geldwert ca. DM 80 Mill. Als angebliche Ursachen werden im wesentlichen 3 Punkte diskutiert: 1. Futtermangel, 2. intensivierte Aufzucht in Großbeständen, 3. neue, noch unbekannte Aufzuchtkrankheiten. Am Beispiel der Stomatitis ulcerosa (Backengeschwür) und der Stomatitis necroticans (Kälberdiphtheroid) sowie am Verlauf einer Stoffwechselstörung mit ausgedehntem Haarausfall infolge Mangels an essentiellen Fettsäuren nach überstandener Colibazillose wird gezeigt, daß der größte Teil der verlustreichen Aufzuchtkrankheiten immer in unmittelbarer Relation zu den

komplexen primären Ursachen aus Fütterung und Haltung der Muttertiere einschließlich der Neugeborenen steht. Impf- und Antibioticatherapie (Gammaglobuline, Enterovaccinen, Breitbandantibiotica usw.) sind dabei zwar z. Z. noch unentbehrliche, äußerst wertvolle Hilfsmittel, müssen aber im Hinblick auf ihre durchaus nicht unfehlbare Perfektion und Wirksamkeit im Sinne des unerwünschten Nachlaufens betrachtet werden, noch zumal die oft recht hohe Zahl rekonvaleszenter Kümmerer einen weiteren erheblichen Produktionsausfall darstellt. Die zur Mobilisierung dieser Produktionsreserven auf Grund klinischer Versuche empfohlene Entwicklung und intensive Anwendung von sog. Medizinalnahrungen wird neben allen anderen besprochenen Gesichtspunkten dazu beitragen, daß Tierzüchter und Tierärzte nicht nur die viehwirtschaftlichen, sondern mehr als bisher gemeinsam die volkswirtschaftlichen Belange der tierischen Produktion intensivieren. 3680.

Brodauf, H.; Freiberg/Br. Tierhyg. Inst. **Über die Wechselbeziehungen von Milchleistung und Mastitisanfälligkeit.** Züchtungskunde **35** (1963) Nr. 1. S. 8–11. – 1 Tab., 11 Lit. Zus. in Russ., Engl., Franz.
In den Jahren 1953–61 wurden die Wechselbeziehungen zwischen Milchleistung und Mastitisanfälligkeit untersucht. Unter gleichen Umweltverhältnissen zeigten die Kühe, die schon eine Staphylokokkenmastitis durchgemacht hatten, eine um 605 kg höhere Milchleistung als andere, bei denen noch keine Euterentzündungen nachgewiesen waren. Die Abhängigkeit voneinander war statistisch gesichert. Trotz hoher Milchleistung erscheint die Gruppe ohne Mastitis bei dem in diesem Falle bestehenden Vorzugsmilchlieferungsbetrieb rentabler, da sie sich über längere Zeit durch ungestörte Leistung auszeichnet. Es wird auf die Möglichkeit verwiesen, die Mastitis nach zuchthygienischen Gesichtspunkten zu bekämpfen.
H. Fiedler. 3680.

Horák, Karel. **Odchov telat egalizovaným mlékem.** (Kälberaufzucht mit Milch von konstantem Fettgehalt.) Praha: Státní zeměd. naklad. 1962. (130 S.) 8° = Knihovnička 3. pětiletky. Bd. 21. (SR 258,21)

Leech, F. B. **Disease, wastage and husbandry in the British dairy herd.** Report of a national survey in 1957–58. London: H.M.S.O. 1960. (VI, 62 S.) 8°. (1962 A 1716)

D. SCHWEINE

Gustafsson, K. E. Svinaveln i Japan. **(Schweinezucht in Japan.)** Svenska Svinavelsfören. Tidskr. **53** (1963) Nr. 1. S. 8–10. – 1 Abb.
Bei einer Einwohnerzahl von 90 Mill. hat Japan 7 Mill. Schweine, von denen ca. 5000 der Landrasse angehören. Der Fleischverzehr je Kopf der Bevölkerung und Jahr liegt bei 1,8 kg, wird aber wahrscheinlich ansteigen. Der Bericht umfaßt Angaben aus einem Interview des japanischen Schweinezüchters T. Gondo, der eine eigene Mastprüfungsanstalt unterhält. In ihr werden jährl. 2000 Schweine nach dem dänischen System in Einzelfütterung geprüft. Der Prüfungsbeginn liegt bei 20 kg Lgw. In den staatlichen Anstalten werden nur je 200–300 Tiere geprüft. 30% der Sauen werden besamt. Die Besamungsergebnisse sind bei Jungsauen und Altsauen etwa gleich gut. Die Wurfgröße liegt mit 12–13 Ferkeln in der gleichen Höhe wie nach natürlicher Belegung. Die Vorteile der Besamung werden nicht nur auf zuchttechnischem Gebiet, sondern auch hinsichtlich der Transportfrage gesehen. Importierte Tiere erhalten durch die KB eine größere Wirkungsbreite. In den Mastleistungsprüfungen unterscheiden sich die Ergebnisse der Tiere aus Gebrauchsbeständen nicht von denen aus Zuchtbeständen. Die meisten importierten Landrasse-Schweine kamen aus Schweden. Akklimatisationsschwierigkeiten zeigten sich nur in den heißesten Sommermonaten in Form von vermehrt auftretenden Aborten. J. K. Hinrichsen. 3710.

Kormanovskaja, M. A. und Kuznecov, A. A. (Kormanowskaja, M. A. und Kusnezow, A. A.) Plemennaja rabota v svinovodstve. **(Die züchterische Arbeit in der Schweinezucht.)** V sb.: Plemen. rabota v životnovodstve Kazachstana, Alma-Ata **1961** S. 209-262. — Aus: Referativnyj žurnal. Biologija, Moskva **1962** Nr. 15. L 135. S. 17.
In Kasachstan sind 12 Rassen und Rassengruppen von Schweinen vorhanden, die für die Reinzucht und die Gebrauchskreuzung verwendet werden. Mehr als 70% des Schweinebestandes bestehen aus dem Großen Weißen Schwein. Ferner sind das Ukrainische Steppenschwein, das Nordsibirische, Berkshire-, Mirgoroder und Kemerowo-Schwein verbreitet, die hauptsächlich zur Gebrauchskreuzung herangezogen werden. Im Gebiet Alma-Ata werden neben dem Großen Weißen Schwein Rassengruppen gehalten, die in Kasachstan gezüchtet werden: das Kasachische Hybridschwein und das Askaische Schwarzbunte Schwein. Die Merkmale der Schweine dieser Rassen und Rassengruppen sind angegeben, die Methoden der züchterischen Arbeit in der Reinzucht und Kreuzung werden beschrieben.
übersetzt v. I. Posdirca. 3770.

Karlsson, Rune. Produktionsservicen i Halland 1961-62. **(Mastkontrolle in Halland 1961-62.)** Svenska Svinavelsfören. Tidskr. **53** (1963) Nr. 1. S. 4 bis 7. — 2 Abb., 2 Tab.
Im Berichtsjahr wurden 31349 Mastschweine während einer Mastzeit von ⌀ 107,5 Tagen bis zum Mastendgewicht von ca. 70 kg erfaßt. Die Tageszunahmen lagen bei ⌀ 598 g. Für einen Zuwachs von ⌀ 64,3 kg wurden 216 FE gebraucht, von denen 199 FE auf das Kraftfutter entfielen. Das entspr. einer Futterverwertung von 3,36. Seit Beginn der Prüfungen hat sich das Klassifizierungsergebnis wesentlich verbessert. Die Ausfälle betrugen 1,53%. Bei einem Schlachtverlust von 30% lag das Schlachtgewicht bei 63 kg. Es wurden Rentabilitätsberechnungen durchgeführt, bei denen verschiedene Preise je FE eingesetzt wurden. Es ist schwierig, eine umfangreiche und intensive Schweinemast zu betreiben, wenn nicht rationell gefüttert wird. J. K. Hinrichsen. 3820.

Laitnerová, Naděžda; Pohořelice, Výzkumný Ústav Krmivářský. Výsledky zkoušek výkrmnosti a jatečné hodnoty prasat v roce 1960 ze stanice Branky na Moravě. **(Ergebnisse der Mast- und Schlachtleistungsprüfungen bei Schweinen im Jahre 1960 in der Station Branky in Mähren.)** Živočišná Výroba **7(35)** (1962) Nr. 9. S. 583-590. — 4 Tab., 8 Lit. Zus. in Russ., Dtsch.
Im Jahre 1960 wurden in Branky insgesamt 68 Schweinegruppen (Nachkommen von Sauen und Ebern des Weißen Edelschweins im Gewichtsabschnitt 20-80 kg überprüft. Bei 202 Schweinen wurden die variationsstatistischen Werte einiger Mast- und Schlachtergebnisse berechnet. Der ermittelte lange Zeitraum zwischen Geburt und Erreichen eines Lgw. von 20 kg von ⌀ 75,94 Tagen beweist die Notwendigkeit, diese Zeitspanne durch geeignete Zuchtmaßnahmen zu verkürzen. Je 1 kg Zunahme wurden ⌀ 0,339 kg verd. E. und 2,068 kg StW. verbraucht, d. h. etwas weniger als im Jahre 1951. Die Mastfähigkeit war bei den Börgen günstiger als bei den Jungsauen, der Schlachtwert dagegen bei letzteren besser. F. Svoboda. 3820.

Pfeiffer, H.; Halle/S., Martin-Luther-Univ. Halle-Wittenberg, Inst. für Tierzucht. **Die Variabilität der Mast- und Schlachtleistungsmerkmale und ihr Einfluß auf den Aussagewert im Prüfungsergebnis beim Schwein.** Arch. Tierzucht **6** (1963) Nr. 4. S. 390—397. — 2 Tab., 5 Lit. Zus. in Russ., Engl. nach Zus.
In einer Untersuchung über den Einfluß der Variabilität einiger Merkmale der Mast- und Schlachtleistung auf den Aussagewert im Prüfungsergebnis wurden geprüfte Voll- und Halbgeschwistergruppen miteinander verglichen und biostatistisch ausgewertet. Dabei konnten bei den verschiedenen An-

paarungen keine klaren Tendenzen ermittelt werden. Die einzelnen signifikanten Unterschiede traten vollkommen unregelmäßig, unabhängig von der Größe der Differenz auf. Als Grund dafür wurde die unterschiedliche Streuung angesehen. Deshalb sollte zur gerechten Abstufung der Leistungsveranlagung verschiedener Tiere neben den Mittelwerten die Streuung oder zumindest die Schwankungsbreite mit bewertet werden. Die aufgetretenen signifikanten Differenzen zwischen den verschiedenen Halbgeschwistergruppen können auf eine bestimmte Kombinationseignung hinweisen, was als Passereffekt bes. in der Linienzucht von Bedeutung ist. Abschließend wird festgestellt, daß eine höhere Ausgeglichenheit der Leistungen innerhalb eines Wurfes bzw. einer Prüfungsgruppe zur sicheren Zuchtwertschätzung führt und darüber hinaus den Anforderungen des Marktes nach ausgeglicheneren Schlachttieren eher entspricht. 3820.

Schmidt, K.-H.; Braunschweig-Völkenrode, Forsch-Anst. für Landwirtsch., Inst. für Tierernähr. **Schlachtverlust und Fett: Fleischverhältnis beim Deutschen veredelten Landschwein.** Tierzüchter **14** (1962) Nr. 18. S. 666–667. – 2 Abb.
Der Schlachtverlust (**I**) wird als die Differenz zwischen dem kurz vor der Schlachtung festgestellten Gewicht eines Tieres und dem Gewicht seines unmittelbar nach der Ausschlachtung gewogenen Schlachtkörpers definiert. Aus den Ergebnissen von 176 DVL (83 kastrierte männl. und 93 unkastrierte weibl. Tiere) in der Gewichtsklasse von 100–119,5 kg wurden nach Geschlechtern getrennt von den Merkmalen Mastendgewicht, **I**, Schlachtkörperlänge, Rückenmuskelquerschnittsfläche und Fett/Muskelflächenquotient (**II**) der Mittelwert, die Varianz, die Standardabweichung und der Variationskoeffizient berechnet. Daraus wurde abgeleitet, daß für die weiteren Berechnungen Sauen und Börge getrennt werden müssen. Zwischen **II** und **I** waren keine gesicherten Korrelationen nachzuweisen, da aber zwischen Mastendgewicht und **I** hochsignifikante Beziehungen bestanden, wurden die partiellen Korrelationen berechnet. Nach Ausschaltung der unterschiedlichen Mastendgewichte ergaben sich folgende Korrelationskoeffizienten: $r = -0{,}010$ für Börge, $r = -0{,}050$ für Sauen. Es besteht demnach bei konstantem Mastendgewicht kein Zusammenhang zwischen **II**, der als Maß für das Fett-Fleischverhältnis gilt, und dem abs. **I**. H.-G. Englisch. 3825.

Šiler, Rudolf; Uhříněves, Výzkumný Ústav Živočišné Výroby. Dědivost některých užitkových vlastností u bílého ušlechtilého prasete. **(Erblichkeit einiger Leistungseigenschaften beim Weißen Edelschwein.)** Živočišná Výroba **7(35)** (1962) Nr. 9. S. 575–582. – 2 Tab., 33 Lit. Zus. in Russ., Dtsch.
Die statistische Bearbeitung von Angaben aus der Leistungskontrolle der ersten Würfe von 1005 Mütter-Töchterpaaren ergab folgende Erblichkeitskoeffizienten: 0,13 für die Gesamtzahl der geborenen Ferkel je Wurf, 0,11 für die Anzahl der lebend geborenen Ferkel je Wurf, 0,10 für die Anzahl der Ferkel nach 21 Tagen und 0,09 für die Anzahl der Ferkel mit 56 Tagen. Die ermittelten Werte stimmen überwiegend mit den Angaben der Literatur überein. Die Erblichkeitskoeffizienten unterstreichen die Notwendigkeit, sich bei der züchterischen Arbeit auf eine eingehende individuelle Zuchtwahl zu stützen und auf die Bildung von Zuchtfamilien auszurichten.
F. Svoboda. 3856.

Knjazev, K. I. (Knjasew, K. I.) Dubrowizy, Gebiet Moskau, Unions-Inst. für Tierzuchtforsch. K istorii promyšlennogo skreščivanija. **(Zur Geschichte der Gebrauchskreuzung.)** Svinovodstvo, Moskva **16** (1962) Nr. 2. S. 46–48.
Die Gebrauchskreuzung in Rußland begann schon in den 70er Jahren des 19. Jh. Verbessert und in großem Umfang wurde sie jedoch erst nach der

Großen Sozialist. Oktoberrevolution angewendet. Sie kann in 4 Etappen eingeteilt werden: 1917–1935/36 Gebrauchskreuzung von bodenständigen lang- und kurzohrigen Schweinen mit Ebern der Großen Weißen Rasse; 1935/36–1945 Gebrauchskreuzung von Kreuzungssauen und reinrassigen Sauen der Großen Weißen Rasse mit Ebern der Berkshire- und der Weißen Kurzohrigen und Langohrigen Rasse bei Halbfett- und Fettmast; 1945–55 Gebrauchskreuzung der Großen Weißen, Mirgoroder, Sibirischen nördlichen, Breitowoer, Liwener, Kalikiner und Urshumer Rasse sowie anderer Rassen bei Halbfett- und Fettmast; ab 1956 Gebrauchskreuzung der verschiedensten Rassen (vor allem Landrassen und Estnische Baconschweine) bei Fleisch- und Baconmast. F. Schenk. 3906.

Četyrkin, V. S. und Četyrkin, V. V. (Tschetyrkin, W. S. und Tschetyrkin, W. W.) Promyšlennoe skreščivanie v svinovodstve i kontrol'nyj otkorm podsvinkov. **(Die Gebrauchskreuzung in der Schweinezucht und die Kontrollmast der Läufer.)** Sb. naučn. tr. Ėst. n.-i. in-t životnovodstva i veterinarii **1961** Nr. 5. S. 145–156. – Orig.: russ., Ausz.: engl., estn. Aus: Referativnyj žurnal. Biologija, Moskva **1962** Nr. 11. L 114. S. 18.
Vier Gruppen von Läufern wurden auf Mast gestellt: I – Kontrollgruppe (Moldauisches Schwarzes Schwein), II – Moldauisches Schwarzes Schwein × Ukrainisches Weißes Steppenschwein, III – Ukrainisches Weißes Steppenschwein × Moldauisches Schwarzes Schwein, IV – Moldauisches Schwarzes × Großes Weißes Schwein. Aus dem Wurf jeder Sau wurden 2 weibliche und 2 Eberferkel im Alter von 2 Mon. ausgewählt. Zum Mischfutter wurden in die Rationen Magermilch sowie die Vit. A und D aufgenommen. Die Läufer der Gr. II wuchsen schnell, sie erreichten ein Lgw. von 100 kg nach 201,7 Tagen, die Tiere der Gr. IV nach 213,5 Tagen, die der Gr. I nach 216,6 und die der Gr. III nach 216,9 Tagen. Die Läufer der Gr. II wiesen die höchsten durchschnittl. Tageszunahmen (681,8 g) auf und verbrauchten weniger FE je kg Gewichtszunahme (4,82), die Tiere der Gr. I erreichten entspr. 609,2 und 5,01. Die höchste Schlachtausbeute wies die Gr. III auf (79,4%), die niedrigste die Gr. II (76,9%). übersetzt v. Th.-C. Boetticher. 3906.

Šestiperov, A. A. (Schestiperow, A. A.); Puschkin, Gebiet Leningrad, Forsch.-Lab. für Tierzucht. Trechporodnoe promyšlennoe skreščivanie svinej. **(Die Dreirassenkreuzung von Schweinen.)** Svinovodstvo, Moskva **16** (1962) Nr. 10. S. 35–37. – 2 Tab.
Bei der Gebrauchskreuzung von Großen Weißen Sauen mit Breitowoer Ebern stieg die Leistung im Vergleich zu den Kontrolltieren (Große Weiße × Große Weiße, Wurfgröße 9,5 Ferkel, Milchleistung 49 kg) nicht an, die Kreuzungstiere wogen jedoch mit 1 Mon. 6% (6,6 kg) und mit 2 Mon. 12% (12,7 kg) mehr. Bei der Kombination Große Weiße × Urshumer betrugen die entspr. Daten jedoch 11,5 Ferkel; 52 kg; 20 und 30%. Bei der Dreirassenkreuzung stiegen diese Werte noch weiter an, vor allem bei den Kombinationen Große Weiße × Breitowoer × Landrasse (12,3 Ferkel; 57 kg; 6 und 29%) und Große Weiße × Urshumer × Landrasse (12 Ferkel; 64,5 kg; 46 und 40%). In der Mastprüfung bis zu 90 kg in 240 Tagen betrugen die Tagesdurchschnittszunahmen der Kontrolltiere 420 g bei einem Futterverbrauch von 5,2 FE/kg Zunahme. Die besten Ergebnisse brachte die Mast der Kreuzungstiere von Große Weiße × Urshumer × Landrasse (218 Tage, 457 g) und Große Weiße × Landrasse × Urshumer (208 Tage, 493 g, beide 5,1 FE/kg Zunahme). Diese Gruppen wiesen auch die höchste Schlachtausbeute (79,5 und 82,6%) auf. F. Schenk. 3906.

Beremski, S., Venev, I., Koldaški, C. und Izvorski, T. (Beremski, S., Wenew, I., Koldaschki, Z. und Isworski, T.); Sofia, Höheres Landwirtsch. Inst. „Georgi Dimitrow". Rezultati ot razplodnata dejnost na svine ot poro-

data bŭlgarska bjala prez različnite sezoni na godinata v rajona na DPI i gr. Kneža. **(Ergebnisse der Zuchtverwendung von Sauen des Bulgarischen Weißen Schweins in den verschiedenen Jahreszeiten im Bereich der Staatlichen Tierzuchtinspektion und der Stadt Knesha.)** Naučni trudove. Visš selskostopanski institut „Georgi Dimitrov". Zootechničeski fakultet, Sofija **12** (1963) S. 277 bis 289. — 8 Abb., 6 Tab., 4 Lit. Zus. in Russ., Dtsch.
Die variationsstatistische Bearbeitung der Materialien aus den Stammbüchern von 6 Schweine-Stammzuchtbetrieben umfaßte 2388 Würfe mit 21 674 Ferkeln und führte zu folgenden Feststellungen über den Einfluß der Jahreszeit auf die Zuchtleistungen der Sauen des Bulgarischen Weißen Schweins: mittlere Fruchtbarkeit in der Vierteljahresperiode Febr.-Apr. 9,04 ± 0,07, Mai-Juli 9,10 ± 0,10, Aug.-Okt. 9,42 ± 0,09 und Nov.-Jan. 8,66 ± 0,12; Totgeburten (in derselben Folge) 2,9; 2,5; 3,95 und 3,26%; Ferkelzahl nach 4 Wochen 8,62 ± 0,07; 8,52 ± 0,11; 8,80 ± 0,09 und 7,90 ± 0,14; aufgezogene Ferkel mit 8 Wochen 8,32 ± 0,07; 8,26 ± 0,18; 8,30 ± 0,09 und 7,50 ± 0,14; Geburtsgewicht der Ferkel 1,360; 1,340; 1,350 und 1,350 kg, Vierwochengewicht 5,60; 5,80; 5,50 und 5,45 kg, Achtwochengewicht 13,0; 12,5; 12,0 und 12,5 kg.
N. Platikanow. 3910.

Cox, D. F. The relation between sex and survival in swine. **(Beziehungen zwischen Geschlecht und Überlebensrate beim Schwein.)** J. Heredity **51** (1960) Nr. 9. S. 284–288. 3914.

Jahn, S. und Waschkeit, R.; Berlin. **Aktuelle Fragen in der Schweinefütterung.** Tierzucht **16** (1962) Nr. 11. Fütterungsberatung **2** S. 45–49. — 2 Tab.
Um die gesteckten Ziele in der Schweinefleischproduktion zu erreichen, ist es notwendig, die Produktion von Futter zu steigern und gleichzeitig Futterverluste durch fachgerechte Lagerung und Konservierung zu vermeiden. Große Bedeutung wird nach wie vor die Sammlung und Verfütterung von Küchenabfällen haben. Die Kraftfuttermittel werden am wirksamsten in Futtergemischen verabreicht. Der Zusatz von Wirk- und Mineralstoffen hat sich gut bewährt. Die Organisierung der Fütterung nach Futterverteilungs- und Stallfutterplänen ist eine der wichtigsten Voraussetzungen für den rationellen Einsatz des Futters. Es folgen Beschreibungen der Mast mit verschiedenen Grundfutterarten. Außer durch den überlegten Einsatz des Futters kann die Schweinefleischproduktion durch die Senkung der Verluste erhöht werden. G. Koch. 3931.

Hammer, W. **Fütterung und Arbeitstechnik bei der Schweinemast.** Prax. u. Forsch. **15** (1963) Nr. 1. S. 8–10. — 5 Tab.
Keine fütterungs- und arbeitstechnische Maßnahme darf die Futterkosten ungünstig beeinflussen, solange die Futterkosten 70%, die Arbeitskosten aber weniger als 10% der gesamten Erzeugungskosten ausmachen. Eine Mahlzeit je Woche wegzulassen bringt jedoch keine Beeinträchtigung der Mast- und Schlachtleistung. Der größere Futterverbrauch und die schlechtere Verwertung bei Automatenfütterung ist meist auf falsche Bauweise zurückzuführen. Selbsttränken sind zweckmäßig, sonst ist nicht mit Eimern, sondern mit Schlauch zu tränken. Am zeitaufwendigsten ist die Rationsfütterung am Trog. Der Arbeitsbedarf der Getreidemast ist geringer als der der Hackfruchtmast. Füttert man Sauerkartoffeln und rechnet man das Silieren als nicht zur Stallarbeit gehörend sind kaum Unterschiede vorhanden.
Werner Schlegel. 3952.

Schumm, H.-R. und Kirmse, K. **Ergebnisse über Rations- und Vorratsfütterung bei verschiedenen Futterkonsistenzen.** Tierzucht **17** (1963) Nr. 1. S. 25–27. — 14 Lit.

An 90 Edelschweinen sollte untersucht werden, wie sich die Vorratsfütterung im Vergleich zur Rationsfütterung bei Kartoffelschnellmast auf die Mast- und Schlachtleistung auswirkt und welchen Einfluß eine unterschiedliche Futterkonsistenz hat. Die Vorratsfütterung erhöhte die tägl. Zunahmen um 80 g und verschlechterte die Futterverwertung kaum (Differenz statistisch nicht gesichert), hatte auf die Schlachtleistung und Schlachtqualität keinen nennenswerten Einfluß (eine leichte Erhöhung des Fettgehaltes wird angedeutet) und hat den Vorteil, daß Stallfläche eingespart werden kann, längere Futterzeiten bestehen und damit die Abdrängungsgefahr abnimmt und voluminöse Futtermittel in größeren Mengen aufgenommen werden können. Der Einsatz fließfähiger Futtermischungen wird befürwortet, wenn der Trockensubstanzgehalt 18–20% beträgt bzw. ein Futtergemisch-Wasser-Verhältnis von 1:0,6–1:0,8 eingehalten wird (dickdünnbreiig). Höhere Wasseranteile verschlechtern die Mastleistung bedeutend. Eine Veränderung der Wasserbindungsfähigkeit des Schlachtproduktes in Abhängigkeit vom Wassergehalt der Ration war nicht deutlich erkennbar. G. Möbius. 3954.

Vajnštejn, Ja. I. (Wainstein, Ja. I.); Luganskoje, Ukrain. SSR, Landwirtsch. Versuchsstat. Pro normovanu i dovil'nu godivlju vidgodivel'nych svynej. **(Rationierte und nicht rationierte Fütterung von Mastschweinen.)** Visnyk sil'śkogospodarśkoï nauky, Kyïv **5** (1962) Nr. 2. S. 91–96. — 7 Tab. Orig.: ukrain., Ausz.: russ.
Der Vf. beschreibt Versuche, in denen 2 Ebergruppen streng individuell, die eine nach Normen bei höherem Saftfuttergehalt der Ration, die andere ad libitum unter ständiger chem., biochem. und physiol. Kontrolle der lebenden Tiere, des Futters und der Schlachtausbeute gemästet werden. Bei vollwertigem Mastfutter ergibt die ad-libitum-Fütterung eine Erhöhung der durchschnittl. Tageszunahmen, der abs. Schlachtausbeute und der Verdaulichkeit der Nährstoffe. Die Fleischqualität wird nicht verbessert. Die Fütterung auf Grundlage der üblichen Normen mit höherem Saftfutteranteil in der Ration ist ökonomisch vorteilhaft und verbessert die Nährstoffausnutzung. Jede der untersuchten Fütterungsmethoden kann in Abhängigkeit von den ökonomischen Gegebenheiten angewendet werden. K. Neumann. 3954.

Hašek, Anton; Bobrovec, Okres Nitra, VÚŽV. Vliv omezených krmných dávek ve výkrmu prasat na jejich růst a kvalitu masa. **(Einfluß beschränkter Futterrationen auf Wachstum und Fleischqualität der Mastschweine.)** Náš Chov **1962** Nr. 23. S. 717–718. — 2 Abb., 5 Tab.
Drei Gruppen von jungen Mastschweinen wurden bis zur Erreichung eines Lgw. von 50 kg mit gleichen, den Normen für intensive Mast entspr. Futterrationen versorgt. Ab 50 kg bis ungefähr 140 kg Gewicht erhielten die Versuchsschweine der Gr. I eine um 10% und die der Gr. II eine um 20% geringere Futterration gegenüber den Kontrollschweinen. Die durchschnittl. tägl. Zunahme betrug bei der Gr. I 0,573 kg, bei Gr. II 0,541 kg und bei der Kontrollgruppe 0,590 kg. Je 1 kg Zunahme verbrauchte Gr. I 0,354 kg verd. E. und 2,786 kg StW, die Gr. II 0,373 kg verd. E. und 2,717 kg StW, die Kontrollgruppe 0,372 kg verd. E. und 2,920 kg StW, bei einem geldlichen Aufwand von 5,93 Kčs, 5,84 Kčs bzw. 6,12 Kčs. Das Fleisch der Versuchsschweine war von besserer Qualität bei geringerem Fettgehalt. F. Svoboda. 3954.

Wise, John. Feeding for bacon. **(Fütterung der Baconschweine.)** Pig Farming **10** (1962) Nr. 9. S. 71.
Die Vor- und Nachteile der ad-lib.-Fütterung bei der Bacon-Produktion werden erläutert. Um eine gute Schlachtqualität zu erzeugen, sind die Schweine rechtzeitig der Schlachtung zuzuführen. Bewährt hat sich die Fütterungsmethode „hoch — niedrig", d. h. zuerst sollen die Tiere soviel Futter erhalten wie sie zur Ausnutzung ihrer Wachstumsanlagen benötigen,

im 2. Teil der Mastperiode ist die Futterration zu kürzen, damit kein zu hoher Fettansatz erfolgt. Zwischen 100–140 lb. Lgw. der Baconschweine ist die Fütterungsintensität zu verändern. Der Proteinbedarf der Baconschweine ist weiterhin genau zu beachten, um eine hohe Schlachtqualität zu erlangen. Im Beifutter der Ferkel sollen 18–19% Rohprotein enthalten sein. Dieser Anteil ist auf 12–14% während der Endmast zu senken. Wie die Ergebnisse der Versuche von Braude in Shinfield zum Ausdruck bringen, bestehen zwischen den einzelnen Schweinen erhebliche Differenzen bez. Futteraufnahme, Nährstoffverwertung und Schlachteigenschaften. R. Kürbs. 3955.

Hofmann, F.; Jena, Friedrich-Schiller-Univ., Inst. für Tierzucht und Milchwirtsch. **Ferkel- und Läuferverluste.** S.-B. dtsch. Akad. Landwirtsch.-Wiss. Berlin **12** (1963) Nr. 5. — 15 Abb., 14 Tab., 28 Lit. nach Zus.
Voraussetzung für eine wirksame Bekämpfung der Schweineverluste ist eine möglichst klare Übersicht über den Umfang der Verluste und über die hauptsächlichsten Ursachen. Aus vielfältigen Erhebungen geht hervor, daß auch heute noch 20–30% aller geborenen Ferkel einschließlich der totgeborenen als Verlust zu buchen sind. Die hauptsächlichsten Ursachen liegen in Störungsprozessen in der Entwicklung der Ferkel infolge unzureichender oder falscher Fütterung, unzuträglichen Stallverhältnissen und ungenügender Ausbildung des Pflegepersonals begründet. Es werden mehrere Vorschläge in züchterischer, zootechnischer und organisatorischer Hinsicht unterbreitet. 3985.

Gola, E.; Röblingen am See, Bezirk Halle. **Tierärztliche Maßnahmen zur Senkung der Ferkelverluste.** S.-B. dtsch. Akad. Landwirtsch.-Wiss. Berlin **12** (1963) Nr. 5. — 2 Abb., 61 Lit. nach Zus.
Zum Auftreten von Ferkelverlusten bedarf es einer ganzen Reihe von Ferkelkrankheiten auslösender Faktoren. Derartige Faktoren sind Mängel in der Haltung und Fütterung der Tiere. An Hand eines Beispiels aus einem Großbetrieb wird beschrieben, wie durch Verbesserungen in der Tierhaltung, durch geeignete Fütterung und durch vorbeugende tierärztliche Maßnahmen Ferkelverluste gesenkt und eine Produktionssteigerung ermöglicht wurde. Dabei wird bes. auf die günstige Wirkung des injizierbaren Eisendextranpräparates „Ursoferran" hingewiesen. 3985.

Žarov, V. G. (Sharow, W. G.); Kuibyschew, Veterinärmed. Forsch.-Stat. Dezinfekcija svinarnikov pri infekcionnom atrofičeskom rinite svinej. **(Die Entseuchung der Schweineställe bei der infektiösen atrophischen Rhinitis der Schweine.)** Veterinarija, Moskva **40** (1963) Nr. 2. S. 64–67. — 1 Tab.
Zur Entseuchung von Stallungen, in denen die atrophische Rhinitis geherrscht hatte, empfiehlt Vf.: 1. eine 3%ige, mehr als 40° heiße NaOH-Lösung mit einer Einwirkungszeit von 3 Std.; 2. eine 10- bis 20%ige Lösung von frischgelöschtem Kalk und 3. eine 1%ige Formalinlösung mit einer Temperatur von über 16° und einer Einwirkungszeit von 3 Std. — Das Virus hält sich auf Holzgegenständen und Stroh im Sommer bei einer Temperatur von 23–27 °C und einer rel. Luftfeuchtigkeit von 38–58% nicht länger als 8 Tage, im Herbst bei Temperaturen von 9–14 °C und einer Luftfeuchtigkeit von 66–87% nicht länger als 18 Tage. W. Plaschke. 3985.

Gligor, V., Radu, A. und *Iordănescu, I.* **Cresterea porcilor.** (Schweinezucht.) Bucuresti: Ed. Agro-Silvică. 1962. (652 S. m. 162 Abb., 152 Tab., 8 Taf. u. 231 Lit.) 25×17 cm. Lei 44,50. Nach einem Vorwort und der Einleitung der Vff. wird „Die wirtschaftliche Bedeutung der Schweinezucht im allgemeinen sowie in Rumänien" besprochen. Es folgen die Kapitel „Herkunft und Entwicklung der Schweine", „Physiologisch-anatomische Eigenheiten" und „Das Exterieur der Schweine". Im Abschnitt „Die Schweinerassen" werden insbesondere die der RVR eingehend beschrieben. Außerdem werden auch die Rassen sämtlicher Länder Europas sowie die Asiens, Amerikas, Afrikas und Australiens behandelt. Es folgen Abschnitte über Aufzuchtmethoden und die Fortpflanzung beim Schwein. Das ausführlichste Kapitel beschäftigt sich mit der „Fütterung und Pflege der Schweine". Auch die Herstellung des Bacon und ähnlicher Erzeugnisse wird sehr ausführlich erörtert und zahlreiche dazu nötige Rezepte, einschließlich der in England und anderen Ländern gebräuchlichen Methoden, angeführt. Ausführungen über

„Erzeugnisse der Schweine“, „Aufstallung und hygienische Haltung“ und „Schweinekrankheiten“ sowie „Wirtschaftlichkeit und Organisation der Schweinezucht in sozialistischen Landwirtschaftsbetrieben“ schließen sich an. Ausführliche Literaturangaben sowie ein Anhang mit den für die Schweinezucht wichtigsten Kartei-Unterlagen bilden den Abschluß des Buches.
R. Petrovszky.

E. SCHAFE

Trauer, W.; Halle/S., Martin-Luther-Univ. Halle-Wittenberg, Inst. für Tierzucht. **Ein Beitrag zur Geschichte des Karakulschafes.** Arch. Tierzucht **6** (1963) Nr. 4. S. 328–336. – 27 Lit. Zus. in Russ., Engl. nach Zus.
Bereits 2650 v. u. Z. wurden am Unterlauf des Euphrats in Uruk-Warka Lämmer abgebildet, die Locken besaßen. 2040–2000 v. u. Z. trugen ebenfalls am Euphrat die Fürsten von Lagasch und um 1400 v. u. Z. die Hettiterkönige Mützen aus Lockenlammfellen. 500 v. u. Z. wurden in Persepolis (Persien) erstmalig fettschwänzige Karakulschafe abgebildet. Seit 978 ist bekannt, daß Schafe mit Lockenlämmern in Buchara meist von Arabern gezüchtet werden. Dort haben sich diese Schafe jahrhundertelang gehalten, da ihre Besitzer verbreiteten, eine Verpflanzung dieser Rasse in andere Länder würde unweigerlich zu einer Verschlechterung der Fellqualität führen. Seit jeher gibt es schwarze, graue und rote Fellchen mit verschiedenen Lockenformen. Sie wurden in vielen asiatischen und europäischen Ländern vor allem zu Pelzmützen verarbeitet. Die Gewinnung von Breitschwanzfellchen durch künstlichen Abortus ist ein Märchen. Erst in diesem Jh. verbreitete sich die Karakulzucht in viele Länder. 1959 betrug die Weltproduktion an Persianerfellen ca. 12–13 Mill. Fellchen. Der Name Karakul kommt von kara-gjul = schwarze Rose oder kara-kull = schwarzer See. Der Name „Arabi“ leitet sich entweder von „arap“ = schwarz, Farbe des Schafes, oder von „arabi“, den Arabern, ab, die seit Jh. Karakulschafe züchten. 4005.

Mertins, S. und Gutsche, H.-J. **Über 600 Eintragungen im Deutschen Schafleistungsbuch.** Tierzucht **17** (1963) Nr. 1. S. 32–35. – 1 Abb., 3 Tab., 7 Lit.
Vff. werten die Leistungsergebnisse von 613 Schafen der Rassen Merinofleischschaf, Deutsches Veredeltes Landschaf und Deutsches Schwarzköpfiges Fleischschaf aus, die seit Einrichtung des Deutschen Schafleistungsbuches (SLB) (1954) bis zum 7. Mai 1962 eingetragen wurden. Der Anteil von 11 Bezirken wird angegeben. 562 Merinofleischschafe (1,96% der Herdbuchschafe) wurden eingetragen. Die Tiere wiesen bei der Leistungsprüfung mit 18 Mon. ein Lgw. von ⌀ 67,2 kg auf. Die Wolleistung betrug 6,7 kg Schweißwolle mit einem Rendement von ⌀ 42,4% (2,88 kg reine Wolle). 20,3% der SLB-Muttern brachten eine reine Wolleistung von über 3 kg. 60% der Muttern zeigten als Jährling eine Wollfeinheit im Sortiment A-A/B. Mit ⌀ 3,95 Ablammungen und 5,5 lebendgeborenen Lämmern wurde ein Ablammergebnis von 139% erzielt. Als durchschnittl. Aufzuchtleistung wurden 154,2 kg nachgewiesen, und es wurde ein durchschnittl. Lgw. je Lamm von 27,9 kg erreicht. Die eingetragenen Merinofleischschafmuttern brachten ⌀ 2,5 gekörte oder in das Herdbuch aufgenommene Nachkommen. Den höchsten Anteil an Eintragungen können die Stammzuchten Merbitz, Canitz und Packisch vorweisen. – Aus 6 Stammzuchten wurden 48 Deutsche Veredelte Landschafe in das Schafleistungsbuch eingetragen (0,75% der Herdbuchtiere). Im Jährlingsalter lag das Lgw. dieser Schafe bei ⌀ 63 kg. Der durchschnittl. Schweißwollertrag betrug 6,28 kg bei einem Rendement von 46% (2,91 kg reine Wolle). 36,2% der eingetragenen Muttern brachten einen Reinwollertrag von über 3 kg. Die Wollfeinheit verteilte sich mit 9% auf das Sortiment A/B, 31% auf A/B-B und 60% gröber als A/B-B. Bei ⌀ 4 Ablammungen wurden 6,1 lebendgeborene Lämmer mit einem durchschnittl. 100-Tage-Gewicht von 164 kg erreicht. Das ergibt ein Ablammergebnis von 153%. Von der Nachzucht wurden 2,09 Schafe je Mutter gekört oder ins Herdbuch aufgenommen. Betont wird, daß 85%

aller eingetragenen SLB-Schafe aus der Stammherde des Deutschen Veredelten Landschafs Kleinaga stammen, die erreichten hohen Leistungen also in erster Linie durch diese Stammherde erreicht wurden. – 11 Merinofleischschafmuttern wurden im Berichtszeitraum in das Dauerschafleistungsbuch (DSLB) eingetragen. Bei einem Durchschnittslebensalter von 10,1 Jahren erzielten diese Mutterschafe mit 8 Ablammungen und 13,3 aufgezogenen Lämmern hervorragende Leistungen. 3 Merinofleischschaf-Stammböcke konnten als gute Vererber in das SLB eingetragen werden. Es sind dies die Böcke „258II/48 Packisch", „617/51 Etzdorf" und „604/51 Canitz". Auf die Blutlinienzugehörigkeit und ihre Leistung wird näher eingegangen.
E. Brauns. 4130.

Mirkov, Vasil, Tanev, Ivan und Popov, Anastas. (Mirkow, Wassil, Tanew, Iwan und Popow, Anastas.) Razvŭdno-selekcionnata rabota pri sŭzdavane na ovčeto stado v Planinskata opitna stancija v Beglika. **(Züchterische Arbeit beim Aufbau der Schafherde auf der Hochgebirgs-Versuchsstation Beglika.)** Životnovŭdstvo, Sofija **16** (1962) Nr. 11. S. 18–26. – 4 Abb., 6 Tab.
Auf der Hochgebirgs-Versuchsstation Beglika (1500 m ü.N.N.) werden grobwollige Bergschafe verschiedenen Typs mit Merinofleischböcken gekreuzt und die Nachkommen der I. und II. Generation wie folgt weitergekreuzt: a) die grobwolligeren Kreuzungsschafe mit Plowdiwer Böcken (mittelfein bis feinwollige Rasse mit hoher Milchleistung); b) die Schafe mit feinerer Wolle mit Petrochaner Böcken (mittelfeinwolliges Bergschaf). Die aus diesen Kombinationen hervorgegangenen Dreirassenkreuzungen werden weiterhin unter sich gepaart. Die Ernährung der Tiere war vollwertig und die Aufzucht naturgemäß. In der Periode 1956–61 wurden mit der Herde, in der sich die Anzahl der Mutterschafe von 344 auf 532 erhöht hatte, folgende Leistungsergebnisse erzielt (die Angaben in Klammern beziehen sich auf das Jahr 1956): Lgw. der Mutterschafe 50,9 (41,8) kg, Wolleistung 3,726 (2,860) kg, Milchleistung 119,7 (66,8) l, Geburtsgewicht der Lämmer 4,436 (3,830) kg, Lgw. der Lämmer mit 3 Mon. 23,320 (17,070) kg; Wollkleid: schlicht, mittelfein (50–58 nach Bradford) mit 9,15 cm mittlerer Wollänge. N. Platikanow. 4164.

Čumlivski, Bora; Uhříněves, Výzkumný Ústav Živočišné Výroby. Vlnařské vlastnosti kříženců F_1 získaných po ovcích valašských a beranech sovětská cigaja. **(Die Wolleigenschaften von F_1-Kreuzungstieren aus Muttern des Wallachischen Schafes und Böcken des Sowjetischen Zigajaschafes.)** Živočišná Výroba **7(35)** (1962) Nr. 9. S. 605–614. – 2 Abb., 4 Tab., 5 Lit. Zus. in Russ., Dtsch.
Kreuzungstiere im Alter von 10 Mon. erbrachten im Vergleich mit gleichaltrigen reinrassigen Wallachischen Schafen sowohl einen höheren Ertrag an Schweiß- (+7,69%) als auch an gewaschener Wolle (+11,1%). Im Altersabschnitt 10–20 Mon. wurden nur weibl. Jährlinge untersucht. Hier hatten die Kreuzungstiere gegenüber reinrassigen Wallachischen Jährlingen 15,4% mehr Schmutz- und 11,1% mehr Reinwolle. Bei den Kreuzungen war die Wolle um 30,96% kürzer, jedoch um 31,23% dichter bei einer um 34,10% geringeren Anzahl von groben Deckhaaren. Die Kreuzungstiere ließen eine allg. Verbesserung des Wollsortimentes erkennen. Es wird die Veredlung der Wallachischen Schafe durch Kreuzung mit Böcken der Sowjetischen Zigaja-Rasse befürwortet. F. Svoboda. 4164.

Steklenev, E. P. (Steklenew, Je. P.) Potencial'naja i faktičeskaja plodovitost' askanijskich tonkorunnych ovec. **(Die potentielle und tatsächliche Fruchtbarkeit der Feinwolligen Askanija-Schafe.)** V sb.: Razvitie ovcevodstva na Juge Ukrainy, Kiev **1961** S. 60–68. – Aus: Referativnyj žurnal. Biologija, Moskva **1962** Nr. 11. L 167. S. 24.
280 gleichaltrige Mutterschafe mit gleichem Termin der Vorbereitung zur Paarung wurden zu einem Versuch zusammengefaßt. Eine Gruppe von Mutter-

schafen wurde mit frischem Sperma, die andere mit aufbewahrtem Sperma besamt. Zur Feststellung der Sterblichkeit der Embryonen wurde je eines von drei Schafen 4 Tage nach Beginn der Brunst geschlachtet. Die beiden übrigen (Kontrollschafe), die keine Anzeichen der Brunst geäußert hatten, wurden nach 2 Monaten als tragend angesehen. Die Befruchtung bei mit frischem Sperma besamten Schafen betrug 80,7%, bei mit aufbewahrtem Sperma besamten Tieren 50%. Der Unterschied in der Befruchtungsziffer der Versuchs- und Kontrolltiere erreichte 15,1%, er ist, wie man annimmt, Ausdruck der Embryonalsterblichkeit in den Anfangsstadien der Fruchtentwicklung. Die höchste Befruchtungsziffer und Fruchtbarkeit erzielte man bei einer Besamung der Mutterschafe 20–25 Std. nach Beginn der Brunst. Nach Besamung mit frischem Sperma betrug die Zahl der befruchteten Mutterschafe 76,9%, die Fruchtbarkeit 150,0%, bei Besamung mit aufbewahrtem Sperma entspr. 66,6% und 131,6%. Die potentielle Fruchtbarkeit der Mutterschafe des Feinwolligen Askanija-Schafes erreicht 160 %. Ihre tatsächliche Fruchtbarkeit ist bedeutend niedriger, was mit den unbefriedigenden Fütterungs- und Haltungsbedingungen, der nicht rechtzeitigen Vorbereitung zur Paarung und der zeitlich nicht optimalen Besamung der Mutterschafe zusammenhängt. übersetzt v. Th.-C. Boetticher. 4168.

Carter, H. B. und Slee, J. An unusual bi-paternal litter in sheep from a natural double mating. **(Ein ungewöhnlicher, von 2 Vätern stammender Wurf nach einem natürlichen Doppelsprung beim Schaf.)** Nature [London] **194** (1962) Nr. 4824. S. 215–216. — 1 Tab., 5 Lit.
Ein Soay × Wiltshire-F_1-Mutterschaf wurde in einer Brunst von einem Merino- und einem dunkelbraunen Soaybock nachweislich belegt. Nach 146 Trächtigkeitstagen lammte es ab. 3 Lämmer wurden geboren, von denen 2 Bocklämmer außer in der Farbe im Phänotyp der Soayrasse glichen, während das 3., ein kräftiges Zibbenlamm, den Merinotyp verkörperte. Die Identität der Wurfgeschwister kann als vollauf gesichert gelten. Die Untersuchung der Serumglobuline mittels der Stärkegelektrophorese erbrachte eindeutig den Nachweis, daß alle 3 Lämmer aus getrennt befruchteten Eiern stammten. Bei der Untersuchung der morphologischen (Haarfollikel), biochem. und immunbiol. Merkmale trat trotz der uterinen und postnatal ähnlichen Umweltverhältnisse die genetische Verschiedenheit der 3 Lämmer unwiderlegbar zutage. H. Busse. 4170.

Brauns, E. **Maßnahmen zur sachgemäßen Bockaufzucht in den Stammzuchten des Deutschen veredelten Landschafs.** Tierzucht **16** (1962) Nr. 12. S. 543 bis 546. — 4 Abb., 3 Lit.
Mit 20,7% des Gesamtschafbestandes der DDR haben die Deutschen Veredelten Landschafe als anerkannte Feinwollrasse ihre bes. Bedeutung erlangt. Damit muß der Jungbockaufzucht heute eine spez. Beachtung geschenkt werden. Verlangt werden robuste, naturhaft aufgezogene Böcke. Es wird deshalb vorgeschlagen, die geforderte Anzahl von 120 Pferchnächten für Schafböcke des DVL auf 150 zu erhöhen. Weiterhin ist eine gemeinsame Bockweide mehrerer Stammherden empfehlenswert, wie an Beispielen nachgewiesen wird. Die Bedeutung einer guten Futtergrundlage für die Bockaufzucht wird unterstrichen. Vf. gibt ferner Hinweise auf Haltungs- und Unterbringungsfragen. W. Altenkirch. 4196.

Kumanov, S., Aleksiev, A. und Tanev, D. (Kumanow, S., Alexiew, A. und Tanew, D.); Sofia, Höheres Landwirtsch. Inst. „Georgi Dimitrow". Proučvanija za tipa na chranene na razplodnite kočove črez otčitane izbiratelnostta pri oploždane. **(Untersuchungen über die Fütterung der Zuchtböcke durch Auswertung des Wahlvermögens der Eizelle bei der Befruchtung.)** Naučni trudove. Visš selskostopanski institut „Georgi Dimitrov". Zootechničeski fakultet, Sofija **12** (1963) S. 9–19. – 2 Abb., 5 Tab., 16 Lit. Zus. in Russ., Dtsch.

Zwei Gruppen zu je 4 Zuchtböcken, mit je 2 Karakul- und 2 Merinoböcken in der Gruppe, wurden mit Rationen verschiedenen Typs ernährt. Das Verhältnis zwischen Grün- und Kraftfutter (nach FE) betrug in Gr. I 74,6 : 25,4 und in Gr. II 15,2 : 84,8. Nach 80tägiger Ernährung bei diesen Rationen wurde das Sperma der Zuchtböcke untersucht. Mit dem Mischsperma der Karakul- und Merinoböcke besamten Vff. Mutterschafe, die in gleicher Weise ernährt und gehalten wurden. Ergebnisse (die Angaben in Klammern beziehen sich auf die vorwiegend mit Grünfutter ernährten Böcke): Anzahl der untersuchten Ejakulate 60 (62); Ejakulatvolumen 1,13 (0,91) cm^3; Spermienzahl in 1 cm^3 Ejakulat 2285 (1980) Mill.; Aktivität der Spermien 0,95 (0,92); Lebensdauer der Spermien 1,85 (1,80); pH des Spermas 6,39 (6,60). In bezug auf Alkalireserven, pH des Panseninhalts usw. waren keine wesentlichen Unterschiede zwischen den beiden Gruppen feststellbar. Die mit Mischsperma der gleichartig gefütterten Karakul- und Merinoböcke besamten Muttern brachten 55 Karakul- und 44 Merinolämmer (Verhältnis 1,16 : 1,0), während die mit Mischsperma der abweichend gefütterten Böcke besamten Muttern 58 Lämmer von den vorwiegend mit Kraftfutter ernährten Böcken und nur 13 Lämmer von den vorwiegend mit Grünfutter ernährten (Verhältnis 4,46 : 1) warfen.

N. Platikanow. 4204.

König, K.-H. und Thulke, H. G., Halle/S., Martin-Luther-Univ. Halle-Wittenberg, Inst. für Tierzucht. **Die Bedeutung der Halsfalten in der Merinofleischschafzucht.** Arch. Tierzucht **6** (1963) Nr. 4. S. 308–327. – 16 Tab., 10 Lit. Zus. in Russ., Engl. nach Zus.

In 20 Stammzuchten des Merinofleischschafes wurde an einem Material von 4624 weibl. Jährlingsschafen die Entwicklung von Wolleistung, Körpergewicht, Stapeltiefe, Rendement und Woll-Feinheit in Abhängigkeit von der Halsfaltenbildung untersucht. Beim Vergleich der Geburtsjahrgänge 1954/55 und 1960/61 wurde auf Grund der Herdendurchschnitte eine starke Zunahme der Faltenbildung, ein starkes Ansteigen der Reinwolleistung und der Reinwolleistung je 100 kg Körpergewicht (rel. Wolleistung) beobachtet. Eine geringe Erhöhung ergab sich für das Körpergewicht, die Stapeltiefe und das Rendement, während sich die Feinheit nicht veränderte. Mit Hilfe von Rangkorrelationen wurde in der Entwicklung der Herden weitgehende Parallelität zwischen steigendem Anteil von Faltentieren und hoher abs. und rel. Wollleistung ermittelt. Die übrigen Eigenschaften ließen keine signifikante Beeinflussung durch die Faltenbildung erkennen. Dieselben Auswertungen nach dem derzeitigen Leistungsstand in den Herden ergeben gesicherte positive Beziehungen zwischen dem Anteil der Faltentiere und der abs. Wolleistung bzw. dem Durchschnitts-Körpergewicht. An 1001 Jährlingsschafen des letzten bearbeiteten Jahrganges (1961) wurde der rel. Einfluß der Faltenbildung auf die Variation der Leistungseigenschaften berechnet. Danach wirkt sich die Faltenbildung am deutlichsten auf eine Verkürzung der Stapeltiefe aus. Geringeren Einfluß nimmt sie auf steigende Rein- und rel. Wolleistung sowie auf ein Sinken des Rendements. In einigen Körpereigenschaften führt sie zum verstärkten Auftreten unerwünschter Merkmale. 4222.

Moule, G. R. und Young, R. B. Field observations on the daily milk intake of Merino lambs in semi-arid tropical Queensland. **(Praktische Beobachtungen über die tägliche Milchaufnahme bei Merinolämmern im semi-ariden tropischen Queensland.)** Queensland J. agric. Sci. **18** (1961) Nr. 2. S. 221–229. – 3 Abb., 4 Tab., 13 Lit.

Die Milchaufnahme der Lämmer wurde tägl. 15 Std. bei Weidegang der Mütter auf Naturweide oder bei Verabreichung verschiedener Futterrationen beobachtet. Die Ergebnisse deuten an, daß die Milchleistung des Merinomutterschafes durch die Ernährung vor und nach dem Ablammen beeinflußt werden kann und daß weiterhin starke Variationen sowohl im tägl. Milchverzehr der Lämmer als auch in der zu den einzelnen Tageszeiten verbrauchten Milchmenge vorkommen. Auf Grund der klimatischen Verhältnisse in Queensland kann es zu beträchtlichen Schwankungen in der Futterversorgung der Schafe kommen. Sobald sie aber besser wird, steigt auch die Milchleistung der Merinomutterschafe wieder schnell an, und die Gewichtszunahmen der Lämmer erhöhen sich entspr. Bei einer adaequaten Ernährung der Mutterschafe haben diese noch 6 Wochen nach dem Ablammen beträchtliche Mengen Milch, eine während der gesamten oder des letzten Abschnittes der Laktation unzureichende Ernährung führt jedoch zu einer erheblich verminderten Milchleistung und anscheinend auch zu einer Verkürzung der Laktationsdauer. H. Busse. 4226.

SPEZIELLE KLEINTIERZUCHT

B. ZIEGEN

Goldstone, Pat. The Boer goat is making money. **(Wirtschaftliche Vorteile aus der Haltung von Boer-Ziegen.)** Farmer's weekly [Bloemfontein, South Africa] **104** (30/1. 1963) S. 22. 4508.

Zelenskij, G. G., Karavaev, K. G., Lebel', L. D. und Margulis, I. A. (Selenski, G. G., Karawajew, K. G., Lebel, L. D. und Margulis, I. A.) Novaja sovetskaja šerstnaja poroda koz. **(Eine neue sowjetische Wollziegenrasse.)** Životnovodstvo, Moskva **24** (1962) Nr. 9. S. 67-70. — 2 Abb., 1 Tab.
In der neuen Rasse sollten die kräftige Konstitution und Anspruchslosigkeit der bodenständigen alten Landziegen mit der homogenen Kammwolle der Angoraziegen vereinigt werden. Dazu wurde in der Usbekischen, Tadshikischen, Turkmenischen und Kasachischen SSR die Kombinationskreuzung von Angora-Grobwollziegen der F_2-Generation unter Anwendung der individuellen und Gruppenzuchtwahl nach homogenen bzw. heterogenen Merkmalen sowie der Blutauffrischung durchgeführt. Die neue, an die ganzjährige Weidehaltung und starke Klima- und Futterveränderungen angepaßte Rasse weist große Tiere (Widerristhöhe 60,14 cm) mit kräftiger Konstitution (41,6 kg Lgw.) und guten Körperformen auf. Ihr Vlies besteht aus langen weißen glänzenden, gewundenen Zöpfen. Die Feinheit beträgt 50-46 μm, der Wollertrag 1,7–1,9 kg bei einem Rendement von 70-75. Die Wolle ist dichter als Angorawolle und enthält mehr feine Haare und weniger Fettschweiß. Die neue Rasse verfügt über gute Fleischeigenschaften. F. Schenk. 4530.

Lyhs, L., Berger, L. und Wildenhahn, V. **Über die Auswahl von verschieden temperiertem Tränkwasser durch Ziegen.** Mh. Veterinärmed. **17** (1962) Nr. 22. S. 899–901. — 5 Tab., 5 Lit.
Es wurde die Bevorzugung verschieden temperierten Tränkwassers in Abhängigkeit von der Umwelttemperatur bei Ziegen untersucht. Bei einer Außentemperatur von 15 °C bevorzugten die Tiere nahezu körperwarmes Wasser und gingen bei Erhöhung der Umgebungstemperatur (25 und 35 °C) zur Aufnahme von kühlerem Wasser über (vorwiegend 30 und 20 °C). Eine Gewöhnung an kaltes Wasser (2–10 °C) war nicht zu beobachten. Wenn das Wasser nur 20 °C hatte, nahmen die Tiere weniger auf. W. Fleischmann. 4578.

C. GEFLÜGEL

Pacyna, Hasso. **Hühner und Eier im Spiegel der Statistik.** Dtsch. Geflügelwirtsch. **14** (1962) Nr. 21. S. 269–272. — 5 Abb., 8 Tab.
Vf. stellt vergleichende statistische Betrachtungen in der Hühnerhaltung der Jahre 1935/38 und 1950–61 an. Der Hühnerbestand insgesamt nahm in dieser

Zeit um 27% zu, die Umtriebszeit wurde verkürzt, der Junghennenbestand erhöhte sich auf 57,2%. Gleichzeitig nahm die Zahl der Hühnerhalter von 3,4 Mill. 1955 auf 2,64 Mill. 1961 ab. Der Schwerpunkt der Hühnerhaltung liegt in Niedersachsen (bes. Oldenburg), er beträgt 23,8% des Gesamtbestandes aller Bundesländer. Die Eiererzeugung erhöhte sich um 74% zu 1935/38, der Pro-Kopf-Verbrauch ist um 100 Eier, d. h. auf 233 gestiegen. Die BRD ist das größte Eierimportland der Welt. An der Spitze der Lieferländer stehen die Niederlande mit 58,8%, gefolgt von Dänemark 14,1% und Polen 7,6%. Durch Verlegen des Schlupftermins gelang es, die Eierproduktion einigermaßen gleichmäßig zu verteilen, die Differenz zwischen der höchsten und niedrigsten Monatserzeugung lag 1955 bei 9,7, 1961 bei 3,8% des Jahresaufkommens.
H. Sommerfeld. 4601.

Engel, B.; München, Ifo-Inst. für Wirtschaftsforsch. **Deutsche Geflügelwirtschaft benachteiligt?** Dtsch. Geflügelwirtsch. **15** (1963) Nr. 7. S. 82–86.
4601.

Hühner

Anonym. **Zukunftsgedanken über die Geflügelzucht.** Geflügelhof [Zollikofen-Bern] **25** (1962) Nr. 49. S. 881. 886. 888.
Der Konsum an Eiern und Geflügelfleisch wird mehr zunehmen als der von Milch und Kuhfleisch. Vorzüge des Eies sind seine Handlichkeit, Einheitlichkeit, seine küchentechnischen Vorzüge und seine Preiswürdigkeit. Die Anforderungen an die Güte hinsichtlich innerer und äußerer Qualität wachsen. Mammutbetriebe werden Einzelfälle bleiben, weniger Hühnerhalter werden größere Bestände halten bei ungefähr gleichbleibendem Gesamtbestand eines Landes. Das Huhn ist ein Stalltier geworden, für den Stall muß ein optimales Stallklima angestrebt werden, um alle ungünstigen Umwelteinflüsse auszuschalten. Neben einer Propaganda für Dunkelställe setzt in Deutschland eine solche für Legebatterien ein. U. Hofmann. 4608.

Wiesemann. **Das Hennensortieren.** Dtsch. Geflügelwirtsch. **14** (1962) Nr. 8. S. 99–100.
Mit der Intensivierung und Konzentration der Hühnerhaltung verbreitete sich das Selektieren der Hennen. Es soll beim Küken begonnen und bei den Junghennen weitergeführt werden, kranke und schwache Legehennen sollen während der ganzen Legeperiode ausgemerzt werden. Um unnötige Unruhe im Bestand zu vermeiden, wird das Sortieren, wo jedes einzelne Tier kontrolliert wird, mit Schutzimpfungen und der Beringung verbunden. Andererseits sind die auszumerzenden Hühner mit dem Fanghaken zu greifen. Ein zwangsläufiges Ausmerzen der Althennen ergibt sich beim einjährigen Umtrieb, wenn die Junghennen eingestallt werden und die schlechten Hennen Platz machen müssen. Die noch gut legenden Hühner werden in einem Ausweichstall untergebracht. Vf. empfiehlt jedem Betrieb, der seine Hühnerhaltung zu einem Betriebszweig ausgebaut hat, einen betriebseigenen Hennensortierer. Das Sortieren kann jeder in einem Kurzlehrgang erlernen. In Holland und Dänemark bestimmen die Exportmöglichkeiten den Schlachttermin der Althennen. Sie werden unabhängig von ihrer Legeleistung geschlachtet, wenn die Nachfrage im Ausland nach Eiern nachläßt und nach Suppenhühnern ansteigt. Die Junghennenaufzucht ist so zu organisieren, daß die Junghennen dann zu legen anfangen, wenn die Althennen kurz vor der Mauser sind. Es ist wirtschaftlicher, die Althennen vor der Mauser zu schlachten und auf einige Eier zu verzichten, als die Hühner bis zur Ausbildung des neuen Federkleides durchzufüttern und dann zu merzen. W. Sommerfeld. 4655.

Krebs, W. **Rassegeflügel auf Hühnerleistungsprüfungen.** Garten u. Kleintierzucht, Ausg. B 1 (196) Nr. 6. S. 10.

Seit dem Kontrolljahr 1954/55 werden auch Rassegeflügelgruppen unter ständiger Verbesserung der Ergebnisse in den staatlichen Hühnerleistungsprüfungsanstalten geprüft. 1957/58 wurden erstmalig 2 Gruppen in das Eliteleistungsbuch der DAL eingetragen. Es ist geplant, die Prüfungen mit 16 Gruppen in eigener Regie des Zentralverbandes zu übernehmen und die Prüfung dann evtl. mit dem Brutei zu beginnen und sich mit dem Stichprobentest (Random Sample Test) den Leistungsprüfungen auf internationaler Ebene anzupassen. U. Hofmann. 4656.

Hofmann, F., Löhle, K., Mulsow, D. und Richter, W.; Jena, Friedrich-Schiller-Univ., Inst. für Tierzucht. **Bericht über die Leistungen einer Hy-Line-Herde im VE Lehr- und Versuchsgut Altenberga 1960/61.** Arch. Geflügelzucht Kleintierkunde **12** (1963) Nr. 1. S. 3–9. – nach Zus.
Im VE Lehr- und Versuchsgut Altenberga wurde vom 15.9. 60.–15.9. 61 eine Herde von 268 Hy-Line-Hennen unter Kontrolle gehalten. Unter Bedingungen der Praxis wurde je Huhn eine Durchschnittsleistung von 234 Eiern bei einem Eigewicht von ⌀ 61,4 g und einem Futteraufwand je 100 g Eimasse von ⌀ 308 g erreicht. Im gleichen Zeitraum wurden in der Hühnerleistungsprüfungsanstalt Altenberga 20 Hy-Line-Hennen der gleichen Population in 2 Gruppen geprüft. Sie erreichten eine Leistung von ⌀ 248 Eiern und damit eine um 50 Eier höhere Legeleistung als die 564 bisher in der HPA Altenberga geprüften Leghorn-Hennen (6jähriger Durchschnitt). Ein Vergleich der Legeleistung der in den HPA geprüften Leghorn-Hennen mit der von Tieren der Landesgeflügelzucht erzielten ergibt ein um ca. 70 Eier höheres Ergebnis der HPA-Tiere. Die Legeleistung der in Altenberga unter den Bedingungen der Praxis gehaltenen Hy-Linie-Herde war nur um 18 Eier niedriger als die der in der HPA Altenberga geprüften Hy-Line-Hennen aus der gleichen Population. Die Hy-Line-Herde brachte auch unter Bedingungen der Praxis hohe und ausgeglichene Leistungen. Die Haltung von Hybridhühnern läßt eine erhebliche Steigerung der Legeleistung erwarten. 4656.

Smetnev, S. I. (Smetnew, S. I.) Proizvodstvo mjasnych cypljat-brojlerov intensivnymi sposobami. **(Intensivaufzucht von Mastküken.)** Izvestija Timirjazevskoj sel'skochozjajstvennoj akademii, Moskva **1962** Nr. 2. S. 68–77. – 9 Tab., 10 Lit. Zus. in Engl.
Für die Fleischproduktion gewinnt der Bau großer spezialisierter Hühnerfarmen bis zu 2,5 Mill. Stck. Bedeutung. Für die richtige Fütterung werden kombinierte Futtermittel vorgeschlagen, die neben ausreichenden Mengen Vitaminen und Mineralsalzen 30–47% Mais enthalten. Die Aufzucht erfolgt unabhängig von der Jahreszeit. Die Schlachtreife wird nach 75–80 Tagen erreicht. Bes. geeignet sind Kreuzungstiere von 2–3 Rassen des Fleisch-Eiertyps. Von großer Bedeutung ist die Selektion der zur Verfügung stehenden Zuchttiere. Am geeignetsten sind schnellwüchsige und frühreife Tiere, die eine ausreichende Eiproduktion aufweisen müssen. H. Beyer. 4667.

Engelmann, C. **Ist einjähriger Umtrieb erstrebenswert?** Garten u. Kleintierzucht, Ausg. B **1** (1962) Nr. 6. S. 4.
Der einjährige Umtrieb ist wirtschaftlich am günstigsten, die Haltung von 2jährigen Hennen ist nur dort vertretbar, wo es sich um Tiere leichten Körperbautyps handelt. Nach Untersuchungen von Brandsch in Herdbuchzuchten Sachsen-Anhalts betrug der Leistungsabfall gegenüber dem 1. Legejahr bei leichten Rassen im 1. Jahr 19,2%, im 2. Jahr 26,6% und im 3. Jahr 34,0%, bei mittelschweren Rassen betrugen die Vergleichswerte 30,8 und 43,0% für das 1. und 2. Jahr. Der einjährige Umtrieb herrscht in Ablege- und Intensivgeflügelhaltungen vor, in Herdbuchbetrieben braucht der Züchter zur Beurteilung der Zuchttiere neben dem Leistungsnachweis Kenntnisse über Abstammung und Vererbung. Für den Rassegeflügelzüchter erschöpft sich

der Zuchtwert eines Huhnes nicht in der wirtschaftlichen Leistung, hier wird der ökonomische Nutzeffekt älterer Tiere durch den Verkauf von Bruteiern, Jung- und Ausstellungstieren gesteigert. U. Hofmann. 4668.

Wagemann, H.; Bernburg, Hochschule für Landwirtsch., Inst. für Betriebs- und Arbeitsökon. **Die Erzeugung von Junghennen im Vermehrungsbetrieb.** Tierzucht **16** (1962) Nr. 9. S. 399–403. — 3 Tab., 6 Lit.

Die Organisation des Vermehrungsbetriebes und die Eingliederung in die Betriebsorganisation wird am Beispiel des VEG Warsleben, Kreis Oschersleben, besprochen. 3000 Vermehrungshennen werden hier bei Auslaufhaltung mit ausreichender Grünlandfläche gehalten. 2 Aufzuchthallen mit insgesamt 20000 Plätzen dienen zur Kükenaufzucht bis zur 10. bis 12. Woche. Die Brutkapazität umfaßt in der Spitzenzeit 40000 Eiplätze, bei ganzjähriger Brut stehen 13,4 Eiplätze je Vermehrungshenne zur Verfügung. Etwas mehr als 40% der aufgezogenen Junghennen können in Auslaufhaltung bis zur Legereife aufgezogen werden. Arbeitswirtschaftlich werden 1 Geflügelzuchtmeister, 5 Gehilfen und 12 Lehrlinge (zählen als 4 AK) benötigt. Je Vermehrungshenne werden 23,7 Junghennen erzeugt, die Warenproduktion wird mit ca. 874 TDM angegeben. Bei 10 Fachkräften werden je AK DM 87400 produziert. 25% des GE-Bedarfes müssen zugekauft werden, 23,8% der Getreideproduktion des Betriebes werden für den Vermehrungsbetrieb benötigt. U. Hofmann. 4668.

Abelein, R.; Grub, Landesanst. für Tierzucht. **Moderne Verfahren der Geflügelleistungszucht in Bayern.** Bayer. landwirtsch. Jb. **39** (1962) Nr. 4. S. 410–419. — 2 Abb.

Im Rahmen des deutschen Zuchtprojektes erklärten sich in Bayern neben dem Staatsbetrieb Grub 23 Zuchtbetriebe zur Aufstockung ihrer Hühnerbestände und den entspr. Stallneubauten bereit. Durch Ankauf von Bruteiern aus mehreren amer. Zuchtbetrieben wurden diesen Betrieben leistungsstarke ingezüchtete Linien zur Verfügung gestellt. Die Leistungsaufschriebe werden mit Hilfe des Lochkartenverfahrens ausgewertet. In Leistungsprüfhöfen werden die Verkaufstiere geprüft, um Vergleiche zwischen den verschiedenen Herkünften anstellen zu können. Als Mindestgröße einer „Linie" wurde vorgeschrieben, daß sie mindestens die Nachzucht von 20 Stämmen umfassen muß. Bayern geht mehr den Weg der reziproken rückwirkenden Selektion (RRS), wobei jedoch wesentliche Elemente der Inzuchthybridisation mit übernommen werden. Die ersten Leistungsprüfungen in Grub und Vergleiche in praktischen Betrieben zeigen, daß die in Bayern jetzt angebotenen Edelweiß-Hybriden den wesentlich teureren Produkten der ausländischen Großkonzerne in jeder Beziehung gleichwertig sind.
U. Hofmann. 4669.

Bal'ozov, Dimitŭr. (Baljosow, Dimiter.); Sofia-Kostinbrod, Forsch.-Inst. für Tierzucht. Promišleno krŭstosvane na različni porodi kokoški. **(Gebrauchskreuzung verschiedener Hühnerrassen.)** Živortnovŭdstvo, Sofija **16** (1962) Nr. 11. S. 27–32. — 4 Tab.

Vf. bespricht die Ergebnisse von 3 Kreuzungsversuchen. Im 1. Versuch wurden New Hampshire-, Rhodeländer- und Leghorn-Hennen mit Sussex-Hähnen, im 2. Versuch New Hampshire-, Rhodeländer-, Leghorn- und Faverolle-Hennen ebenfalls mit Sussex-Hähnen und im 3. Versuch New Hampshire-, Rhodeländer- und Sussex-Hennen mit Leghorn-Hähnen gekreuzt. Als Vergleichsrasse dienten im 1. und 2. Versuch reinrassige Sussex und im 3. Versuch reinrassige Leghorn. Alle Kreuzungstiere zeigten bessere Wirtschaftseigenschaften (Wachstum, Legeleistung, Futterverwertung, Schlachtergebnis) als die reinrassigen Hühner. Für die Mastkükenproduktion haben sich die Kreuzungen New Hampshire × Sussex und für die Eierproduktion Rhodeländer × Leghorn am besten bewährt. N. Platikanow. 4669.

Totev, S. und Tomov, V. (Totew, S. und Tomow, W.); Knesha, Bulgarien, Landwirtsch. Forsch.-Inst. Rezultati ot promišlenoto krŭstosvane na kokoški legchorn, rodajland i njuhempšir s mestni erebati petli i obratno. **(Ergebnisse der Gebrauchskreuzung von Leghorn-, Rhodeländer- und New-Hampshire-Hennen mit Gesperberten Landhähnen und umgekehrt.)** Izvestija na Selskostopanskija naučnoizsledovatelski institut – Kneža, Sofija 4 (1962) S. 189–200. – 12 Tab., 4 Lit. Zus. in Russ., Engl.
In einem Versuch wurden 4 Gruppen zu je 20 Hennen (Gesperbertes Landhuhn, Weiße Leghorn, Rhodeländer und New Hampshire) mit Gesperberten Landhähnen gekreuzt und die daraus erhaltenen Küken in gleicher Weise gefüttert und aufgezogen. Ergebnisse (in der Reihenfolge der Gruppen): Lgw. der 3 Mon. alten Küken 954, 928, 1032 und 1022 g, der 5 Mon. alten Hühner 1931, 1706, 2074 und 2037 g; Futteraufwand je kg Zuwachs bis 3 Mon. 3,64; 3,55; 3,44 und 3,49 FE, bis 5 Mon. 4,36; 4,56; 4,17 und 4,31 FE; Schlachtausbeute der 3 Mon. alten Hähnchen 66,3; 63,5; 65,3 und 65,7%; mittlere Jahreslegeleistung der Junghennen 132,7; 173,0; 150,2 und 139,9 Eier; mittleres Eigewicht 53,7; 53,6; 54,3 und 55,2 g. In einem Parallelversuch wurden 3 Gruppen zu je 20 Gesperberten Landhennen wie folgt gepaart: Gr. I mit Gesperbertem Landhahn, Gr. II mit Leghorn-Hahn und Gr. III mit Rhodeländer-Hahn. Die Legeleistung der hieraus erhaltenen Junghennen betrug (in der Reihenfolge der Gruppen): 143,9; 159,9; 140,1 Eier und das mittlere Eigewicht 55,5; 53,8 und 57,6 g. N. Platikanow. 4669.

Kleintierzucht-Leistungssteigerung. Versuche zur ganzjährigen Brut-, Schlupf- und Mastleistung beim Huhn mit unterschiedlichen Rassen und Kreuzungen. Dummerstorf, Inst. Tierzuchtforsch. Dtsch. Akad. Landwirtsch.-Wiss. Berlin Plan-Nr.: 1701 16 h–2–27/7. Abschlußber. (28/2. 1963).
In einem 2jährigen Brutversuch betrug das Schlupfergebnis von 8535 zur Brut eingelegten Eiern 63,6% der Einlage und 78,9% der Befruchtung. Das Brutergebnis wird durch 2maligen Einsatz von Junghähnen erhöht. Der Aufzuchterfolg der ganzjährig anfallenden Küken ist von der Bereitstellung gut klimatisierter Aufzuchtanlagen abhängig. Die Mast der ganzjährig anfallenden Hähnchen muß hauptsächlich mit Kreuzungstieren, Cornish × White Rock, durchgeführt werden. 4674.

Urban, E.; Rottenau, Inst. für Geflügelzucht der Dtsch. Akad. der Landwirtsch.-Wiss. zu Berlin. **Mehr Eier und Geflügelfleisch durch die ganzjährige Brut.** Tierzucht **17** (1963) Nr. 1. S. 35–37.
Zur Durchführung der ganzjährigen Brut müssen bei der Legehennenhaltung verschiedene Voraussetzungen, die die stallklimatischen Verhältnisse, die Beleuchtung und die Fütterung betreffen, erfüllt werden. Die Erzeugung brutfähiger Eier in den Spätsommer- und Herbstmonaten setzt voraus, daß Hennen aus dem Brutabschnitt Mitte Dez. bis Mitte Febr. zur Verfügung stehen, die im Frühsommer mit dem Legen beginnen. Gleichzeitig werden entspr. junge Zuchthähne benötigt. Die Brutergebnisse lagen im Mittel des Jahres bei 80%. Die Küken werden in ganzjährig benutzbaren Aufzuchtanlagen bei voller Vitaminierung des Futters evtl. noch unter Zugabe eines Coccidiostaticums intensiv aufgezogen. Vorteile der ganzjährigen Brut sind Auslastung der Arbeitskräfte in Brut, Aufzucht und Mast, ganzjährige Nutzung der Maschinen und Anlagen sowie kontinuierlicher Küken-, Eier-, und Schlachtgeflügelanfall. U. Hofmann. 4674.

Dorn, P. **Bruthygiene.** Dtsch. Geflügelwirtsch. **14** (1962) Nr. 6. S. 73–76. – 7 Abb.
Die wichtigsten Einzelheiten der Bruthygiene werden besprochen. Als beste Desinfektionsmöglichkeit der Bruteier wird die Begasung der Eier mit Formalin hervorgehoben. Die Begasung erfolgt in Begasungskammern oder

direkt im Brutapparat. Je m³ Rauminhalt werden 25 g $KMnO_4$ mit 35 cm³ Formalin übergossen, befinden sich mehr als 20000 Eier im Schrank, wird das Gemisch verringert auf 15 g:20 cm³. Sie kann mit Ausnahme des 2.–4. Bruttages jederzeit erfolgen. Während der Begasung sind die Schränke luftdicht zu verschließen, Heizung sofort und der Ventilator nach 3–5 Min. abzustellen, Einwirkungsdauer 30 Min., die rel. Luftfeuchtigkeit soll zwischen 50 und 60% liegen, die Temperatur der Bruttemperatur entsprechen. Brutabfälle wie Schiereier, Schalen, tote Küken nur an Schweine verfüttern, wenn diese abs. getrennt vom Geflügel gehalten werden. Waschwasser darf weder in Hühner- noch in Schweineausläufe geleitet werden. Schlupfbrüter sollten nach der Reinigung begast werden. Das Bruthaus ist in Vorbrut- und Schlupfbruträume zu trennen, diese müssen gut lüftbar und mit Abwasserschächten versehen sein. Geschlüpfte Küken dürfen nicht im Brutraum aufbewahrt werden. Kükenkartons sind möglichst nur einmal zu verwenden, vor erneuter Verwendung sollen sie begast werden. H. Sommerfeld. 4676.

Kan, J., McPherson, B. N. und Gyles, N. R.; Fayetteville, Univ. of Arkansas, Dep. of Animal Ind. and Veterin. Sci. Pre-incubation warming of chicken eggs. **(Erwärmung der Hühnereier vor der Brut.)** Poultry Sci. **41** (1962) Nr. 5. S. 1478–1480. – 3 Tab., 3 Lit.
Je 392 Eier aus 3 Wyandotten-Linien wurden in sich entspr. Gruppen 1–4 Wochen gelagert. Die Erwärmung der Eier vor der Brut schien den Schlupf bei Eiern, die nicht länger als 3 Wochen gelagert wurden, zu verbessern und den Schlupfvorgang zu beschleunigen. In Bestätigung bereits vorliegender Resultate ergab sich, daß es am zweckmäßigsten ist, die Eier am Tag nach dem Legen 5 Std. lang auf 99,5 °F zu erwärmen. W. Rudolph. 4676.

Müller, H. und Schneider, K.-H.; Leipzig, Karl-Marx-Univ., Inst. für Kleintierzucht. **Voraussetzungen für eine erfolgreiche Broilermast.** Tierzucht **16** (1962) Nr. 9. S. 396–399.
In drei 1961 durchgeführten Broiler-Mastversuchen gelangten gleichaltrige unsortierte Küken, und zwar reine Leghorn und Gebrauchskreuzungstiere aus White-Rock-Hahn × Leghorn-Henne sowie Cornish-Hahn × White-Rock-Henne zur Mast. Die Ergebnisse zeigten, daß die Mast mit 10 Wochen abgeschlossen sein muß. Die Kreuzungstiere schnitten besser ab als reine Leghorn, männl. Broiler wiesen bessere Gewichtszunahmen auf, bei der züchterischen Selektion muß die Ausgeglichenheit beachtet werden. Stall und Inneneinrichtung waren arbeitssparend eingerichtet z. B. durch Verwendung von Alleinfutter, Tränkrinnen und übersichtliche Anbringung der Heizschlangen an einer Längsseite des Stalles. Der Zeitaufwand für die laufenden Haltungs- und Pflegearbeiten wurde für 1000 Broiler mit 1,5 Std. errechnet. Bei Stallungen mit 10 m Breite und mehr ist der Einbau von Ventilatoren unerläßlich. Bei Automatenfütterung werden je Eintagsküken bis zu 14 Tagen 0,5–1,0 cm und von diesem Zeitpunkt an bis Mastende 1,5–2 cm benötigt. Bei Auftreten der ersten Symptome von Coccidiose ist ein Anticoccidiosemittel zu verwenden. Eine Mastanlage kann 4mal im Jahr besetzt werden. U. Hofmann. 4690.

Patrick, H. und Ferrise, A.; Morgantown, West Virginia Univ., Dep. of Poultry Sci. The water requirements of broilers. **(Der Wasserbedarf der Broiler.)** Poultry Sci. **41** (1962) Nr. 6. S. 1363–1367. – 1 Abb., 4 Tab., 19 Lit.
In den ersten 3 Wochen betrug der durchschnittl. Wasserverbrauch 0,20 bzw. 0,45 bzw. 0,80 lb. je Broilerküken. Von der 3.–9. Woche stieg die Wasseraufnahme mit steigendem Futterverzehr. Dabei hatten proteinreich (28%) gefütterte Tiere in den letzten Wochen vergleichsweise mehr Wasser aufgenommen. Fettzusatz bei 24% Protein erhöhte die Wasseraufnahme nicht. In

der 1. Woche war das Verhältnis Wasseraufnahme: Futterverzehr wesentlich weiter als in den folgenden Wochen. Der Wasserbedarf von Broilern beträgt annähernd 1,5 lb. Wasser je lb. verbrauchtes Futter. W. Rudolph. 4690.

Hurwitz, S. und Griminger, Paul; New Brunswick, N. J., Rutgers State Univ., Dep. of Poultry Sci. Egg production and shell quality in temperature and light controlled versus uncontrolled environment. **(Eiproduktion und Schalenqualität in Abhängigkeit von kontrollierten und unkontrollierten Temperatur- und Lichtverhältnissen.)** Poultry Sci. **41** (1962) Nr. 2. S. 499–508. – 9 Abb., 2 Tab., 22 Lit.

In einer Versuchszeit von 96 Wochen wurden an Eiern von Weißen Leghorn-Hennen zur Charakterisierung der Schalenqualität die Schalenstärke, die Bruchfestigkeit, der prozentuale Schalenanteil und das Schalengewicht in Abhängigkeit von der Eioberfläche festgestellt. Von den 5 Hennengruppen wurden 3 intensiv (2 Dezemberschlupfe und 1 Maischlupf) und 2 mit Auslauf (1 Dezember- und ein Maischlupf) gehalten. Bei den Hennen der Intensivgruppe erhielt ein Dezemberschlupf 1,85% Ca in der Futtermischung, während alle übrigen Tiere 2,70% Ca erhielten. Ein Einfluß der Jahreszeit auf Eizahl und -gewicht konnte nur in der Auslaufhaltung beobachtet werden. Die Schalenqualität, insbesondere die Bruchfestigkeit wies dagegen bei beiden Haltungsformen jahreszeitlich bedingte Schwankungen auf. Es bestehen starke Beziehungen zwischen Bruchfestigkeit einerseits und Schalenstärke und Schalengewicht je Oberflächeneinheit andererseits. Der prozentuale Schalenanteil ist für die Schätzung der Bruchfestigkeit bei unterschiedlicher Eigröße nicht geeignet. H. Pingel. 4700.

Hunt, J. R. und Aitken, J. R.; Ottawa, Ontario, Canada Dep. of Agric. The effect of ammonium and chloride ions in the diet of hens on egg shell quality. **(Die Wirkung von Ammonium- und Chlorid-Ionen im Hennenfutter auf die Eischalenqualität.)** Poultry Sci. **41** (1962) Nr. 2. S. 434–438. – 3 Tab., 12 Lit.

An 250 Hennen, unterteilt in 10 Gruppen zu 25 Tieren, wurden unterschiedliche Mengen an Ammonium- und Chlorid-Ionen verabreicht. Neben NH_4Cl in Anteilen von 0,5, 1 und 2% wurden auch andere Quellen von Chlorid-Ionen und Ammonium-Ionen jeweils in äquivalenten Mengen zu 1% NH_4Cl geprüft. Durch 2% NH_4Cl wurde die Eiqualität signifikant verbessert, allerdings blieben die anderen Fütterungsformen ohne nennenswerten Einfluß. Das spez. Gew. wurde durch 2% NH_4Cl signifikant verschlechtert. Während der Ca-Gehalt des Blutplasmas bei keiner Fütterungsgruppe Veränderungen unterlag, fielen in der Gruppe mit 2% NH_4Cl der pH-Wert des Blutes und der Bicarbonatgehalt des Plasmas deutlich ab. H. Pingel. 4700.

Waldroup, P. W. und Harms, R. H.; Gainesville, Florida Agric. Exp. Stat. The influence of dicumarol on the incidence of blood spots in eggs. **(Der Einfluß von Dicumarol auf das Vorkommen von Blutflecken in Eiern.)** Poultry Sci. **41** (1962) Nr. 2. S. 510–512. – 3 Tab., 6 Lit.

Die Zusätze von 500, 1000 und 1500 mg Dicumarol verlängerten gegenüber der Kontrollgruppe signifikant die Blutgerinnungszeit, jedoch konnte keine Beziehung zur Häufigkeit und Größe der Blutflecken in den Eiern gefunden werden. H. Pingel. 4700.

Dachnovśkyj, M. V. (Dachnowsky, M. W.); Ukrain. Forsch.-Inst. für Geflügelzucht. Pro sposoby intensyvnogo utrymannja kurey. **(Über Methoden intensiver Hühnerhaltung.)** Visnyk sil'śkogospodarśkoï nauky, Kyïv **5** (1962) Nr. 2. S. 97–106. – 4 Tab. Orig.: ukrain., Ausz.: russ.

Bei der Organisierung von Geflügel-Großbetrieben mit industriemäßigem Charakter ist die Mechanisierung von bes. Bedeutung. Vf. vergleicht die 3 Grundtypen der industriemäßigen Produktion bei Legehennenintensivhaltung am Beispiel mehrerer vorbildlicher Betriebe. Vf. unterscheidet 3 Typen: 1. Geflügelgroßfarmen mit Einzelkäfighaltung; 100 Eier kosten 75 AKmin; Vf. lehnt sie ab. 2. Geflügelgroßfarmen mit Gruppenkäfighaltung; 100 Eier kosten 45 AKmin; diese Form wird ebenfalls abgelehnt. 3. Die intensive vollmechanisierte Großraumhaltung auf Tiefstreu; 100 Eier kosten 18,6 AKmin; diese Form empfiehlt Vf. als beste Haltungsmethode. Die Errichtung der Tiefstreuställe ist mit 50% weniger Kapitalaufwand möglich als die Käfighaltung. Die Hennenleistungen auf Tiefstreu sind höher, die Leistungsperiode der Tiere länger, ihre Eier billiger. Vf. beschreibt Bau, Einrichtung und Arbeitsweise der Farm. K. Neumann. 4707.

Prusas, E.; Berlin, Humboldt-Univ., Inst. und Klin. für Geflügelkrankh.; Damsdorf, Forsch.-Abt. **Die Vitamin-K-Mangelkrankheit.** Tierzucht **6** (1962) Nr. 9. S. 403–404.
Die sog. hämorrhagische Diathese ist auf den Mangel an Vit. K (Koagulationsvitamin, Phyllochinon) zurückzuführen. Vit. K ist lichtempfindlich, fettlöslich und kommt als das wirksamere Vit. K_1 und als K_2 vor. Steht Vit. K in der Leber nicht zur Verfügung, so zeigt sich ein akuter Mangel an Prothrombin im Blut, fehlt ausreichend Gallenflüssigkeit oder ist der Gallengang nicht durchlässig, kann das Vit. K vom Darm nicht aufgenommen werden. Mangelerscheinungen können auch auftreten, wenn eine Veränderung der Darmflora vorliegt und gleichzeitig mit der Nahrung nicht ausreichend Vit. K zugeführt wird. Vit. K ist in Blättern der Luzerne, der Gräser und Kohlarten und des Spinats reichlich enthalten, ausgesprochen arm daran sind die Kartoffeln. Mangelerscheinungen bei Küken entwickeln sich im Laufe von 14–28 Tagen. Allg. Schwäche, gesträubtes Gefieder, Blässe und Trockenheit der Kämme und Kehllappen, Auftreten von Blutungen und Verlängerung der Blutgerinnungszeit sind zu beobachten. U. Hofmann. 4710.

Enten

Eppel, S.; Peitz, VEB Binnenfischerei. **Die Entwicklung und Durchführung der Entenmast in der Freiwasserhaltung in Verbindung mit der Karpfenzucht.** Arch. Geflügelzucht Kleintierkunde **12** (1963) Nr. 1. S. 30–34. – nach Zus.
Es wird ein Überblick über die Nebenproduktion Entenmast im VEB Binnenfischerei Peitz gegeben. Durch die Kombination der Entenmast mit der Karpfenproduktion wurden große Erfolge erzielt. 5000.

Truthühner

Kalkreuth, Charlotte und Kalkreuth, K. **Erfolgreiche Putenzucht und -haltung durch Importe von wertvollem Zuchtmaterial aus der Sowjetunion.** Tierzucht **16** (1962) Nr. 9. S. 391–396. – 12 Abb.
1960 wurden 150 Nordkaukasische Bronzeputen importiert, die ein Kreuzungsprodukt aus der einheimischen Landpute und der Breitbrüstigen Bronzepute sind. Das durchschnittl. Lgw. der Hähne wird mit 12–17 kg, das der Hennen mit 6–9 kg und einer Legeleistung von 60–80 Eiern/Jahr angegeben. Der Ortsteil Neuglienicke wurde als Standort der Putenherdbuchzucht, Brüterei und Putenaufzucht bestimmt. Nach einjähriger Einzelkontrolle konnten 4 Stämme mit Junghennen und 1 Stamm mit Althennen, die eine durchschnittl. Legeleistung von über 100 Eiern, ein Eigewicht von 75 g und ein Schlupfergebnis von über 75% aufwiesen, aufgestellt werden. Haltung, Pflege und Fütterung der Zuchttiere sowie Aufzucht und Mast der Jungtiere werden beschrieben. Bei einem Futterverbrauch von tägl. 100 g Körnerfutter und 150 g Legemehl je Zuchttier, wobei 30–50% Futter durch Weidegang eingespart werden können, sind der höhere Eiweißbedarf, sehr vitaminreiches Futter und eine höhere Mineralstoffgabe zu beachten. Die Aufzucht der Jungputen erfolgte bis zur 12. Lebenswoche intensiv, dann wurden sie

an den freien Auslauf gewöhnt und an die Mastbetriebe abgegeben. Putenzuchtbetriebe müssen grundsätzlich auf Hühnerhaltung verzichten.

U. Hofmann. 5090.

Kalkreuth, Charlotte und Kalkreuth, K.; Neuruppin, Staatl. Forstwirtsch.-Betrieb. **Erfahrungen in der Putenzucht und Putenhaltung in der Oberförsterei Neuglienicke.** Tierzucht **17** (1963) Nr. 1. S. 37–48. – 19 Abb., 1 Lit.

In der DDR ist die Einrichtung von 7 Puten-Herdbuchzuchten vorgesehen, die Anzahl der Vermehrungszuchten richtet sich nach dem Bedarf an Mastputen, die im Alter von 8–12 Wochen an die Mastbetriebe abgegeben werden sollen. Vff. berichten aus ihrer 2jährigen erfolgreichen Arbeit mit Nordkaukasischen Bronzeputen und geben ausführliche Hinweise über Haltung und Pflege der Zuchttiere 1. in einem Herdbuchbetrieb, 2. in einem Vermehrungsbetrieb, 3. über Brut und Aufzucht, 4. über die Mast der Puten. Fragen des Bedarfs an Arbeitskräften, deren Qualifizierung und Entlohnung werden besprochen. Abschließend werden die Ergebnisse der Putenzucht und -haltung im Jahre 1962 in der Oberförsterei Neuglienicke mitgeteilt. Die umfassenden praktischen Erfahrungen und Hinweise, die Vff. mitteilen, sind für alle, die sich mit Putenzucht bzw. -mast befassen, eine wertvolle Hilfe.

U. Hofmann. 5090.

Aripdžanov, R. T. (Aripdshanow, R. T.); Taschkent, Inst. für Tierzuchtforsch. der Usbek.SSR. Intensivnyj metod vyraščivanija indjušat na mjaso. **(Die Intensivaufzucht von Schlachtputen.)** Životnovodstvo, Moskva **24** (1962) Nr. 8. S. 18–19. – 2 Tab.

In der Usbekischen SSR wurden Breitbrüstige Bronzeputen (**I**), Moskauer Weiße (**II**), Kreuzungstiere von bodenständigen mit Nordkaukasischen Puten (**III**) und bodenständige Puten (**IV**) auf Wechselstreu mit unbegrenztem Auslauf (Kontrolle) und auf Dauerstreu ohne Auslauf (Versuch) aufgezogen. Mit 4 Mon. betrug das Lgw. der Kontrolltiere 3963,3 (**I**); 3583,3 (**II**); 3535 (**III**) und 3000 g (**IV**), das der Versuchstiere 4060 (**I**); 3740 (**II**); 3576,6 (**III**) und 3065 g (**IV**). Das Gewicht aller Muskeln lag entspr. bei 1620 (**I**); 1446,6 (**II**); 1428,6 (**III**) und 1140 g (**IV**) bzw. bei 1659,6 (**I**); 1533,3 (**II**); 1470 (**III**) und 1183,3 g (**IV**). Die Fleischqualität wies kaum Unterschiede auf. Da mit zunehmendem Alter der Futterverbrauch je kg Zunahme zu- und die Wachstumsgeschwindigkeit abnimmt, sollen Schlachtputen nur bis zu 3–4 Mon. aufgezogen werden. Bei Intensivhaltung können von 1 AK bis zu 3200 Puten betreut werden.

F. Schenk. 5090.

Aripdžanov, R. T. (Aripdshanow, R. T.); Taschkent, Inst. für Tierzuchtforsch. der Usbek.SSR. Indjušata-brojlery. **(Putenbroiler.)** Pticevodstvo, Moskva **1962** Nr. 8. S. 23–26. – 3 Abb., 3 Tab.

Breitbrüstige Bronzeputen, Moskauer Weiße Kreuzungstiere aus Nordkaukasische × Landpute sowie Landputen wurden in Gruppen zu je 1200 Tieren auf Tiefstreu mit Auslauf in Sonnenbalkons bei einheitlicher Fütterung gehalten. Die Moskauer Weißen waren in den meisten Kriterien überlegen, vor allem in der Futterverwertung und der Schlachtqualität (Aussehen und chem. Analyse). Die 4-Monate-Gewichte waren bei den Breitbrüstigen Bronzeputen mit 4,06 kg am höchsten und bei den Landputen mit 3,07 kg am niedrigsten. Die Rohverwertung war bei den Moskauer Weißen mit 4,01 FE/kg Zuwachs am günstigsten und bei den Landputen mit 4,67 FE/kg Zuwachs am höchsten.

H. Pingel. 5096.

D. KANINCHEN

Rajčev, S. (Rajtschew, S.); Sofia, Höheres Landwirtsch. Inst. „Georgi Dimitrow". Vlijanie na proteina i karotina vŭrchu vŭlnata na angorski zajci. **(Einfluß des Proteins und Carotins auf die Wolle von Angorakaninchen.)**

Naučni trudove. Visš selskostopanski institut „Georgi Dimitrov". Zootechničeski fakultet, Sofija **12** (1963) S. 409–416. – 8 Tab., 11 Lit. Zus. in Russ., Dtsch.

Drei Gruppen von je 6 elf Mon. alten Angorakaninchen bekamen zur Grundration, die aus Luzerneheu, Hafer und Weizenkleie bestand, folgendes Beifutter: Gr. I – 20 g Sonnenblumenextraktionsschrot und ca. 300 g Runkelrüben, Gr. II – 330–340 g Möhren und Gr. III ca. 300 g Runkelrüben. Der Versuch dauerte vom 8. 2. bis 21.4. Ergebnisse (in der Reihenfolge der Gruppen): Gewichtszuwachs während der Versuchsperiode 354, 306 und 333 g; Wollertrag 86, 77 und 76 g; Wollmehrertrag im Vergleich zum Schurertrag vor Beginn des Versuchs 19,4; 11,0 und 8,0%; Wollhaarlänge 6,9; 6,3 und 6,1 cm; Wollhaardicke 15,39; 17,08 und 14,29 μ; Tragkraft 3,280; 3,637 und 2,955 g; Dehnbarkeit 20,95; 23,81 und 19,41%. N. Platikanow. 5265.

E. PELZTIERE

Schulenburg, Karl-Heinz. **Die Nerzzucht in den USA und hier bei uns.** Dtsch. Pelztierzüchter **37** (1963) Nr. 1. S. 4–7.; Nr. 2. S. 24–27.

In den USA gehören Staupe, Virus-Enteritis und Botulismus nicht mehr zu den meist gefürchteten Krankheiten, nachdem es sehr gute prophylaktische Impfungen dagegen gibt und 80% der Bestände geimpft werden. Alle Jungtiere werden grundsätzlich im Juli gegen Botulismus, die Zuchttiere nach der Pelzungszeit gegen Staupe und Virus-Enteritis geimpft. Nur bei akuter Gefahr impft man die Jungtiere im Sommer auch gegen Staupe und Virus-Enteritis. Ein kombinierter Staupe-Botulismus-Impfstoff scheint sich nicht so gut wie ein kombinierter Enteritis-Botulismus-Impfstoff bewährt zu haben. Das größte Problem stellt in den USA aber die Aleutenkrankheit dar. Zur Bekämpfung dieser Krankheit wurde ein Programm aufgestellt, nach dem alle im IAT-Test positiv reagierenden Nerze zu pelzen und die Jungtiere prophylaktisch zu impfen sind. Unter Berücksichtigung dieser Erfahrungen wurden auch in der BRD Bekämpfungsmaßnahmen eingeleitet und die erforderlichen Testgeräte aus den USA beschafft. – Die Betriebsgröße liegt bei nebenberuflich betriebenen Farmen in den USA bei 150–250 Zuchtfähen, zur Vollexistenz gehören ca. 750 Fähen. An Gestehungskosten sind pro Fell zu rechnen: $ 7½–8½ für Futter und je $ 2,5 für Arbeitskosten und Generalunkosten. Einige Farmen verdienen bei den heutigen Preisen noch gut, während andere kaum die Unkosten decken können. Die Zucht der Mutationsnerze nimmt mit Hauptkonjunktur in der blauen Gruppe einen sehr großen Raum ein, der hochwertige Standardnerz wird als der am schwersten zu züchtende Typ angesehen. Im Gegensatz zu Europa verwendet man in den USA größere Zuchtgehege und Nistkästen, bei denen bes. Wert auf gute Heu-Einstreu gelegt wird. In den Absatzgehegen findet sich nur jeweils ein Tier. Futterzubereitung, Fütterung und Tränkanlagen sind weitgehend mechanisiert. Im Schuppenbau kommt man von der mehrreihigen Bauweise ab und baut wieder 2reihig mit einem Futtergang. Zusammenschlüsse der Züchter verfolgen wirtschaftliche Ziele und nehmen auch die züchterische Betreuung sowie den Einkauf von Farmmaterial und Geräten vor. Die Felle werden von diesen Organisationen gesammelt, vorsortiert und dann über die großen Auktionsfirmen verkauft. H. Zimmermann. 5302.

Zimmermann, H.; Greifswald, Veterinäruntersuchungs- und Tiergesundheitsamt. **Pararauschbrand in einer Nerzfarm.** Mh. Veterinärmed. **18** (1963) Nr. 2. S. 70–72. – 7 Lit.

Nach der Botulismus-Schutzimpfung in einer Nerzfarm mit 2464 Tieren verendeten 110 Nerze an Pararauschbrand. Diese großen Verluste sind nicht auf Impffehler durch unsaubere Kanülen usw. zurückzuführen. Außerordentlich unhygienische Haltungsbedingungen wurden als Ursache ermittelt.

Trotz vorheriger Warnungen ist die Nerzfarm in einer feuchten Talsenke angelegt worden, in der die Drainage schon längere Zeit nicht mehr funktioniert. Man hat versucht, die hohe Feuchtigkeit mit Sägespänen aufzusaugen, die sich allmählich mit Kot und durchgefallenen Futterresten vermengt haben. Infolge der Schadhaftigkeit der Gehege laufen zahlreiche Nerze frei im Gelände herum. Die Futterhygiene ist ebenfalls mangelhaft. Nach einer Inkubationszeit von 24 Std. gehen die Tiere innerhalb weniger Stunden zugrunde. Durch Tierversuche und kulturelle Untersuchungen wird *Clostridium septicum* nachgewiesen. E. Tempel. 5302.

Olejnikov, N. S. und Černobrovkin, A. V. (Oleinikow, N. S. und Tschernobrowkin, A. W.); K voprosu o povyšenii plodovitosti nutrij. **(Zur Frage der Erhöhung der Fruchtbarkeit der Nutrias.)** Sb. naučno-techn. inform. Vses. n.-i. in-t životn. syŕja i pušniny **1960** Nr. 1(4). S. 46–49. — Aus: Referativnyj žurnal. Biologija, Moskva **1962** Nr. 1. L 134. S. 23.
Zwecks Verbesserung des außerordentlich geringen Befruchtungsprozentsatzes der Nutriaweibchen, die beim ersten Decken nur zu 8–12% befruchtet werden, wendeten Vff. vor dem Deckakt eine Scheidenspülung mit 2,5–3% Sodalösung an und erzielten damit eine Befruchtungssteigerung um 32,2% (auf 65,5% gegen 33,3% in der Kontrolle). Die Anzahl der geworfenen Jungen vergrößerte sich um 27%. Die Methode wird für die Praxis empfohlen.
übersetzt v. K. Neumann. 5310.

Olson, W. C. **Drei Regeln für eine bessere Produktion.** Dtsch. Pelztierzüchter **37** (1963) Nr. 2. S. 30–32.
Durch die Einführung der Halskragenmethode wird die Polygamzucht erleichtert. Man sollte Jungböcke zur Eingewöhnung zuerst nur mit 2 oder 3 Weibchen zusammenbringen, bevor man ihnen eine größere Gruppe von 6–8 Weibchen zuteilt. Als erste Voraussetzung für eine erfolgreiche Polygamzucht sind zuverlässige und angriffslustige Böcke anzusehen. Die 2. wichtige Maßnahme besteht in ständiger Beobachtung des Verhaltens der Weibchen. Wenn innerhalb von 90 Tagen keine Paarung erfolgt ist, sind sie einem anderen Bock zuzuführen, den sie häufig bereits im Verlauf einer Woche annehmen. Das 3. und wichtigste Gebot ist die Auswahl von ruhigen und für die Polygamzucht geeigneten Zuchttieren. Nervöse Tiere geben keine guten polygamen Zuchttiere ab, da sie mehr dazu neigen, sich zu bekämpfen als sich zu verpaaren. H. Zimmermann. 5318.

Glaeser, Helga. **Pflanzennahrung für Chinchillas.** Dtsch. Pelztierzüchter **37** (1963) Nr. 1. S. 7–10.
Zu den pflanzlichen Nährstoffen für Chinchillas ist nicht nur das Grünfutter zu rechnen. Eine wichtige Rolle können auch richtig eingesetzte Heil- und Gewürzpflanzen spielen. So dienen die darin enthaltenen Geschmacksstoffe und Geruchsstoffe zur Anregung und Förderung der Verdauung. Eine Anzahl Pflanzen entfaltet eine milchfördernde, andere dagegen besitzen eine abstillende Wirkung. Als beruhigende Mittel können ebenfalls Pflanzen zum Einsatz kommen. Während der Einsatz von Heilpflanzen bei Durchfall empfehlenswert ist, muß die Behandlung von Verstopfungen mit drastischeren Mitteln erfolgen. Hier wirkt die pflanzliche Heilmethode zu langsam, da Verstopfungen für Chinchillas stets lebensbedrohlich sind. Eine Kost aus Trockenpflanzen darf nur als Beigabe zur Hauptnahrung Anwendung finden, allein mit Trockenpflanzen sind keine befriedigenden Erfolge zu erzielen. Für die erwähnten Wirkungsbereiche ist jeweils eine Zusammenstellung der einschlägigen Heilpflanzen angegeben. H. Zimmermann. 5318.

Akkermans, J. P. W. M. und Terpstra, J. I.; Rotterdam, Centr. Diergeneeskundig Inst. Pseudotuberculose bij chinchilla's veroorzaakt door een bijzondere species. **(Durch eine besondere Species verursachte Pseudotuber-**

kulose bei Chinchillas.) Tijdschr. Diergeneeskunde 88 (1963) Nr. 2. S. 91–95. – 1 Tab. 13 Lit.
Unter den bakteriellen Krankheiten beim Chinchilla steht die Pseudotuberkulose an erster Stelle. Klinisch sind bei subakutem bis chronischen Verlauf Abmagerung, Durchfall oder Verstopfung zu bemerken, die Krankheitsfälle treten in den betroffenen Farmen vereinzelt nacheinander auf. Der Sektionsbefund ergibt Nekroseherde in Milz, Leber, Lunge und Darmschleimhaut, fibrinöse Peritonitis, Perihepatitis und Perisplenitis. Bei einem Drittel der Tiere finden sich nur die Darmveränderungen. Bakteriologisch ließ sich ein Stamm von *Pasteurella pseudotuberculosis* nachweisen, der sich aber grundlegend von den bei anderen Tieren gefundenen Stämmen dadurch unterschied, daß er nicht zu den von Knapp angegebenen serologischen Typen gehörte und bei Laboratoriums-Versuchstieren keine pathologisch-anatomischen Veränderungen hervorrief. H. Zimmermann. 5318.

G. BIENEN

Lecomte, Jacques; Bures-sur-Yvette, Seine-et-Oise, Stat. de Rech. sur l'Abeille. Techniques d'étude des populations d'insectes pollinisateurs. **(Methodik von Populationsuntersuchungen bei blütenbestäubenden Insekten.)** Ann. Abeille **5** (1962) Nr. 3. S. 201–213. – 51 Lit.
Auf Grund der wirtschaftlichen Bedeutung der Bienenhaltung ist es notwendig, über die reinen Beobachtungen hinaus an diesen Tieren auch experimentelle Untersuchungen durchzuführen. In Form einer Literaturauswertung werden die notwendigen Untersuchungsmethoden dargestellt, wobei auch Hinweise auf die Reproduzierbarkeit dieser Verfahren gegeben werden. – Von bes. Interesse sind Verfahren zur Bestimmung der Volksstärke, Markierungsverfahren, Fütterungsmethoden sowie Untersuchungen über das Orientierungsvermögen. F. Lüpnitz. 5402.

Englert, Eva; Celle. **Imkerei in Südafrika. 1. Folge.** Dtsch. Bienenwirtsch. **13** (1962) Nr. 11. S. 320–322. – 6 Abb.
Von 5 Universitäten Südafrikas haben 3 eine Bienenabteilung, und zwar: Pretoria in Transvaal, Stellenbosch in der Kapprovinz und Pietermaritzburg in Natal. Die Imkerei wird ausschließlich von Weißen betrieben, die mit schwarzen Arbeitskräften arbeiten. Die Schwarzen haben kein Interesse an der Bienenhaltung, ernten aber den Honig der wild lebenden Bienen. Nur 600–700 Imker sind organisiert und beziehen die Zeitschrift „South African Bee Journal". Vorherrschende Rasse ist *Apis adansoni*, die äußerlich der Italienerin ähnelt, die Königin ist gelb, die Drohnen ganz dunkel. Sie ist so stechlustig, daß der Gesichts- und Kopfschutz aus einem Stück und oben mit festem Deckel versehen, gearbeitet ist. Eine Kreuzung mit weniger stechlustigen Rassen scheitert an der Unmöglichkeit, bienensichere Belegstellen zu schaffen. Im südlichen Teil der Kapprovinz lebt die Kapbiene, die, obwohl sie sich mit *Apis adansoni* kreuzen kann, dort rein vorkommt. Sie ähnelt äußerlich der Krainer Biene. In jedem Volk legen neben der Königin 2–10% Arbeitsbienen Eier, aus denen sich Arbeitsbienen und Königinnen entwickeln können (ohne begattet worden zu sein). Königinnenzucht ist bei der Kapbiene nicht möglich, weil das Volk sich niemals weisellos fühlt. G. Droege. 5406.

Englert, Eva; Celle. **Imkerei in Südafrika. 2. Folge.** Dtsch. Bienenwirtsch. **13** (1962) Nr. 12. S. 353–356. – 9 Abb.. 1. Folge vgl. vorst. Ref.
In ganz Südafrika wird die Oberbehandlungsbeute in Langstrothmaß (42,5 × 22,8 cm) mit 10 Rähmchen und Halbrähmchen im Honigraum verwendet. Das Bodenbrett dient zugleich als Futtervorrichtung durch eine abteilende Querleiste. Der Innendeckel hat ein Loch für die Reizfütterung (für die trachtarme Zeit läßt man den Völkern Honig) oder für die Bienenflucht bei der Wanderung. Die Beuten werden stets einzeln im Schatten mit Flugrichtung

Ost oder Nordost aufgestellt und mit einer Neigung von ca. 2,5 cm zum Abfließen der Niederschlagsfeuchtigkeit. Mittelwände werden ausschließlich in der deutschen Missionarstation in Marienhill in Natal hergestellt mit der kleineren Zellprägung für die afrikanischen Bienen. Es werden jährl. 2–2,5 t Wachs eingeführt. Die Waben werden 4mal waagerecht gedrahtet, zuweilen auch waagerecht und senkrecht. Oben werden sie an den Rähmchenschenkel in eine Nute eingefügt, unten läßt man eine Spalte für Drohnenbau frei. Ein Baurahmen wird nicht verwendet. Schwärme können nicht auf Mittelwände gesetzt werden, weil sie dann wieder ausziehen. G. Droege. 5406.

Englert, Eva; Celle. **Imkerei in Südafrika. 3. Folge.** Dtsch. Bienenwirtsch. **14** (1963) Nr. 1. S. 14–17. – 2. Folge vgl. vorst. Ref.
In Südafrika betreuen viele Imker als Nebenbeschäftigung 50–200 Völker. Die Betriebsweise ist sehr einfach. Für Schwärme stellt man leere Beuten mit Waben auf. Schwärme, die nicht einziehen, gehen verloren. Vereinzelt wird auch Schwarmverhinderung und künstliche Vermehrung betrieben. Königinnenzucht ist erschwert, weil im ganzen Land keine drohnensichere Belegstelle geschaffen werden kann (wilde Völker). Die Durchschnittsernte könnte bei intensiver Bewirtschaftung und regelmäßiger Wanderung gesteigert werden. Sie deckt den Bedarf des Landes. Ein- und Ausfuhr ist verboten. Haupttrachtpflanzen sind Eukalyptus, Euphorbien, weiße Bohnen, Klee, Obst, Citrusfrüchte. Bei der Honiggewinnung wird wenig Wert auf Sauberkeit gelegt. Der aus der Schleuder kommende Honig wird gesiebt und ohne weitere Behandlung abgefüllt. Er kandiert grob und entmischt sich leicht. Kandierter Honig wird oft absichtlich überhitzt, damit er flüssig bleibt. Sein Wassergehalt liegt bei 14–18%. Gegen Vergiftungen durch Pflanzenschutzmittel gibt es keine gesetzlichen Bestimmungen. Nosema und gutartige Faulbrut machen den Imkern Sorge. Bösartige Faulbrut und Milben sind unbekannt.
G. Droege. 5406.

Popow, D.; Sofia. **Die Bienenzucht in der VR Bulgarien.** Garten u. Kleintierzucht, Ausg. C **1** (1962) Nr. 1. S. 16. – 3 Abb.
Die Bienenzucht in der VR Bulgarien ist von Natur aus sehr begünstigt und wird seit Jahrhunderten im wesentlichen als Liebhaberei betrieben. Erst seit der Gründung zahlreicher Genossenschaftsimkereien (ab 1956) wird sie zum wirtschaftlichen Nutzobjekt. In den letzten 5 Jahren wurde die Völkerzahl nahezu verdoppelt. Auf 1 km² kommen 5,7, auf 1000 Einwohner 80 Völker. Die Erträge sind allerdings noch gering (6–7 kg Honig/Volk). Die früheren Stülpkörbe weichen modernen Magazinen. Die Regierung stellt für die Entwicklung der Bienenzucht beträchtliche Mittel zur Verfügung. 5 kg Zucker je Volk werden zu ermäßigten Preisen abgegeben. Staatsgüter sind beauftragt, die Bienenweide durch Züchtung von Nektarspendern zu verbessern. Eine 1962 gegründete staatliche Bienenversuchsstation soll Fragen der Züchtung, Leistung und Betriebsorganisation bearbeiten und für die Praxis wegweisend sein. Alle Völker werden 2mal im Jahr auf Faulbrut untersucht und kranke Völker unentgeltlich behandelt. Die Imkerorganisation arbeitet eng mit dem Ministerium für Landwirtschaft zusammen. Der Zentralverband der Genossenschaften beliefert die Imker mit Imkergeräten, Mittelwänden etc. und übernimmt den Ankauf von Honig und Wachs.
G. Droege. 5406.

Lensky, Jacob und Darchen, Roger; Bures-sur-Yvette, Seine-et-Oise, Lab. de Rech. Apicoles. Quelques observations sur la construction des cellules royales en présence de plusieurs reines d'abeilles (Apis mellifica, var. ligustica). **(Beobachtungen über den Bau von Königinnenzellen in der Gegenwart von mehreren Königinnen [Apis mellifica, var. ligustica.])** C.R. hebd. Séances Acad. Sci. **255** (1962) Nr. 15. S. 1778–1780. – 14 Lit.

Untersuchungen an polygynen Völkern (in der Umgebung von Paris bzw. von Tel Aviv [Israel]) führten zu Ergebnissen, die teilweise von früheren Beobachtungen abweichen. – Es wurde nachgewiesen, daß sowohl schwache als auch starke Völker bis zu 3 gleich- oder verschiedenaltrige Königinnen annahmen, ihnen Zellen bauten und sie auch individuell mit eigenen Arbeiterinnen umgaben. Ohne daß diese Erscheinungen erklärt werden können, wird angenommen, daß die Hormon-Ausscheidung gestört bzw. ungenügend war und daß der Königinnenfuttersaft nicht normal verteilt wurde.

F. Lüpnitz. 5425.

Pain, Janine und Ruttner, Friedrich; Bures-sur-Yvette, Seine-et-Oise, Stat. de Rech. sur l'Abeille et les Insectes Sociaux; Lunz am See, Bundesanst. für Bienenkunde. Les extraits de glandes mandibulaires des reines d'abeilles attirent les mâles, lors du vol nuptial. **(Extrakte der Mandibulardrüse von Bienenköniginnen locken die Männchen während des Hochzeitsfluges an.)** C.R. hebd. Séances Acad. Sci. **256** (1963) Nr. 2. S. 512–515. – 1 Abb., 1 Tab., 13 Lit.

Zur Untersuchung über die Wirksamkeit von Pherormon I als Sexual-Attraktivstoff wurden mit Wasserstoffgas gefüllte Ballone bis 15 m über dem Erdboden (an einer Nylonschnur) aufgelassen. An den Ballonen waren nacheinander oder auch gleichzeitig jungfräuliche bzw. befruchtete Bienenköniginnen und Attrappen aus Schaumstoff (getränkt mit Mandibulardrüsen-Extrakt bzw. Pherormon I) befestigt. Wenn gewisse methodische Maßnahmen beachtet wurden (insbesondere regelmäßiger Wechsel der Köder und ihrer Befestigung) konnte festgestellt werden, daß die natürlichen Mandibulardrüsen-Sekrete wesentlich wirksamer Drohnen anlocken als synthetische Pherormone. – Von Bedeutung ist die Höhe der Versuchsanordnung über dem Erdboden.

F. Lüpnitz. 5425.

Bröker, Walter; Köln-Ehrenfeld. **Die Biene und ihre Umwelt.** Bienenvater [Wien] **83** (1962) Nr. 12. S. 341–345.

Die Biene ist der Umwelt angepaßt und paßt sich veränderten Verhältnissen ständig neu an. Zur Umwelt gehört das Groß- und Kleinklima, die Haltung der Bienen von seiten des Imkers, also die Beute und ihre Aufstellung, Betriebsweise etc. sowie die nektar- und pollenspendenden Pflanzen im Flugkreis der Bienen, die ihrerseits wieder von Boden, Temperatur und Feuchtigkeit abhängen. Eine ungünstige Aufstellung der Beuten begünstigt das Ausbrechen von Krankheiten und Seuchen. Eingriffe im Bienenvolk stören die Entwicklung und machen das Volk weniger widerstandsfähig. Die medikamentöse Behandlung der Bienenkrankheiten sollte der biol. Bekämpfung weichen. Nur ein gut mit Pollen oder gehaltvollem Pollenersatz versorgtes Volk kann die für die Verarbeitung des Zuckers notwendigen Fermente bilden. Die naturgegebene Umwelt der Biene ist der Wald. Die Imker müssen alles tun, um ihren Völkern eine ihnen gemäße Umwelt zu schaffen, d. h. um die Völker gesund, kräftig und widerstandsfähig zu erhalten. G. Droege. 5425.

Kettner, H.; Halle/S., Martin-Luther-Univ. Halle-Wittenberg, Inst. für Kleintierzucht. **Unterschiede in der Massenentwicklung eines guten und eines schlechten Volkes.** Arch. Geflügelzucht Kleintierkunde **12** (1963) Nr. 1. S. 50–56. – nach Zus.

Die Waagstockergebnisse guter Völker wurden denen schlechter Völker in 3 Untersuchungsgruppen gegenübergestellt, bei denen die Völker einer Gruppe unter gleichen Umweltbedingungen standen. Den Ursachen für die unterschiedliche Masseentwicklung bei letzteren wurde durch Brut- und Vorratsmessungen nachgegangen. Es zeigte sich, daß in der Zehrung während des Winterhalbjahres kaum ein Unterschied zwischen den guten und schlechten

Völkern besteht. Erst bei Einsetzen der Tracht traten diese Unterschiede auf, deren Ursachen in unterschiedlicher Bruttätigkeit und Volksstärke zu suchen sind. 5430.

Bretschko, Josef; Graz, Imkerschule. **Rundmadenzeit der Königin.** Bienenwelt [Graz] **5** (1963) Nr. 2. S. 29–31. — 1 Tab.
Vf. untersuchte die Dauer der Rundmadenzeit der Königin, weil die Angaben darüber verschieden lauten. In 30 Zuchtserien mit über 1000 Weiselzellen wurde sie mit 4 Tagen, 12 Std. ermittelt, berechnet auf das durchschnittl. Alter der umgelarvten Larven von 20 Std. Die Verdeckelungszeit schwankte in den einzelnen Zuchtserien zwischen 10 und 20 Std. und beruht auf dem unterschiedlichen Alter, der Temperatur und der quantitativen Futterversorgung in den letzten 24 Std. Vor dem Schließen der Weiselzelle sackt die Rundmade vom Futterkuchen ab, den sie unmittelbar nach dem Verschließen und ihrer Streckung und Drehung noch auffrißt. Sie nimmt dabei noch durchschnittl. 72 mg an Gewicht zu. Bis zum Schlüpfen verliert sie fast $^1/_3$ ihres Gewichts, hauptsächlich in den letzten 24 Std. Vor der Verdeckelung ist die Made sehr empfindlich gegen Erschütterung, es kommt zu vorzeitigem Abbruch der Nahrungsaufnahme. Die Ergebnisse sind wichtig für die korrigierte Nachschaffungszucht. Es müssen bereits 4 Tage nach der Entweiselung (bisher 5 Tage) alle verdeckelten Weiselzellen zerstört werden, um zu verhüten, daß aus 2tägigen Larven Königinnen entstehen. G. Droege. 5460.

Carius, G.; Jessen /Elster. **Leichtere Arbeit bei der Königinnenzucht durch die Verwendung eines Zweiwabenkästchens.** Garten u. Kleintierzucht, Ausg. C **1** (1962) Nr. 6. S. 16. — 4 Abb.
Vf. schildert die Anwendung eines Zweiwabenkästchens (ZWK) in der Königinnenzucht. Es hat die Außenmaße des Rähmchenmaßes. Zwei kleinere Rähmchen hängen im unteren Teil, im oberen befindet sich das Futterabteil. Das Flugloch ist an der Stirnseite. Die eine Längsseite ist durch eine Glasscheibe verschlossen, in die andere kann man von der Seite entweder eine Glasscheibe, ein Absperrgitter oder einen Gazerahmen einschieben. Dazu gehört ein Schutzkasten mit einer allseitig 4 cm starken Piathermfüllung. Zum 9tägigen Absperren der Königin im Pflegevolk bei der Zucht im Ein-Tag-weisellosen Volk schneidet man bebrüteten Arbeiterbau in die Rähmchen, setzt die Königin dazu und verschließt mit dem Absperrgitter. Nach 9 Tagen wird das ZWK mit der Glasscheibe verschlossen, mit Futter versehen und in das Schutzkästchen mit auf Absperrgitterstärke gestellter EWK Vorbauscheibe gestellt. Zur Wiederbeweiselung wird das ZWK mit Gazerahmen in das Volk gehängt, nach einem Tag die EWK Vorbauscheibe mit Futterteigverschluß freigegeben. Das ZWK ist danach noch für verschiedene andere Zwecke verwendbar. G. Droege. 5460.

Bährmann, R.; Tälermühle, Lehr- und Forsch.-Anst. für Bienenzucht. **Ergebnisse und Probleme der Körarbeit 1962.** Garten u. Kleintierzucht, Ausg. C **1** (1962) Nr. 6. S. 6–7. — 5 Tab.
1962 wurden 483 Proben nach Tälermühle zur Merkmalsbeurteilung eingesandt, 3,4% Mellifica, der Rest Carnica. Vorwiegend die Länge des Überhaares auf der vorletzten Rückenschuppe und der Cubitalindex der Arbeiterinnen führte dazu, daß 15,9% der Proben als nicht rassetypisch abgekört werden mußten. Das lange Überhaar scheint sich dominant zu vererben und gibt einen Hinweis, daß eine Blutmischung mit der N-Biene vorliegt. Abgekörte Völker können durchaus leistungsfähig sein, sind aber für eine konsequente Linienzucht nicht geeignet. In Zukunft sollen Völker erst gekört werden, wenn die Volksleistung mindestens eines Jahres vorliegt. Die Durchschnittswerte des Cubitalindex entsprechen den von Ruttner 1952 für die Carnica Stamm Troiseck aufgefundenen Werten. Die Grenzwerte, bes. der Drohnen, liegen in einem größeren Streuungsbereich. Völker mit extrem ho-

hen Cubitalindices zeigen meist einen merklichen Vitalitätsverlust. Während sich Carnicastämme mit Hilfe des Cubitalindex nicht unterscheiden lassen, ist dies möglicherweise bei Mellifica-Stämmen der Fall. (Mittelland: 0,8–2,3 bei Arbeiterinnen, 0,5–2,2 bei Drohnen, Nigra: 1,2–2,5 bei Arbeiterinnen, 0,7–1,8 bei Drohnen.) Nur von 10 Belegstellen wurden später mehr als 10 Völker zur Körung eingesandt. Es ist zu überlegen, ob von den 147 unterhaltenen Belegstellen einige für die Zuchtarbeit eher eine Belastung als einen Nutzen darstellen. Abschließend weist Vf. nochmals darauf hin, was beim Einsenden von Körproben zu beachten ist. G. Droege. 5470.

Perkiewicz, Ernst; Marburg/L., Lehr- und Versuchsanst. für Bienenzucht. **Beuten und Betriebsweisen. 1. Folge.** Dtsch. Bienenwirtsch. **13** (1962) Nr. 9. S. 267-269.

Einleitende Bemerkungen zu diesem Thema. 5480.

Perkiewicz, Ernst; Marburg/L., Lehr- und Versuchs-Anst. für Bienenzucht. **Beuten und Betriebsweisen. 2. Folge.** Dtsch. Bienenwirtsch. **13** (1962) Nr. 10. S. 303–305. — 1. Folge vgl. vorst. Titel.

Vf. schildert die von Gregor Snowadsky entwickelte Posener Beute, einem 12 Waben Warmbau-Hinterlader (Hochwabenmaß 27,5×32 cm). Im Brutraum sind 12 Ganzwaben, wahlweise auch Halbrähmchen, darunter im Unterraum 12 Halbrähmchen und über dem Brutraum 2 Halbrähmchenetagen als Honigraum. Durch langsames Erweitern können die Völker schwarmfrei in voller Stärke an die Haupt- und Volltracht herangebracht werden (in Posen an die Akazie). Die Beute würde unter schlechtesten klimatischen Bedingungen von keiner anderen Beute geschlagen werden können, erfordert aber durch die vielen Halbrähmchen einen zu großen Zeitaufwand. Vf. schildert weiter die Schröpfmethode von Dzierzon. Im Frühjahr und Frühsommer werden allwöchentlich Bienen in der Menge eines kleinen Nachschwarmes zum Aufbau neuer Jungvölker jedem Standvolk entnommen. Der Dzierzonstock ist zum Schröpfen sehr geeignet, da er von beiden Seiten gut zugänglich ist. G. Droege. 5480.

Perkiewicz, Ernst; Marburg/L,, Lehr- und Versuchsanst. für Bienenzucht. **Beuten und Betriebsweisen. 3. Folge.** Dtsch. Bienenwirtsch. **13** (1962) Nr. 11. S. 316–318. — 2. Folge. vgl. vorst. Ref.

Vf. schildert eine schwarmfreie Schröpfbetriebsweise, die im Raum Brandenburg-Mecklenburg mit schwarmtreibender Tracht von Obst, Löwenzahn, Klee, Kornblume, Himbeere, Linde erprobt worden ist. Die Völker stehen zur Tracht in Sommerständen mit je 16 Völkern in hölzernen transportablen Wanderstandhäuschen in Normalmaß- und Kuntzschbeuten. Die Völker werden stets eng und warm gehalten und nur langsam erweitert. Beim Aufsetzen der Honigräume werden gleich einige verdeckelte Brutwaben aus dem Brutraum hineingehängt. In der 2. Junihälfte wird der Brutraum auf 6–7 Waben beschränkt, 3–5 Leerrähmchen mit Vorbaustreifen werden alle 6 Tage als Baurähmchen ausgeschnitten. In der Schwarmzeit wird wöchentl. eine verdeckelte bienenbesetzte Brutwabe und ein faustgroßer Klumpen Bienen vom Fenster oder Baurahmen geschröpft. Werden Weiselnäpfchen bestiftet, so werden diese ausgebrochen und nochmal stark geschröpft. Sind bereits Larven in den Weiselzellen, wird ein Flugling gemacht. G. Droege. 5480.

Perkiewicz, E.; Marburg/L., Lehr- und Versuchsanst. für Bienenzucht. **Beuten und Betriebsweisen. 4. Folge.** Dtsch. Bienenwirtsch. **13** (1962) Nr. 12. S. 345–349. — 3 Abb. 3. Folge vgl. vorst. Ref.

Vf. schildert die Schröpfbetriebsweise im Marburger Raum, wo Waldtracht Volltracht ist, deren Beginn zwischen Mai und Juli liegt und ganz plötzlich einsetzt. Die Völker müssen zu jedem Tage in dieser Zeit einsatzbereit gehalten werden. Ziel der Betriebsweise ist, vom Frühjahr an die aufsteigende Linie, in der der größte Arbeitsfleiß entwickelt wird, bis zur Volltracht zu wahren und nicht abbrechen zu lassen. Je nach Beutentyp werden 2–3 Brutwaben in den Honigraum gehängt oder die Königin in den Unterraum gezogen. Alle 9 Tage wird der Baurahmen ausgeschnitten und die ansitzenden Bienen geschröpft, evtl. auch weitere Brutwaben umgehängt oder ganz herausgenommen. Je nach Zustand des Volkes evtl. auch Nährbienen von 1–2 Brutwaben mit offener Brut entnommen. Sind trotzdem Weiselzelle vorhanden, wird ein Flugling gemacht. Das Schröpfmaterial dient dem Aufbau neuer Völker, der Verstärkung von Begattungs- oder Verstärkungsvölkern oder zur Bildung von Sammelbrutablegern. G. Droege. 5480.

Perkiewicz, Ernst; Marburg/L., Lehr- und Versuchsanst. für Bienenzucht. **Beuten und Betriebsweisen. 5. Folge.** Dtsch. Bienenwirtsch. **14** (1963) Nr. 1. S. 10–14. — 5 Abb. 4. Folge vgl. vorst. Ref.
Vf. schildert den Imkereibetrieb der Fa. Mack, Illertissen. 1100–1300 Völker dienen der Honigerzeugung und der Erstellung wertvoller Medikamente, eine große Zahl zusätzlich angekaufter Heidevölker dient der Bienengiftgewinnung. Sie alle werden von 7 Imkern betreut. Es wird mit 20 Wanderständen zu je 51 Völkern in mindestens 3 Trachten gewandert (Aufstellung der Wanderstände im Bild). Die Völker werden schwarmfrei nach der Schröpfmethode geführt. An jedem 9. Tag wird durchgesehen und geschröpft. Je 5 geschröpfte Brutwaben mit Bienen und 2 Honigwaben ergeben ein neues Volk. Ableger werden für den Verkauf gebildet. Die Königinnen werden alle nach 2 Jahren gewechselt. Es werden jährl. einige Tausend Königinnen (Carnica-Troiseck) gezüchtet und auf eigener Hochgebirgsbelegstelle (Giebelhaus) begattet. Im Herbst wird das Bienengift gewonnen. Vf. beschreibt die Trachtverhältnisse und die Wandermöglichkeiten. G. Droege. 5480.

Perkiewicz, Ernst; Marburg/L., Lehr- und Versuchsanst. für Bienenzucht. **Beuten und Betriebsweisen. 6. Folge.** Dtsch. Bienenwirtsch. **14** (1963) Nr. 3. S. 64–67. — 4 Abb. 5. Folge vgl. vorst. Ref.
Vf. berichtet von seiner Honigertragsimkerei mit 200 Völkern in Oberbayern und später in Ostpreußen. Er imkerte im Berchtesgadener Magazin und dreietagigen Hinterladerbeuten mit 8 Waben liegendes Normalmaß. Die Aufstellung erfolgte in Bienenhäusern in Hufeisenform und später in Einzelaufstellung. Es wurde mit Schwarmtrieblenkung nach der Schröpfmethode gearbeitet. Alle 8 Tage Baurahmenschneiden und Schröpfen, teilweise Fluglingbildung. Vf. züchtete Carnica mit einmaliger Einkreuzung der Kaukasika. An Tracht stand Löwenzahn, Raps, Klee und Wald zur Verfügung. Es wurde in die Rotkleesamenschläge an der litauischen Grenze gewandert. Zur Überwinterung wurden die Völker auf langen Balken, teils übereinander im „Waldhaus" frostfrei und trocken aufgestellt. Ein 25 cm dickes Schilfdach ruhte auf 1 m hohen doppelwandigen mit Laub ausgestopften Holzseitenwänden. Zum Reinigungsflug wurden die Völker herausgenommen und danach gleich auf die Außenstände verteilt. G. Droege. 5480.

Stajkov, M. (Stajkow, M.) Kak spasjavam napadnato semejstvo. **(Wie rette ich ein überfallenes Volk?)** Pčelarstvo, Sofija 8 (1962) Nr. 9/10. S. 24.
Das Flugloch der Beute wird gut mit Branntwein besprengt und neben das Flugloch ein Futtergefäß mit Wasser aufgestellt. Die ganze Beute wird mit einem großen dicken Tuch so bedeckt, daß die Tuchenden auf die Erde zu liegen kommen, auf die, zwecks guter Isolation, Erde geworfen wird. In 1–3 Tagen gleicht sich unter dem Einfluß des Branntweins der Geruch der Bienen in der Beute und der der räubernden Bienen aus, der Unfriede hört auf, und die in die Beute eingebrochenen Bienen beginnen mit den anderen zusammenzuarbeiten. 2–3 Tage nach dem Auflegen wird das Tuch von der Beute entfernt, und das Bienenvolk arbeitet wieder normal weiter.
N. Platikanow. 5480.

Veličkov, V. (Welitschkow, W.); Widin, Bulgarien, Allg. Landwirtsch. Versuchsstat. Zimuvane na pčelnite majki izvǔn pčelnoto kůlbo. **(Überwinterung der Bienenköniginnen außerhalb der Wintertraube.)** Pčelarstvo, Sofija 8 (1962) Nr. 11. S. 3–9. – 2 Abb., 3 Tab.
Im Herbst 1960 wurden 20 Königinnen (Schwestern) ausgewählt, von denen 10 (Kontrollgruppe) in üblicher Weise in selbständigen Ablegern im Bienenstand überwinterten. Die anderen 10 Königinnen (Versuchsgruppe) überwinterten im aktiven Zustand (jede Königin wurde mit 70–80 Arbeitsbienen in einem spez. Käfig von 70/50/40 cm auf eine leere Wabe gesetzt und die Käfige in einem im beheizten Raum [15–25 °C] befindlichen Schrank aufgestellt; die Bienen wurden mit Honig gefüttert und blieben den ganzen Winter über aktiv; sie wurden 5mal ausgewechselt). Im Winter hatten die im Käfig überwinterten Bienen 0,273 kg und die im Ableger als Traube überwinterten 2,678 kg Honig verbraucht. Im Frühjahr wurden die Königinnen von den Ablegern und den Käfigen 2 ausgeglichenen Gruppen von Völkern einverleibt. Ergebnisse (in Klammern Kontrollgruppe): verdeckelte Brut 1961 – insgesamt 323,64 (316,34) dm², 1962 – 172,354 (161,202) dm²; Honigernte 1961 – 16,614 (14,312) kg; ausgebaute Brutwaben 6,28 (6,00); Zustand der Völker bei der Einwinterung 1961 – Bienen 1,192 (1,014) kg, Honig 10,028 (8,200) kg; Zustand bei der Hauptrevision im Frühjahr 1962 – Bienen 0,850 (0,718) kg; Honig 2,713 (2,050) kg. N. Platikanow. 5485.

Bižev, B. (Bishew, B.); Sofia, Höheres Landwirtsch. Inst. „Georgi Dimitrow“. Opit za opredeljane vlijanieto na količestvoto med vŭrchu razvitieto na pčelnite semejstva prez proletta. **(Versuch zur Bestimmung des Einflusses der Honigmenge auf die Entwicklung der Bienenvölker im Frühjahr.)** Naučni trudove. Visš selskostopanski institut „Georgi Dimitrov“. Zootechničeski fakultet, Sofija 12 (1963) S. 417–427. – 5 Tab., 7 Lit. Zus. in Russ., Dtsch.
Vier Gruppen zu je 3 Bienenvölkern wurden bei folgenden Honigvorräten eingewintert (durchschnittl. je Volk): Gr. I – 15 kg, Gr. II – 12 kg, Gr. III – 9 kg und Gr. IV – 6,5 kg. Ergebnisse (in der Reihenfolge der Gruppen): verdeckelte Brut bei der Frühjarsrevision am 15. Apr. 3750, 3650, 3320 und 2246 cm², bei der Revision am 2. 6. 11675, 11725, 8115 und 6875 cm²; Anzahl der von einer Königin tägl. abgelegten Eier in der Periode vom 7. 4.–18. 4. 3475, 3060, 2517 und 2160, in der Periode vom 13.5–24. 5. 3875, 3908, 2705 und 2291. N. Platikanow. 5485.

Bižev, B. (Bishew, B.); Sofia, Höheres Landwirtsch. Inst. „Georgi Dimitrow“. Rezultati ot zamestvaneto na prašeca s jajčen žŭltŭk pri proletnoto podchranvane na pčelite. **(Ergebnisse des Ersetzens des Pollens durch Eidotter bei der Frühjahrsreizfütterung der Bienen.)** Naučni trudove. Visš selskostopanski institut „Georgi Dimitrov“. Zootechničeski fakultet, Sofija 12 (1963) S. 461 bis 471. – 5 Tab., 9 Lit. Zus. in Russ., Dtsch.
Bei einem Versuch mit drei der Stärke nach ausgeglichenen Bienenvölkern, Nr. 13, 18 und 20, bei 8,5; 6,5 und 6,5 kg Honig- und 20,6; 4,5 und 5,0 dm² Pollenvorrat, bekam Volk Nr. 13 kein Reizfutter; Volk Nr. 18 bekam vom 22.3–10. 5. tägl. 100 g Zuckerlösung (1:1) und Volk Nr. 20 dieselbe Menge Zuckerlösung plus trockenen Eidotter, ohne aber die Möglichkeit zu haben, Pollen zu sammeln. Die Honig- und Pollenvorräte betrugen (in der obigen Reihenfolge der Völker): am 15. 4. – 6,7 kg und 42,0 dm², 7,9 kg und 27,0 dm², 5,9 kg und 0,0 dm²; am 9. 5. – 6,5 kg und 22,0 dm², 7,9 kg und 20,5 dm², 7,3 kg und 0,0 dm²; verdeckelte Brut am 15. 4. – 6500, 4900 und 1200, am 9. 5. – 14000, 12400 und 0 Maden. Der trockene Eidotter vermochte den Pollen nicht zu ersetzen. Die während des Larvenstadiums unterernährten Jungbienen hatten infolge des Pollenmangels ein niedrigeres Gewicht und zeigten gewisse Veränderungen in der Rüssel-, Flügel- und Körbchenlänge, demzufolge ihre Arbeitsfähigkeit gemindert war. N. Platikanow. 5494.

Bižev, B. und Rizvanov, Kr. (Bishew, B. und Riswanow, Kr.); Sofia, Höheres Landwirtsch. Inst. „Georgi Dimitrow". Proučvane vlijanieto na Azotobacter chroococcum vŭrchu proletnoto razvitie na pčelni semejstva. **(Untersuchungen des Einflusses von Azotobacter chroococcum auf die Frühjahrsentwicklung der Bienenvölker.)** Naučni trudove. Visš selskostopanski institut „Georgi Dimitrov". Zootechničeski fakultet, Sofija **12** (1963) S. 437–447. — 3 Tab., 7 Lit. Zus. in Russ., Dtsch.
Eine Gruppe von 6 Bienenvölkern wurde vom 4. 4. –10.5. tägl. mit 100 g je Volk Zuckerlösung (1:1) unter Zusatz von 10 g bakterieller Masse von *Azotobacter chroococcum* gefüttert. Die Bakterienkultur war auf Nährboden nach Ashby mit Zusatz von 8 mg% $CoCl_2$ gezüchtet worden und durch 10–15 Min. langes Erhitzen auf 70–75 °C autolysiert. Die ebenfalls aus 6 Völkern bestehende Kontrollgruppe bekam nur Zuckersaft. Ergebnisse (in Klammern Kontrollgruppe): insgesamt verdeckelte Brut am 4. 4. — 2450,5 (2425,0), am 28. 4. — 16140 (14175) und am 3. 6. — 20725 (16950) cm²; Anzahl der von den Königinnen tägl. abgelegten Eier in der Periode 27. 3.–7. 4. 2416 (2499), vom 20. 4.–1. 5. 5755 (5000) und vom 14. 5.–25. 5. 6823 (5640).
N. Platikanow. 5494.

Kalman, Chaim; Moshav Gan-Haim, Kfar-Saba, Israel. Modernizing the management of honey production in Israel. **(Modernisierung des Verfahrens der Honigerzeugung in Israel.)** Bee Wld. **43** (1962) Nr. 3. S. 83–86. — 4 Abb.
Die Zahl der Bienenvölker, die ein Imker bearbeiten kann, richtet sich nach dem Grad der Mechanisierung. Die wichtigsten Faktoren sind der Mechanisierungsgrad der Völkerbearbeitung und der Honiggewinnung. Als Vf. vor 30 Jahren nach Israel kam, bearbeitete ein Imker 150–200 Völker. Unter den Bedingungen in Israel konnte das durch Mechanisierung der Honiggewinnung bis auf 500–600 Völker gesteigert werden. Vf. baute einen LKW-Anhänger zum Schleuderraum aus, so daß direkt an den Ständen geschleudert werden kann. Der Wagen enthält 2 motorgetriebene 24 Waben-Radialschleudern und einen Klärtank (5 Abteile). Dann fließt der Honig in einen angehängten 2rädrigen Tank, der 1,5 t faßt, die größte Menge, die an einem Tage geschleudert werden kann. Im Wohnhaus befinden sich größere Aufbewahrungstanks und der Packraum. M. Biedermann. 5495.

Popov, I. und Bižev, B. (Popow, I. und Bishew, B.); Sofia, Höheres Landwirtsch. Inst. „Georgi Dimitrow." Proučvanija vŭrchu chimičeskija sŭstav na bŭlgarski pčelen med. **(Untersuchungen über die chemische Zusammensetzung des bulgarischen Bienenhonigs.)** Naučni trudove. Visš selskostopanski institut „Georgi Dimitrov". Zootechničeski fakultet, Sofija **12** (1963) S. 389 bis 397. — 5 Tab., 8 Lit. Zus. in Russ., Dtsch.
Die Analyse von 20 Bienenhonigproben aus verschiedenen Gebieten des Landes brachte folgende Ergebnisse: Wasser 11,85–18,85%, Glucose 29,70–40,00%, Fructose 29,40–41,25%, Saccharose 0,4–7,8%, Gesamtzucker 62,10–80,10%, Stickstoff 0,29–0,60%, Säuregrad 0,046–0,331, Mineralstoffe 0,10–0,19%. In den meisten Proben war die Diastaseaktivität hoch (nur 3 Proben zeigten eine schwache oder überhaupt keine Diastaseaktivität). Von den auf Honigtau untersuchten Proben haben sich nur 2 als honigtaufrei erwiesen.
N. Platikanow. 5496.

Stehle; Stuttgart. **Rähmchen und Beute. II.** Bienenpflege **1963** Nr. 2. S. 29–32. — 1 Abb., 1 Tab. 1. Mitt. vgl. LZ. Abt. III 8 (1963) Nr. 7. S. 1468.
Vf. analysiert die Vielzahl der verwendeten Rähmchenmaße. In 1 Tab. werden Breite, Höhe und Wabenfläche in cm² der 10 bekanntesten Rähmchen angegeben. Die Wabenflächen schwanken zwischen 500 und 1000 cm². Vf. kommt zu dem Schluß, daß, entspr. den Trachtverhältnissen, nur noch 3 Rähmchenmaße gerechtfertigt sind: Das Neuwürttemberger-, das Normalbreitwaben- und das Zandermaß. Die anderen weichen nur unwesentlich davon

ab. Es ist notwendig, daß die Beutenhersteller sich auf die Anfertigung dieser Maße beschränken und daß in den Imkervereinen aufklärend und beratend daraufhingewirkt wird, daß nur noch diese Maße neu angeschafft bzw. allmählich die Stände darauf umgestellt werden und daß alte Beuten mit anderen Maßen nicht mehr weiterverkauft werden. G. Droege. 5520.

Janakiev, Ch. (Janakiew, Ch.) Izpolzuvane na meda v borbata s pčelnata vůška. **(Verwendung von Honig zur Bekämpfung der Bienenlaus.)** Pčelarstvo, Sofija 8 (1962) Nr. 9/10. S. 23.
Mit Hilfe eines Zerstäuberröhrchens werden alle Waben und die ansitzenden Bienen mit wäßriger Honiglösung (1:1) gut besprüht. Die Beute wird vorher gesäubert, sehr gut desinfiziert und der Boden mit Papier belegt. Wenn die Bienen nunmehr gegenseitig den an ihrem Körper haftenden Honig saugen, fallen die Läuse auf den Boden. Das ausgelegte Papier wird 10–15 Min. nach der Behandlung herausgenommen und mit den heruntergefallenen Läusen verbrannt. I. allg. genügen 2 oder 3 Behandlungen, um das Bienenvolk von den Läusen zu befreien. Die bequemste Zeit hierzu ist das Frühjahr und der Herbst. Bei der Behandlung müssen Maßnahmen zum Schutz vor räubernden Bienen getroffen werden. N. Platikanow. 5570.

Čukanov, I. (Tschukanow, I.) Novo sredstvo za borba s pčelnata vůška. **(Neues Mittel zur Bekämpfung der Bienenlaus.)** Pčelarstvo, Sofija 8 (1962) Nr. 11. S. 12–13.
2–3 g techn. Phenothiazin werden in Papier eingewickelt und in einen gut entzündeten Rauchbläser, aus dem kein Rauch entweichen darf, gebracht. In den Bienenstock werden, bei vollständig offenem Flugloch, vorsichtig 5–8 Phenothiazinschwaden hineingeblasen und das Flugloch danach bis auf 4–5 cm geschlossen. Nach einer Pause von 1 Min. wird der Bienenstock erneut beraucht. Diese Behandlung wird 3- bis 4mal wiederholt. Mit einer Rauchbläserladung lassen sich 3-4 Bienenstöcke behandeln. Einige Stunden nach der Behandlung, oder am nächsten Morgen, wird das Papier, mit dem der Boden der Bienenbeute ausgelegt war, herausgenommen und die daraufgefallenen Läuse vernichtet. Im Bedarfsfall kann die Behandlung nach 10 Tagen wiederholt werden. Die geeignetste Zeit zur Entseuchung der Bienenstöcke ist der Herbst (vor der Einwinterung), und zwar abends, wenn die Bienen in ihre Beuten heimgekehrt sind. N. Platikanow. 5570.

Jachimowicz, Th.; Wien, Bundesanst. für Bienenzucht. **Pflanzenschutzmaßnahmen als Gefahrenquelle für die Bienenzucht.** Bienenvater [Wien] 84 (1963) Nr. 2. S. 49–52.
Vf. zeigt die für die Bienenzucht bes. kritischen Gefahren der Schädlingsbekämpfungsmaßnahmen auf. Im Obstbau kann auch die Winterspritzung für Bienen gefährlich werden, wenn sie mit dem Reinigungsausflug zusammenfällt und Spritzmittelreste von Bienen getrunken werden. Bei der Vor- und Nachblütenspritzung sind immer einige Blüten schon bzw. noch offen und führen zu Vergiftungen (gilt auch für den Raps). Bei der Bekämpfung der Obstmade im Juni-Juli wird oft versäumt, die blühenden Wiesen darunter zu mähen. Bei der Bekämpfung der Maikäfer an Waldrändern und bei forstlichen Schädlingsbekämpfungsmaßnahmen kommt es leicht zur Vergiftung des Honigtaues. Über behandelten Rübenschlägen steht bei warmen windstillem Wetter eine Gift-Staubwolke, die langsam weiter wandert und schwere Bienenverluste verursachen kann. Da die Kartoffelblüte zuweilen beflogen wird, ist die Bekämpfung des Kartoffelkäfers, bes. auch, wenn blühendes Unkraut im Acker steht, bienenschädlich. Der Imker muß versuchen, mit den Landwirten in ein gutes Einvernehmen zu kommen, damit Bienenschäden vermieden werden. Vor der Flugfront ist stets der normale Leichenfall zu entfernen, damit der Giftnachweis im Schadensfall nicht erschwert wird.
G. Droege. 5570.

Jordan, R.; Wien, Bundesanst. für Bienenkunde. **Was der Imker zum Schutze seiner Völker vor Erkrankung an Milbe auf pflegliche Weise tun kann.** Bienenvater [Wien] **84** (1963) Nr. 2. S. 35–43. – 4 Abb.
Die beste Vorbeugung gegen Bienenkrankheiten ist gründliche und langfristige Beschäftigung der Bienen während der ganzen Flugzeit. Die Altbienen arbeiten sich ab, und die Jungbienen sind dann sicherer vor Ansteckung. Junge leistungsfähige Königinnen müssen für reichlichen Nachwuchs sorgen. Durch Sommer-Reiz- und frühzeitige Winterfütterung wird mit vielen Jungbienen überwintert. Ein genügend großes, nicht abgeblendetes Flugloch im Winter (8–10 cm) läßt kranke Bienen den Ausgang schneller finden. Ein ausgiebiger Reinigungsflug wird durch erweitertes Flugloch und Eingießen oder Einsprühen von 1–2 Eßlöffel warmer Honig- oder Zuckerlösung in den Bienensitz gefördert. Aus Zellen in jungem Wabenbau entwickeln sich leistungsstarke und widerstandsfähige Arbeitsbienen (Bauerneuerung). Es muß für ständiges Abarbeiten der Altbienen gesorgt werden: Durch Darreichung von Pollenersatz im Frühjahr im Freien, durch Wanderung, durch Überbrückungsfütterung in Trachtpausen mit Trockenzucker, das zu intensivem Pollensammeln anreizt. Nach Trachtschluß kann man durch Fluglingbildung milbenbefallenen Völkern alle Flugbienen abzapfen und dann mit einem Heilmittel versorgen. G. Droege. 5570.

Curth, H.; Stuttgart-Hohenheim. **Biologische Bekämpfung der Milbenseuche.** Bienenpflege **1963** Nr. 3. S. 55–59. – 4 Abb., 2 Tab.
Die Milbe befällt das 1. Bruststigma der Jungbienen bis zum 10. Tag. Aus 4 bis 6 Eiern entwickeln sich in 2–3 Wochen die Milben, die durch Anstechen der Tracheenwand diese verstopfen und verschorfen. Die begatteten Milbenweibchen wandern aus und suchen sich neue Wirtstiere. Die ersten Anzeichen einer Erkrankung werden meist übersehen oder falsch gedeutet. Bei sorgfältiger biol. Bekämpfung durch pflegerische und betriebswirtschaftliche Maßnahmen kann das seuchenhafte Auftreten verhindert werden. Alle Maßnahmen müssen darauf zielen, daß sich die infizierten Bienen rasch abarbeiten und die Zahl der schlüpfenden Jungbienen die der schlüpfenden Milben übersteigt. Das bedingt gute Tracht, (Wanderung), Überbrückungsfütterung, weiselrichtige, starke Völker mit legetüchtigen Königinnen, Förderung der Reinigungsflüge durch Übergießen der von Bienen besetzten Wabengassen mit 1–2 Eßlöffel warmer Honiglösung und anschließender Außenfütterung mit Pollenersatz und Süßtränke. Schließlich wird durch Heilbehandlung mit Folbex-Räucherstreifen im Frühjahr und Herbst das infizierte Volk bei der Selbstreinigung unterstützt. G. Droege. 5570.

Jachimowicz, Th.; Wien, Bundesanst. für Bienenkunde. **Internationales Symposium über Bienenkrankheiten 1962.** Bienenvater [Wien] **83** (1962) Nr. 12. S. 334–337.
Vom 29.–30. 10. 1962 fand in Liebefeld-Bern ein Symposium über Bienenkrankheiten statt mit dem Ziel, eine internationale Seuchengesetzgebung zu erarbeiten. Fyg befaßte sich in einem mehrstündigen Referat mit den Anomalien und Krankheiten der Königin. An Hand umfangreichen Materials konnten bis jetzt mehrere Hundert verschiedene Krankheiten und Anomalien festgestellt werden. An einigen natürlichen altersbedingten Veränderungen an Gift- und Samenblase, Fettkörper und Harngefäßen kann das Alter einer Königin bestimmt werden. Die verschiedenen äußerlich erkennbaren Anomalien (Flügel, Krallenglied, Augen) und die der inneren Organe, bes. der Geschlechtsorgane werden aufgezählt. An wichtigen Krankheiten sind die Melanose in ihren verschiedenen Formen, pathologischer Ovarschwund, Ovartumore, Nosema, Kotblasensteine und -wucherungen und die krankhafte Drohnenbrütigkeit zu nennen. Wille sprach über Bakterienseptikämien, die durch eine Überschwemmung der Hämolymphe mit Bakterien entsteht. Charak-

teristisch ist der Zerfall des Bienenkörpers nach dem Tode. Die noch unbekannten Erreger dringen durch die Intersegmentalmembran in den Bienenkörper ein. Vecchi referierte über die Mikrobenflora im Darm der Königin, Schulz-Langner über die Entwicklung der Amöben der Malpighischen Gefäße auf künstlichen Nährböden aus Darmextrakt und Köhler über die künstliche Besamung von Königinnen und die Konservierung des Spermas.

G. Droege. 5590.

Pritsch, G.; Berlin, Humboldt-Univ., Inst. für Geflügel- und Pelztierzucht, Abt. Bienenkunde. **Jahrestagung des Zentralen Fachausschusses Bienenweide.** Garten u. Kleintierzucht, Ausg. C **1** (1962) Nr. 6. S. 4.

Die Tagung fand vom 25.–26. 8. 1962 in Cottbus statt. Aus den Jahresarbeitsberichten ging hervor, daß über die Bedeutung der Bienen für die Steigerung der Samenerträge und über Bienenweideverbesserung viele Vorträge gehalten worden sind. Bes. Interesse fand der Vorschlag, auf dem Vorgewende von Saatgutvermehrungsschlägen Phacelia als Lockpflanze auszusäen. Die Notwendigkeit des Abschlusses von Verträgen über den Einsatz von Bienen zur Bestäubung von Vermehrungsbeständen ist auch in die neuen Maßnahmeprogramme aufgenommen worden. Entspr. Formulare wurden ausgearbeitet und verteilt. Die Bienenweideverbesserung durch Schüler soll künftig als „gesellschaftlich nützliche Arbeit" anerkannt werden. Die Beeinflussung von Baumschulen in Richtung einer vermehrten Anzucht von Bienenweidegehölzen zeigte Erfolge. Für 1963 steht die Aufgabe, weiterhin durch Vorträge und literarische Tätigkeit die Bedeutung der Bienen für Landwirtschaft und Gartenbau allen bekannt zu machen und Bienenweidegehölze bei landschaftsgestaltenden und landeskulturellen Maßnahmen sowie für schattenspendende Umpflanzungen von Viehweiden und Ställen, zur Aufforstung und Anlage von Waldschutzmänteln zu berücksichtigen. G. Droege. 5590.

Kettner, H.; Leipzig, Karl-Marx-Univ., Inst. für Kleintierzucht, Abt. Bienenzucht. **Jahresendbericht zum Beobachtungsjahr 1961/62.** Garten u. Kleintierzucht, Ausg. C **1** (1962) Nr. 6. S. 8. – 2 Abb.

1962 wurde die Imkerei im Verlauf fast des gesamten Jahres durch die zu kühle Witterung beeinträchtigt, die eine ungewöhnliche phänologische Verspätung um ca. 3 Wochen verursachte. Der milde Herbst 1961 erlaubte eine gute und gesunde Einwinterung vieler junger Bienen. Die Winterverluste blieben gering. Die Ostern beginnende Obstblüte wurde durch Kälteeinbruch im Apr. verzögert und konnte kaum genutzt werden. Der Raps blühte erst Mitte Mai, konnte aber nur in den Bezirken Magdeburg, Schwerin und Rostock genutzt werden. Ende Mai mußte vielfach gefüttert werden. Die Robinie honigte nur wenige Tage, im Bezirk Frankfurt erfror sie. Im Juni gab es kaum mehr als 8–10 Trachttage. Die sehr verspätet blühende Linde brachte überall einen unerwarteten Ausgleich. In Thüringen brachten Hederich und Pferdebohnen einigen Ertrag, in Magdeburg die Wicke. Wald und Heide versagten völlig. Der mittlere Honigertrag lag bei 9,5 kg. Schwärme fielen reichlich. Die Begattungsergebnisse waren meist schlecht. Die Einwinterung geschah unter ungünstigen Verhältnissen (viele Altbienen, wenig Brut, unbefriedigende Pollenversorgung). Es muß deshalb verstärkt mit Nosemaschäden gerechnet werden. G. Droege. 5590.

Wendt, Hermann. **Vertretertagung des Deutschen Imkerbundes in Goslar am 17. und 18. August 1962.** Westf. Bienenztg. **75** (1962) Nr. 12. S. 362–365.

In den Vorstand des DIB wurde ergänzend der Vorsitzende von Kurhessen, Dr. Fahr, gewählt, nachdem Herr Hutt ausgeschieden ist. Die nächstjährige Versammlung findet in Segeberg statt. Der Normenausschuß wird sich mit der Frage der Verwendung von Plastikbehältern an Stelle des Einheitsglases befassen. Lehrfilme sollen versuchsweise den Imkerverbänden kostenlos entliehen werden, wenngleich der Ausfall der Einnahmen beträchtlich ist. Die Landesverbände sollen mit den zuständigen Eisenbahndirektionen Rücksprache nehmen, damit künftig bei der Unkrautvernichtung an Bahndämmen mit giftigen Spritzmitteln keine Bienen getötet werden. Am zweiten Tagungstag wurde eine Sondertagung über Wanderung mit Bienen abgehalten. vgl. sind in der Dtsch. Bienenwirtsch. **14** [1963] Nr. 2.) Am 3. 8. 1962 wurde vom Innenminister von Baden-Württemberg eine Verordnung zum Schutz der Bienen gegen die Milbenseuche erlassen . An die Stelle der bisherigen Sperrbezirke, die vielen Imkern die Bewegungsfreiheit raubten, sind Beobachtungsgebiete getreten. Verdächtige Völker sind zu melden und der ganze Stand untersuchen zu lassen. Alle Völker sind einer Heilbehandlung zu unterziehen und regelmäßig weiter zu untersuchen. Alle Völker eines Beobachtungsgebietes (2 km um den verseuchten Stand) sind vorbeugend zu behandeln. Mit unverseuchten bzw. geheilten Völkern darf gewandert werden.

G. Droege. 5590.

Gluškov, Nikolaj Michajlovic. **Sputnik pčelovoda.** (Leitfaden des Imkers.) Moskva Sel'chozizdat. 1962. (318 S.) 8°. (1963 A 303)

H. SEIDENRAUPEN

Donev, K. und Bŭčvarov, A. (Donew, K. und Bâtschwarow, A.) Vurchu njakoi rezultati ot krŭstosvane na žŭlta mestna s korejski, kitajski i japonsk koprineni bubi (Predvaritelno sŭobstenie). **(Über einige Ergebnisse aus der Kreuzung des einheimischen Gelbspinners mit koreanischen, chinesischen und japanischen Seidenraupenrassen. Vorl. Mitt.)** Naučni trudove. Visš selskostopanski institut „Georgi Dimitrov". Zootechničeskie fakultet, Sofija **12** (1963) S. 379–388. – 6 Tab., 5 Lit. Zus. in Russ., Dtsch.

Durch Kreuzung des einheimischen Gelbspinners mit dem Koreanischen Weißspinner und der besten hieraus erhaltenen Kreuzungsprodukte mit chinesischen zweibrütigen Rassen wurden Polyhybridraupen mit weißen Kokons herausgezüchtet. Aus der Kreuzung derselben einheimischen Rasse mit japanischen Rassen und Weiterkreuzung mit dem Chinesischen Goldspinner wurden Hybrid- und Polyhybridraupen mit gelben Kokons erhalten. Als beste weiße Polyhybriden haben sich $9.4\times3.D_7$ und als beste gelbe Kreuzungen 7×18 und 18×7 erwiesen. Bei der Frühjahrsraupenfütterung wurden von diesen beiden Formen folgende Ergebnisse erzielt (die Angaben in Klammern beziehen sich auf die gelben Kreuzungen): Schlupfergebnis der Brut 97,80 (92,05)%; Larvenstadium 33,02 (31,07) Tage; Lebensfähigkeit 96,20 (?)%; Kokonfrischgewicht je Unze Brut 83,240 (76,780) kg; mittleres Trokkengewicht der Kokons 716,8 (714,0) mg; Gehalt an Gesamtseide einschließlich Abfallseide der Kokons 48,83 (46,21)%; Seidenausbeute der Kokons 38,86 (36,19)%.

N. Platikanov. 5654.

Donev, K. (Donew, K.); Sofia, Höheres Landwirtsch. Inst. „Georgi Dimitrow". Rezultati ot otgleždane na koprineni bubi ot zulta mestna poroda pri smenna denonštna temperatura. **(Ergebnisse der Aufzucht von Seidenraupen des einheimischen Gelbspinners bei wechselnder Tages- und Nachttemperatur.)** Naučni trudove. Visš selskostopanski institut „Georgi Dimitrov". Zootechničeski fakultet, Sofija **12** (1963) S. 429–435. – 3 Tab., 6 Lit. Zus. in Russ., Dtsch.

Es wurden 4 Gruppen von je 350 Raupen des einheimischen Gelbspinners in gleicher Weise gefüttert und gepflegt, jedoch unter verschiedenem Temperaturbedingungen aufgezogen. Die Unterschiede zwischen Tages- und Nachttemperatur betrugen (in der Reihenfolge der Raupenstadien): bei Gr. I – 0 °C während des ganzen Larvenstadiums, bei Gr. II – 6; 5; 4; 3 und 2 °C, be Gr. III – 9; 7; 5; 3 und 2 °C, bei Gr. IV – 12; 9; 7; 3 und 2 °C. Der Versuch wurde wiederholt; (in der Reihenfolge der Gruppen; die Angaben in

Klammern beziehen sich auf den zweiten Versuch): Entwicklungsperoide der Larven 35 (35,2), 34 (35,2), 34 (34,2) und 33 (34) Tage; Lebensfähigkeit 81,2 (77,2), 85,8 (76,9), 88,1 (78,5) und 88,0 (80,8) %; Kokonfrischgewicht je Unze Brut 61,1 (59,3), 60,3 (60,5, 62,2 (62,0) und 62,3 (62,2) kg; Gesamtseide einschließlich Abfallseide der Kokons 40,8 (42,0), 43,0 (41,8), 42,9 (46,9) und 44,5 (47,6)%. N. Patikanow. 5665.

Stoev, P., Donev, K. und Jenš, D. (Stoew, P., Donew, K. und Jensch, D.); Sofia, Höheres Landwirtsch. Inst. „Georgi Dimitrow". Proučvane na mikroklimata v obiknoven tip pomeštenija za bubochranene i vlijanieto mu vŭrchu produktivnostta na koprinenite bubi (B. mori L.). **(Untersuchungen des Mikroklimas im gewöhnlichen Raupenzuchtraum und dessen Einfluß auf die Produktivität der Seidenraupen [B. mori L.].)** Naučni trudove. Visš selskostopanski institut „Georgi Dimitrov". Zootechničeski fakultet, Sofija **12** (1963) S. 197 bis 207. – 7 Tab., 8 Lit. Zus. in Russ., Dtsch.
In 2 Wiederholungen wurden jeweils 4 Gruppen von je 220 Raupen des Koreanischen Weißspinners Nr. 153 nach der 2. Häutung in einem Zuchtraum auf Gestellen bei folgenden Höhen über dem Erdboden aufgezogen; Gr. I – 65 cm, Gr. II – 115 cm, Gr. III – 165 cm und Gr. IV – 215 cm. Ergebnisse (in der Reihenfolge der Gruppen): Lufttemperatur 20,5; 21,6; 21,9 und 22,2 °C; rel. Luftfeuchtigkeit 82; 80; 77 und 75%; mittlere Geschwindigkeit der Luftbewegung 0,055; 0,035; 0,038 und 0,061 m/s; Abkühlungskoeffizient 4,64; 4,30; 4,22 und 4,38 cal/cm^2; CO_2-Gehalt der Luft 0,076; 0,074; 0,064 und 0,063%; Gesamtdauer der Raupenentwicklung 36; 35; 35 und 34 Tage; Lebensfähigkeit der Raupen 85,3; 94,7; 96,2 und 87,3%; Kokonfrischgewicht je Unze Brut 55,1; 61,2; 63,7 und 52,8 kg, davon en race 79,0; 80,0; 84,4 und 80,0%; mittleres Trockengewicht der Kokons 0,699; 0,671; 0,635 und 0,592 g; Gehalt an Gesamtseide 47,2; 48,0; 48,1 und 49,4%. N. Platikanov. 5665.

Donev, K. (Donew, K.); Sofia, Höheres Landwirtsch. Inst. „Georgi Dimitrow". Prinos kŭm proučvane vlijanieto na sroka na podrjazvaneto na stŭbloto na černicite vŭrchu prichvaštaneto im pri zasaždaneto. **(Beitrag zur Untersuchung des Einflusses des Pflanzschnitts auf das Anwachsen der Maulbeerbäume.)** Naučni trudove. Visš selskostopanski institut „Georgi Dimitrov". Zootechničeski fakultet, Sofija **12** (1963) S. 315–322. – 2 Abb., 5 Tab., 6 Lit. Zus. in Russ., Dtsch.
Am 17. März wurden 5 Gruppen zu je 20 nicht ausgeformten jungen Maulbeerbäumen ausgepflanzt. Der Rückschnitt erfolgte an folgenden Terminen: in Gr. I – beim Pflanzen (schlafende Augen), in Gr. II – 25 Tage nach dem Pflanzen (Saftbewegung), in Gr. III – 33 Tage nach dem Pflanzen (Knospenschieben), in Gr. IV – 40 Tage nach dem Pflanzen (aufgesprungene Knospen), in Gr. V – 50 Tage nach dem Pflanzen (gesproßte Sommertriebe). Am 5. Okt. betrug der Prozentsatz der angewachsenen und in der Vegetation befindlichen Pflanzen in den einzelnen Gruppen: 85, 90, 95, 100 und 80%. Für das Anwachsen und das Wachstum sowie für die Länge und Reifung der Sommertriebe hat sich der Rückschnitt bei aufgesprungenen Knospen am besten bewährt. N. Platikanow. 5685.

TIERERNÄHRUNG

B. CHEMISCHE BESTANDTEILE DES TIERKÖRPERS UND DER FUTTERMITTEL

Jones, R. W. und Dimler, R. J.; Peoria, Ill., Northern Regional Res. Lab. Electrophoretic composition of glutens from air-classified flours. **(Die elektrophoretische Zusammensetzung der Glutene von luftklassifizierten Mehlen.)** Cereal Chem. **39** (1962) Nr. 4. S. 336–340. – 3 Tab., 15 Lit.

Aus 3 Weizenspecies wurden nach beschriebener Methode die Glutene isoliert und durch Anwendung zweier elektrophoretischer Verfahren verglichen. Bestimmt wurden die Glutenverteilung, die Proteinverteilung sowie die wasserlöslichen Proteine in Mehlextrakten. Mit Hilfe der Stärkegelelektrophorese wurde gezeigt, daß die Glutene eines gegebenen Mehles und seine unterschiedenen „hohen Proteine" sowie „niedrigen Proteinfraktionen" im wesentlichen identisch sind und dieselben Komponenten in gleichen rel. Konzentrationen vorliegen. I. Schröder. 7225.

Power, Bernard A. und Power, Robert F.; Dorval, Quebec. Some amino-acids as ice nucleators. **(Einige Aminosäuren als Eisnucleatoren.)** – Nature [London] **194** (1962) Nr. 4834. S. 1170–1171. – 1 Tab., 11 Lit.
Vff. prüften folgende Aminosäuren auf mögliche Aktivität als Eisnucleatoren: Glycin, l-Leucin, dl-Leucin, dl-Isoleucin, dl-Alanin, dl-Serin, dl-Asparaginsäure, dl-Phenylalanin, l-Glutaminsäure, l-Tyrosin, l-Tryptophan, dl-Tryptophan und dl-Valin. I. Schröder. 7230.

Bramstedt, F.; Hamburg, Univ., Physiol.-Chem. Inst. **Die Bedeutung der Schwankungen des Gehaltes an Nukleotiden, freien Aminosäuren und Kohlenhydraten der Fischmuskulatur für die Qualitätsbeurteilung.** Fette, Seifen, Anstrichmittel **64** (1962) Nr. 9. S. 820–825. – 1 Abb., 5 Tab., 22 Lit. Zus. in Russ., Engl., Franz.
Schwankungen des Salzgehaltes und der Temperatur im Fanggebiet, unterschiedliche Zusammensetzung der Nahrung in den Sommer- und Wintermonaten, Einfluß von Hunger, Laichzeit und Geschlecht bedingen beträchtliche Schwankungen des Gehaltes an Nucleotiden, freien Aminosäuren und Kohlenhydraten in der Fischmuskulatur. Es wird über Untersuchungen des Einflusses einiger dieser Faktoren berichtet, insbesondere über die Schwankungen des NH_2-N der Fischmuskulatur verschiedener Arten von Seefischen in Abhängigkeit von Jahreszeit und Salzgehalt, über den Alkoholfällungsrückstand bei Lengfisch-Muskulatur im Sommer und Winter, über den Leucin-, Lysin-, Isoleucin- und Glutaminsäuregehalt bei Kabeljau, Seelachs und Schellfisch im Sommer und Winter. Beziehungen zwischen dem Gehalt an freien Aminosäuren und den einzelnen Qualitätsstufen werden gegeben. Die Schwankungen an freien Aminosäuren sind innerhalb einer Art beträchtlich. So liegen die Werte beim Seestint zwischen 28,5 und 61,5 mg NH_2-N pro 100 g Frischfisch. Starke Veränderungen treten während der Lagerzeit auf (enzymatischer Abbau durch fischeigene Enzyme), wodurch Geschmack und Geruch wesentlich beeinflußt werden. Winterfische zeichnen sich durch einen größeren Gehalt an freien Aminosäuren aus. I. Schröder. 7230.

Kitto, G. B., McNikoll, J. und Briggs, M. H.; Wellington, New Zealand, Victoria Univ., Dep. of Chem. Coenzymes of vitamin B_{12}. **(Coenzyme des Vitamin B_{12})** Sci. and Cult. [Calcutta] **28** (1962) Nr. 7. S. 295–302. – 7 Abb., 3 Tab., 34 Lit.
Übersicht. Bisher sind 3 Coenzymformen des Vit. B_{12} beschrieben worden: Adenin-B_{12}-Coenzym, Benzimidazol-B_{12}-Coenzym und Dimethylbenzimidazol-B_{12}-Coenzym. Sie sind als Coenzyme der β-Methal-Aspartase, Methylmalonylisomerase und Propandiol-dehydrase nachgewiesen worden. Die genaue Natur des B_{12}-Coenzyms im Homocysteinmethylase-System ist nicht bekannt. Einen schlüssigen Beweis für das direkte Eingreifen eines B_{12}-Coenzyms in die Biosynthese der Proteine, Nucleinsäuren, Kohlenhydrate oder Fette gibt es bisher nicht. Es ist auch nicht möglich, die B_{12}-Ausfallssymptome an Tieren mit den bisher aufgeklärten enzymatischen B_{12}-Funktionen in Beziehung zu bringen. B. Gaßmann. 7278.

Kobashi, Kyoichi, Hase, Jun'ichi und Uehara, Kihachiro; Toyama, Okuda, Univ. of Toyama, Fac. of Pharmac. Sci.; Toyonaka, Hotarugaike,

Japan, Osaka Univ., Fac. of Pharmacol. Specific inhibition of urease by hydroxamic acids. **(Spezifische Hemmung von Urease durch Hydroxamsäuren.)** Biochem. biophysica Acta [Amsterdam] **65** (1962) Nr. 2. S. 380–383. – 1 Abb., 1 Tab., 2 Lit.
Hydroxamsäuren sind hoch spez. Inhibitoren für Urease. Vff. untersuchten die hemmende Wirkung einer großen Anzahl verschiedener Hydroxamsäuren. An Ureasen kamen ein kristallines und ein unreines Präparat zur Anwendung. Die Ureaseaktivität wurde nach der colorimetrischen Methode von van Slyke und Archibald (vgl. J. biol. Chemistry **154** [1944] S. 623) bestimmt. Es wird gezeigt, daß die hemmende Wirkung auf eine Hydroxamsäure-Urease-Komplexbildung zurückzuführen ist, die durch Reaktion mit der aktiven Seite des Ferments ermöglicht wird. I. Schröder. 7300.

Cipera, J. D. und Willmer, J. S.; Ottawa, Ontario, Animal Res. Inst., Res. Branch, Dep. of Agric. Composition of epiphyseal cartilage. III. Differences in enzymatic activities of epiphyseal and articular cartilages of rachitic chicks. **(Zusammensetzung vom Epiphysenknorpel. 3. Mitt. Unterschiede in den enzymatischen Aktivitäten von Epiphysen- und Articularknorpeln von rachitischen Hühnchen.)** Canad. J. Biochem. Physiol. **40** (1962) Nr. 4. S. 419–423. – 1 Tab., 28 Lit. 1. Mitt. vgl. LZ. III **7** (1962) Nr. 8. S. 1686. 2. Mitt. vgl. LZ. IV **8** (1963) Nr. 1. S. 10.
Von 3 Wochen alten rachitischen Hühnchen wurden in den Epiphysen- und Articularknorpeln die enzymatischen Aktivitäten bestimmt. Ergebnis: Die Aktivitäten von Pyrophosphatase und Adenosintriphosphatase sind in den Epiphysenknorpeln 4mal höher als in den Articularknorpeln. Noch ausgeprägter sind die Unterschiede bei der alkalischen Phosphatase und der Hexosaminsynthetase. Dagegen ist die Phosphorylase im Articularknorpel aktiver. Die Bedeutung der Ergebnisse wird diskutiert. I. Schröder. 7300.

Kolb, E. und Schimmel, D. **Untersuchungen über den Mangangehalt von Organen des Schafes, unter besonderer Berücksichtigung der Manganverteilung in der Wandung verschiedener Abschnitte des Magen–Darm-Kanals.** Arch. exp. Veterinärmed. **16** (1962) Nr. 4. S. 743–751. – 3 Tab., 28 Lit.
Es werden Untersuchungsergebnisse über den Mn-Gehalt in den verschiedenen Abschnitten des Magen–Darm-Kanals sowie in einigen lebenswichtigen Organen des Schafes mitgeteilt. Die Mn-Konzentration in der Wandung des Duodenums liegt im Mittel bei 15,5, im Pansen bei 1,0, in der Haube bei 9,6, im Ileum bei 7,4, im Jejunum bei 6,4, im Labmagen bei 5,6, im Colon bei 4,8 und im Psalter bei 4,5 mg/kg Tr.-Subst. In den Organen fällt der Mn-Gehalt in folgender Reihenfolge ab: Leber, Nierenrinde, Nierenmark, Herzmuskel, quergestreifte Muskulatur, Lunge und Milz. H.-A. Ketz. 7400.

C. UNTERSUCHUNGS- UND VERSUCHSMETHODIK

Hofer, A. A. und Mohler, H.; Basel, Univ., Physikal.-Chem. Inst.; Zürich, Knorr Forsch.-Inst. **Zur Aufnahmetechnik von Sorptionsisothermen und ihre Anwendung in der Lebensmittelindustrie.** Mitt. Gebiete Lebensmittelunters. Hyg. [Bern] **53** (1962) Nr. 4. S. 274–290. – 14 Abb., 1 Tab., 12 Lit. Zus. in Engl., Franz.
Für die Haltbarkeit der Nahrungsmittel ist die Frage nach dem Optimum des Wassergehaltes von größter Bedeutung. Ein wertvolles Kriterium für seine Bedeutung bietet das Sorptionsisothermen-Konzept. Vff. vergleichen 4 verschiedene Methoden zur Bestimmung der Sorptionsisothermen und finden übereinstimmende Werte und Unabhängigkeit vom äußeren Druck. Es werden Sorptionsisothermen von hitzedenaturierter Stärke, von stärke- und fettimprägniertem gefriergetrocknetem Blumenkohl, von fettimprägniertem Kalbfleisch und von verschiedenartig getrocknetem Rindfleisch mitgeteilt.

Die Funktion der Fettimprägnierung wird in der Verminderung der Wasseraufnahme, im Schutz gegen Oxydation und Zerkrümelung sowie in der Unterdrückung des Wasseraustausches in verschlossenen Gemischen gesehen. Es wird eine vollautomatische Elektrowaage mit Schreiber beschrieben, die Gewichts-Zeit-Kurven für die Ausgleichungsgeschwindigkeit von Trockenprodukten in feuchter Luft (oder umgekehrt) aufnimmt. Abschließend wird auf eine Mikromethode zur Bestimmung von Sorptionsisothermen hingewiesen. I. Schröder. 7462.

Sternkopf, G.; Halle/S., Martin-Luther-Univ. Halle-Wittenberg, Inst. für Tierernähr. **Untersuchungen über die chemisch-analytische Auftrennung der stickstoff-freien Extraktstoffe (NFE) in grünem Pflanzenmaterial. 1. Mitt. Versuche zum Aufbau eines Trennungsschemas.** Arch. Tierernähr. **12** (1962) Nr. 4. S. 209–228. — 8 Abb., 3 Tab., 20 Lit.
Auf der Grundlage der stufenweise fortschreitenden Extraktion wird die Weender Analysenmethode hinsichtlich der analytischen Bestimmung der N-fr. E. erweitert. Folgende Fraktionen werden im angegebenen Trennungsgang ermittelt: Rohfett, Stärke, einfache Zucker, Fruktosane, lösliche Hemicellulose, schwerlösliche Hemicellulose und Rohfaser. Insgesamt werden in diesem Trennungsgang mindestens 75% der Substanzen erfaßt, die in der Weender Methodik als N-fr.E. nur als rechnerische Differenzgröße erscheinen. Von den fehlenden 25% der Weender N-fr. E.-Fraktion ist die Hälfte lösliches Lignin, dem kein Nährwert zukommt. Dementsprechend kann die beschriebene Methode 85–90% der ligninfreien N-fr. E.-Fraktion analytisch erfassen.
H. Bergner. 7472.

Bailey, R. W.; Palmerston North, New Zealand, Dep. of Sci. and Ind. Res., Plant Chem. Div. Colour reactions between sugars and diphenylamine-urea and diphenylamine-p-anisidine on paper chromatograms. **(Farbreaktionen zwischen Zuckern und Diphenylamin-Harnstoff und Diphenylamin-p-Anisidin auf Papierchromatogrammen.)** J. Chromatogr. [Amsterdam] **8** (1962) Nr. 1. S. 57–62. — 2 Tab., 6 Lit.
Das Diphenylamin-Harnstoffreagens für Ketosen besteht aus einer Mischung (1:1, v:v) von 1% Diphenylamin (D.) (w:v) in Aceton, das 10% konz. H_3PO_4 (v:v) enthält, und von 3% Harnstoff (H.) (w: v) in wassergesättigtem n-Butanol, das ebenfalls 10% H_3PO_4 enthält. Die besprühten und getrockneten Chromatogramme werden 2–3 Min. auf 90° erhitzt, die Farben sofort und nach 20–30 Min. beobachtet. Für Aldosen enthält das Reagens lediglich 2% D., es wird hier 4–5 Min. auf 95–100° erhitzt. Das Diphenylamin-p-Anisidin-Reagens besteht aus gleichen Volumen von 2% D. (w:v) in Aceton (10% H_3PO_4) und 2% p-Anisidin (p-A.) (w:v) in Äthanol, der auch 10% H_3PO_4 (v:v) enthält, Erhitzung 2–3 Min. auf 90–95°. Die mit beiden Reagenzien ausgeführten Farbreaktionen ergaben bei einer Anzahl Zucker für $1 \rightarrow 1$, $1 \rightarrow 3$, $1 \rightarrow 4$, $1 \rightarrow 5$ und $1 \rightarrow 6$ gebundene Disaccharide mit einer reduzierenden Ketose empfindliche, spez. Farbreaktionen. Für noch gute Farbreaktionen waren bei Ketosen 5 μg und bei Aldosen 15–20 μg erforderlich.
F. Kreienbring. 7485.

Berenson, Gerald S. und Dalferes jun., Edward R.; New Orleans, Louisiana State Univ., School of Med., Dep. of Med. Identification of acid mucopolysaccharides by glass-paper chromatography. **(Identifizierung von sauren Mucopolysacchariden durch Glaspapierchromatographie.)** Biochim. biophysica Acta [Amsterdam] **58** (1962) Nr. 1. S. 34–40. — 3 Abb., 1 Tab., 18 Lit.
Mit Hilfe der aufsteigenden chromatographischen Methode (einer Art Verdrängungschromatographie) unter Verwendung von mit Silicagel behandeltem Glaspapier und Äthanol-Salzlösungen als Laufmittel (NaH_2PO_4, $CaCl_2$ oder $FeNH_4(SO_4)_2$ in verschiedenen Äthanolkonzentrationen) werden 7 Muco-

polysaccharide getrennt. Die Lokalisierung der Verbindungen erfolgt durch Verkohlen mit H_2SO_4 oder anderen beschriebenen Anfärbetechniken. Gewisse Schwierigkeiten bei der Identifizierung werden diskutiert. Die Verwendung von Glasfaserpapieren wird zur Untersuchung verschiedener Reaktionen der Mucopolysaccharide als sehr zweckmäßig bezeichnet, da die Methode sehr bequem und schnell durchführbar ist sowie reproduzierbare Werte liefert. Es können sehr kleine Mengen von Mucopolysacchariden in Mischungen identifiziert werden. I. Schröder. 7485.

Das, B. R.; Bangalore, India, Indian Inst. of Sci., Dep. of Biochem. Isolation and partial characterization of sheep plasma α_1-mucoprotein. **(Die Isolierung und teilweise Charakterisierung von α_1-Mucoprotein aus Schaf-Plasma.)** Biochim. biophysisa Acta [Amsterdam] **58** (1962) Nr. 1. S. 52–62. — 6 Abb., 2 Tab., 33 Lit.
α_1-Mucoprotein wurde von den in Schafplasma vorkommenden Proteinen Albumin und α_1-, α_2-, β-, und γ-Globulinen als elektrophoretisch homogene Zone durch Kombination von Ammoniumsulfat-Sättigung, isoelektrischer Präzipitation und präparativer Agar-Elektrophorese in einer Ausbeute von 150 mg/l Plasma isoliert. Eigenschaften: Es ist wasserlöslich, bei 100° nicht koagulierbar, durch 1,8 m Perchlorsäure und 10% Trichloressigsäure nicht präzipitierbar, jedoch präzipitierbar durch gesättigte Ammoniumsulfatlösung und 0,6 m Sulfosalicylsäure. Der isoelektrische Punkt liegt bei pH 4,45. Zusammensetzung: 12,4% N, 77,4% Polypeptid, 7,1% Gesamthexose (nur Mannose und Galaktose), 1,0% Fucose, 4,9% Glucosamin, 4,8% Sialinsäure. Es besitzt keine N-endständige Aminosäure. I. Schröder. 7500.

Hilpert, Helmut und Enkelmann, Dorothea; Wangen, Allgäu, Staatl. Milchwirtsch. Lehr- und Forsch.-Anst. **Zur papierelektrophoretischen Charakterisierung von Molkenproteinen verschiedener Tierspezies.** Milchwissenschaft **18** (1963) Nr. 1. S. 26–29. — 2 Abb., 1 Tab., 6 Lit.
Aus den fettfreien Milchproben wurde bei pH 4,6 durch n/10 HCl das Casein ausgefällt und nach erschöpfender Dialyse gegen Wasser die Molkenproteine lyophilisiert. Auf die mit Veronal-N (pH 8,6, μ 0,075) gepufferten Elektrophoresestreifen wurden nach Äquilibrierung je ein mg Protein aufgebracht, nach beendeter Laufzeit bei 120–130 °C getrocknet, 6 min. in reinem Methanol vorgewaschen, 30 min. in Bromphenolblau (1 g/l) gefärbt, in 3 Stufen je 6 min. in 5%iger Essigsäure entfärbt, wieder getrocknet und vor der Auswertung 15 min. einer NH_3-Atmosphäre ausgesetzt. Die Auswertung, die im Spinco-Gerät „Analytrol" der Fa. Beckmann vorgenommen wurde, ergab Unterschiede sowohl im „Eiweißbild" als auch in der elektrophoretischen Beweglichkeit der einzelnen Bestandteile. Beispielsweise zeigten β-Lactoglobulin von Ziege und Kaninchen eine geringere Beweglichkeit als das der Kuhmilch. Dafür machen Vff. die verschiedene Aminosäurezusammensetzung bes. im Hinblick auf die funktionellen Gruppen mehrfunktioneller Aminosäuren verantwortlich. Es konnte bei keiner der 3 Tierspecies die Fähigkeit zur Synthese von β-Lactoglobulin A und B beobachtet werden. J. Niepel. 7500.

Jansen, M. T.; Utrecht, Netherlands, State Univ., Fac. of Med., Lab. of Histol. and Microscopic Anatomy. On the quantitative amido black B staining of protein spots in agar gel at low local protein concentrations. **(Über die quantitative Amidoschwarz B-Anfärbung von Proteinflecken in Agargel bei niedrigen lokalen Proteinkonzentrationen.)** Biochim. biophysica Acta [Amsterdam] **60** (1962) Nr. 1. S. 121–125. — 1 Abb., 3 Tab., 5 Lit.
Vf. berichtet über eine Modifizierung der Bestimmungsmethode von Proteinen auf Agargel. Es wird gefunden, daß die Proteinflecken in Agargel von identischen Proteinen mit unterschiedlichem Fleckeninhalt auch verschiedene Mengen von Amidoschwarz-B binden. Durch Verwendung von reiner Agarose,

anstelle von Agar wird jedoch eine lineare Korrelation zwischen dem Protein und der Farbstoffmenge des Fleckes erhalten. Die Linearität bleibt bis zur Proteinkonzentration von 0,05 $\mu g/mm^2$ Fleckenoberfläche erhalten.
I. Schröder. 7500.

McDonald, C. E.; Albany, Calif., Western Regional Res. Lab. An improved method for the preparation of wheat gliadin. **(Eine verbesserte Methode zur Herstellung von Weizengliadin.)** Cereal Chem. **39** (1962) Nr. 4. S. 311–317. – 1 Abb., 2 Tab., 15 Lit.
Die vom Vf. beschriebene Methode ist gegenüber anderen Verfahren in der Lage, in wenigen Std. aus nativem getrocknetem Gluten ein hoch gereinigtes Gliadin zu isolieren, daß frei von Lipiden, Kohlenhydraten und Proteinverunreinigungen ist. Extrahiert wurde mit 35%igem Isopropanol oder 30%igem tert. Butylalkohol bei Zimmertemperatur, nachdem die günstigste Extraktionszeit (variiert von 15–45 Min.) und Alkoholkonzentration (variiert von 20–60%, v/v) ermittelt worden war. Die Proteinverunreinigungen wurden durch Erhöhung des pH von 5,8 bis 7,0 und durch Abkühlung präzipitiert, die Lipidverunreinigungen durch Adsorption an C. Anschließend erfolgte die Ausfällung des Gliadins bei pH 7,7 und Erwärmen und durch Verdünnen der Hälfte des Volumens mit 40° warmem Wasser sowie durch Abkühlen bis auf 5–10°. Die in Lösung verbleibenden Kohlenhydrate, anorg. Salze und der Alkohol wurden mit Wasser ausgewaschen. Das lyophilisierte Endprodukt enthält 17,8% N und 25,8% NH_2-N des Gesamt-N. Es ist leicht in 60%igem Äthylalkohol oder verdünnten Säuren löslich. I. Schröder. 7500.

Gordon, William G.; Philadelphia, Pa., U. S. Dep. of Agric., Eastern Regional Res. Lab. Hydrolysis of proteins for amino acid analysis. **(Die Hydrolyse von Proteinen für die Aminosäureanalyse.)** J. Assoc. off. agric. Chemists **45** (1962) Nr. 3. S. 785–786. – 9 Lit.
Es wird ein allgemeiner Überblick über die Problematik der für die Bestimmung der Aminosäuren notwendigen Hydrolyse gegeben. Insbesondere bei Futter- und Nahrungsmitteln mit geringem Proteingehalt und hohem Kohlenhydratgehalt ergeben sich Schwierigkeiten, die durch die Empfindlichkeit einer Reihe von Aminosäuren bedingt ist. Vf. erläutert insbesondere die Arbeiten von Dustin und Mitarbeitern, wonach bis auf Cystin, Methionin und Tryptophan auf Grund einer extrem starken Verdünnung die restlichen Aminosäuren praktisch ohne Zerstörung bestimmt werden können. Es wird betont, daß es z. Zt. keine Hydrolysenmethode gibt, die eine komplette Aminosäureanalyse gestattet. I. Schröder. 7505

Drawert, F., Bachmann, O. und Reuther, K.-H.; Siebeldingen/Pfalz, Forsch.-Inst. für Rebenzücht. Geilweilerhof, Abt. Biochem. und Physiol. **Dünnschicht-Chromatographie von ^{14}C-Dinitrophenyl-aminosäuren.** J. Chromatogr. [Amsterdam] **9** (1962) Nr. 3. S. 376–378. – 1 Abb., 5 Lit.
Aus Gäransätzen von Traubenmost mit Weinhefe unter Zusatz von L-^{14}C-Glutaminsäure wurden neben ^{14}C-Alkoholen u. a. ^{14}C-Aminosäuren isoliert. Von den Aminosäuren wurden nach Umsetzung mit Dinitrofluorbenzol die markierten ^{14}C-DNP-Aminosäuren dünnschichtchromatographisch untersucht. An Fließmitteln wurden verwendet: 1. Dimension: Toluol-Pyridin-2-Chloräthanol-0,8 n NH_3 (100:30:60:60). 2. Dimension: Chloroform-Benzylalkohol-Eisessig (70:30:3). Die Auswertung der Spots hinsichtlich ihres Gehalts an ^{14}C wird ausführlich beschrieben. I. Schröder. 7505.

Scherr, George H.; Chicago, Ill., Res. Dep., Consolidated Lab. Use of cellulose acetate strips for electrophoresis of amino acids. **(Die Verwendung von Celluloseacetatstreifen für die Elektrophorese von Aminosäuren.)** Analyt. Chem. **34** (1962) Nr. 7. S. 777. – 2 Abb., 4 Lit.

Vf. beschreibt eine sehr schnelle elektrophoretische Methode. Durch Verwendung von Celluloseacetatstreifen, einer Spannung von 300 V und etwa 1,5 mA pro Streifen wird die gesamte Bestimmung (Elektrophorese, Trocknung und Anfärbung) in 45 Min. ermöglicht. Die Trennung wird in einem Shandon Universal-Elektrophoresetank mit dem Puffer Ameisensäure (90%-ig)-Essigsäure-Wasser (31,2:59,2:909,6) bei pH 2 durchgeführt. In einem 30 Min. Lauf wurden folgende Verbindungen aufgetrennt: Taurin, L-Glutamin, DL-Serin, DL-α-Alanin, Glycin, β-Aminoisobuttersäure, DL-Histidin-HCl, DL-1-Methylhistidin. Die Methode hat eine Empfindlichkeit von ca. 0,5 μg.
I. Schröder. 7505.

Pavlíček, Miroslav, Rosmus, Jan und Deyl, Zdeněk; Smichov, Czechoslovakia, Centr. Res. Inst. of Food Ind.; Prague, Techn. Univ., Automation Dep. Centrifugal chromatography. IV. A simple distributor for centrifugal chromatography. **(Zentrifugalchromatographie. 4. Mitt. Ein einfacher Verteiler für Zentrifugalchromatographie.)** J. Chromatogr. [Amsterdam] **9** (1962) Nr. 1. S. 92–95. — 4 Abb., 1 Tab., 6 Lit.
Vff. beschreiben einen einfachen Verteiler für die mobile Phase. Der Vorteil des Verteilers besteht gegenüber anderen Systemen in der einfachen und schnellen Wirkungsweise. Da die mobile Phase schnell ausgetauscht werden kann, ist der Verteiler auch für Gradienten-Elutionspapierchromatographie geeignet. Es werden verschiedene Papiere geprüft und die Entwicklungszeiten getestet. Während Schleicher-Schüll 2043 b mit einer Entwicklungszeit von 20 Min. eine sehr gute Trennung ergibt (Schleicher-Schüll-Farben mit 2% Na-Citrat in 2,5% wäßrigem NH_3 als Standard), sind die Whatman No. 1–4 Papiere mit 20, 18, 15, 12 Min. sowie Ederol 202 mit 18 Min. gut geeignet, Ederol 225 mit 10 Min. ergibt nur eine gerade ausreichende Trennung.
I. Schröder. 7505.

Ingle, John; Bristol, Great Britain, Univ., Dep. of Bot. A method for the improved separation of soluble nucleotides by ion-exchange chromatography. **(Eine Methode für die verbesserte Trennung löslicher Nucleotide durch Ionenaustauscherchromatographie.)** Biochim. biophysica Acta [Amsterdam] **61** (1962) Nr. 1. S. 147–149. — 1 Abb., 6 Lit.
Am Beispiel eines Extraktes mit 60%igem Äthanol aus der Hefe Torulopsis utilis wird die Trennung der Nucleotide auf einer Dowex-1 $\times$ 4 Säule (30 $\times$ 1 cm, Teilchendurchmesser 35–75 μ) in der Formiat-Form erläutert. Die Elution der bei pH 7,0 auf die Säule aufgetragenen Nucleotide erfolgt in 2 Stufen: 1. Elution bei niedriger Formiatkonzentration und konkav auf 4 n ansteigender Ameisensäurekonzentration, pH-Veränderung dabei von 7,0 auf 1,3; 2. Elution mit konkav auf 1 m ansteigender Ammoniumformiatkonzentration bei konstanter 4 n Ameisensäure. Es werden 1,3 l Gesamteluat in Fraktionen von 3,2 ml bei Durchflußraten von 15–20 ml/Std. ohne Überdruck gesammelt. Die Vorteile des Trennverfahrens sind eine gute Auflösung des Nucleotidextraktes, die erleichterte Rückgewinnung der Nucleotide und ein geringes Eluatvolumen. F. Kreienbring. 7510.

Eberhagen, Dietrich und Betzing, Hans; Köln, Univ., Physiol.-Chem. Inst. An improved technique for dialysis of lipids. **(Eine verbesserte Technik zur Dialyse von Fetten.)** J. Lipid Res. **3** (1962) Nr. 3. S. 382–383. — 1 Abb., 1 Tab.
Es wird eine einfache Apparatur zur kontinuierlichen Dialyse bzw. Extraktion von Lipoiden beschrieben. Die Apparatur stellt ein geschlossenes System dar, in dem das Lösungsmittel kontinuierlich wiedergewonnen wird. Fettmischungen von 100 mg bis 7 g können in weniger als 10 Std. ohne Wartung der Apparatur unter Verwendung von ca. 250 ml Lösungsmittel getrennt werden. Die Dialyse erfolgt durch Cellulose- oder Gummimembranen. Der apparative

Aufbau ist genauestens beschrieben. Mit Petroläther als Extraktionsmittel werden Triglycerid-Phospholipoidgemische quantitativ getrennt. Die Ergebnisse werden mitgeteilt. H. Steger. 7515.

Lie, Kian Bo und Nyc, Joseph F.; Los Angeles, Univ. of California, Med. Center, School of Med., Dep. of Physiol. Chem. The chromatography of lipids in test tubes coated with a thin layer of silicic acid. **(Chromatographie von Lipiden in Analysenröhrchen, die mit einer dünnen Schicht von Kieselsäure überzogen sind.)** J. Chromatogr. [Amsterdam] 8 (1962) Nr. 1. S. 75–81. – 2 Abb., 1 Tab., 10 Lit.

Nach der ausführlich beschriebenen Vorbereitung der Analysenröhrchen (⌀ = 13,5 mm, l = 150 mm) erfolgt die Angabe der Methode. Zur Trennung von Bestandteilen der Lipide werden 30–50 μg in einem geeigneten Lösungsmittel 1 cm vom Rand des vorbereiteten Röhrchens an der markierten Seite aufgetragen und aufsteigend chromatographiert, indem man das Röhrchen mit seiner Öffnung 3 mm tief in ein kleines Gefäß von 19 mm ⌀ eintauchen läßt, das 1,5 ml der mobilen Phase enthält. Als mobile Phasen eignen sich: n-Hexan; Äther: n-Hexan (3:97; bzw. 15:85), besonders Chloroform und Mischungen von Methanol-Wasser-NH_3 (28%) (93:5:2), 20:80 bzw. 30:70 mit Chloroform. Man arbeitet bei Raumtemperaturen von 25° und läßt die mobile Phase ca. 10 cm hochsteigen (Dauer 40 Min.). Danach läßt man die Röhrchen bei mäßiger Temperatur trocknen und färbt das Chromatogramm mit Joddämpfen an. Es gelang mittels dieses Verfahrens die Komponenten der Lipide von *Neurospora crassa* zu trennen. H. Steger. 7515.

Hofmann, Alan F.; Lund, Sweden, Univ., Dep. of Physiol. Chem. Separation of 1- and 2-monoglycerides by thin-layer adsorption chromatography on hydroxyl-apatite. **(Trennung von 1- und 2-Monoglyceriden durch Dünnschichtadsorptionschromatographie an Hydroxylapatit.)** J. Lipid Res. 3 (1962) Nr. 3. S. 391–393.

Zur Trennung von 1- und 2-Monoglyceriden von anderen Fettbestandteilen eignet sich die Dünnschichtchromatographie mit Hydroxylapatit, der nach Anacker und Stoy (vgl. Biochem. Z. **330** [1958] Nr. 2. S. 141.) hergestellt wird und als Bindemittel $CaSO_4$ bzw. Zytel 61 (alkohollösliches Polyamid) enthält. Als Entwicklerflüssigkeit eignen sich aliphatische Ketone, besonders Methyl-isobutylketon. Die R_f-Werte für 1-Monoglyceride liegen bei 0,42, für 2-Monoglyceride bei 0,59 und freie Fettsäuren bei 0,78. Die Phospholipoide bleiben auf dem Startpunkt zurück; Diglyceride, Cholesterin und Triglyceride laufen mit der Lösungsmittelfront. Nach der Entwicklung wird das Laufmittel bei 150° in einem gut ventilierten Ofen von den Platten entfernt. Zur Anfärbung wird Phosphormolybdänsäurereagens (10 g/100 ml Äthanol) vorgeschlagen. H. Steger. 7520.

Skidmore, Wesley D. und Entenman, C.; San Francisco, U. S. Naval Radiol. Defence Lab. The determination of esterified fatty acids in glycerides, cholesterol esters, and phosphatides. **(Die Bestimmung von veresterten Fettsäuren in Glyceriden, Cholesterinestern und Phosphatiden.)** J. Lipid Res. **3** (1962) Nr. 3. S. 356–363. – 5 Abb., 1 Tab., 12 Lit.

Zur Bestimmung veresterter Fettsäuren wurde die Hydroxamsäurereaktion verwendet. Die Methode wurde überprüft und alle einbegriffenen veränderlichen Faktoren (Alkalität, H_2O-Gehalt, Hydroxylaminzusatz, Fe-Perchloratzugabe) kontrolliert, um molare Absorptionen pro Estergruppe für Triglyceride Cholesterinester der Langkettenfettsäuren und Phosphatide zu erhalten. Es zeigte sich, daß die H_2O-Anwesenheit während der Bildung von Hydroxamaten für die Bildung der Farbe von besonderem Einfluß ist. Die Messung der Farbintensität wird bei einer Wellenlänge von 530 mμ vorgenommen.
H. Steger. 7520.

Kaufmann, H. P. und Schmülling, E. **Die Bestimmung der Hydroxyzahl freier Fettsäuren.** Fette, Seifen, Anstrichmittel **64** (1962) Nr. 4. S. 319–321.
Die eingewogene Fettsäure wird in einem Miniaturbecher in einen 150 ml fassenden Schlifferlenmeyer gegeben, mit 5 bis 15 ml Pyridin, (reinst, getrocknet über $Ba(OH)_2$ gelöst und das erforderliche Volumen Acetylierungslösung (100 g Acetylchlorid in 1000 ml Toluol wasserfrei) so zugefügt, daß die ausgezogene Auslaufspitze der Bürette gerade in die Lösung eintaucht. Der Kolben wird sofort verschlossen und 20 Min. unter gelegentlichem Schütteln bei 60° in den Trockenschrank gestellt. Nach Abkühlung unter der Wasserleitung fügt man 3 ml H_2O zu und stellt den verschlossenen Kolben 15 Min. bei 60° in den Trockenschrank. Man titriert mit 0,5 n alkoholischer KOH unter Zusatz von Phenolphthalein. In gleicher Weise ist ein Blindversuch durchzuführen. H. Steger. 7520.

Viswanathan, C. V. und Bai, B. Meera; Bangalore, India, Indian Inst. of Sci., Dep. of Biochem. Application of reversed phase circular paper chromatography to the analysis of higher fatty acids. **(Anwendung der Umkehrphasen-Cirkularpapierchromatographie für die Analyse höherer Fettsäuren.)** J. Chromatogr. [Amsterdam] **7** (1962) Nr. 4. S. 507–515. — 1 Abb., 6 Tab., 6 Lit.
Zur Trennung höherer Fettsäuren (C_{12}–C_{18} sowie Öl-, Linol- und Linolensäure) eignet sich imprägniertes Whatmanpapier No. 3 besser als No. 1. Die Imprägnierung erfolgt mit 10%igen Lösungen von Paraffin (Sp. 190–210°) weißer Vaseline und einigen anderen vaselinartigen Erzeugnissen in Benzin. Nach ½stündigem Trocknen an der Luft ist das Papier gebrauchsfertig. Zur Trennung kritischer Partner bewährten sich Gemische aus Essigsäure-Ameisensäure (88%) — H_2O_2 (30%) (6:1:1) oder Methanol-Ameisensäure (88%) — H_2O_2 (30%) (6:1:1). Durch das H_2O_2 werden die ungesättigten Fettsäuren quantitativ oxydiert und lassen sich so von den gesättigten trennen. Zur Trennung hochmolekularer Fettsäuren (über C_{18}) wird empfohlen, bei 55° zu arbeiten. Als Laufmittel eignet sich 90%iges Methanol besser als 90%ige Essigsäure. Das Verfahren wird ausführlich beschrieben. Die purpurroten Banden (Merkuriacetat und Diphenylcarbazid) lassen sich zur quantitativen Auswertung mit 5 ml einer Mischung aus Methanol-Toluol (1:1) eluieren. Die Extinktion wird bei 540 mμ gemessen. Auf diese Weise wurden 96–100% der eingesetzten Fettsäuremengen wiedergefunden. H. Steger. 7520.

Silverberg, Hymen D.; Kansas City, Mo., Food and Drug Adm. Mineral oil in foods. **(Mineralöl in Nahrungsmitteln.)** J. Assoc. off. agric. Chemists **45** (1962) Nr. 2. S. 241–243. — 6 Lit.
Mineralöl kann im Unverseifbaren durch Trennung der einzelnen Bestandteile mit verschiedenen Lösungsmitteln und einer Al_2O_3-Säule nachgewiesen werden. Mit Petroläther werden Kohlenwasserstoffe, Squalen usw., mit Benzol bzw. Methylendichlorid einwertige Alkohole (Cholesterin, Vitamin A usw.) und mit Äther 2wertige Alkohole und Alkoholester aus der Säule eluiert. In Gegenwart von Alkali in der Säule (pH 11) werden gewisse Stoffe unter diesen Bedingungen zersetzt bzw. zurückgehalten (Vitamin A, K usw.). Zugesetztes Mineralöl wurde auf diese Weise zu 97–105% im Eluat wiedergefunden. Zur Identifikation des Mineralöles im Eluat werden 2 Tropfen zwischen 2 NaCl-Platten gebracht und im Beckmannspektrometer JR 5 bestimmt (Banden bei 3,4, 6,82 und 7,25 μ). H. Steger. 7520.

Kaufmann, H. P., Wessels, H. und Viswanathan, C. V.; Münster, Dtsch. Inst. für Fettforsch. **Die Papier-Chromatographie auf dem Fettgebiet. 51. Mitt. Präparative Trennung von Triglyceriden mit Hilfe der Papier-Chromatographie.** Fette, Seifen, Anstrichmittel **64** (1962) Nr. 6. S. 509–513. — 7 Abb., 51 Lit. 50. Mitt. vgl. LZ. Abt. III 8 (1963) Nr. 5. S. 1011.

Es wird ein Verfahren zur Trennung größerer Mengen von Triglyceriden (bis zu 40 mg) beschrieben. Diese präparative pc-Analyse benutzt das Prinzip der „Mehrfach-Entwicklung" und schafft damit Voraussetzungen für eine bessere Trennung kritischer Partner und für weitere qualitative und quantitative Analyse der einzelnen Fraktionen. Die Trennung erfolgt auf Rundfiltern zwischen Glasplatten bzw. in aufsteigender Arbeitsweise. Als Imprägnierungsmittel bewährte sich eine 10%ige Lösung von Paraffin in Petroläther (30 Min. nach Imprägnierung an der Luft hängen lassen) bzw. Tetradecan. Die verwendete Papiersorte war Schleicher-Schüll 2043 b. Als Laufmittel diente 99 bis 100%ige Essigsäure bzw. Aceton-Acetonitril 8:2 oder Aceton-Methanol 9:1. Nach jeder Entwicklung werden die Chromatogramme 20 Min. an der Luft oder im N_2-Strom getrocknet und dann erneut bis zu 4mal und mehr entwickelt. Die Entwicklungsdauer beträgt jeweils 8–12 Std. Die Anfärbung wird in J-Dampfatmosphäre vorgenommen. Die Brauchbarkeit des Verfahrens wird an Beispielen der Trennung von Triglyceriden des Sonnenblumenöles und des Leinöles demonstriert. H. Steger. 7520.

Kaufmann, H. P., Seher, A. und Mankel, G.; Münster, Dtsch. Inst. für Fettforsch. **Anwendung der Gas-Chromatographie auf dem Fettgebiet. 2. Mitt. Quantitative Auswertung.** Fette, Seifen, Anstrichmittel **64** (1962) Nr. 6. S. 501–509. – 12 Abb., 8 Tab., 20 Lit. 1. Mitt. vgl. LZ. Abt. III **7** (1962) Nr. 10. S. 2116.

Die quantitative Auswertung von Gaschromatogrammen ist eine wesentliche Fehlerquelle bei der Bestimmung von Fettsäuremethylestern. Die Größe der Bandenfläche steht weder zu den Gewichts- noch zu den Molprozenten der sie erzeugenden Substanz in einer einfachen mathematischen Abhängigkeit. Eine empirische Eichung der Meßapparatur ist daher erforderlich. Mit reinsten Fettsäuremethylestern wurden Eichfaktoren ermittelt und festgestellt, daß eine Korrektur der gas-chromatographischen Analysen-Ergebnisse um so nötiger ist, je mehr die Kettenlänge und der Sättigungsgrad der Fettsäuren in einem Ergebnis voneinander abweichen. Auch die Arbeitsbedingungen sind auf die Korrekturfaktoren von Einfluß. Um genaue quantitative Aussagen aus GLC-Fraktogrammen machen zu können, ist daher eine sorgfältige Eichung der Apparatur unter den jeweiligen Arbeitsbedingungen erforderlich. H. Steger. 7520.

Rost, H. E. **Methode zur Bestimmung dimerer Säuren in Ölen und Fetten.** Fette, Seifen, Anstrichmittel **64** (1962) Nr. 5. S. 427–433.

Polymere Anteile von 0,01 bis 1,0% in Ölen und Fetten lassen sich mit einer Genauigkeit von 95 ± 5% als dimere Säuren bestimmen. Vf. beschreibt ausführlich eine Methode. Die Fettsäureflecken erscheinen dunkelbraun. Zur quantitativen Bestimmung schneidet man die Flecken aus, extrahiert das Cupferdiäthyldithiocarbamat mit 95%igem Alkohol und mißt die Extinktion bei 435 mμ. H. Steger. 7520.

Feldheim, W.; Potsdam-Rehbrücke, Inst. für Ernähr. der Dtsch. Akad. der Wiss. zu Berlin. **Zur Vitamin-Analyse: Vitamin E.** Ernährungsforschung **7** (1962) Nr. 3. S. 375–376.

Vortrag. Untersuchungen auf dem Vit.-E-Gebiet machen heute die Auftrennung und Einzelerfassung der verschiedenen Tocopherole erforderlich; dies ist durch Säulen- oder Papierchromatographie möglich. Auf solche Weise sind Nebennieren, Leber, Herz, Milz, Rückenfett und Muskelgewebe von 15 Läuferschweinen untersucht worden, die über 3 Fütterungsperioden von je 6 Wochen zunächst ein Kraftfutter, dann ein bei unterschiedlicher Verteilung der Einzeltocopherole mit Pflanzenölen supplementiertes Futter und schließlich außer dem ölhaltigen Futter noch einen Zusatz von D,L-α-Tocopherol erhalten hatten. Trotz der unterschiedlichen Fütterung mit den verschiedenen Einzeltocopherolen ist in den untersuchten Organen nur α-Tocopherol gefunden worden, mit Ausnahme von Leber und Herz, wo auch sehr geringe Mengen der β- und γ-Fraktion — allerdings unabhängig von der Art der Fütterung — nachgewiesen worden sind. B. Gaßmann. 7566.

Rose, S. P. R.; Oxford, Dep. of Biochem. Mammalian phosphoprotein phosphatase. **(Säugetier-Phosphoproteinphosphatase.)** Nature [London] **194** (1962) Nr. 4835. S. 1280–1281. — 1 Tab., 21 Lit.

Es wurde durch 100fache Reinigung aus Meerschweinchen-, Ratten- und Ochsenhirn eine Phosphoproteinphosphatase isoliert (nur in den schweren mitochondrialen- und löslichen Fraktionen des Gehirns vorhanden) und die Eigenschaften charakterisiert. Sie ist die einzige Phosphoproteinphosphatase in diesen Geweben, hat ein Säure-pH Optimum und unterscheidet sich vom stabilen Leber- und Milzenzym. Sie ist sehr instabil und verliert die Aktivität bei der Dialyse und der Salz- bzw. Acetonfraktionierung, sie wird durch Mg^{++} und Mn^{++}, aber nicht durch Thiole aktiviert und durch 0,1 mm Fe^{++} inhibiert. Vf. gibt eine vergleichende Zusammenstellung der Eigenschaften der Phosphatase aus Leber, Milz und Hirn. Er gelangt zur Schlußfolgerung, daß Säugetiergewebe 2 Klassen von Enzymen enthalten, die zur Spaltung von Phosphoproteinen befähigt sind. Die eine Klasse von Enzymen ist stabil und nicht spez. (Leber und Milz), die andere ist weit verteilt, labil und hoch spez. I. Schröder. 7580.

Tokuyasu, Kiyochika und Funatsu, Masaru; Fukuoka, Kyushu Univ., Fac. of Agric., Lab. of Biochem. Studies on enzymatically active fragments of pepsin. III. Further purification and the homogeneity of a fragment with peptic activity. **(Untersuchungen eines enzymatisch aktiven Fragments von Pepsin. 3. Mitt. Weitere Reinigung und die Homogenität eines Fragments mit peptischer Aktivität.)** J. Biochemistry [Tokyo] **52** (1962) Nr. 2. S. 103–107. — 6 Abb., 1 Tab., 7 Lit. Orig.: engl.

Das partiell gereinigte Pepsinfragment wurde einer weiteren beschriebenen Reinigung mit Hilfe der DEAE-Cellulose (Diäthylaminoäthyl-) und/oder CM-Cellulose (Carboxymethyl-) unterworfen. Es wurden 2 Komponenten erhalten, eine Hauptkomponente mit enzymatischer Aktivität (Fragment A) und eine kleinere inaktive Komponente. Die Untersuchung von Fragment A ergab, daß es als ein homogenes Protein anzusprechen ist (Ultrazentrifuge, Chromatographie und Elektrophorese). Etwa $^1/_3$ der Gesamtaktivität (im Dialysat nach Autolyse des Pepsins) und 1,7% des Gesamt-N sind im Fragment enthalten. Die spez. Aktivität gegen Casein oder Rinderhämoglobin entspricht etwa der Hälfte des kristallinen Pepsins. I. Schröder. 7580.

Grossberg, A. L., Stelos, P. und Pressman, D. Structure of fragments of antibody molecules as revealed by reduction of exposed disulfide bonds. **(Struktur der Fragmente von Antikörpermolekülen, wie sie sich bei der Reduktion freier Disulfidbindungen zeigten.)** Proc. nat. Acad. Sci. USA **48** (1962) Nr. 7. S. 1203–1209. — 3 Abb., 1 Tab., 19 Lit.

Aus Papainverdauungen speziell gereinigter Kaninchenantikörper stammende aktive Fragmente wurden mit Mercaptoäthanol reduziert und mit Jodacetamid oder Natriumjodacetat alkyliert in An- oder Abwesenheit von 7 m Harnstofflösung. Die Sedimentationskonstanten und das Verhalten bei Elektrophorese in Harnstoff-Stärkegel wurden verglichen. Die Antikörperaktivität von reduzierten und alkylierten Fragmenten bei Abwesenheit von Harnstoff war weitgehend erhalten. Die Ergebnisse deuten eine Zusammensetzung des Antikörperfragments aus 3 oder 4 Polypeptidketten an, die durch 2 oder 3 leicht reduzierbare Disulfidbindungen zusammengehalten werden. F. Kreienbring. 7590.

Davoren, P. R.; Melbourne, Australia, Alfred Hospital, Diabetic and Metabolic Unit. The isolation of insulin from a single cat pancreas. **(Die Isolierung von Insulin aus einem einzelnen Katzenpankreas.)** Biochim. biophysica Acta [Amsterdam] **63** (1962) Nr. 1. S. 150–153. – 1 Abb., 8 Lit.
Vf. beschreibt ein Verfahren zur Isolierung des Insulins aus einer kleinen Menge von pankreatischem Gewebe. Das Insulin wird folgendermaßen extrahiert: 1. Extraktionsflüssigkeit: 375 ml 95%igen Äthanols + 7,5 ml konz. HCl. 2. Extraktionsflüssigkeit: 375 ml 95%igen Äthanols, 105 ml Wasser und 7,5 ml konz. HCl. Eine weitere Reinigung erfolgt durch Ausfällen inaktiver Bestandteile bei pH 8,2–8,4. Nach 2fachem Umfällen (1. bei pH 5,2–5,4 (–10°), 2. mit 30%iger NaCl bei pH 2–4) wird ein unreines Insulinprodukt erhalten. Eine anschließende Reinigung des pankreatischen Extraktes durch Dextrangel-Filtration (Sephadex G 50) ermöglicht eine einwandfreie papierchromatographische Abtrennung des Insulins. Als Laufmittel findet Butan-2-ol-Essigsäure (1%ig) (1:1) Anwendung. Aus einem Katzenpankreas werden 400–700 μg gewonnen. I. Schröder. 7595.

Tuyman, J. A., Kwa, H. G. und Bloemendal; Amsterdam, Krebs-Inst., Abt. für Exp. Biol., Abt. für Biochem. Zone electrophoresis of crude pituitary extract. **(Zonen-Elektrophorese von rohem Hypophysen-Extrakt.)** J. Chromatogr. [Amsterdam] **7** (1962) Nr. 1. S. 39–44. – 1 Abb., 2 Tab., 32 Lit.
Um die Hormone aus Hypophysen-Extrakt in reinem, aber auch möglichst natürlichem Zustand zu gewinnen, wurde die Zonen-Elektrophorese angewendet. Dazu wurde der aus den Hypophysen von Ratten präparierte Extrakt der vertikalen Stärkeblock-Elektrophorese unter Innehaltung bestimmter Bedingungen unterworfen und der Block in 40 Segmente zerschnitten. Diese wurden mit aqua dest. eluiert. Die gereinigten Eluate dienten der Bestimmung von Protein wie auch biol. Testen, die mit hypophysektomierten unreifen ♂ Ratten durchgeführt wurden. Es zeigte sich, daß die Hormonaktivität vornehmlich in 2 Regionen des Stärkeblockes lokalisiert war. Von den 5 zur Bewertung des Verfahrens den verschiedenen Segmenten zugesetzten Hormonen konnten 4 zu 90–100% wiedergefunden werden. Die Maxima der aus den Segmenten erhaltenen Hormonaktivitäten stimmten nicht in allen Fällen mit den gefundenen höchsten Proteinwerten überein. Das Verfahren ermöglichte eine weitgehende Trennung der im Hypophysen-Extrakt vorhandenen Hormone. L. Sperling. 7595.

Merrits, Ilmar; North Chicago, Ill., Abbott Lab. Gas-liquid chromatography of adrenal cortical steroid hormones. **(Gas-Flüssig-Chromatographie von Adreno- und Corticosteroid-Hormonen.)** J. Lipid Res. **3** (1962) Nr 1. S. 126–127. – 1 Tab., 7 Lit.
Um die physiol. wie pharmakol. wichtigen Corticosteroide für die Trennung durch die Gas-Flüssig-Chromatographie geeignet zu machen, stellte der Autor durch Oxydation aus den Hormonen Derivate her. Diese ließen sich nach Extraktion und Reinigung direkt oder im Fall von freien Säuren nach Überführen in die Methylester durch die Gas-Flüssig-Chromatographie trennen und identifizieren, wie eine Übersicht des Autors zeigt. Von den dazu benutzten stationären Phasen erwies sich das Neopentyl-glycol-succinat als die geeignetste. L. Sperling. 7595.

Gallo, Gian Gualberto, Chiesa, Luigi und Sensi, Piero; Milano, Italy, Res. Lab. Rifamycin. XXIII. The polarographic behavior of rifamycin B, rifamycin O, rifamycin S, and rifamycin SV. **(Rifamycin. 23. Mitt. Das polarographische Verhalten von Rifamycin B, Rifamycin O, Rifamycin S und Rifamycin SV.)** Analyt. Chem. **34** (1962) Nr. 3. S. 423–426. – 6 Abb., 2 Tab., 9 Lit.

Rifamycin B — bisher als Rifomycin bezeichnet — ist ein neues Antibioticum, aus dem durch Oxydation das Rifamycin O hervorgeht. Dieses liefert bei Hydrolyse Rifamycin S, das durch Reduktion in Rifamycin SV übergeführt wird. Diese 4 Antibiotica wurden auf ihr polarographisches Verhalten untersucht und auf den ermittelten Charakteristika eine quantitative Bestimmungsmethode für Rifamycin B und seine Abkömmlinge begründet.

L. Sperling. 7600.

Gordon, H. T., Thornburg, W. W. und Werum, L. N.; Berkeley, Univ. of California, Dep. of Entomol. and Parasitol.; Emeryville, Calif., Packing Corporation, Biol. Res. Lab. Rapid paper chromatographic fractionation of complex mixtures of water-soluble substances. **(Eine schnelle papierchromatographische Fraktionierung von Komplexmischungen wasserlöslicher Substanzen.)** J. Chromatogr. [Amsterdam] 9 (1962) Nr. 1. S. 44–59. — 10 Lit.

Es wurden biol. Extrakte mit Hilfe 3 verschiedener Lösungsmittelgemische fraktioniert. Als Laufmittel wurden angewendet: 1. Isopropanol-Pyridin-Wasser-Essigsäure (8:8:4:1). 2. Isobutanol-Pyridin-Wasser-Essigsäure (12:6:4:1) und 3. Methanol-Pyridin-Wasser-Essigsäure (6:6:4:1). Die Trennungen wurden innerhalb von 2 Std. auf Whatman No. 4 durchgeführt. Während Proteine stören können, ist die Trennung in Gegenwart von Salzen möglich. Es werden die R_F-Werte einer großen Anzahl org. und anorg. Verbindungen tabellarisch angeführt. I. Schröder. 7610.

Gilbert jun., Paul T.; Fullerton, Calif., Beckman Instruments, Inc. Direct flame-photometric analysis of powdered materials. **(Die direkte flammenphotometrische Analyse gepulverten Materials.)** Analyt. Chem. **34** (1962) Nr. 8. S. 1025–1026. — 1 Abb., 6 Lit.

Es wird ein Überblick über die Möglichkeit der direkten flammenphotometrischen Analyse gepulverten Materials gegeben. An Hand einer Bodenprobe, die mit einem Beckmanzerstäubungsbrenner zersprüht und deren Spektrum mittels eines Beckman DU-Spektrophotometers gemessen wurde, wird dies erläutert. Die Emission von Na, K und Ca war extrem intensiv, die Linien von Li und Rb streng sichtbar, Cs war nicht nachweisbar. Die Linie des Mn reicht zur genauen Bestimmung aus, desgleichen die des Fe. Ni konnte nicht gefunden werden. Die grüne MgO-Bande war schwach. M. Anke. 7620.

Alexander, George V.; Los Angeles, Calif., School of Med., Dep. of Biophysics and Nuclear Med. Determination of zinc, copper, and iron in biological tissues. An x-ray fluorescence method. **(Die Bestimmung von Zink, Kupfer und Eisen in biologischen Geweben. Eine x-Ray-Fluoreszensmethode.)** Analyt. Chem. **34** (1962) Nr. 8. S. 951–953. — 2 Tab., 6 Lit.

Vf. beweist, daß sich die x-ray-Fluoreszensmethode zur Bestimmung der genannten Elemente in der Asche biol. Substanzen eignet. Die 8stündige Veraschung des biol. Materials bei 510° führte zu keinem Fe-, Cu- und Zn-Verlust. Die Methode wird genau beschrieben und ihre Anwendung zur Bestimmung des Zn in Kaninchenplasma gezeigt. M. Anke. 7620.

Goldstein, Gerald, Manning, D. L. und Zittel, H. E.; Oak Ridge, Tenn., Analyt. Chem. Div. Conductometric determination of sulfate by the non-aqueous barium acetate method. **(Konduktometrische Bestimmung des Sulfates nach der Bariumacetatmethode.)** Analyt. Chem. **34** (1962) Nr. 9. S. 1169–1170. — 3 Abb.

Vff. teilen eine Methode zur Bestimmung des Sulfates mit, bei welcher das Sulfat in essigsäurehaltigem Medium mit einem Überschuß von Ba-Acetat ausgefällt wird. Bisher wurde das überschüssige Ba-Acetat potentiometrisch durch Titration mit Perchlorsäure bestimmt. Die konduktometrische Titration des überschüssigen Ba-Acetates ist der potentiometrischen vorzuziehen, da diese Titration befriedigende Ergebnisse liefert und kleine H_2O-Mengen nicht stören, wie bei der potentiometrischen Titration. M. Anke. 7640.

Shin, Yung S.; Terre Haute, Ind., St. Anthony Hospital., Dep. of Biochem. Spectrophotometric ultramicrodetermination of inorganic phosphorus and lipide phosphorus in serum. **(Spektrophotometrische Ultramikrobestimmung anorganischen Phosphors und Lipoidphosphors im Serum.)** Analyt. Chem. **34** (1962) Nr. 9. S. 1164–1166. – 2 Abb., 3 Tab., 14 Lit.
Die beschriebene Methode kommt mit etwa dem 200. Teil der für die P-Bestimmung nach dem Fisk-Subbarow-Verfahren notwendigen Serummenge aus. Die Acidität des Natriumtrichloracetatfiltrates (TCA) wird mit H_2SO_4 stark erhöht, das Erhitzungsverfahren von Bartlett zur Steigerung der Empfindlichkeit für anorg. P wird eingeführt und somit die Empfindlichkeit der Methode für anorg. P verbessert. Nachdem der anorg. P gemessen ist, kann der Plasmalipoid-P durch Ausfällen mit TCA und Extraktion mit alkalischer Alkohollösung bestimmt werden. M. Anke. 7640.

Pietro, Carmine di, Kramer, Roslyn, F. und Sassaman, Warren A.; Natick, Mass., Pioneering Res. Div. Micro-Carius determination of phosphorus in organic compounds. **(Die Mikro-Carius-Bestimmung von Phosphor in organischen Verbindungen.)** Analyt. Chem. **34** (1962) Nr. 4. S. 586–587. – 2 Tab., 5 Lit. Zus. in Franz., Dtsch.
Die von Vff. verwendeten Carius-Verbrennungsröhrchen waren 210 mm lang, 13 mm breit und besaßen eine Wandstärke von 2,3 mm. Man wiegt die org. Substanzen mit 0,4 mg P in die Verbrennungsröhrchen ein und setzt 20 mg KCl und 0,6 ml rauchende HNO_3 zu. Danach werden die Röhrchen verschlossen und bei 275–300 ° 7 bis 8 Std. lang im Mikro-Cariusofen erhitzt. Nach der Verbrennung wird die HNO_3 mit H_2O verdünnt, 0,5 ml H_2SO_4 zugesetzt und auf dem Wasserbad die HNO_3 entfernt. Der P wird als Ammoniumphosphormolybdat gefällt und nach dem Verfahren von Steyermark bestimmt. M. Anke. 7640.

Silvey, William D. und Brennan, Robert; Sacramento, Calif., Geol. Survey, U.S. Dep. of the Interior. Concentration method for the spectrochemical determination of seventeen minor elements in natural water. **(Eine Anreicherungsmethode für die spektrochemische Bestimmung von 17 Spurenelementen im Wasser.)** Analyt. Chem. **34** (1962) Nr. 7. S. 784–786. – 1 Abb., 2 Tab., 4 Lit.
Die chelatbildenden Reagenzien 8-Quinolinol, Tanninsäure und Thionalid wurden zur Konzentrierung der Spuren von Al, Co, Cr, Cu, Fe, Ga, Ge, Mn, Ni, Ti, V, Bi, Pb, Mo, Cd, Zn und Be verwendet. In wird als Puffer und Pd als Standard benutzt. Die Methode kann zur Wasseranalyse mit Verunreinigungen von weniger als 100 bis mehr als 100000 ppm dienen. Die chemische und spektrographische Arbeitsweise werden eingehend beschrieben. Bei 320 Proben ergab sich ein ⌀ Fehler von $\pm$ 15 und eine Standardabweichung von $\pm$ 3,3% im Konzentrationsbereich von 0,0025 bis 0,25 mg in der Elektrode. M. Anke. 7650.

Magny, J., Carrol, P. und Carles, J.; Toulouse, École Supérieure d'Agric. de Purpan. Le dosage du cobalt dans les végétaux. **(Die Kobaltbestimmung in Pflanzen.)** Ann. Zotechnie **10** (1961) Nr. 2. S. 89–96. – 2 Tab., 12 Lit. Zus. in Engl.
Bei einem Co-Gehalt des pflanzlichen Materials von etwa 0,1 mg/kg Tr.-Subst. ist es erforderlich, eine Ultramikrobestimmungsmethode zu benutzen. Die Abtrennung des Co erfolgt aus der Perchlorsäurelösung der Asche durch Fällung mit Nitroso-β-Naphtol. Um störende Ionen zu entfernen, wird der Co-Komplex durch Chloroform extrahiert. Der Co-Komplex wird erneut verascht und die quantitative Bestimmung mit Nitroso-R-Salz vorgenommen. Die Empfindlichkeit der Methode übersteigt 0,1 γ/ml. M. Anke. 7650.

Grassini, G. und Ossicini, L.; Roma, Italia, Lab. di Chim. delle Radiazioni e Chim. Nucleare del C.N.E.N. Paper chromatography of inorganic anions. A system of identification using partition, ion exchange and paper electrophoresis. **(Papierchromatographie anorganischer Ionen. Ein System der Identifizierung unter Benutzung der Trennung, des Ionenaustausches und der Papierelektrophorese.)** J. Chromatogr. [Amsterdam] 7 (1962) Nr. 3. S. 351 bis 361. — 4 Abb., 2 Tab.

Es werden die R_F-Werte von 40 anorg. Anionen sowohl auf Anionenaustauscherharzpapier mit 1 n KCl und 1 n KNO_3 als Lösungsmittel mitgeteilt. Die Ergebnisse dieser Untersuchungen werden in Verbindung mit der elektrophoretischen Beweglichkeit in 0,1 n NaOH zu einem Identifizierungsschema zusammengefaßt. M. Anke. 7650.

Gerstenfeldt, Hildegard; Odlenburg. **Zur absorptionsflammenphotometrischen Bestimmung von Zink in pflanzlichem und tierischem Material, Düngemitteln und Böden.** Landwirtsch. Forsch. **15** (1962) Nr. 1. S. 64–74. — 1 Abb., 7 Tab., 16 Lit. Zus. in Engl., Franz.,

Vf. berichtet über die Zn-Bestimmung mittels der Absorptionsflammenphotometrie. Die Messungen wurden mit dem Uvispek-Spektralphotometer 700 und dem Zusatzgerät zur atomaren Absorptionsmessung H 909 der Fa. Hilger und Watts, London, durchgeführt. Bei pflanzlichem Material verascht man 2 g, nimmt mit 10%iger HCl auf, dampft auf dem Wasserbad zur Trockne ein und löst den Rückstand mit 0,1 n HCl. Bei stark P-haltigen Dünge- und Futtermitteln empfiehlt sich der HNO_3-Auszug. 10 ml der Aufschlußlösung werden mit einer Luft-Propangas-Flamme in den Strahlengang des Photometers gebracht, das auf 2138 Å eingestellt ist. Als Spektrallampe dient eine Hilger-Messinghohlkathodenlampe. Die Nachweisbarkeitsgrenze liegt bei 0,1 ppm Zn, exakte Messungen sind ab 0,2–10 ppm Zn möglich.
M. Anke. 7650.

Schaumlöffel, E.; Büntehof. **Über die photometrische Bestimmung von Cu, Zn, Co, Mn, Fe und Mo in Böden, Düngemitteln und physiologischen Flüssigkeiten.** Landwirtsch. Forsch. **15** (1962) Nr. 1. S. 60–63. — 2 Tab., 4 Lit. Zus. in Engl., Franz.

Im Anschluß an eine frühere Arbeit (vgl. LZ. Abt. III 7 (1962) Nr. 4. S. 811.) beschreibt Vf. den Analysengang für die genannten Elemente und Substanzen. 1 g staubfein gemahlener Boden wird im Pt-Tiegel 3 Std. bei 450° im Muffelofen geglüht. SiO_2 wird mit HF auf dem Sandbade abgeraucht, der Rückstand mit Säuregemisch (HNO_3 + $HClO_4$ — 2:1) eingedampft und mit 1 n HCl aufgenommen. Milch und Serum werden naß mit HNO_3 : $HClO_4$: H_2SO_4, 10:1:0,25 verascht. Die weitere Bearbeitung erfolgt nach dem bereits beschriebenen Trennungsgang. M. Anke. 7650.

Ford, J. E.; Shinfield, Reading, Nat. Inst. for Res. in Dairying. A microbiological method for assessing the nutritional value of proteins. 2. The measurement of 'available' methionine, leucine, isoleucine, arginine, histidine, tryptophan and valine. **(Eine mikrobiologische Methode zur Bestimmung des Nährwertes von Proteinen. 2. Mitt. Die Messung des „verfügbaren" Methionins, Leucins, Isoleucins, Arginins, Histidins, Tryptophans und Valins.)** Brit. J. Nutrit. **16** (1962) Nr. 3. S. 409–425. — 3 Abb., 7 Tab., 21 Lit.

Mit dem stark proteolytisch wirkenden Teststamm *Streptococcus zymogenes* NCDO 592 wurde in verschiedenen Futterproteinen der „Gesamt"-Gehalt (HCl-Hydrolyse) und der „verfügbare" Gehalt (enzymatische Vorhydrolyse) an Methionin (M), Leucin (L), Isoleucin (I), Arginin (A), Histidin (H), Tryptophan (Tr) und Valin (V) bestimmt. Bei 12 Walfleischmehlen ergaben sich enge Korrelationen zwischen den Gehalten an „verfügbarem" M, Tr, L und A und dem Rattentest, sowie den Werten an „verfügbarem" Lysin (Ly) nach der Methode von Bunyan und Price (vgl. J. Sci. Food Agric. **12** [1960] Nr. 12. S. 832.). Innerhalb von Gruppen ähnlicher Proteine (Fleischmehle, Fischmehle) verschiedener Herstellung bestanden große Nährwertunterschiede aber nur geringe Unterschiede in der „Gesamt"-Aminosäure (AS)-Zusammensetzung. Bei Trockenmagermilch und Weißfischmehl wurde der Einfluß einer Dampferhitzung von 120° bis zu max. 18 Std. auf die AS-Zusammensetzung festgestellt. Der Nährwert des Magermilchpulvers verringerte sich während des Erhitzens sehr stark, was sich besonders in einem starken Rückgang des „verfügbaren" Ly, A und H schon nach 30 Min. Erhitzung widerspiegelte. Die Verfügbarkeit von M, V, L, I und Tr ging ebenfalls, jedoch langsamer zurück. Im Weißfischmehl blieben die AS nach der Erhitzung besser „verfügbar" als bei Magermilchpulver. Die Bestimmung der „Gesamt"-AS-Zusammensetzung ließ die durch die Erhitzung bedingte Nährwert-Minderung dieser Proteine nicht erkennen. J. Wünsche. 7780.

Cassin, S. und Vogh, B.; Gainesville, Univ. of Florida, Coll. of Med., Dep. of Physiol. An automatic small-animal volumeter. **(Ein automatisches Kleintiervolumeter.)** J. appl. Physiol. **17** (1962) Nr. 1. S. 150–151. — 2 Abb.
Vff. beschreiben eine Respirationsapparatur für kleine Tiere zum Studium der O_2-Aufnahme. Die Apparatur ist geeignet für neugeborene Hunde, Meerschweinchen und Kaninchen sowie für erwachsene Ratten und Mäuse. Sie besteht in ihren 3 wesentlichen Teilen aus 1. dem Wasserbad zur Temperaturregulation 2. der Tierkammer mit Luftzirkulationssystem und O_2-Zuführung mit Hilfe eines Spirometers und 3. den Registriergeräten für Temperatur und O_2-Verbrauch. Die Anlage arbeitet nach dem geschlossenen Prinzip. Entspr. der CO_2-Absorption wird dem System O_2 zugeführt. Der O_2-Gehalt im System wird über ein O_2-Analysator ständig kontrolliert.
L. Hoffmann. 7802.

Samachson, Joseph und Spencer-Laszlo, Herta; New York City, Montefiore Hospital, Div. of Neoplastic Diseases. Urinary excretion of calcium and strontium 85 in man. **(Ausscheidung von Calcium und Strontium 85 im menschlichen Harn.)** J. appl. Physiol. **17** (1962) Nr. 3. S. 525–530. — 3 Abb., 4 Tab., 12 Lit.
An insgesamt 45 Patienten, denen bei einer Diät mit etwa 150 mg Ca und 700 mg P einmalig i.v. oder peroral ^{85}Sr — in einigen Fällen auch ^{45}Ca — appliziert wurde, wurde die Radioaktivität des Blutplasmas in den ersten 24 Std. sowie die Aktivität der Ausscheidungsprodukte (Harn und Kot) in den ersten 12 Tagen (z. T. bis zu 2 Mon.) bei gleichzeitiger Analyse der Ca-, P- und N-Ausscheidungen untersucht. Es wurden die Beziehungen der Sr- zur Ca-Ausscheidung im Harn sowie die Clearance berechnet. Obwohl zwischen der ^{85}Sr- und Ca-Exkretion Beziehungen bestanden, ergab sich bei einer bestimmten Ca-Exkretion noch ein weiter Spielraum in der ^{85}Sr-Ausscheidung. Die günstigste Korrelation wurde zwischen der ^{85}Sr- und der Ca-Clearance gefunden. Die Rückresorption durch die Niere war bei allen Patienen für Ca größer als für ^{85}Sr, unabhängig ob die renale Ausscheidung an Ca hoch oder niedrig war. R. Schiemann. 7830.

D. ERNÄHRUNGSPHYSIOLOGIE

Verdauung und Resorption

Nasset, E. S.; Rochester, N. Y., Univ. of Rochester, School of Med. and Dentisty, Dep. of Physiol. Amino acids in gut contens during digestion in the dog. **(Aminosäuren im Darminhalt während der Verdauung beim Hund.)** J. Nutrit. [Philadelphia] **76** (1962) Nr. 2. S. 131–134. 7852.

Watanabe, Yasukuni und Umezu, Motoyoshi; Sendai, Japan, Tohoku Univ., Dep. of Animal Husbandry. Studies on the metabolism of nitro-

genous compounds in the rumen. I. Methods of the whole rumen contents by plugging of the reticulo-omasal orifice. **(Untersuchungen über den Stoffwechsel N-haltiger Stoffe im Rumen. 1. Mitt. Methoden zur Bestimmung des gesamten Rumeninhaltes durch Verschluß des Einganges vom Netz- zum Blättermagen.)** Tohoku J. agric. Res. **13** (1962) Nr. 3. S. 221–227. – 3 Abb., 2 Tab., 20 Lit. Orig.: engl.
Um den gesamten Inhalt des Pansens von Schafen (28 kg Lgw.) zu erfassen, unterbanden Vff. den Weiterfluß der Ingesta in den Blättermagen durch Einbringen eines Stopfens (⌀ 3 cm, Länge 5,5 cm) in seine Eingangsöffnung. Pansenbewegung und -tätigkeit wurden bis 24 Std. Verschlußdauer nicht gestört. Der Panseninhalt nahm bis 5 Std. nach der Fütterung bei Verabreichung von Heu, Heu + Sojaextraktionsschrot bzw. Ladinoklee (grün) zu, nicht bei Maissilage bzw. Weizenkleie + Sojaextraktionsschrot. Die Gewichtszunahme wird durch verstärkten Speichelfluß hervorgerufen. Bei den ersten 3 Rationen war der Speichelzufluß höher als die Resorptionsrate im Pansen. Mit Hilfe von Cr_2O_3 und Polyäthylenglykol wurde nachgewiesen, daß er über 9 Std. in jedem Fall unterbunden war. B. Piatkowski. 7862.

Sasaki, Yasuyuki und Umezu, Motoyoshi; Sendai, Japan, Tohoku Univ., Dep. of Animal Husbandry. Studies on the saliva and salivation of ruminants. II. The collection of mixed saliva from the sheep with the use of an intraoesophageal funnel. **(Untersuchungen über den Speichel und die Speichelabsonderungen bei Wiederkäuern. 2. Mitt. Die Sammlung von gemischtem Speichel bei Anwendung eines intra-oesophagealen Abflusses.)** Tohoku J. agric. Res. **13** (1962) Nr. 3. S. 211–218. – 1 Abb., 2 Tab., 12 Lit. Orig.: engl. 1. Mitt. vgl. LZ. Abt. III **6** (1961) Nr. 9. S. 1608.
Der gemischte Speichel ist einer der wichtigsten Faktoren für mikrobielle Aktivität und biochemischen Reaktionen im Pansen. Die zur Sammlung beschriebene Einrichtung besteht aus einem oesophagealen Katheter (2 m lang, 0,7 cm äußerer Durchmesser) und einem Gummischlauch (1 m lang, 1 cm äußerer Durchmesser). Ein Verbindungsstück aus Glas hält die beiden Teile zusammen. Hier befinden sich Öffnungen für den Speicheleinfluß. Diese Abflußröhre aus Glas wird vom Pansen her auf den durch die Nase eingeführten Katheter gebracht und befindet sich in der Speiseröhre kurz vor der Pansenöffnung. Der hier angeschlossene Schlauch leitet den Speichel durch eine große Pansenfistel hinaus. Vff. beschrieben eingehend die angewandte Technik. Mit Polyäthylenglykol als Indikator wurde die quantitative Erfassung des Speichels nachgewiesen. Schafe sonderten ⌀ 7–8 l Speichel tägl. ab (z. T. bis 13 l). Je kg Lgw. schwankte die Menge zwischen 160–400 ml. B. Piatkowski. 7862.

Anonym. Reutilization of nitrogen secreted in saliva of sheep. **(Wiederverwertung von Stickstoff, der im Speichel von Schafen abgegeben wurde.)** Nutrit. Rev. **20** (1962) Nr. 3. S. 77–78. 7862.

Miltimore, J. E. und McArthur, J. M.; New South Wales, Australia, Div. of Animal Physiol. Relationship between in vivo rumen gas composition and feed efficiency of calves. **(Verhältnis zwischen in vivo Pansengas-Zusammensetzung und Futterverwertung bei Kälbern.)** Nature [London] **196** (1962) Nr. 4851. S. 288–289. – 1 Tab., 12 Lit.
Auf Grund der in vitro-Beobachtung, daß der CO_2- und CH_4-Gehalt von Pansengas mit der absoluten Gasmenge korreliert (r = 0,898 bzw. –0,905) und diese mit der Intensität des Verdauungsvorganges im Zusammenhang steht, prüften Vff., ob die Pansengaszusammensetzung als ein Ausdruck der Futterverwertung dienen kann. Aus Versuchen mit 26 Tieren im Alter von 180–240 Tagen erhielten sie zwischen Futterverwertung (Gewichtszuwachs/TDN-Aufnahme) und %-Gehalt CH_4, CO_2, CO_2 minus CH_4 und dem Verhältnis

CO_2/CH_4 im Pansen folgende Korr.-Koeff.: – 0,428, 0,458, 0,458 bzw. 0,425. Vff. bringen zum Ausdruck, daß bei verbesserter Methodik höhere Korr.-Koeffizienten erhalten werden können und daß es unter dieser Voraussetzung vorteilhaft ist, bei der Ermittlung der Leistungsfähigkeit in der Futterverwertung und der Aufdeckung der Ursachen von Unterschieden zwischen den Tieren die traditionelle Methode durch die Pansengasanalyse zu ersetzen.
L. Hoffmann. 7862.

Campling, R. C. und Freer, M.; Reading, Shinfield, Nat. Inst. for Res. in Dairying. The effect of specific gravity and size on the mean time of retention of inert particles in the alimentary tract of the cow. **(Der Einfluß des spezifischen Gewichtes und der Größe von zugesetzten stumpfen Teilchen auf die mittlere Aufenthaltsdauer im Verdauungstrakt der Kuh.)** Brit. J. Nutrit. **16** (1962) Nr. 4. S. 507–518. – 3 Abb., 6 Tab., 13 Lit.
Zur Bestimmung der Durchgangszeit des Futters durch den Verdauungstrakt bzw. der Aufenthaltsdauer in den verschiedenen Abschnitten verglichen Vff. Teilchen verschiedenen Materials (Gummi oder Plaste), verschiedener Größe und unterschiedlichen spez. Gewichts. Die Aufenthaltsdauer der Gummiteilchen (13 mm^3) im Pansen fiel bei Heufütterung von ca. 80 auf ca. 20 Std., wenn das spez. Gew. von 1,02 auf 1,20 anstieg. Die Aufenthaltsdauer im gesamten Trakt verkürzte sich ebenfalls bei einem spez. Gewicht von ca. 1,12; erhöhte sich letzteres auf 1,40, so stieg die Aufenthaltsdauer wieder. Bei Verwendung von Plasteteilchen (spez. Gew. 1,04) wurden bei Verabreichung verschiedener Rationen ungleiche Ergebnisse erzielt. Plasteteilchen mit einem Durchmesser von 4,8, 4,0 und 3,2 mm hatten eine mittlere Aufenthaltsdauer im Verdauungstrakt von 91, 86 bzw. 80 Std. B. Piatkowski. 7862.

Graham, N. McC. und Williams, A. J.; Prospect, New South Wales, C.S.I.R.O., Div. of Animal Physiol. The effects of pregnancy on the passage of food through the digestive tract of sheep. **(Die Wirkung der Trächtigkeit auf die Passage des Futters durch den Verdauungstrakt von Schafen.)** Austral. J. agric. Res. **13** (1962) Nr. 5. S. 894–900. – 7 Abb., 7 Lit.
Die Untersuchungen wurden an trächtigen und güsten Merinomutterschafen durchgeführt. Mit steigender Futteraufnahme verkürzt sich die Durchgangszeit, und zwar je 100 g Tr.-Subst. um 3 Std. Bei trächtigen Schafen mit gleicher Futtergabe wurde sie je 100 g Zunahme der Konzeptionsprodukte um 1–1,5 Std. verkürzt. Das Gewicht des Inhalts des Verdauungskanals erhöhte sich bei güsten Schafen um 150 g Tr.-Subst. je 100 g gesteigerter Futteraufnahme. Bei trächtigen Schafen hingegen verminderte es sich um 150 g Tr.-Subst. je kg Konzeptionsprodukt. Letzteres übt also die gleiche Wirkung wie 100 g geringerer Futterverzehr aus. B. Piatkowski. 7862.

Jaroslav, S. Ju., Jermolajeva, K. S., Naumenko, V. V., Bedrata, O. L., Nelypa, P. O., Šuševyč, S. I. und Sviščova, G. V. (Jaroslaw, S. Ju., Jeromlajewa, K. S., Naumenko, W. W., Bedrata, O. L., Nelypa, P. O., Schuschewytsch, S. I. und Swistschowa, G. W.); Ukrain. Akad. der Landwirtsch.-Wiss. Zmina temperatury ta skoročen rubcja v žujnych tvaryn. **(Die Temperaturveränderungen und die Pansenbewegungen bei Wiederkäuern.)** Visnyk sil'škogospodarškoi nauky, Kyïv **5** (1962) Nr. 4. S. 113–116. – 4 Abb. Orig.: ukrain., Ausz.: russ.
Vff. stellten Temperatur-Messungen am fistulierten Pansen von Kalb und Ziege als Reaktion auf Futter- und Wassergabe an. Gleichzeitig wurde die Motorik des Pansen graphisch registriert. Die Rektaltemperatur war niedriger als die Pansentemperatur. Heufütterung erhöht, Rübenfütterung verringert die Pansentemperatur. Fütterung von angewärmter Bierhefe verringert die die Temperatur nicht oder senkt sie zeitweilig. Einführung von O_2 und N_2 in den Pansen senkt seine Temperatur. Fütterung ungewärmten Futters, be-

sonders Gaben kalten Wassers senkt die Pansentemperatur anhaltend. Warmes Wasser senkt die Pansentemperatur unbedeutend, besonders nachts und bei hungrigen Tieren. Die Pansenbewegungen sind arythmisch, ungleichmäßig, besonders nachts werden sie langsamer und schwächer. Temperaturveringerungen und Abschwächung der Pansenmotorik gehen nicht immer parallel vor sich. Einführung von O_2 und N_2 verstärken und beschleunigen das Zusammenziehen des Pansens. K. Neumann. 7862.

Nelypa, P. O. Vikovi osoblyvosti syčužnoï sekreciï v teljat. **(Altersmäßige Besonderheiten der Labmagensekretion bei Kälbern.)** Visnyk sil'śkogospodarśkoï nauky, Kyïv **5** (1962) Nr. 4. S. 84–89. – 6 Tab., 11 Lit. Orig.: ukrain., Ausz.: russ.
Das Studium der physiol. Besonderheiten des Verdauungsprozesses bei Kälbern unterschiedlichen Alters besitzt praktische Bedeutung für die Schaffung von Voraussetzungen einer entspr. Fütterung der Wiederkäuer. Vf. teilt Resultate der Versuche an 6 Kälbern mit nach der Methode von Pawlow isolierten Labmägen mit. Drei Kälber besaßen gleichzeitig Labmagenfisteln nach Bassow. Die chronischen Fisteln wurden im Alter von 6–15 Tagen, unter anderem 2 Zwillingen, angelegt. Die Experimente wurden alle 10 Tage 13 Std. lang 6 Mon. hindurch vorgenommen. Festgestellt wurde, daß die Sekretion des Labmagensaftes ununterbrochen erfolgt und vom 1.–6. Mon. um das Achtfache stieg. Der Periode der Milchnahrung der Kälber entspricht eine hohe Säure, peptische Aktivität und größere Chymosinmenge. Die Sekretion freier Salzsäure ist im Alter von 10 Tagen noch schwach und wächst bis zum 15.–20. Lebenstage. K. Neumann. 7862.

Sirotinin, A. A. K voprosu o vzaimosvjazi meždu produktivnost'ju laktirujuščich korov, priemom korma i tečeniem žvačnych periodov. **(Zum Problem der gegenseitigen Abhängigkeit zwischen der Leistung, der Futteraufnahme und dem Verlauf der Wiederkäuperioden bei laktierenden Kühen.)** Sb. dokl. 2-j Naučn. konferencii fiziologov, biochimikov i farmakologov Zap.-Sib. ob-edin., posvjašč. XXIII s-ezdu KPSS, Tomsk **1961** S. 133–134. – Aus: Referativnyj žurnal. Biologija, Moskva **1962** Nr. 12. L 23. S. 4.
Für die Untersuchung wurden 101 Milchkühe der Schwarzbunten Rasse der 3.–5. Laktation mit einem Gewicht von 500–700 kg ausgewählt. Bei Hoch-Leistungskühen wurden im Vergleich zu Kühen mit durchschnittlicher Leistung höhere funktionale Werte des Zustandes während der Wiederkäuperioden, des Fütterns und des Melkens beobachtet. In Zusammenhang mit der Verlängerung der Dauer des Wiederkäuens in 24 Std. wurden bei Hochleistungskühen ausgeprägtere Veränderungen seitens des Herz-Gefäß-Systems, des Atmungsapparates und der Erregbarkeit des zentralen Nervensystems festgestellt, die einen vermehrten Stoffwechsel bedingen.
übersetzt v. Ch. Eshkowa. 7862.

Florescu, St., Popescu, Fr., Tacu, A. und Nedelniuc, V. Cercetări asupra activității motorii și secretorii a tubului digestiv la oi hrănite cu iarbă. **(Untersuchungen über die motorische und sekretorische Tätigkeit der Verdauungsorgane bei mit Gras gefütterten Schafen.)** Lucrările științ. Inst. Cercetări zootehn. **19** (1961) S. 303–316. – 3 Abb., 2 Tab., 16 Lit. Zus. in Russ., Engl., Franz., Dtsch.
Das Kauen und Wiederkauen, die Pansen- und Duodenum-Kontraktionen sowie die physikalischen und chemischen Eigenschaften des Chymus wurden während Futterverzehr, Wiederkauen und Ruhepausen an Zigaja-Hammeln mit Dauerduodenalfisteln untersucht. Vff. folgern, daß ausschließlich mit Grünfutter ernährte Schafe in 24 Std. 16,2% der Zeit fressen, 22,8% wiederkauen und 61% ruhen. 1 kg Grünfutter kann in 48 Min. verzehrt werden.
R. Petrovsky. 7862.

Blaxter, K. L. und Wilson, R. S. The voluntary food intake of steers and wether sheep. **(Die freiwillige Futteraufnahme von Ochsen und Hammeln.)** Proc. Nutrit. Soc. **21** (1962) Nr. 2. S. XXII–XXIII. – 1 Abb., 4 Lit. 7862.

Bayley, H. S. und Lewis, D.; Sutton Bonington, Loughborough, Univ. of Nottingham, School of Agric. Digestibility of fats and fatty acids in the pig. **(Verdaulichkeit von Fetten und Fettsäuren beim Schwein.)** Proc. Nutrit. Soc. **21** (1962) Nr. 2. S. XXV–XXVI. – 1 Tab., 1 Lit.
An je 4 Börge wurden a) eine Grundfutterration, b) eine Ration mit Zusatz von 5% eines hydrolysierten Fettgemisches (50% freie Fettsäuren) und c) eine Ration mit Zusatz von 5% Rindertalg gefüttert und die Verdaulichkeit von Gesamtfett, Myristin-, Palmitolein- und Ölsäure sowie Palmitin- und Stearinsäure bestimmt. Da die Fettsäurenbilanz der mit Ration a) gefütterten Schweine zeigte, daß ungesättigte Säuren zu einem großen Teil durch gesättigte ersetzt wurden, war es notwendig, durch Verfütterung einer fettfrei gemachten Grundfutterration Korrekturwerte für das Kot-Fett zu erhalten. Rindertalg hat eine geringfügig höhere korrigierte Verdaulichkeit als die hydrolysierte Fettmischung. Die ungesättigten Fettsäuren wurden besser verwertet als die gesättigten; die Verdaulichkeit der Stearinsäure war besonders niedrig. In 2 weiteren Versuchen wurde festgestellt, daß die Verdaulichkeit von Öl- und Stearinsäure unabhängig davon ist, ob diese in freier Form oder als Triglyceride verabreicht werden. Es gab keine Anzeichen dafür, daß die Ölsäure im Verdauungstrakt abgesättigt wird. J. Wünsche. 7870.

Fedij, S. M. (Fedi, S. M.) Ėffektivnost' povšyennych norm povarennoj soli v racionach utok. **(Die Wirksamkeit steigender Kochsalzmengen in den Rationen der Enten.)** Nauk. praci Zootechn. fak. Ukr. akad. sil'śkogospod. nauk **15** (1961) Nr. 2. S. 77–81. – Orig.: ukrain., Ausz.: russ. Aus: Referativnyj žurnal. Biologija, Moskva **1962** Nr. 6. L 198. S. 26.
In Versuchen, die an 2 Erpeln mit chronischer Fistel des Drüsenmagens durchgeführt wurden, wurde der Einfluß erhöhter Kochsalznormen auf die Sekretionstätigkeit des Magens und die Höhe der Gewichtszunahmen untersucht. Es wurde festgestellt, daß die Einführung von 4,0–6,0 g Kochsalz (pro Kopf und Tag) in die Ration der Versuchstiere die Absonderung von Magensaft um 36,56–66,01% vergrößerte und praktisch keinen Einfluß auf die Gesamtacidität und die Menge der freien Salzsäure ausübte. Mit der Vergrößerung der Menge des abgesonderten Saftes stieg auch die abs. Menge der Säure im Magensaft. Es wurde eine günstige Wirkung der erhöhten Kochsalzgaben auf die Wirksamkeit der Mast der Enten festgestellt.
übersetzt v. Th. C. Boetticher. 7872.

Hedin, P. A. und Adachi, R. A.; Mississippi, U.S. Dep. of Agric., State College, Boll Weevil Res. Lab., Entomol. Res. Div.; Menlo Park, Calif., Stanford Res. Inst. Effect of diet and time of feeding on gastrointestinal gas production in rats. **(Die Wirkung von Diät und Futterzeit auf die Gasproduktion im Verdauungstrakt von Ratten.)** J. Nutrit. [Philadelphia] **77** (1962) Nr. 3. S. 229 bis 236. 7874.

Intermediärer Stoffwechsel

Kallen, Roland G. und Lowenstein, John M.; Waltham, Mass., Brandeis Univ., Graduate Dep. of Biochem. The stimulation of fatty acid synthesis by isocitrate and malonate. **(Die Stimulierung der Fettsäuresynthese durch Isocitrat und Malonat.)** Arch. Biochem. Biophysics **96** (1962) Nr. 1. S. 188–190. – 2 Tab., 14 Lit.
Die Fettsäuresynthese wird durch Isocitrat-2-^{3}H (**I**) in stärkerem Maße stimuliert als durch Glucose-6-phosphat-1-^{3}H (**II**). Glucose-6-phosphat hemmt die Inkorporation von H aus **I**, aber Isocitrat hemmt nicht die Inkorporation von H aus **II**. Der stimulierende Effekt ist nicht mit der Regenerierung von

TPNH verbunden. Die Fettsäuresynthese aus ^{14}C-Acetat oder ^{14}C-Acetyl-CoA wird durch Isocitrat oder Malonat um das 4-5fache erhöht. Bei ^{14}C-Acetat wirken Malonat + Isocitrat fast additiv stimulierend, bei ^{14}C-Acetyl-CoA nicht. Auf die Fettsäuresynthese aus ^{14}C-Malonyl-CoA wirkt Isocitrat nicht stimulierend und Malonat etwas hemmend. Möglichkeiten des Wirkungsmechanismus werden diskutiert. W. Jentsch. 7910.

Bowman, R. H.; Cambridge, Univ., Dep. of Biochem. The effect of long-chain fatty acids on glucose utilization in the isolated perfused rat heart. **(Die Wirkung von Langkettenfettsäuren auf die Glucoseverwertung im isolierten, durchströmten Rattenherzen.)** Biochem. J. **84** (1962) Nr. 1. S. 14 P. – 6 Lit.
Im durchströmten Rattenherzen wurde festgestellt, daß sich in Gegenwart von Oleat und Linoleat (0,3 bis 2,0 mMol.) die intercellulare, freie Glucose vermehrte und die Glucoseaufnahme verringerte. Daraus wird gefolgert, daß Langkettenfettsäuren die Glucosephosphorylierung in Rattenherzen hemmen. Bei Abwesenheit von Insulin wurden diese Wirkungen nicht beobachtet. Das steht im Gegensatz zu Ergebnissen von Shipp (vgl. Nature [London] **189** [1961] Nr. 4769. S. 1018.). H. Steger. 7910.

Garland, P. B., Newsholme, E. A. und Randle, P. J.; Cambridge, Univ., Dep. of Biochem. Effect of fatty acids, ketone bodies, diabetes and starvation on pyruvate metabolism in rat heart and diaphragm muscle. **(Die Wirkung von Fettsäuren, Ketonkörpern, Diabetes und Hunger auf den Pyruvatstoffwechsel in Rattenherzen und Zwerchfellmuskel.)** Nature [London] **195** (1962) Nr. 4839. S. 381–383.
Aufnahme und Oxydation von Pyruvat sind im Herzen und Zwerchfell von Alloxandiabetesratten vermindert. Desgleichen ist bei Diabetes und Hunger die Verwertung des aus Glucose gebildeten Pyruvates in diesen Organen herabgesetzt. Werden diese Organe von gesunden Tieren in vitro mit Fettsäuren oder Ketonkörpern durchströmt, treten die gleichen Symptome auf. Diese Veränderungen im Pyruvatstoffwechsel bei Diabetes und Hunger werden scheinbar infolge erhöhter Respiration endogener Fettsäuren (evtl. auch Ketonkörpern) ausgelöst. In Versuchen konnte gezeigt werden, daß sich der aus Glucose stammende Pyruvatstoffwechsel im Herzmuskel von Diabetesratten und Hungertieren in einer Beziehung von dem der Herzen aus gesunden Tieren unterscheidet: Im Perfusionsmedium wird im Herzmuskel von Diabetes- und Hungertieren das Verhältnis Laktat/Pyruvat verringert. Unter gleichen Bedingungen wird dagegen im Herzmuskel von gesunden Tieren, die mit Fettsäuren durchströmt werden, dieses Verhältnis erweitert. Falls bei Diabetes und Hunger die geschwächte Pyruvatverwertung durch eine vergrößerte Respiration der endogenen Fettsäuren (Ketonkörper) verursacht ist, muß irgend ein weiterer Faktor für die Veränderung im Laktat/Pyruvatverhältnis unter diesen Bedingungen verantwortlich sein. H. Steger. 7910.

Patton, Stuart, McCarthy, R. D., Evans, Laura, Jensen, R. G. und Gander, G. W.; Storrs, Univ. of Connecticut, Dep. of Animal Ind.; Pennsylvania, State Univ., Dep. of Dairy Sci. Structure and synthesis of milk fat. III. Utilization of pentadecanoate infused into the lactating goat mammary gland. **(Struktur und Synthese des Milchfettes. 3. Mitt. Die Ausnutzung von in das laktierende Ziegeneuter infundierte Pentadecanat.)** J. Dairy Sci. **45** (1962) Nr. 2. S. 248–249. – 2. Mitt. vgl. LZ. Abt. III **6** (1961) Nr. 6. S. 988.
Die Beobachtung, daß zwischen den Triglyceriden des Rinderblutes und denen des Milchfettes in der Stellung der Fettsäuren am Glycerin Unterschiede bestehen, veranlaßte Vff. zur Vermutung, daß die für das Milchfett benötigten Blut-Triglyceride entweder gespalten oder umgebaut werden müssen, weil Pentadecansäure nur in Spuren in der Milch vorkommt, wurde deren K-Salz

für diesen nicht radioaktiven Versuch eingesetzt. Als 1- oder 2-Monoglycerid in das Euter infundiert war deren Anlagerung im Milchfett nicht festzustellen. Eine Einlagerung war erst zu beobachten, wenn als Substrat Pentadecanat in wäßriger Lösung und 1- und 2-Monoglycerid angewandt wurden. Die Substanzen wurden sofort nach dem Melken in den Zitzenkanal infundiert. Als Vergleichsmaßstab diente die andere nicht behandelte Euterhälfte. Nach Analyse auf Quantität und Stellung der Pentadecansäure wurde festgestellt, daß 1- und 2-Monoglyceride in freie Säuren hydrolysiert werden.

W. Gimmler. 7920.

Havel, Richard J., Felts, James M. und Duyne, Charles M. van. Formation and fate of endogenous triglycerides in blood plasma of rabbits. **(Die Bildung und das Schicksal von endogenen Triglyceriden in Kaninchenblutplasma.)** J. Lipid Res. **3** (1962) Nr. 3. S. 297–308.
An Kaninchen wurde die Bildung von Leberglyceridfettsäuren aus 1-^{14}C-Palmitat studiert und ihr Transport von der Leber ins Blut und vom Blut in die peripheren Gewebe verfolgt. Die Lebertriglyceridfettsäuren (TGFS) sind die unmittelbaren Vorläufer der TGFS der spez. leichten Lipoproteide des Plasmas ($d < 1.006$). Bereits 15 Min. nach Injektion des markierten Palmitates erscheinen sie im Plasma und erreichen nach 45–60 Min. einen Gipfel. Die Lipoproteide ($d > 1.006$) steigen wesentlich langsamer an. Die Fettsäurezusammensetzung der TGFS der Leber sind weitgehend den Lipoproteiden des Plasmas ($d < 1.006$) ähnlich, dagegen verschieden von den Lipoproteiden ($d > 1.006$). Bei hungernden Tieren verbleibt der größte Teil der TGFS in der Leber. Durch Injektion von markiertem Palmitat oder markiertem TGFS wurde gezeigt, daß die Verteilung von freien Fettsäuren im Gewebe nicht vom Ernährungszustand der Tiere abhängt, denn etwa 20mal soviel radioaktives TGFS wurde im Fettgewebe bei nach einer Hungerperiode wiedergefütterten Tieren festgestellt wie bei hungernden Tieren. Jedoch lag bei den fastenden Tieren die Oxydation (ausgeatmetes $^{14}C\ O_2$) höher.

H. Steger. 7920.

Zamecnik, Paul C.; Cambridge, Univ., Chem. Lab. Unsettled questions in the field of protein synthesis. **(Offene Fragen auf dem Gebiet der Proteinsynthese.)** Biochem. J. **85** (1962) Nr. 2. S. 257–264. – 1 Tab., 54 Lit.
Im Rahmen eines Vortrages behandelt Vf. die 5 folgenden offenen Fragen auf dem Gebiet der Proteinsynthese. 1. Wie „erkennt" das Überträgerribonucleinsäuremolekül das zur Veresterung erforderliche spezielle aktivierende Enzym ? 2. Erfolgt die Veresterung des Ribosylhydroxyls in Stellung 2' oder 3' ?. 3. Wie ist die wachsende Peptidkette mit der Oferfläche der Ribosomen verbunden ? 4. Ist die ribosomale „Matritze", an der die Ordnung der Aminoacyl-RNS erfolgt, eine passive katalytische Oberfläche oder eine aktive Matritze, die nur einmal vor der Ablösung durch ein neues spez. RNS-Molekül (Messenger-RNS) fungiert ? 5. Wie erfolgt die Codierung, d. h. wie wird die Identität jeder Aminosäure in eine Sequenz von Nucleotidbasen transformiert? Auf Grund theoretischer Überlegungen und in Auswertung eigener Ergebnisse und Lit. leitet Vf. eine Reihe von Arbeitshypothesen zur Klärung dieser Fragen ab.

R. Schiemann. 7930.

Johns, E. W.; London, Roy. Cancer Hospital, Chester Beatty Res. Inst., Inst. of Cancer Res. Observations on the species specificity of histone. **(Beobachtungen der Species-Spezifität der Histone.)** Biochem. J. **84** (1962) Nr. 1. S. 25P. – 4 Lit.
Das nach der Methode von Mirsky und Pollister (vgl. Proc. nat. Acad. Sci. USA **28** [1942] S. 344.) nach Extraktion mit 0,25 n HCl aus Weizenkeimen isolierte Histon unterscheidet sich von dem des tierischen Gewebes: Es wurde ein höherer Gesamt-Lysingehalt (17,6% Lysin) gefunden, 77% der N-endständigen Aminosäuren entsprechen Alanin, es ist mit NH_3 nicht präzipitierbar und

besitzt ein anderes elektrophoretisches Muster (Stärkegel-Elektrophorese), das keine Zone in der Position des argininreichen Histons enthält. Da nach Ansicht des Vf. das argininreiche Histon weder bei der Herstellung verloren ging noch eine unvollständige Extraktion vorliegt, wird auf einen entscheidenden Unterschied zwischen dem Histon aus Weizenkeimen und dem aus tierischem Gewebe geschlossen. Durch stufenweise Präzipitation mit Aceton wurde eine teilweise Fraktionierung des Histons erreicht.

I. Schröder. 7930.

Nonaka, Yoshimi und Ariyama, Hisashi; Tohoku, Univ., Fac. of Agric., Dep. of Food Chem. On the lysine and threonine containing peptides excreted in the urine of rats fed on a polished rice diet. **(Über lysin- und threoninenthaltende Peptide im Harn von Ratten, die mit polierter Reisdiät gefüttert wurden.)** Agric. biol. Chem. [Tokyo] **26** (1962) Nr. 9. S. 635. – 1 Tab., 4 Lit. Orig.: engl.

Es wurden mit Hilfe der Ionenaustauscher-Säulenchromatographie (Dowex-50W x 2) Peptide aus Harn von Ratten isoliert, die mit 10%-iger Reisdiät gefüttert wurden. Der Lysin- und Threoningehalt wurde mikrobiol. bestimmt. Es konnten 7 Peptide isoliert werden, die jeweils 1,3, 1,4, 1,6, 1,6, 2,1, 3,0 und 3,9% Threonin der aufgenommenen Menge enthalten. 3 Peptide enthalten kein Lysin und 4 jeweils 0,8, 0,9, 1,3 und 1,6% des aufgenommenen Lysins. Eine anschließende enzymatische Hydrolyse der 7 Peptide mit Pepsin (24 Std. bei pH 2 und 37°) und pankreatischen Enzymen (24 Std. bei pH 8,0 und 37°) ergab, daß eine weitere Spaltung nicht möglich ist und somit eine Resistenz der Peptide gegenüber den Verdauungsenzymen wahrscheinlich ist. An N-endständigen Aminosäuren (Sanger) wurde lediglich Alanin nachgewiesen.

I. Schröder. 7930.

Fisher, James R., Chilson, Oscar P. und Chan, S. K.; Tallahassee, Fla., State Univ., Dep. of Chem. Adenosine desaminase in chick embryos. **(Adenosin-Desamidase beim Hühnerembryo.)** Biochim. biophysica Acta [Amsterdam] **58** (1962) Nr. 2. S. 371–373. – 1 Abb., 8 Lit.

Aus Messungen an Homogenaten ganzer Embryonen geht hervor, daß die Adenosin-Desamidaseaktivität (AD) vom 3.–11. Bruttag konstant ist und vom 11.–15. Tag um das 3fache ansteigt (gemessen am Gesamt-N). Bei Untersuchungen an einzelnen Organen – Darmkanal insgesamt, Leber, Magen, Beinmuskel, Herz, Hirn – zwischen dem 9. Bruttag und dem Schlupf sowie der Area vasculosa (5.–17. Bruttag) stimmten alle mit den Werten aus der Gesamtkörperbestimmung überein, bis auf den Darmkanal, bei dem die Aktivität weit größer war. Am höchsten stieg die AD im Duodenum an (vom 17. Bruttag bis zum 12. Tag nach dem Schlupf auf das 40fache), die Alkali-Phosphataseaktivität auf das 100fache. Es scheint damit zwischen beiden Fermenten eine engere Beziehung zu bestehen. Durch Injektion von Adenosin war es nicht möglich, die AD im Gesamtkörper der Embryonen zu erhöhen. Die Aktivitätsbestimmung erfolgte mit dem Spektrophotometer (Methode nach Gordon und Roder) und auf Grund der NH_3-Produktion.

C. Engelmann. 7930.

Krampitz, G. und Knappen, F.; Bonn, Univ., Inst. für Anatomie und Physiol. der Haustiere. Thermal copolymerization of protein hydrolysates containing ^{35}S amino-acids and distribution of radioactive sulphur after application of ^{35}S-labelled amino-acid copolymers in the rat. **(Thermische Copolymerisation von Proteinhydrolysaten, die ^{35}S-Aminosäuren enthalten, und die Verteilung des radioaktiven Schwefels nach Verabreichung von ^{35}S-markierten Aminosäure-Copolymeren an die Ratte.)** Nature [London] **195** (1962) Nr. 4839. S. 385–387. – 1 Tab., 14 Lit.

Aus der Hefe *Torula utilis*, die aus Zugaben von ^{35}S-markiertem Sulfat ^{35}S-Aminosäuren enthielt, wurden mit 6 n HCl unter N_2 Hydrolysate hergestellt und zur Trockne eingeengt. Die getrockneten Hydrolysate wurden mit je 4 Teilen Glutamin- und Asparaginsäure in 5%iger H_2SO_4 gelöst, zur Trockne eingeengt und 3 Std. unter N_2 auf 170° erhitzt. Aus dem erhaltenen Produkt ergaben sich ein in Wasser unlöslicher (A) und ein löslicher Teil (B) des Copolymeren. Beide Präparate zeigten positive Proteinreaktionen und waren radioaktiv. Nach säulenchromatographischer Trennung entsprechender Hydrolysate an Dowex 50 × 12 fand sich eine geringe Radioaktivität beim Cystin, eine größere beim Methionin und eine andere radioaktive Komponente wurde mit 0.2 n NaOH eluiert, diese war auch in Hydrolysaten des Ausgangsmaterials von *Torula utilis* vorhanden. Die Fraktion B wurde als Zulage in Form einer konzentrierten Lösung 2mal in 7 Tagen in einer Menge von 0.5 ml in Fütterungsversuchen oral an ♂Ratten verabreicht (Lgw. 95 g). Bei Untersuchung der Organe wurden keine abnormen Veränderungen festgestellt. Aus den Rattenversuchen folgt, daß die Copolymerisate durch Proteasen im Verdauungstrakt hydrolysiert werden und daß Fragmente absorbiert und in Gewebe eingebaut werden. Die Ratten nutzten ungefähr 40% der Radioaktivität aus. Der Hauptteil der Radioaktivität fand sich in der Leber (14,46%) und eine rel. große Menge im Blut (5,34%). F. Kreienbring. 7930.

Fleissner, Erwin und Borek, Ernest; Columbia, Univ., Coll. of Physicians and Surgeons, Dep. of Biochem. A new enzyme of RNA synthesis: RNA methylase. **(Ein neues Enzym der RNS-Synthese; RNS-Methylase.)** Proc. nat. Acad. Sci. USA **48** (1962) Nr. 7. S. 1199–1203. – 2 Abb., 2 Tab., 12 Lit.

E. coli ($K_{12}W_6$) wurde ausschließlich unter Methioninmangelbedingungen gehalten, danach vom Hungermedium (I) entfernt, und in einem vollständigen Kulturmedium (II), das ^{32}P und ^{14}C-Methionin (Methylgruppe markiert) enthielt, inkubiert. In 15 Min. Abständen wurden Proben zur Ribonucleinsäure (RNS)-Isolierung entnommen und die $^{14}C/^{32}P$-Aktivität der RNS bestimmt. In Kontrollversuchen wurden *E. coli*-Zellen in der logarithmischen Wachstumsphase 15 Min. ohne Methionin gehalten und anschließend in II ebenso bebrütet und weiterverarbeitet wie die Kulturen von I. Letztere zeigten im Vergleich zu den Kontrollen auf jede neue Nucleotidbindung der RNS den 8fachen Einbau von Methylgruppen. Isolierte Thyminribose-3'-Phosphate (III) der Kontrollen zeigten in den ersten 15 Min. ein 200fach höheres $^{32}P/^{14}C$-Verhältnis als die III von I. Weiterhin wird der $^{14}CH_3$-Einbau in III in zellfreien Systemen untersucht. Alle Ergebnisse zeigen, daß ein lösliches Enzym (die RNS-Methylase) in *E. coli* existiert, die die Basen der löslichen RNS methylieren kann. Es wird diskutiert, ob die Methylierung die Sekundär- oder Tertiärstruktur der Nucleotide bedingt oder die Wasserstoffbindungen reduziert oder die Überträger-RNS vor der Hydrolyse durch die in den Ribosomen reichlich vorhandene Nuclease schützt.

H. Bergner. 7930.

Kelleher, Philip und Villee, Claude; Boston, Mass., Lying-in Hospital, Res. Lab.; Harvard Med. School, Dep. of Biol. Chem., Res. Lab. Serum-protein changes in the foetal rat studied by immunoelectrophoresis. **(Immunoelektrophoretisch untersuchte Serumproteinveränderungen in der fetalen Ratte.)** Biochim. biophysica Acta [Amsterdam] **59** (1962) Nr. 1. S. 252–254. – 3 Tab., 13 Lit.

Unter Verwendung von Veronal-HCl-Puffer (pH 8,2, Ionenstärke 0,1) wurde die Immunoelektrophorese der Serumproteine auf 4 × 10 cm Glasplatten (12 ml 1,5% Agar) während 4 Std. bei einem Potentialgradienten von 6 V/cm durchgeführt. Durch die Wahl von Bohrlöchern verschiedenen Durchmessers ließ sich das zur Trennung eingesetzte Serumvolumen auf das 10-fache steigern. Mit dem benutzten Antiserum aus ausgewachsenen ♂ weißen Kaninchen wurden im Serum ausgewachsener Ratten 14–16 Komponenten gefunden. Bei fetalen Ratten fanden sich am 17. Tag insgesamt immunoelektrophoretisch 5 und am 22. Tag der Trächtigkeit 12 Komponenten. Bei den Feten ergab sich ein langsames Anwachsen der immunoelektrophoretischen Komponenten von allen 6 Fraktionen, die bei einfacher Elektrophorese im Serum von Ratten vorhanden sind. F. Kreienbring. 7930.

Pihl, Alexander, Lange, Rolf und Evang, Anders; Montebello, Inst. for Cancer Res. The interaction of cystine and cysteine with beef liver catalase. **(Die Wechselwirkung von Cystin und Cystein mit Rinderleber-Katalase.)** Acta chem. scand. **15** (1961) Nr. 6. S. 1271–1279. – 4 Abb., 3 Tab., 16 Lit.
Die Untersuchungen zeigen die Wechselwirkung von kristalliner Rinderleberkatalase mit Cystin und mit Thiolen, Cystein, Cysteamin und Penicillamin. Die Inhibition von Katalase durch Cystin ist durch die Wechselwirkung der aus dem Cystein freigesetzten Disulfide mit den SH-Gruppen der Katalase begründet. M. Hoffmann. 7930.

Sugita, Yoshiki, Yoneyama, Yoshimasa und Ohyama, Harumi; Tokyo, Univ., Fac. of Med., Dep. of Physiol. Chem. and Nutrit. In vitro formation of hemoglobin in the presence of iron chelating enzyme. **(In vitro Bildung von Hämoglobin in Gegenwart des „iron chelating enzyme".)** J. Biochemistry [Tokyo] **51** (1962) Nr. 6. S. 450–451. – 1 Abb., 9 Lit. Orig.: engl.
Die in-vitro-Bildung von Hämoglobin wurde auf 2 Wegen durch spektrophotometrische Messung verfolgt. Die erste Mischung enthielt 200 mμ mol $FeCl_3 \cdot 6\,H_2O$, 100 mμmol Protoporphyrin, 4 μmol Cystein, 200 μmol Tris-Puffer (pH 8,0), 1,8 mg Globin und 1,5 ml Enzympräparat in 5 ml Endlösung und wurde 1 Std. bei 37° bebrütet. Die 2. Mischung enthielt die gleichen Substanzen, nur wurde das Globin erst nach der Bebrütung und Abkühlen auf 4° zugegeben (10 Std. stehen lassen). Es wurde von beiden erhaltenen Produkten das Differenzspektrum zwischen der oxydierten und der reduzierten Form der erhaltenen Lösung aufgenommen und durch Vergleich mit Hämoglobin festgestellt, daß auf beiden Wegen in Gegenwart des „iron chelating enzyme" Fe, Protoporphyrin und Globin Hämoglobin bilden.
F. Kreienbring. 7950.

Energiewechsel

Malhotra, M. S., Ramaswamy, S. S. und Ray, S. N.; Delhi, India, Defence Sci. Lab. Influence of body weight on energy expenditure. **(Einfluß des Körpergewichtes auf die Energieabgabe.)** J. appl. Physiol. **17** (1962) Nr. 3. S. 433–435. – 5 Abb., 2 Tab., 6 Lit.
Bei 58 indischen Soldaten im Alter von 20–37 Jahren und einer Körpermasse von 47–89 kg wurde durch indirekte Kalorimetrie (Douglas-Sack oder Respirometer nach Kofrany-Michaelis) der Energieaufwand für verschiedene (militärische) Tätigkeiten in jeweils 3fachen individuellen Parallelen, von denen jeweils ein Wert ausgeschaltet wurde, gemessen. U. a. wurde der Energieverbrauch für Sitzen, Stehen, Marschieren, Parademärsche, Bajonettfechten, Radfahren, Graben ausheben und Sturmangriff gemessen. Zwischen der Energieabgabe und der Körpermasse ergab sich für alle Tätigkeiten außer Sitzen und Stehen eine positive lineare Korrelation. Durch anstrengende Tätigkeiten wird der Energieverbrauch erheblich gesteigert; so liegt die Energieabgabe beim Sturmangriff etwa 8 mal so hoch wie beim Grundumsatz. Die bei den indischen Soldaten erhaltenen Ergebnisse sind mit Lit. analoger Messungen bei englischen und amerikanischen Soldaten verglichen.
R. Schiemann. 8000.

Charnock, J. S., Opit, L. J. und Hetzel, B. S.; Woodville, South Australia, Queen Elizabeth Hospital; Univ. of Adelaide, Dep. of Med. and Surgery. An evaluation of the effect of salicylate on oxidative phosphoryla-

tion in rat-liver mitochondria. **(Eine Einschätzung der Wirkung von Salicylat auf die oxydative Phosphorylierung in Rattenlebermitochondrien.)** Biochem. J. **83** (1962) Nr. 3. S. 602–606. – 4 Tab., 22 Lit.
Zur Aufklärung der Wirkung von Salicylat auf die oxydative Phosphorylierung wurde der P:O-Quotient von Rattenlebermitochondrien sowie deren Permeabilität für Salicylat unter verschiedenen Substratbedingungen sowie nach Vergiftung einzelner Tiere mit Salicylat untersucht. Zugabe von 5 mM Natriumsalicylat zu Rattenlebermitochondrien inhibierte die oxydative Phosphorylierung bei Succinat bzw. β-Hydroxybutyrat als Substrate vollständig und bei α-Ketoglutarat als Substrat weitgehend. Mitochondrien von mit Salicylat vergifteten Ratten zeigten keine Unterschiede in der oxydativen Phosphorylierung gegenüber denen von Kontrolltieren. Dies traf auch für Lebermitochondrien zu, die nach Suspension in 5 mM Natriumsalicylatlösung isoliert und in Zuckerlösung resuspendiert wurden. Demnach sowie nach weiteren Versuchen ist die Permeabilität der Mitochondrien für Salicylat nur sehr klein, so daß die Wirkung des Salicylats bei der Untersuchung isolierter Mitochondrien von mit Salicylat vorbehandelten Ratten durch Auswaschen des Salicylats bei den angewandten Isolierungsbedingungen verlorengeht. Vff. schlußfolgern, daß auch in vivo die stoffwechselsteigernde Wirkung des Salicylats auf einer Entkopplung der oxydativen Phosphorylierung beruht. R. Schiemann. 8008.

Charnock, J. S. und Opit, L. J.; Woodville, South Australia, Queen Elizabeth Hospital; Univ. of Adelaide, Dep. of Med. and Surgery. The effect of salicylate on adenosine-triphosphatase activity of rat-liver mitochondria. **(Die Wirkung von Salicylat auf die Adenosintriphosphataseaktivität von Rattenlebermitochondrien.)** Biochem. J. **83** (1962) Nr. 3. S. 596–602. – 4 Tab., 22 Lit.
Vff. untersuchten den Einfluß von Salicylat und Mg^{++} auf die Aktivität der Adenosintriphosphatase (ATPase) von frischen und gealterten Rattenlebermitochondrien bei den 4 bekannten pH-Optima von 6,3; 7,4; 8,5 und 9,4. Vergleischsweise wurde die Wirkung von 2,4-Dinitrophenol (DNP) bestimmt. Die pH-Abhängigkeit der ATPase-aktivität differierte bei frischen und gealterten Mitochondrien, was auf eine Permeabilitätsänderung für ATP durch das Altern zurückgeführt wird. DNP stimulierte die ATPase-aktivität in Abwesenheit von Mg^{++} bei frischen Mitochondrien, wobei sich mit steigendem pH die Stimulierung verminderte. Bei gealterten Mitochondrien war die pH-Abhängigkeit umgekehrt. Natriumsalicylat wirkte nur bei frischen Mitochondrien stimulierend mit einem Max. bei pH 6,3; Mg^{++} verstärkten diese Wirkung. Bei gealterten Mitochondrien schwächte Salicylat sogar die durch Mg^{++} bewirkte Stimulierung der ATPase-aktivität ab. Eine Vorbehandlung der Ratten mit größeren Salicylatgaben hatte keinen Einfluß auf die Eigenschaften der Lebermitochondrien. Da Salicylat nur bei frischen Mitochondrien die Entkopplung der oxydativen Phosphorylierung durch Verstärkung der ATPase-aktivität bewirkt, vermuten Vff., daß das Salicylat die Mitochondrienmembran beeinflußt und die Permeabilität dieser Membrane für ATP vergrößert. R. Schiemann. 8008.

Clapperton, J. L.; Kirkhill, Ayr, Hannah Dairy Res. Inst. The oxygen consumption of sheep when walking in cold and warm environments. **(Der Sauerstoffverbrauch von Schafen, die sich in kalter und warmer Umgebung bewegen.)** Proc. Nutrit. Soc. **21** (1962) Nr. 2. S. XXXIII–XXXIV. – 1 Tab. 2 Lit.
Von 2 Hammeln wurde in einem Respirationskasten mit Tretbahn der O_2-Verbrauch in Ruhe und beim Laufen (24 m/Min.) bestimmt. Die Messungen erfolgten bei Temperaturen von 28° und von 17°. Beide Schafe hatten bei 17° einen höheren O_2-Verbrauch als bei 28°. Die durch das Laufen bedingte

Zunahme des O_2-Verbrauchs war in der kalten Umgebung geringer als in der warmen. Bei der niedrigeren Temperatur wurde folglich ein Teil der durch die Bewegung im Körper erzeugten Wärme für den Wärmehaushalt der Tiere benutzt. Da der O_2-Verbrauch höher war als der für die Arbeit bei 17° theoretisch errechnete, folgt, daß entweder ein Teil der erzeugten Wärme verschwendet wurde, oder daß erhöhte Wärmeverluste durch Konvektion bei der Bewegung auftraten. J. Wünsche. 8012.

Eiweißstoffwechsel

Snetsinger, D. C. und Scott, H. M.; Urbana, Ill., Agric. Exp. Stat. Efficacy of glycine and arginine in alleviating the stress induced by dietary excesses of single amino acids. **(Die Wirksamkeit von Glycin und Arginin zur Aufhebung von Stress-Situationen, die durch fütterrungsbedingte Mißverhältnisse zwischen den einfachen Aminosäuren hervorgerufen wurden.)** Poultry Scis. **40** (1961) Nr. 6. S. 1675–1681. – 3 Tab., 15 Lit.

In Versuchen an Küken wurde die Bedeutung von Glycin und Arginin bei der Überwindung vonWachstumsdepressionen, die durch ein ungünstiges Verhältnis der im Futter enthaltenen Aminosäuren hervorgerufen werden können, untersucht. Glycin und insbesondere Arginin erwiesen sich als Aminosäuren, die Futtermischungen mit einem ausreichenden bzw. überschüssigen Anteil an Histidin oder Phenylalanin in der Weise ergänzen können, daß eine bessere Eiweißverwertung erzielt wird. Glycin war meist in größerer Menge erforderlich (ca. 2%) als Arginin (ca. 0,6%), um Wachstumsdepressionen zu überwinden. Glycin und Arginin wird eine additive Wachstumswirkung zugeschrieben, die bes. dann deutlich hervortritt, wenn ein ungünstiges Verhältnis der Aminosäuren zueinander in der Futtermischung bzw. in der Futterration vorliegt. G. Göbel. 8042.

Owings, W. J. und Balloun, S. L. Effect of protein sources and amino acid supplementation on intestinal microflora and plasma amino acids of the chick. **(Wirkung von Proteinquellen und Aminosäurenergänzung auf die Intestinal-Mikroflora und Plasmaaminosäuren des Kükens.)** Poultry Sci. **40** (1961) Nr. 6. S. 1718–1730. – 5 Abb., 10 Tab., 17 Lit.

5 verschiedene Futtermischungen mit unterschiedlichen Eiweißfutterkomponenten (Casein, Zein, Casein-Zein, Sojabohnen, Gelatine-Casein) wurden in Versuchen an Küken durch Arginin oder Lysin bzw. Arginin und Lysin ergänzt. Der Zusatz von Arginin und Lysin erhöhte die Gewichtszunahme der Küken bei Verwendung von Futtermischungen, die als Eiweißfutter einen hohen Anteil an Casein oder Casein und Zein enthielten. Zusatz von Arginin erhöhte – allerdings geringfügig – den Anteil an freiem Arginin im Blut. Gleichzeitig wurde der Gehalt an Lysin, Prolin, Glutaminsäure und Serin erhöht, während der Gehalt an Threonin, Phenylalanin und Histidin vermindert wurde. Allgemein konnte ein Ansteigen der Intestinal-Mikroflora verzeichnet werden, wenn Arginin den Futtermischungen zugesetzt wurde. Der höhere Gehalt an Mikroorganismen wurde auch festgestellt, wenn Futtermischungen mit hohem Anteil an Casein und Arginin gleichzeitig zugesetzt wurden. G. Göbel. 8042.

Sanahuja, Juan C. und Harper, Alfred E.; Madison, Univ. of Wisconsin, Dep. of Biochem. Effect of amino acid imbalance on food intake and preference. **(Der Einfluß einer Aminosäure-Imbalanz auf Futteraufnahme und -auswahl.)** Amer. J. Physiol. **202** (1962) Nr. 1. S. 165–170. – 4 Abb., 2 Tab., 33 Lit.

Vff. untersuchten an proteinverarmten Ratten (Holtzman-Stamm) den Einfluß einer durch Zusatz von 3,8% einer AS-Mischung ohne Histidin zu einer 6% Rinderfibrin enthaltenden Diät provozierten AS-Imbalanz (**I**) auf Futter-Aufnahme und -auswahl. 3 Tage nach Angebot der AS-**I**-Diät stagnierten Futteraufnahme und Wachstum und die Ratten der AS-I-Gruppe zogen eine proteinfreie Diät der I-Diät vor, obwohl die I-Diät im Gegensatz zur erstgenannten dem Wachstum förderlich war. Wurde zur I-Diät Histidin hinzugefügt, ließen die Ratten die proteinfreie Diät unbeachtet. H.-D. Bock. 8042.

Kumta, U. S. und Harper, A. E.; Madison, Univ. of Wisconsin, Dep. of. Biochem. Amino acid balance and imbalance. VII. Effects of dietary additions of amino acids on food intake and blood urea concentration of rats fed low-protein diets containing fibrin. **(Aminosäurebalance und -imbalance. 7. Mitt. Einflüsse von Aminosäurenzusätzen zur Kost auf die Futteraufnahme und die Harnstoffkonzentration im Blut von Ratten, die mit eiweißarmen, fibrinhaltigen Rationen gefüttert wurden.)** J. Nutrit. [Philadelphia] **74** (1961) Nr. 2. S. 139–147. – 2 Abb., 5 Tab., 26 Lit. 6. Mitt. vgl. LZ. Abt. III **7** (1962) Nr. 11. S. 2359.
150 g schwere ♂ *Holtzman*-Ratten erhalten zu einer 6% Fibrin enthaltenden Kost 0,4% D,L-Methionin und 0,6% D,L-Phenylalanin oder 1% der in der 6. Mitt. beschriebenen Aminosäurekombinationen zugelegt. Die Magenverweildauer ist bei dieser imbalancierten Kost nicht verändert. Bei Supplementierung mit Gemischen, die eine Verringerung von Futteraufnahme und Wachstum zur Folge haben (Methionin + Phenylalanin, Arginin + Threonin) steigt auch der Harnstoffspiegel im Blutplasma an; 3 Std. nach der Futteraufnahme weist dieser ein Maximum auf. Dasselbe zeigt sich auch bei Tieren, die vor der Futteraufnahme 4 Tage eiweißfrei ernährt und dann 12 Std. nüchtern gehalten worden sind. Durch Zulage der limitierenden Aminosäuren (Leucin, Isoleucin, Valin und Histidin) wird der Harnstoffspiegel des Plasmas normalisiert. Der Harnstoffgehalt des Plasmas steigt bei den anderen Aminosäurengemischen, die Wachstum und Futteraufnahme herabsetzen, nicht an. Bei Zulagen von Aminosäuren, die das Wachstum nicht beeinflussen, erfahren Futteraufnahme und Plasmaharnstoff ebenfalls keine Veränderung. Die Tryptophanpyrrolaseaktivität der Leber wird durch die Aminosäurenimbalance nicht merklich beeinflußt. Durch Insulininjektionen (1 E./Tier/Tag) werden Futteraufnahmen und Wachstum von Tieren mit Zulagen von Methionin und Phenylalanin zum fibrinhaltigen Futter angeregt. Bei leichterer Aminosäureninbalance ist die appetitanregende Insulinwirkung weniger ausgeprägt. B. Gaßmann. 8042.

Kostjunina, V. J. (Kostjunina, W. F.) Dinamika belkov syvorotki krovi u vysokoproduktivnych korov v zavisimosti oi tipov kormlenija. **(Die Dynamik der Eiweißstoffe des Blutserums bei hochleistungsfähigen Kühen in Abhängigkeit von den Fütterungstypen.)** Tr. Mosk. vet. akad. **29** (1960) S. 175 bis 184. – Zus. in Engl. Aus: Referativnyj žurnal. Biologija, Moskva **1962** Nr. 4. L 15. S. 3.
Die Versuche wurden auf Sowjetgütern des Gebietes Moskau an Kühen der Ostfriesischen Rasse unter Verwendung verschiedener Typen der Fütterung durchgeführt: wenig Kraftfutter mit überwiegend Heu (**I**) und mit überwiegend Silage (**II**). Die Blutuntersuchungen an 28 Tieren haben gezeigt, daß das Niveau des Gesamteiweißes im Blut durch Verringerung der Globulinmenge sank, und zwar bei **I** von 8,29 auf 8,16 und bei **II** auf 8% gegenüber der Ausgangsmenge, die Albuminmenge stieg entsprechend von 4,36 auf 4,96 und 4,93; das Albumin-Globulin-Verhältnis stieg auf 1,64 und 1,9–2,06. Bei Kühen mit gestörtem Eiweißstoffwechsel beobachtete man bei **I** und **II** einen Ausgleich desselben, jedoch der Gehalt an Gesamteiweiß im Blut blieb bei ihnen höher als bei gesunden Tieren. Die Normalisierung des Eiweißstoffwechsels verlief bei **II** aktiver. Der Unterschied im Gesamteiweißgehalt des Blutes bei Kühen mit gestörtem Stoffwechsel hing anscheinend vom verschiedenen Grad der Erkrankungsintensität und der Störung der Leberfunktion ab. Der Kraftfuttertyp der Fütterung hochleistungsfähiger Kühe führte zu einer Störung

des Stoffwechsels, zur Steigerung oder Verringerung des Gesamteiweißgehaltes, zur Störung des Verhältnisses der Eiweißfraktionen des Blutes in Richtung einer Verringerung der Albumine, was ein Zeichen für eine Störung der Leberfunktion ist. übersetzt v. Th.-C. Boetticher. 8042.

Lassiter, C. A., Brown, L. D. und Keyser, Donald. An evaluation of diammonium phosphate as a nitrogen source for ruminants. **(Die Bewertung von Diammoniumphosphat als Stickstoffquelle für Wiederkäuer.)** Michigan State Univ., agric. Exp. Stat., quart. Bull. **44** (1962) Nr. 4. S. 763–771. – 7 Tab., 1 Lit.

Zur Bewertung wurden Aufnahmeversuche bei Milchkühen, Verdaulichkeits- und Bilanzversuche und Fütterungsversuche mit Jungrindern durchgeführt. Erst wenn das Kraftfutter mehr als 2% Diammoniumphosphat enthält, tritt eine Beeinträchtigung des Geschmacks ein. Die Ausnutzung des N ist ähnlich der von Harnstoff und Sojabohnenmehl. Die Jungrinder, bei denen 35% des N-Bedarfes durch Diammoniumphosphat gedeckt wurde, entwickelten sich wie die Tiere, die ihren Bedarf über Harnstoff erhielten. Es wird gefolgert, daß Diammoniumphosphat ebenfalls als N-Quelle für Wiederkäuer genutzt werden kann. Zusätzlich wird damit noch P geliefert. Die Ausnutzung von P wurde nicht untersucht. G. Leisner. 8050.

Sturkie, Paul D.; New Brunswick, New Jersey Dep. of Poultry Sci. The effects of age and reproductive state on plasma uric acid levels in chickens. **(Die Wirkung des Alters und des Entwicklungszustandes auf den Plasma-Harnsäurespiegel bei Küken.)** Poultry Sci. **40** (1961) Nr. 6. S. 1650–1652. – 2 Tab., 5 Lit.

In einem Versuch an 7–8 Mon. alten Legehennen (Weiße Leghorn) wurde 6 Monate lang der Plasma-Harnsäuregehalt geprüft. Die Ergebnisse dieses Versuches zeigten, daß der Plasma-Harnsäuregehalt starken Schwankungen unterworfen ist und in starkem Maße der Entwicklungszustand, die Gesundheit, die Höhe der Futteraufnahme und auch andere Faktoren einen Einfluß ausüben. Unterschiede zeigten sich ferner zwischen Legehennen mit hoher Legeleistung und Legehennen mit geringer oder keiner Legeleistung. Die Ergebnisse der Vff. sowie diejenigen von Bell lassen die Vermutung zu, daß die Höhe der Oestrogenabgabe in den Körper einen Einfluß ausübt. Weitere Versuche mit ähnlicher Aufgabenstellung werden für erforderlich erachtet. G. Göbel. 8050.

Brüggemann, Johs., Drepper, K. und Zucker, H.; München, Univ., Inst. für Physiol. und Ernähr. der Tiere. **Harnstoff-Fütterungsversuche an Jungbullen.** Z. Tierphysiol., Tierernähr. Futtermittelkunde **17** (1962) Nr. 4. S. 243–257. – 11 Tab., 9 Lit. Zus in Engl..

In 2 Einzelfütterungsversuchen mit insgesamt 80 Jungbullen wurde Harnstoff (unterschiedliche Mengen bzw. mit unterschiedlicher StE-Ergänzung) mit Sojaschrot verglichen. Die Kontrollgruppen wurden nur mit dem proteinarmen Grundfutter versorgt. Die Sojaschrotgruppen hatten gegenüber den Kontrollen um 30 bzw. 42% höhere Zunahmen. Das Sojaschrot konnte wirkungsgleich durch Harnstoff ersetzt werden, wenn eine der Sojaschrotmenge etwa energieäquivalente Zulage von Melasse oder Tapiokamehl erfolgte. Durch Mehrverzehr von proteinarmem Grundfutter (Heu, Stroh) konnten die Harnstoffgruppen ihr Energiedefizit nicht decken. Der Futteraufwand (StE) je kg Zunahme war jedoch bei den energiearm gefütterten Tieren trotz niedriger tägl. Zunahmen um 37% geringer als bei den energiereich, aber N-arm gefütterten Tieren. Die Rest-N-, Harnstoff-N und NH_4-N-Gehalte in Blutplasma und Pansensaft wurden durch die Harnstoff-Fütterung nicht signifikant beeinflußt. J. Wünsche. 8050.

Stoffwechsel stickstofffreier Nährstoffe

McClymont, G. L. und Vallance, S.; Armidale, Australia, Armidale Univ. of New England, Dep. of Biochem. and Nutrit. Depression of blood glycerides and milk-fat synthesis by glucose infusion. **(Depression von Blutglyceriden und der Milchfettsynthese durch Glucoseinfusion.)** Proc. Nutrit. Soc. **21** (1962) Nr. 2. S. XLI–XLII. – 1 Tab. 8060.

Leat, W. M. F.; Cambridge, Univ., School of Agric. Studies on pig diets containing different amounts of linoleic acid. **(Untersuchungen mit Rationen für Schweine mit verschiedenen Gehalten an Linolsäure.)** Brit. J. Nutrit. **16** (1962) Nr. 4. S. 559–569. – 3 Abb., 6 Tab., 23 Lit.
Der Bedarf an essentiellen Fettsäuren wurde an Schweinen untersucht, die im Gewicht von 10–200 lb. Lgw. verschiedene Mengen an Linolsäure (0,07 bis 3,5% des Energiegehaltes der Ration) im Olivenöl erhielten. Wachstumsrate und Futterverwertung waren gleich, die Beschaffenheit der Haut wurde beeinflußt. Der Bedarf bis zu 200 lb. schwerer Schweine an Linolsäure betrug 1% des Energiegehaltes des Futters. Der Bedarf war mit 12–16 Wochen am höchsten und nahm dann ab. Die Zusammensetzung des Depotfettes bestand zu 95% aus C_{16}- und C_{18}-Fettsäuren und nur zu 2% aus höheren. C_{15}- und C_{17}-Fettsäuren wurden gefunden. Bei Linolsäuremangel wurde im Gewebefett Eicosatriensäure gefunden, im Depotfett nicht. Arachidonsäure war nicht oder nur wenig vorhanden. W. Jentsch. 8066.

Funch, J. P., Kristensen, G. und Dam, H.; Copenhagen, Danish Fat Res. Inst. Effects of various dietary fats on serum cholesterol, liver lipids and tissue pathology in rabbits. **(Der Einfluß verschiedener Nahrungsfette auf Serumcholesterin, Leberfette und Gewebepathologie beim Kaninchen.)** Brit. J. Nutrit. **16** (1962) Nr. 4. S. 497–506. – 3 Abb., 5 Tab., 11 Lit.
An 6 Monate alte ♂ Kaninchen (6 Gruppen mit je 9 Tieren) wurden 38 Wochen lang Rationen mit 20% Fett verabreicht. Die Fette waren Butterfett mit (**IIa**) oder ohne (**IIb**) Maisöl, fraktionierte Kakaobutter mit (**Ia**) oder ohne (**Ib**) Cholesterin entsprechend dem Gehalt im Butterfett, fraktionierte Kakaobutter und hydriertes Erdnußöl ohne ungesättigte Fettsäuren. Zu Beginn, nach 13 Wochen und weiterhin im Abstand von 5 Wochen wurden die Serumcholesterinkonz., der Gesamtfettgehalt und der Cholesteringehalt der Leber gemessen. Aorta, Pulmonalarterien und -klappen, Koronararterien und Leber wurden anatomisch untersucht. **Ib** erhöhte den Serumcholesteringehalt und das Vorkommen von Arteriosklerose stärker als **Ia** und etwa ebenso wie **IIa**. **IIb** verringerte den Cholesteringehalt nur wenig, das Vorkommen von Arteriosklerose stärker. Hohe Cholesteringehalte in der Leber sind mit zentrolobulärer Degeneration und Bindegewebsproliferation verbunden.
W. Jentsch. 8066.

Anonym. **Die Beeinflussung des Körperfettes wachsender Küken durch die Beschaffenheit des Futterfettes.** Geflügelhof [Zollikofen-Bern] **25** (1962) Nr. 49. S. 888–889.
Die sonst normal zusammengesetzten Futterrationen von Mastküken wurden in verschiedenen Versuchsgruppen mit Rindertalg, Schweineschmalz, Sojaöl, Kokosöl oder Kakaobutter angereichert. Nach dem 25. Lebenstag wurden die Küken getötet und analysiert, wobei besonders die gaschromatographische Bestimmung des Fettsäuremusters des Körperfettes erfolgte. Die Ergebnisse zeigten, daß mit Hilfe einer geeigneten Auffettung des Futters von Mastküken deren Fettsäuremuster im günstigen Sinne beeinflußt werden kann.
U. Hofmann. 8066.

Swell, Leon, Law, M. D. und Treadwell, C. R.; Martinsburg, W. Va., Veterans Adm. Center; Washington, George Washington Univ., School of Med., Dep. of Biochem. Tissue cholesterol ester and triglyceride fatty acid composition of rabbits fed cholesterol diets high and low in linoleic acid. **(Cholesterolester im Gewebe und die Zusammensetzung von Triglycerid-Fettsäuren von Kaninchen, die Cholesterol bei hoher und niedriger Linolensäure-Gabe erhielten.)** J. Nutrit. [Philadelphia] **76** (1962) Nr. 4. S. 429–434. 8066.

Edwards jun., H. M., Jones, Vivian und Marion, J. E.; Athens, Univ. of Georgia, Poultry Dep. Effect of bile acids on egg production, serum cholesterol and egg cholesterol in hens. **(Die Wirkung von Gallensäuren auf Eierleistung und Cholesterolgehalt im Serum und Ei von Hennen.)** J. Nutrit. [Philadelphia] **77** (1962) Nr. 3. S. 253–258. 8066.

Mineralstoffwechsel

Anderson, R. S. und Pickering, E. C. Some aspects of the renal excretion of bicarbonate in the cow. **(Einige Bemerkungen über die renale Bikarbonatausscheidung beim Rind.)** J. Physiol. [London] **164** (1962) Nr. 1. S. 30 P–31P. – 6 Lit.

Bei insgesamt 33 Milchkühen wird im Harn ein mittlerer Bicarbonatgehalt von 131,0 $\pm$ 58,3 m Äquiv/l und ein pH-Wert von 7,92 $\pm$ 0,21 gemessen. Mit Hilfe der Chlearancemethodik wird bei insgesamt 3 Rindern die renale Ausscheidung und tubuläre Rückresoprtion von Bicarbonat bestimmt. Die mittlere tubuläre Rückresorptionsrate wird mit 2,7 m Äquiv/100 ml Glomerulumfiltrat angegeben. Dieser Wert liegt in der gleichen Größenordnung wie beim Menschen. H.-A. Ketz. 8110.

Martin, W. G. und Patrick, H.; Morgantown, W. Va., Univ., Dep. of Poultry Sci. Radionuclide mineral studies. 4. Studies on the metabolism of Ca^{45} by the chick. **(Radionuclide Mineralstudien. 4. Mitt. Untersuchungen über den Stoffwechsel von ^{45}Ca bei Küken.)** Poultry Sci. **41** (1962) Nr. 1. S. 213–219. – 5 Tab., 12 Lit. 3. Mitt. vgl. LZ. Abt. III 7 (1962) Nr. 7. S. 1472.

An Küken der Rassen New Hampshire (N.H.) und weißes Leghorn (W.L.) sowie den Kreuzungen (N.H. $\times$ W.L.) wurde die Aufnahme von ^{45}Ca in Tibia, Humerus und Sternum in Abhängigkeit von Vit. D_3, Alter und einigen Zwischenprodukten des normalen Stoffwechsels (Glycin, Lysin, Methionin, Serylglutaminsäure, Taurin) geprüft. Die Tiere erhielten in unterschiedlichem Alter peroral 5 μc ^{45}Ca und wurden verschiedene Zeit danach (max. 24 Std.) getötet und analysiert. Die W.L.-Küken besaßen die höchste Ca-Konzentration, es folgten N.H. und N.H. $\times$ W.L. Durch Vit.-D_3 wurde die Ca-Inkorporation stets erhöht. Sie war in den Knochen der D_3-Tiere nach einer Woche doppelt so hoch als bei den Mangeltieren und nach 2 Wochen 1½ mal; nach 3 Wochen war der ^{45}Ca-Gehalt bei den Mangeltieren dagegen doppelt so hoch als bei den D_3-Küken. Durch Methionin wird die Ca-Retention erhöht, durch Serylglutaminsäure vermindert. Der Einfluß von Taurin wird im Zusammenhang mit der Aktivität der alkalischen Phosphatase diskutiert.
W. Goldbach. 8123.

Martin, W. G. und Patrick, H.; Morgantown, W. Va., Univ., Dep. of Poultry Sci. Radionuclide mineral studies. 5. The relationship of serum alkaline phosphatase to Ca^{45} metabolism in the chick as influenced by age, vitamin D_3 and treatment. **(Radionuclide Mineralstudien. 5. Mitt. Die Beziehungen zwischen der alkalischen Serumphosphatase und dem ^{45}Ca-Stoffwechsel bei Küken in Abhängigkeit von Alter, Vitamin D_3 und Behandlung.)** Poultry Sci. **41** (1962) Nr. 3. S. 916–922. – 4 Abb., 4 Tab., 10 Lit. 4. Mitt. vgl. vorst. Ref.

^{45}Ca wurde oral oder s.c. appliziert. Die Bestimmung der Enzymaktivität erfolgte nach der Sigma-Methode, die des Gesamt-Ca im Serum kolorimetrisch nach Weybrew. Bei Vit.-D_3-Mangel ist anfänglich die Aktivität der alkalischen Serumphosphatase erhöht und der Ca-Einbau und der Aschegehalt der Tibia vermindert. Zwischen der 2. und 3. Woche wurde ein Trend zur Normalisierung beobachtet. Die Verabreichung von Wasser erhöhte die Enzymaktivität

und damit parallel den Ca-Gehalt im Serum. Dieser Effekt trat erst im Alter von einer Woche auf. Bei ungenügender Ca-Zufuhr mit der Nahrung erfolgte die Erhöhung des Ca-Spiegels im Serum auf Kosten des Ca-Gehaltes des Skeletts. Die letzten Befunde wurden durch Untersuchungen mit ^{32}P bestätigt.
W. Goldbach. 8123.

Taylor, T. G. und Hertelendy, F.; Reading, England, Univ., Dep. of Physiol. Chem. Proposed methods for measuring the „calcium-metabolising ability" of laying hens. **(Empfehlenswerte Methoden zur Bestimmung der Fähigkeit bei der Henne, Calcium zu verwerten.)** Poultry Sci. **41** (1962) Nr. 5. S. 1509-1512. – 6 Lit.
Weiße Leghornhennen in Legebatterien, die bereits im 5. Monat legten, und zwar Serien von 2 und mehr Eiern, wurden bei Ca-Mangeldiät (0,1% Ca) für 2 Tage auf ihre Fähigkeit geprüft, den Ca-Stoffwechsel aufrecht zu halten, d.h. festschalige Eier zu legen. An den anderen Tagen enthielt ihr Futter 2,2%Ca. Der Versuch begann an einem legefreien Tag. Blutproben wurden nach dem Ablegen des letzten Eies aus der Serie „Normalfütterung" (I) und nach jedem Legen bei Mangeldiät (II) entnommen. Die Schalendicke ging beim 1. Ei der Serie II im Höchstfall um 17% zurück; als besseres Vergleichsmittel erwies sich das 2. Ei der Serie II, da es die Eignung der Henne erkennen läßt, Ca aus den Knochen zur Schalenbildung heranzuziehen. Hennen, die unter den hier geschilderten Bedingungen festschalige Eier legen, sind züchterisch wertvoll. Die Schalendicke des 2. Eies der Serie II ist mit dem gesamten Ca-Gehalt im Blut kurz nach dem Ablegen dieses 2. Eies hoch korreliert. Die 3 gewählten Merkmale 1) Schalendicke des letzten Eies aus der Serie I u. 2) des 2. Eies der Serie II und 3) der Ca-Gehalt des Blutes nach dem Ablegen dieses 2. Eies sollten bei der Selektion herangezogen werden. Die hier verwendeten Hennen waren Hybriden aus stark ingezüchteten Stämmen.
C. Engelmann. 8123.

Kállai, L., Dobos, S. und Tarján, R.; Budapest, Inst. für Ernährungswiss. der Ung. Akad. der Wiss., Forsch.-Gruppe für Anorg. Chem. **Die Wirkung verschiedener Nahrungsproteinmengen (Casein) auf die Speicherung von Strontium. Untersuchungen mit stabilem Strontium.** Hoppe-Seyler's Z. physiol. Chem. **326** (1961) Nr. 2/4. S. 162–165. – 2 Tab., 20 Lit. Zus. in Engl.
40 ausgewachsene Albinoratten wurden mit einer Diät gefüttert, die 12% bzw. 18% bzw. 25% Gesamteiweiß enthält. Der Stärkeanteil beträgt entsprechend 23,7%, 16,7% und 8,0%, der Caseinanteil entsprechend 2,0%, 9,0% und 17,7%. Nach dem operativen Eingriff am Knochen (um den Mineralstoffwechsel zu aktivieren) wurde den Tieren 28 Tage lang ein Futter verabreicht, in dem das in der Diät enthaltene Ca-Lactat durch $SrCO_3$ ersetzt wurde. Ergebnis: Das Sr wird bei Ratten mit experimenteller Knochenverletzung um so langsamer in das Skelett eingebaut, je mehr Protein (Casein) das Futter enthält.
I. Schröder. 8123.

Rook, J. A. F. und Campling, R. C. Magnesium metabolism in the dairy cow. IV. The availability of the magnesium in various feedingstuffs. **(Magnesium-Stoffwechsel bei Milchkühen. 4. Mitt. Die Verwendbarkeit von Magnesium in verschiedenen Futtermitteln.)** J. agric. Sci. **59** (1962) Nr. 2. S. 225–232. – 3. Mitt. vgl. LZ. Abt. III **7** (1962) Nr. 12. S. 2590.
Die Verwendbarkeit von Mg in Futterrationen von verschiedener Zusammensetzung wurde an trockenstehenden Shorthorn-Kühen untersucht. Die höchste Mg-Aufnahme (17–20 g/Tag) wurde mit Rotklee erzielt; Gras und Heu gaben im allgemeinen wesentlich niedrigere Werte (8–10 g/Tag). Zugabe von Konzentraten (z. B. Protein-Kuchen) erhöhte die Mg-Aufnahme sehr stark im Gegensatz zu Maisflocken. Die Verwendbarkeit von Mg der Futterrationen war ziemlich niedrig; sie lag zwischen 5 und 30%. Zwischen einzelnen Futtermitteln konnte keine genaue Unterscheidung getroffen werden, nur

insoweit, als die niedrigsten Werte bei jungem Gras und die höchsten bei älterem auftraten. R. Stellmach-Helwig. 8123.

Lampkin, K. und Howard, D. A.; Muguga, Kikuyu, Kenya, East African Veterin. Res. Org.; Kabete, Kenya, Dep. of Veterin. Serv. Studies on the production of beef from zebu cattle in East Africa. IV. Variation in blood haemoglobin and its response to the feeding of dicalcium phosphate. **(Studien über die Fleischerzeugung vom Zebu in Ostafrika. 4. Mitt. Veränderungen des Hämoglobingehaltes und sein Verhältnis zur Fütterung von Dicalciumphosphat.)** J. agric. Sci. **59** (1962) Nr. 2. S. 245–249. – 2 Abb., 3 Tab., 15 Lit. – 3. Mitt. vgl. LZ. Abt. III **7** (1962) Nr. 6. S. 1259.
Der Hämoglobingehalt bei Zebukühen war in der ersten Woche nach dem Kalben hoch und nahm danach anfangs stark, dann kontinuierlich bis zum Absetzen der Kälber ab. Während der Zeit des Trockenstehens erfolgte wieder eine geringe Erhöhung. Die Verabreichung von 1 oz. Dicalciumphosphat je Tier und Tag verringerte den Hämoglobingehalt, beeinflußte jedoch die Gewichtsentwicklung und Milchleistung nicht. K.-H. Voigtländer. 8124.

Ptaškin, A. A., Egorov, E. A. und Starkova, V. E. (Ptaschkin, A. A., Jegorow, Je. A. und Starkowa, W. Je.) Opredelenie faktičeskej usvojaemosti fosfora u karakul'skich ovec s pomošč'ju mečenogo fosfora. **(Bestimmung der tatsächlichen Assimilierbarkeit von Phosphor durch Karakulschafe mit Hilfe des Milchphosphors.)** Tr. Taškentsk. konferencii po mirn. ispol'zovaniju atomn. energii. AN UzSSR, Taškent **3** (1961) S. 475–480. – Aus: Referativnyj žurnal. Biologija, Moskva **1962** Nr. 14. L 153. S. 22.
Das Verfahren der direkten Mengenbestimmung des endogenen, fäkalen P mittels ^{32}P unter normalen physiologischen Versuchsbedingungen gilt als zuverlässigste Methode der Bestimmung der Assimilierbarkeit des P im Organismus von Karakulschafen. Die Bestimmung des endogenen fäkalen P bei Schafen mittels ^{32}P erfordert mindestens 10tägige 2malige s.c. oder i.v. Injektionen von ^{32}P sowie die Bestimmung des Gesamtgehaltes an P im Organismus. 5–20 Tage nach der ersten ^{32}P-Injektion konnte ein ständiges Ausscheiden von endogenem P beobachtet werden. Als das Verhältnis des endogenen P zum gesamten fäkalen P kann nach Ansicht des Vf. das Verhältnis der ∅ spez. ^{32}P-Aktivität des Kotes zur ∅ spez. Aktivität des Blutplasmas von 2 Tagen angenommen werden. Die nach der Methode der Isotopenvermehrung festgestellte Assimilierbarkeit des P betrug bei Karakulschafen 57–67,3%. 45–63% des ausgeschiedenen P war endogen.
übersetzt v. R. Hüffer. 8124.

Kirchgessner, M., Friesecke, H. und Oelschläger, W.; Stuttgart-Hohenheim, Landwirtsch. Hochschule, Inst. für Tierernähr.; Weihenstephan, Inst. für Tierernähr. der TH München **Mengen- und Spurenelementansatz wachsender Schweine bei suboptimaler Vitamin-B₆-Versorgung.** Z. Tierphysiol., Tierernähr. Futtermittelkunde **17** (1962) Nr. 4. S. 235–239. – 2 Tab., 13 Lit. Zus in. Engl.
An 11 ♂ Schweinen (Durchschnittsgewicht 23,6 kg) wurde untersucht, ob eine suboptimale Versorgung mit Vit. B_6 den Ansatz von 6 Mengen- und 6 Spurenelementen beeinflußt. Neben verringertem Eiweißansatz bewirkte der Vit.-B_6-Mangel eine Verringerung der Na-, K-, Ca- und P-Retention. Bei Mg und Si konnte kein Einfluß festgestellt werden. Die renale Ausscheidung von Na u. K war erhöht. Unter den Spurenelementen (Fe, Mn, Cu, Zn, Co, Mo) bedingte der zu geringe Vit.-B_6-Gehalt der Ration nur bei Zn eine verminderte Retention. J. Wünsche. 8127.

Spais, A. G. Les oligoéléments et spécialement le cuivre en nutrition et pathologie animales. **(Die Spurenelemente, insbesondere das Kupfer in der Tierernährung und -pathologie.)** Ann. Méd. vétérin. **106** (1962) Nr. 3. S. 131–149. – 34 Lit.

Eingangs wird die Entdeckung der verschiedenen Elemente und deren Beteiligung an der Zusammensetzung des Organismus besprochen. Als für den Körper wichtigste Spurenelemente werden Fe, J, Cu, Co, Mn, Zn, Mo, F und Se herausgestellt. Über die bei den Tieren infolge Mangels oder Überschusses an bestimmten Spurenelementen auftretenden Erkrankungen gibt die Arbeit einen ausgedehnten Überblick. H. Busse. 8127.

Kaufman, Nathan, Klavins, J. V. und Kinney, Thomas D.; Durham, N.C., Duke Univ. Med. Center, Dep. of Pathol. Iron content of liver in relation to age. **(Eisengehalt der Leber in Beziehung zum Alter.)** J. Nutrit. [Philadelphia] 78 (1962) Nr. 3. S. 338–340. 8127.

Koval'skij, V. V. und Šachova, I. K. (Kowalski, W. W. und Schachowa, I. K.); Wernadski-Inst. für Geochem. und Analyt. Chem. der Akad. der Wiss. der UdSSR. Aktivnost' piščevaritel'nych fermentov ovec v uslovijach bornoj biogeochimičeskoj provincii severo-zapadnogo Kazachstana. **(Die Aktivität der Verdauungsfermente der Schafe unter den Bedingungen der biogeochemischen Borprovinz Nord-West-Kasachstans.)** Doklady Akademii nauk SSSR, Moskva **146(30)** (1962) Nr. 4. S. 967–970. — 2 Tab., 9 Lit.
Der erhöhte Borgehalt des Bodens und des Wassers in den nordwestlichen Gebieten Kasachstans führt zu einem erhöhten Borgehalt in den tierischen und pflanzlichen Geweben. Bei Schafen tritt die typische Krankheit Bor-Enteritis auf. Das Auftreten dieser Krankheit gerade in diesen Gebieten und der besonders hohe Borgehalt in den Geweben erkrankter Tiere führte zu der Annahme, daß diese Krankheit durch die toxische Wirkung von Bor hervorgerufen wird, und begründet diee Bezeichnung. Versuchsergebnisse zeigten, daß die verschiedenen Konzentrationen der Borsäure die Aktivität von Pepsin, Trypsin und pflanzlicher Amylase nicht beeinträchtigen. Die Aktivität pflanzlicher Amylase erhöht sich bei bestimmten Konzentrationen von Bor, 1%ige Borlösung verstärkt die Autolyse des Lebergewebes. Bei allen Tieren der Borzone ist die Aktivität der proteolytischen Fermente des Dünndarms stark gehemmt, während die Aktivität der Fermente der Bauchspeicheldrüse fast unverändert bleibt, die Aktivität der Amylase ist bei kranken Tieren stärker gehemmt als bei gesunden. Im Organismus gesunder Tiere sammelt sich weniger Bor als an bei kranken Tieren, da bei den kranken die Ausscheidungsfunktionen der Nieren gestört sind. R. Filina. 8127.

Jodspiegel. Dummerstorf, Inst. Tierzuchtforsch. Dtsch. Akad. Landwirtsch.-Wiss. Berlin Plan-Nr.: 17 01 16 h — 1 — 16/9. Abschlußber. (2/1. 1963).
Durch J-Zufütterung erhöhte sich der J-Spiegel im Blut kaum, sondern nur der der Schilddrüse. Eine Beeinflussung des Eiweißzusatzes durch J-Zufütterung war nicht erkennbar. Die Beziehungen zwischen J-Menge der Schilddrüse und der Schlachtqualität waren nur sehr schwach. 8127.

Admina, L. Ja.; Charkow, Forsch.-Inst. für Tierzucht des Waldsteppen- und Polessje-Gebietes der Ukrain.SSR. Vplyv mikroelementiv na vidtvorjuval'ni funkcii v svynej. **(Einfluß von Spurenelementen auf die Geschlechtsfunktionen der Schweine.)** Visnyk sil'śkogospodarśkoï nauky, Kyïv **5** (1962) Nr. 1. S. 71–74. — 4 Tab., 3 Lit. Orig.: ukrain., Ausz.: russ.
Bei allgemein ausreichendem Vorhandensein der Spurenelemente wurde in der tägl. Ration der Sauen Mn um 12–15 mg und Co um mehr als das 11fache vermehrt. Die verstärkte Zufütterung der Spurenelemente verursachte ein Absinken des Lebendgewichtszuwachses und soll nur für die Zeit von 2–3 Wochen vor der Paarung oder Besamung angewandt werden.
K. Neumann. 8127.

Gudė, Z. Ž. (Gude, S. Sh.); Ternopol, Med. Inst., Lehrstuhl für Biochemie. K voprosu o vlijanii marganca na potrebnost' životnych v vitamine B_1. **(Zur Frage des Einflusses des Mangan auf den Vitamin-B_1-Bedarf von Tieren.)**

Voprosy pitanija, Moskva **21** (1962) Nr. 6. S. 49–52. – 1 Abb., 1 Tab., 9 Lit. Zus. in Engl.
Setzt man einer B_1-Avitaminkost Mn in Spuren zu, so verringert sich die Thiaminausscheidung mit dem Harn bei Ratten. Bei Tieren mit einer B_1-Avitaminose führt die Anwendung von Vit. B_1 in Kombination mit kleinen Mn-Mengen bedeutend schneller zur Heilung. W. Plaschke. 8127.

Stoffwechsel der Vitamine und anderer Wirkstoffe

Hellström, Vidar, Hellberg, Arvid, Andersson, Albert und Eriksson, Sture. **Die Stabilität und Ausnutzung des A-Vitamines in pulverförmigen A-Vitaminkonzentraten.** Z. Tierphysiol., Tierernähr. Futtermittelkunde **17** (1962) Nr. 4. S. 205–212. – 5 Tab., 3 Lit. Zus. in Engl.
13 pulverförmige, stabilisierte Vit.-A-Konzentrate und Futtertran wurden einer Kraftfuttermischung für Schweine beigemengt, so daß diese 25 IE Vit.A je g enthielt. Nach 1, 3, 6 und 12 Mon. Lagerung bei +15 °C erfolgte die Untersuchung auf Vit. A. Lediglich 6 der untersuchten Konzentrate wiesen eine befriedigende Vit.-A-Stabilität auf. Das Vit. A des Futtertrans war schon nach 1 monat. Lagerung praktisch vollständig zerstört. Im Leberspeicherungstest mit Ratten wurden 8 der 13 Vit.-A-Konzentrate auf die Ausnutzbarkeit des Vit. untersucht. Bei 5 dieser Konzentrate wurde das Vit. A ebensogut ausgenutzt (54–57%) wie aus einer Lösung reinen Vit.-A-Acetats in Arachisöl. Die Vit.-A-Ausnutzung bei Futtertran (19%) und den übrigen Konzentraten (35, 42, 46%) war eindeutig schlechter. J. Wünsche. 8152.

Anonym. Environmental temperature and carotene utilization. **(Umgebungstemperatur und Carotinverwertung.)** Nutrit. Rev. **20** (1962) Nr. 9. S. 282–284. – 8 Lit.
Anhand von 8 Literaturhinweisen werden die Zusammenhänge zwischen exogenen Faktoren, der Thyroidaktivität und der Vit.-A-Leberspeicherung nach oralen Vit.-A- und Carotingaben ausgewertet. Als ein Faktor wird der Nitratgehalt des Futters herausgestellt. Bei Mastrindern wurde durch einen hohen Nitratgehalt in der Ration die Thyroidaktivität gehemmt und dadurch die Umwandlung des Futtercarotins in Vit. A herabgesetzt. Als wichtiger Faktor wird die Umgebungstemperatur angesehen. In umfangreichen Rattenversuchen ergab sich, daß oral verabreichtes Carotin bei niederen Umgebungstemperaturen (2 °C) besser verwertet wird als bei hohen Temperaturen (22 °C), die Vit.-A-Leberspeicherung nach oralen Vit.-A-Gaben aber unabhängig von der Umgebungstemperatur ist. Daraus wird gefolgert, daß bei niederen Temperaturen eine größere Thyroidaktivität die Ursache für die Verbesserung der Verwertung des Carotins ist. An Ratten war bei Verabreichung von getrocknetem Thyroidpräparat die Vit.-A-Leberspeicherung nach oraler Carotinzufuhr die Umwandlung in Vit. A bei hyperthyroiden Tieren größer als normal, bei hypothyroiden Tieren geringer als normal. In anderen Arbeiten traten diese Effekte nicht auf. Vff. führen die schlechte Übereinstimmung auf die verschiedenartige experimentelle Durchführung zurück. Sie halten Arbeiten für notwendig, in denen mit verschiedenen Tierarten die Beziehungen zwischen Umgebungstemperatur, Thyroidaktivität und Carotin- und Vit.-A-Stoffwechsel mit Hilfe der Vit.-A-Leberspeicherung untersucht werden. Hieraus ist der Bedarf an Carotin bzw. Vit. A bei verschiedenen Umgebungstemperaturen abzuleiten. M. Hoffmann. 8152.

Krishnamurthy, S. und Bieri, J. G.; Bethesda, Md., Nat. Inst. of Health, Nat. Inst. of Arthritis and Metabolic Diseases, Lab. of Nutrit. and Endocrinol. Dietary antioxidants as related to vitamin E function. **(Antioxydantien in der Nahrung in Beziehung zur Vitamin-E-Funktion.)** J. Nutrit. [Philadelphia] **77** (1962) Nr. 3. S. 245–252. 8156.

Gassmann, B., Ketz, H.-A. und Haenel, H.; Potsdam-Rehbrücke, Arb.-Bereiche Physiol. und Biol. der Ernähr. des Inst. für Ernähr. der Dtsch. Akad. der Wiss. zu Berlin. **Über die Beeinflussung der Vitamin-B_1-Resorption durch Antibiotica.** Z. Tierphysiol., Tierernähr. Futtermittelkunde **17** (1962) Nr. 4. S. 212–223. — 2 Abb., 5 Tab., 36 Lit. Zus. in Engl.
In 2 Fütterungsversuchen mit je 300 hinsichtlich Vit. B_1 suboptimal versorgten wachsenden Albinoratten wird festgestellt, daß Zulagen von Terramycin (10, 100, 1000, 3000 ppm), Knoblauch (1%) oder Zwiebellauch (1%) die Verwertung des Nahrungsthiamins verbessern. Wie aus Resorptionstests mit ^{35}S-Thiamin hervorgeht, beruht die bessere Verwertung auf einer Erhöhung der Resorptionsquote im Dünndarm. Die Keimgruppenanalyse der Caecalflora ergab bei gleichbleibender Gesamtkeimzahl eine durch das Oxytetracyclin bewirkte Abnahme der Lactobazillen- und Zunahme der Coli- und Proteuszahlen. In der Diskussion wird aus den Versuchsergebnissen geschlossen, daß die Wirkung des Antibioticums mit einer Hemmung des bakteriellen Stoffwechsels im Dünndarm zu erklären ist. J. Wünsche. 8158.

Valencia, Richard, Blum, Jean-Claude und Jacquot, Raymond; Bellevue, Seine-et-Oise, Centre de Rech. sur la Nutrit. du C.N.R.S. Influence de la méthionine supplémentant la farine de soja sur la biosynthèse de vitamine B_{12} par Streptomyces olivaceus. **(Der Einfluß einer Ergänzung von Sojamehl mit Methionin auf die Vitamin-B_{12}-Synthese durch Streptomyces olivaceus.)** C.R. hebd. Séances Acad. Sci. **255** (1962) Nr. 18. S. 2288–2290. — 1 Tab., 5 Lit.
Vff. untersuchten die Rolle des Methionins bei der Vit.-B_{12}-Synthese mit Hilfe von *Streptomyces olivaceus*, einem Mikroorganismus, der in starkem Maße Cobalamine zu produzieren vermag. Die Herstellung der Sojamehl-Nährlösungen wird beschrieben. Zusätze von 0,1–0,2% DL-Methionin bewirkten sowohl zu unbehandeltem als auch zu dampferhitzem Sojamehl ein verstärktes Mycelwachstum von 118 bzw. 122% gegenüber der Kontrolle (ohne Methionin = 100%). Der Gehalt des Mycels an Vit. B_{12} erhöhte sich durch die Methionin-Zusätze um 70 bzw. 67%. H.-D. Bock. 8158.

Andrews, E. D. und Hart, L. I.; Wallaceville, Dep. of Agric., Animal Res. Stat. A comparison of vitamin B_{12} concentrations in livers and kidneys from cobalt-treated and mildly cobalt-deficient lambs. **(Ein Vergleich des Vitamin-B_{12}-Gehalts in Lebern und Nieren von Lämmern mit Kobaltzusatz und leichtem Kobaltmangel.)** New Zealand J. agric. Res. **5** (1962) Nr. 5/6. S. 403–408. — 1 Tab. 8158.

Fox, M. R. Spivey und Ludwig, Walter J.; Bethesda, Md., Nat. Inst. of Health, Nat. Inst. of Arthritis and Metabolic Diseases. Excretion of formiminoglutamic acid as an index of vitamin B_{12}, folic acid, and methionine deficiencies. **(Die Ausscheidung von Formiminoglutaminsäure als Index für Vitamin-B_{12}-, Folsäure- und Methioninmangel.)** Proc. Soc. exp. Biol. Med. **108** (1961) Nr. 3. S. 703–706. — 2 Tab., 11 Lit.
Die Untersuchungen erfolgten an 3-4 Wochen alten ♀ New Hampshire-Küken, die vom 1. Tag an eine Methionin-Mangeldiät erhalten hatten. Die Tiere schieden nur bei gleichzeitigem Mangel an Vit. B_{12} oder Folsäure große Mengen an Formiminoglutaminsäure (FGA), einem Stoffwechselprodukt des Histidins, aus. Bei Zugabe von 1% Methionin zum Futter war der Rückgang der FGA-Ausscheidung bei den B_{12}-Mangeltieren stärker ausgeprägt als bei den Folsäure-Mangeltieren. Eine Erhöhung des Histidingehaltes der Nahrung von 1 auf 2 bzw. 4% bewirkte bei Folsäuremangel eine stärkere FGA-Ausscheidung als bei B_{12}-Mangel. Die Resultate wurden mit den Befunden am Menschen verglichen, diskutiert wird ein möglicher Wirkungsmechanismus.
W. Goldbach. 8158.

Maslieva, O. I. (Maslijewa, O. I.); Sagorsk, Gebiet Moskau, Unions-Forsch.-Inst. für Geflügelzucht der Lenin-Akad. der Landwirtsch.-Wiss. Ocenka ėffektivnosti primenenija vitamina B_{12} v racionach kur i cypljat. **(Einschätzung des Effektes der Verwendung von Vitamin B_{12} in Hühner- und Kükenrationen.)** Vitaminnye resursy i ich ispol'zovanie. Sbornik. Institut biochimii im. A. N. Bacha, Moskva **5** (1961) S. 283–309. — 32 Tab.
In den durchgeführten Versuchen konnte der Einfluß des Vit. B_{12} auf den Vit.-A-Stoffwechsel bei Geflügel festgestellt werden. Vit. B_{12} verbessert die Carotinausnutzung bei Küken und Hühnern. In der Brut ist der Prozeß des Carotinüberganges in Vit. A intensiver in Eiern mit hohem Gehalt an B_{12}.
W. Strack. 8158.

Maknev, Kr. und Petrov, N. (Maknew, Kr. und Petrow, N.) Roljata na vitamin B_{12} pri nepulnocenno beltŭčno chranene na pileta. **(Die Rolle des Vitamin B_{12} bei unvollwertiger Eiweißernährung der Küken.)** Naučni trudove. Visš selskostopanski institut „Vasil Kolarov". Agronomičeski fakultet, Plovdiv **11** (1962) Nr. 1. S. 215–224. — 5 Tab., 24 Lit. Zus. in Russ., Dtsch.
Für die Küken der Versuchsgruppen wurden je 100 kg Mehlgemisch 0,5 kg Vit.-B_{12}-Absorbat in Lehm (100 mg Vit. B_{12} in 1 kg Lehm) ins Futter gemischt. Der Versuch dauerte vom Schlüpfen bis zum 40tägigen Alter der Küken In allen Versuchsgruppen war nur ein unwesentlich besseres Kükenwachstum feststellbar (1,0 bis 6,3%, d. h. im Durchschnitt aller Versuche 4,2%). Mittlere Kükensterblichkeit in den Versuchsgruppen 3,0, in den Kontrollgruppen 5,16.
N. Platikanow. 8158.

Stohl, Gábor. A szarvasmarha néhány élettani sajátosságáról. **(Über einige physiologische Eigentümlichkeiten des Rindes.)** Állattani Közlemények [Zool. Mitt.] **49** (1962) Nr. 1/4. S. 105–112. — 2 Abb., 6 Tab., 13 Lit. Zus. in Dtsch. Aus: Ung. Agrar-Rdsch. **1963** Nr. 1.
Die Veränderungen der Lebensbedingungen, weiterhin die im Interesse bestimmter Zuchtziele durchgeführte Selektion hat tiefgreifende Veränderungen in den metabolistischen und regulativen Organen der Tiere bewirkt. Die je 1 kg Lgw. tägl. abgegebene N-Menge beträgt bei Kaninchen 0,350–0,400 g, bei Bullen 0,150–0,200 g; dieser Wert steigt jedoch bei Milchkühen auf 0,400 bis 0,440 g. Die erhöhte N-Ausscheidung der Milchkuh ist ein Zeichen eines außergewöhnlich intensiven intermediären Stoffwechsels. Auch die Kreatinin- und Kreatinausscheidung ist bei Milchkühen beträchtlich. Der Wert des Kreatinin-Koeffizienten schwankt bei Bullen zwischen 11 und 14, bei Kühen zwischen 31 und 41, der des Kreatin-Koeffizienten bei Bullen zwischen 6 und 8, bei Kühen zwischen 13 und 16. Der physiol. oder pathologische Charakter der Kreatinausscheidung des Rindes kann z. Z. noch nicht entschieden werden. Der Umstand, daß das Kreatin auch im Harn der Bullen stets vorkommt, bedeutet, nicht zwangsläufig, daß dies eine Rasseneigenschaft ist, er kann auch die Folge einer — auf ein bestimmtes Ziel gerichteten — intensiven Züchtung sein. Die Katalase-Aktivität des Lebergewebes übertrifft — auf 100 mg frisches Gewebe bezogen — um das Mehrfache die der kleinwüchsigen Säugetiere, z. B. die des Kaninchens; ein Hinweis auf den intensiveren intermediären Stoffwechsel des Rindes. Die hochgradige Ausgeglichenheit des intermediären Stoffwechsels beim Rind läßt auf eine ungestörte Synthese der Eiweiß-Bausteine des Körpers und auf die Aktivität der ATP der Skelettmuskeln schließen. Das abs. Gewicht der Schilddrüse bleibt nach der Geburt unverändert. Abgesehen davon, daß die Schilddrüse neugeborener Kälber ebenso schwer ist wie die der ausgewachsenen Kühe und Bullen, übertrifft ihre spez. — die Drüsenfunktion induzierende — Peroxydase-Aktivität sogar die der letzteren. Die Peroxydase-Aktivität der Milchkühe ist stärker als die der Bullen. Unter den Kühen erwies sie sich bei der Jersey Rasse am stärk-

sten. Der Jodspiegel des Blutserum-Eiweißes beträgt bei neugeborenen Kälbern 15–16 μg%, bei ausgewachsenen Kühen 4–5 μg%, bei Bullen 3–4 μg%, ein Umstand, der auf eine erhöhte Schilddrüsenfunktion der Kälber schließen läßt. Das rel. Gewicht der Nebenniere ist bei Rindern viel geringer als bei Schweinen oder Kaninchen. Dessen ungeachtet ist die auf 1 kg Lgw. bezogene tägl. ketosteroide Ausscheidung der Milchkühe von 17 mg fast genauso groß wie die eines ausgewachsenen weibl. Kaninchens, das in Sommermonaten tägl. 0,250 mg abgibt. Der Gesamtgehalt der Thymusdrüse an N und P ist proportional der evolutionären Entwicklung der Körpermasse. 8175.

Eisenstein, Albert B.; Saint Louis, Mo., Div. of Med. Dietary factors and adrenocortical hormone secretion. **(Nahrungsfaktoren und adrenocorticale Hormonsekretion.)** Wld Rev. Nutrit. Dietetics 2 (1960) S. 54–65. – 59 Lit.
In einer Übersicht wird über die Beziehung verschiedener Vitamine und Mineralstoffe zur Funktion der Nebennierenrinde berichtet. Obwohl Ascorbinsäure in hoher Konzentration im Rindengewebe vorkommt, ist sie offensichtlich nicht von Bedeutung für die Hormonsekretion. Das gleiche trifft für Vit. B_6 zu, da die Hormonbildung in Pyridoxin-Mangeltieren nicht gestört ist. Pantothensäure ist dagegen für die Synthese der Adrenalsteroidhormone notwendig, wahrscheinlich in ihrer Funktion als Baustein des Coenzyms A. – Der Na- und K-Gehalt beeinflußt die Menge des gebildeten Aldosterons. In zukünftigen Untersuchungen wäre der Einfluß weiterer Nahrungsfaktoren wie Eiweiß, Fett, weitere Vitamine und Kalorienwert auf die Sekretion der Nebennierenrindenhormone zu prüfen. W. Goldbach. 8175.

Tichomirov, N. P., Kim, A. L. und Ivanov, I. F. (Tichomirow, N. P., Kim, A. L. und Iwanow, I. F.) Primenenie veščestv, stimulirujuščich rost pri otkorme i nagule skota. **(Anwendung von wachstumsstimulierenden Stoffen in der Stall- und Weidemast.)** Dokl. Velikoluksk. s.-ich. in-ta **1961** S. 124 bis 127. – Aus: Referativnyj žurnal. Biologija, Moskva **1962** Nr. 22. L 101. S. 17.
Das auf der Weide gehaltene Jungvieh der Schwarzbunten Rasse (160 Stück) im Alter von 12–14 Mon., wurde in 4 Gruppen aufgeteilt: den Tieren der 1. Gruppe wurden 0,5% Diaethylstilboestrol (**I**) s.c. injiziert; den Tieren der 2. Gruppe 5 ml Synoestrol (**II**) pro Kopf eingeführt; die Tiere der 3. Gruppe erhielten 3 mal in einem Abstand von 7–8 Tagen 0,1–0,2 ml eines Gewebepräparates (ein Extrakt aus dem Hoden kastrierter Jungbullen) (**III**) je kg Lgw.; die 4. Gruppe galt als Kontrollgruppe. Die Tiere wurden 3 Mon. lang beobachtet. Die höchste Gewichtszunahme wiesen die Tiere auf, die **I** erhalten hatten (im Vergleich zu den Kontrolltieren in ⌀ %) im 1. Mon. 135,1, im 2. 117,3, im 3. 112,9; Synoestrol entsprechend 126,3, 114,3 und 111,6, und nach der Behandlung mit dem Gewebepräparat 120,8, 104,9 und 106,2. Nach Ansicht der Vff. haben die oestrogenen Präparate, die in den Organismus eingeführt werden, die gleiche Bedeutung wie Hormone, Vitamine und einzelne Mikroelemente. übersetzt v. Ch. Eshkowa. 8175.

Neeteson, F. A., Bergströn, P. L., Hart, P. C. und Veen, H. E. van der. Utrecht, Univ., Fac. der Diergeneeskunde, Zoöt. Inst. Resultaten van het mesten van jonge stieren met behulp van diaethylstilboestrol. **(Ergebnisse bei der Mast von Jungbullen mit Diaethylstilboestrol.)** Tijdschr. Diergeneeskunde 87 (1962) Nr. 17. S. 1111–1124. – 1 Abb., 11 Tab., 5 Lit.
In 2 aufeinanderfolgenden Mastversuchen wurde der Einfluß von Diaethylstilboestrol (DS) auf die Zuwachsgeschwindigkeit, Futterverwertung und Schlachtqualität geprüft. Bei Stallhaltung und Verabreichung von Kaftfutter, Trockenschnitzeln und Heu erhielten jeweils 6 von 12 Tieren 20 mg DS je Tier und Tag (oral, im Kraftfutter vermischt). Die Mastdauer betrug im

1. Versuchsdurchgang 132 Tage und im 2. Durchgang 117 Tage und erfaßte den Mastabschnitt von 350–475 kg. Ein signifikanter Einfluß infolge der DS-Verabreichung konnte in beiden Versuchsreihen weder auf die Gewichtszunahme noch auf die Futterverwertung und Schlachtqualität (Nährstoffanalyse der Hochrippe, Wasserhaltevermögen und subjekt. Beurteilung) nachgewiesen werden. Daß DS deutlich in die Physiologie des Organismus eingreift, hat sich an Hand des Blutbildes und der histologischen Prüfung einiger endokriner Drüsen nicht ergeben. Lediglich die Untersuchung des Lebergewebes von infantilen Mäusen ergab bei den Versuchstieren signifikant höhere Werte. Ein positiver Effekt bei Jungbullen unter den gegebenen Versuchsbedingungen durch DS wurde nicht gefunden. P. Matthies. 8175.

Nestorov, N., Bankov, N. und Panajotov, P. (Nestorow, N., Bankow, N. und Panajotow, P.) Izpitvane dejstvieto na njakoi biostimulatori pri zimno oborno ugojavane na bičeta. **(Prüfung der Wirkung einiger Biostimulantien bei der Winterstallmast von Jungbullen.)** Izvestija na Dobrudžanskija selskostopanski naučnoizsledovatelski institut – Tolbuchin, Sofija 2 (1962) S. 127-138. – 10 Tab., 11 Lit. Zus. in Russ., Engl.
Vier Gruppen zu je 6 Jungbullen (hochblütige Rotviehkreuzungen) von 228–231 kg mittlerem Lebendgewicht wurden bei gleichen Rationen aus Heu (2 kg) und Maissilage mit 0,5% Harnstoffzusatz (10–18 kg) gemästet. In Gruppe II wurde den Tieren dreimal Milz- und Lebergewebspräparat nach Filatow injiziert, in Gruppe III tägl. je 10 mg Vitestrol verabreicht und in Gruppe IV dreimal (zu Beginn, nach 10 Tagen und 15 Tage darauf) Gewebspräparat injiziert sowie je 40 mg Vitestrol verabreicht. Der Versuch dauerte 138 Tage. Ergebnisse (in der Reihenfolge der Gruppen): tägl. Gewichtszuwachs 969, 856, 994 und 936 g; Futteraufwand je kg Zuwachs 6,646, 7,456, 6,398 und 6,784 FE mit 494, 556, 476 und 504 g verdaul. Protein. N. Platikanow. 8175.

Hvidsten, Harald und Hole, Gudmund. Tilskudd av zinkbacitracin + penicillin til kalver på moderate og store helmjølkmengder. **(Zusatz von Zinkbacitracin und Penicillin bei Kälbern mit geringen und großen Vollmilchmengen.)** Tidsskr. norske Landbruk **69** (1962) Nr. 9. S. 235–245. – 4 Tab., 6 Lit. Zus. in Engl.
Die ♀ Kälber erhielten Gaben von 300 bzw. 130 kg Vollmilch (VM), die ♂, die als schwere Kälber im Alter von 18 Wochen geschlachtet wurden, nur 130 kg. Je zur Hälfte erhielten die Gruppen 22,5 g Zinkbacitracin + 7,5 g Procain-Penicillin. Die ♀ Kälber mit hohen VM-Gaben hatten eine um 7,4% höhere Aufnahme an FE und 25 g höhere Tageszunahmen als die mit niedriger VM-Gaben. Der Zusatz von Antibiotica brachte um 89 g höhere Tageszunahmen bei den ♀, aber nur um 8 g höhere bei den ♂, eine bessere Futterverwertung bei ♀ und ♂ Tieren. Die Wirkung der Antibiotica war unabhängig von der Höhe der VM-Gabe. Die Kotkonsistenz wurde durch Antibiotica positiv beeinflußt. J. K. Hinrichsen. 8185.

Haring, F. und Schubert, G.; Göttingen, Univ., Inst. für Tierzucht und Haustiergenetik. **Wirkung antibiotischer Futterzusätze in Zuchtschweinebeständen.** Mitt. Tierhalt. **1962** Nr. 79. S. 11–13.; Nr. 80. S. 9–11.
Die Ergebnisse eines langfristigen Generationsversuches mit Beifütterung von Antibiotica an Mast- und Zuchtschweine werden zusammengefaßt dargestellt. 4 Generationen, ausgehend von 4 Sauen, wurden in der Zeit von 1954–1959 untersucht. Insgesamt wurden 105 Würfe mit 974 Ferkeln ausgewertet. Von diesen waren 105 ♀ und 46 ♂ Zuchttiere. 334 Tiere wurden gemästet. Die stärkste Wirkung war bei den Ferkeln festzustellen. Die Verluste bis zum 7. Tag betrugen in der Antibioticagruppe die Hälfte, ebenso in der Zeit von der 4. Woche bis zum Absetzen. Ein Nachlassen der Anti-

bioticawirkung war nicht festzustellen. Die Zuchtleistung war gleich gut ebenso wie der Schlachtwert bei den mit und ohne Antibiotica gefütterten Tieren. E. Otto. 8185.

Sullivan, T. W., Wiegers, H. L. und Adams, J. L.; Lincoln, Nebr., Dep. of Poultry Husbandry. Effect of different kinds of litter, wire floors and dietary antibiotic supplements on the growth and feed efficiency of starting turkeys. **(Die Wirkung von verschiedenen Einstreuarten, Drahtrosten und Antibioticazusätzen im Futter auf das Wachstum und die Futterverwertung wachsender Truthähne.)** Poultry Sci. **40** (1961) Nr. 6. 688–1693. – 5 Tab., 12 Lit.
Es gelangten 3 Versuche an Truthähnen zur Durchführung, die zum Ziel hatten, die Wirkung verschiedener Antibiotica (a) Mischung von Sulfaquinoxalin, Procain-Penicillin und Streptomycin; b) Zn-Bacitracin bei unterschiedlicher Haltungsform (Einstreu von Hobelspänen bzw. Haltung auf Drahtrosten)) auf Wachstum und Futterverwertung zu untersuchen. Die auf Drahtrosten gehaltenen Tiere zeigten eine etwas günstigere Futterverwertung und höhere Gewichtszunahmen als die auf Einstreu gehaltenen Tiere. Zn-Bacitracin und eine Mischung der aufgeführten Antibiotica, jeweils verabreicht in einer Menge von 50 g/t, verbesserten in allen Fällen die Futterverwertung und die Gewichtszunahme. Bei den auf Einstreu gehaltenen Tieren führte jedoch die Verwendung von Antibiotica zu einem höheren Nutzeffekt als bei den auf Drahtrosten gehaltenen. G. Göbel. 8185.

Hürzeler, Hans. **Vom Wert der Antibiotika in der modernen Geflügelhaltung.** Geflügelhof [Zollikofen-Bern] **25** (1962) Nr. 49. S. 888.
Vf. führte mit 2100 Legehennen einen vom 18. 3.–6. 5. währenden Versuch durch, bei dem 1050 Hennen eine Terramycinzugabe von 50 g pro Tonne Legemehl erhielten. Das Ergebnis zeigte, daß ein Terramycinzusatz von 50 g pro Tonne Legemehl einen positiven Einfluß auf Legeleistung und Gesundheit hat. Die Legeleistung der Antibiotica-Gruppe war am 6. 4. sogar fast 10% besser. U. Hofmann. 8185.

Valdman, A. R. (Waldman, A. R.); Inst. für Biol. der Akad. der Wiss. der Lett.SSR. Vzaimosvjaź meždu vitaminom B_{12} i antibiotikami v pitanii životnych. **(Wechselwirkung zwischen Vitamin B_{12} und den Antibiotica in der Tierernährung.)** Vitaminnye resursy i ich ispol'zovanie. Sbornik. Institut biochimii im. A. N. Bacha, Moskva **5** (1961) S. 269–282. – 7 Tab., 29 Lit.
An einer großen Zahl von Küken und Ferkeln durchgeführte Versuche zeigten, daß die Anwendung von Komplexpräparaten Biomicin und Vit. B_{12} es erlaubt, vollwertige Jungtiere bei geringsten Mengen von tierischem Eiweiß aufzuziehen. Für die Feststellung des optimalen Verhältnisses zwischen Vit. B_{12} und Biomicin müssen noch weitere Untersuchungen durchgeführt werden. W. Strack. 8185.

Bitteeva, M. B. (Bittejewa, M. B.); Moskau, Lomonossow-Univ., Biol.-Bodenkundl. Fak. O sistematičeskom položenii aktinomiceta, producirujuščego antobiotik aurantin. **(Über die taxonomische Stellung des das Antibiotikum Aurantin produzierenden Actinomyceten.)** Mikrobiologija, Moskva **31** (1962) Nr. 4. S. 601–607. – 4 Abb., 6 Tab., 12 Lit. Zus. in Engl.
Vf. führte eingehende Untersuchungen über die Klassifizierung des *Actinomyces*-Stammes Nr. 2 durch. Der Stamm produziert ein gelb fluoreszierendes Pigment und synthetisiert ein Antibioticum vom Typ des Actinomycin C. Die morphologischen, physiologischen, kulturellen und antagonistischen Eigenschaften des Stammes Nr. 2 stimmen nicht mit denen von *Actinomyces aurantiacus* überein, sondern entsprechen denen von *Actinomyces citriofluorescens*. J. Wünsche. 8185.

Schwartz, Emil; Podunajské Biskupice, Krajská Nemocnice Tuberkulózy. Vplyv kyseliny giberelovej na váhové prírastky morčiat. **(Einfluß der Gibberellinsäure auf die Gewichtszunahme von Meerschweinchen.)** Biológia [Bratislava] **17** (1962) Nr. 9. S. 650–656. — 3 Tab., 9 Lit. Zus. in Russ., Dtsch.
Aus den Versuchen ergab sich, daß sich mit der Steigerung der Gibberellin-Dosen (10 bzw. 20 mg tägl.) parallel auch die Gewichtszunahmen bis zu einer gewissen Grenze erhöhen. Große Gaben der Gibberellinsäuren haben keinen Einfluß mehr auf die Gewichtszunahmen der Meerschweinchen.

F. Svoboda. 8195.

VERWERTUNG DER NÄHRSTOFFE UND FUTTERMITTEL

Keller, W. D. und Kraut, H. A.; Dortmund, Max-Planck-Inst. of Physiol. Work and nutrition. **(Arbeit und Ernährung.)** Wld. Rev. Nutrit. Dietetics **3** (1962) S. 65–81. — 5 Abb., 3 Tab., 134 Lit.
In einer Übersichtsarbeit behandeln Vff. die zwischen Ernährung und Arbeitsleistung bestehenden Beziehungen. Folgende Fragen werden im einzelnen erörtert: Energiebedarf (Grundumsatz, spez.-dynamische Wirkung, Muskelaktivität), Bestimmung des Energieverbrauchs, Arbeit und Proteinstoffwechsel, Arbeit und Vitamine, Arbeit und Mineralstoffwechsel, Ernährung und Industriekapazität. Obwohl der menschliche Organismus eine große Anpassungsfähigkeit an ungünstige Ernährungsbedingungen besitzt, besteht kein Zweifel, daß die Entwicklung in vielen Ländern der Erde durch die dort herrschenden unzureichenden Ernährungsbedingungen gehemmt wird.

J. Wünsche. 8205.

Farries, F. E.; Braunschweig-Völkenrode, Forsch.-Anst. für Landwirtsch., Inst. für Tierernähr. **Nährwertberechnungen von Futterrationen und ihre Überprüfung im Tierversuch.** Kali-Briefe. Fachgeb. 13 **6** (1962) Nr. 3. S. 1–6. — 4 Tab.
Vf. prüft vergleichsweise über den Zeitraum eines Jahres an 2 Kühen die tatsächlich in den Futterrationen verabreichten Mengen an verd. Rohprotein und StE mit den sich aus den Futterwerttabellen der DLG für Wiederkäuer errechnenden Werten. Dazu wurden wöchentlich die VK der Nährstoffe bestimmt und die StE nach der üblichen Methode berechnet. Die Futterrationen waren den praktischen Fütterungsbedingungen mit 40–50 kg Saftfutter pro Tag in der Ration angepaßt. Die Verdaulichkeit der Rationen (org. Subst.) war im Schnitt $> 75\%$. Die Leistungen der Tiere schwankten zwischen 10 und 29 kg/Tag. Der aus den Futterwerttabellen errechnete Gehalt an verd. Rohprotein der Rationen lag stets höher als der im Versuch gefundene, für die StE bestand die umgekehrte Tendenz. Mit steigender Nährstoffkonzentration in den Rationen strebten die berechneten und gefundenen Werte sowohl für verd. Rohprotein als auch für StE einen Ausgleich an. Vf. vermutet bei geringer Nährstoffkonzentration in der Ration eine gegenseitige Beeinflussung der Rationskomponenten. L. Hoffmann. 8230.

Graham, N. McC.; Prospect, New South Wales, Australia, Div. of Animal Physiol. Energy expenditure of grazing sheep. **(Energieabgabe von weidenden Schafen.)** Nature [London] **196** (1962) Nr. 4851. S. 289. — 6 Lit.
In orientierenden Versuchen wurde bei 2 Schafen in 5 aufeinander folgenden 30-Minutenperioden die CO_2-Produktion und der Sauerstoffverbrauch zur Feststellung des Energieverbrauchs beim Weiden gemessen. In die Respirationskammer waren jeweils 1,5 m^2 große Rasenstücke mit Gräsern verschiedenen Futterwertes eingebracht, die jeweils in der zweiten und vierten Periode zum Abweiden freigegeben wurden, während in der 1. und 3. Periode die Tiere nicht fressen durften und in der 5. Periode die Tiere vom Fressen ausruhten. Vergleichsweise wurde den Tieren geschnittenes Gras derselben Grünlandfläche in Parallelversuchen geboten. Zwischen dem Weiden und dem

Fressen des vorher geschnittenen Grases sowie zwischen den Grasarten bestanden keine signifikanten Differenzen in der Erhöhung der Energieabgabe gegenüber dem Ruhezustand. Die Erhöhung betrug im Mittel für das Mutterschaf von 29 kg Lebendmasse 0,62 ± 0,04 und für den Hammel von 53 kg Lebendmasse 0,84 ± 0,12 kcal/h/kg, entsprechend einer Erhöhung der Energieproduktion für das Weiden bei 8stündiger Weidezeit gegenüber Stallhaltung von 12 bzw. 18%. R. Schiemann. 8240.

Sinclair, D. G., Evans, E. V. und Sibbald, I. R.; Kingston, Ontario, Queen's Univ., Dep. of Physiol. The in fluence of apparent digestible energy and apparent digestible nitrogen in the diet on weight gain, feed consumption, and nitrogen retention of growing mink. **(Der Einfluß der scheinbaren verdaulichen Energie und des scheinbar verdaulichen Stickstoffs in der Nahrung auf Gewichtszuwachs, Futterverzehr und Stickstoff-Retention bei wachsenden Nerzen.)** Canad. J. Biochem. Physiol. **40** (1962) Nr. 10. S. 1375–1389. — 2 Abb., 3 Tab., 20 Lit.

Vom säugenden bis zum felltragenden Alter (6.–26. Lebenswoche) wurde der Einfluß des Gehaltes an verd. Energie (3,3–4,2 kcal/g Tr.-Subst.) und verd. N (26–40 mg/g Tr.-Subst.) auf Futterverzehr, N-Retention und Wachstum bestimmt. Zwei Rationstypen mit vornehmlich trockenen bzw. wasserhaltigen Bestandteilen wurden gewählt. Die Futtereinnahme in g Tr.-Subst. je 100 g Körpermasse war im Durchschnitt bei hohem Gehalt an verd. Energie niedriger als bei geringem Gehalt. Sie wurde stärker durch diesen Faktor bestimmt als durch Körpergewicht, Alter und Gewichtszuwachs. Der Prozentsatz des retinierten N war krummlinig abhängig vom Verhältnis verd. Energie/verd. N und erreichte ein Maximum bei 140 kcal/g N. Futteraufnahme und N-Retention werden durch multiple Regressionsgleichungen dargestellt. Bezüglich des Wachstums waren die Rationen mit hohem Gehalt an verd. Energie bzw. verd. N den mit niedrigem Gehalt überlegen. Der Einfluß der Höhe der verd. Energie und des verd. N auf das Wachstum war unabhängig vom Rationstyp. L. Hoffmann. 8265.

Njaa, L. R.; Bergen, Norwegian Fisheries Res. Inst., Governmental Vitamin Lab. Utilization of methionine sulphoxide and methionine sulphone by the young rat. **(Verwertung von Methioninsulfoxyd und Methioninsulfon durch die junge Ratte.)** Brit. J. Nutrit. **16** (1962) Nr. 4. S. 571–577. — 2 Tab., 23 Lit.

An jungen Ratten wurde in Ergänzung zu einer Sojaschrotration die Verwertung von Methioninsulfoxyd (hergestellt aus DL-, D- und L-Methionin), L-Methioninsulfon und D- und L-Methionin geprüft. Als positive Kontrolle diente DL-Methionin, als negative Glykokoll. Die aus DL-, D- und L-Methionin hergestellten Sulfoxyde wurden im Vergleich zum DL-Methionin zu 75, 50 und 100% verwertet. L-Methioninsulfon konnte von den Ratten nicht als Methioninquelle genutzt werden. DL-, D- und L-Methionin wurden gleich gut verwertet. Die mit den Sulfoxyden erhaltenen Ergebnisse lassen sich damit erklären, daß eines der zwei aus dem D-Methionin erhaltenen Sulfoxyd-Stereoisomere für die junge Ratte vollständig unverwertbar ist. Wenn während der Fischmehlherstellung ein Teil des Methionins durch Oxydation unverfügbar geworden ist, muß die Oxydation bis unter die Sulfoxydstufe fortgeschritten sein. J. Wünsche. 8265.

Davidson, J. und Boyne, A. W.; Bucksburn, Aberdeen, Rowett Res. Inst. Methionine and lysine supplementation of groundnut meal in experimental diets for laying hens. **(Methionin- und Lysinergänzung von Erdnußmehl in Versuchsrationen für Legehennen.)** Brit. J. Nutrit. **16** (1962) Nr. 4. S. 541–549. — 1 Abb., 6 Tab., 7 Lit.

Vff. beschreiben eine Methode der Prüfung des Eiweißwertes von Konzentraten für die Legeleistung von Hennen in Batterie-Intensivhaltung. Die

Rationen bestanden aus einer normalen Getreidemischung (7,5% Protein) und aus Ergänzungen durch Erdnußmehl oder Weißfischmehl oder Erdnußmehl + DL-Methionin oder L-Lysin oder beide (2,5% Protein). Die Legeleistung betrug ⌀ 3 bis 5 Eier je Tier und Woche, je nach dem Eiweißwert der Ration. Ein Erdnußmehl mit einem hohen „Gross-Protein-Wert" (GPV) von 54 wurde durch DL-Methionin-Zusatz nicht verbessert, wohl aber ein burmesisches Erdnußmehl mit einem niedrigen GPV von 36. Die Ration mit Weißfischmehl erbrachte gegenüber dem schlechten Erdnußmehl eine Eier-Mehrproduktion von ca. 20%. Letztere Ration wurde durch L-Lysin-Zusatz nicht, durch Methionin-Zusatz um ca. 10% und durch Zusatz beider Aminosäuren um ca. 20% verbessert und entsprach damit der Weißfischmehl-Ration. Über die Brauchbarkeit des GPV zur Bewertung von Erdnußmehlen für die Eierproduktion und über die Verfügbarkeit der Aminosäuren in Abhängigkeit vom Bearbeitungsverfahren wird diskutiert. J. Wünsche. 8265.

Anwar, A.; Cairo, Egypt., Ain Shams Univ., Fac. of Agric., Animal Product Dep. Estimation of gross protein value. 2. In proteins of plant origin. **(Die Bestimmung des Gesamtproteinwertes. 2. Mitt. Die Proteine pflanzlichen Ursprungs.)** Poultry Sci. 41 (1962) Nr. 4. S. 1023–1026. – 4 Tab., 8 Lit. 1. Mitt. vgl. LZ. Abt. III 8 (1963) Nr. 6. S. 1287.
Vf. prüfte in einer weiteren Arbeit 10 Baumwollextraktions-(B.) und 10 Erdnußextraktionsschrote (E.) verschiedener Herkunft auf den Gesamtproteinwert (G.P.V.). Die Werte für B. schwankten von 40–84, die für E. nur von 45–62. In 6 N HCl und 0,5 M NaCl waren beim B. 32–73% und beim E. 10 bis 52% N vom Gesamt-N löslich. Die Korrelationskoeffizienten 0,963 und 0,910 waren signifikant ($P < 0{,}001$) zwischen den ermittelten Prozentzahlen und dem G.P.V. Die Globulinfraktion von B. lag zwischen 3–35,4%, während die Restfraktion 36,4–84,2% aufwies. Auch hier waren die Korrelationskoeffizienten zwischen dem G.P.V. und den beiden Proteinfraktionen sehr gut gesichert, wobei die Restproteinfraktion im Gegensatz zu den anderen 3 Größen eine reziproke Relation mit dem Nährwert der Mehle ergab. Im Prinzip wurden die gleichen Gesetzmäßigkeiten auch für E. ermittelt. Vf. kommt zur Schlußfolgerung, daß der G.P.V. des B. bis zu einem gewissen Grad durch den Prozentgehalt des Gesamt-N, löslich entweder in 6 N HCl oder in 0,5 M NaCl bestimmt werden kann. Auch die Glutelin- und die Restprotein-Fraktion sind als Ausdruck des Nährwertes von B. verwertbar. Für E. gibt die Glutlein-Fraktion mit reziproker Beziehung zum G.P.V. die beste Indikation des Nährwertes. K. Gruhn. 8265.

Holmes, E. G.; Mwanza, Tanganyika, East African Inst. for Med. Res. Human adult protein requirements. **(Proteinbedarf des erwachsenen Menschen.)** Wld. Rev. Nutrit. Dietetics 3 (1962) S. 195–215. – 72 Lit.
Vf. behandelt in einem Übersichtsreferat Fragen des Proteinbedarfs Erwachsener auf Grund der Ergebnisse von N-Bilanz-Versuchen. Im einzelnen werden besprochen: Fehlerquellen der N-Bilanz-Bestimmung, Protein-Resorption, BW der Proteine, minimaler Protein-Bedarf, Protein-„Entleerung" und „-Auffüllung", N-Retention bei Normal- und Unterernährten, Veränderungen des Körpergewichts in Beziehung zu N-Retention und N-Verlust, Beziehung zwischen N-Bilanz und Körperprotein, Mechanismus der Protein-Synthese. Schließlich werden die aus den Betrachtungen sich ergebenden Schlußfolgerungen erörtert. J. Wünsche. 8265.

F. ERNÄHRUNGSSTÖRUNGEN UND MANGELKRANKHEITEN

Goettsch, Marianne; San Juan, Univ. of Puerto Rico, School of Med., Dep. of Biochem. and Nutrit. Liver necrosis in adult and young rats fed a protein-free diet deficient in vitamin E and the effects of certain supplements and of inanition. **(Lebernekrose bei erwachsenen und jungen Ratten, die eine protein-**

freie, Vitamin-E-arme Ration erhielten, und die Wirkungen von bestimmten Zusätzen und von Entkräftung.) J. Nutrit. [Philadelphia] **76** (1962) Nr. 1. S. 30–34. 8320.

Wiese, Hilda F., Hansen, Arild E. und Coon, Edmund; Oakland, Calif., Children's Hospital of the East Bay, Bruce Lyon Memorial Res. Lab. Influence of high and low caloric intakes on fat deficiency of dogs. **(Einfluß von hoher und niedriger Kalorienaufnahme auf den Fettmangel bei Hunden.)** J. Nutrit. [Philadelphia] **76** (1962) Nr. 1. S. 73–81. 8320.

Gorišek, J.; Zagreb, Univ., Veterinärmed. Fak., Inst. für Pathol. und Therapie. **Über Stoffwechselstörungen bei Milchkühen nach Fütterung von Zuckerrübenblatt und oralen Saponingaben.** Dtsch. tierärztl. Wschr. **69** (1962) Nr. 12. S. 325–327.
Die Wirkung einseitiger Rübenblattfütterung sowie oraler Saponingaben auf den Mineralstoffwechsel wird an 18 Milchkühen studiert. Die ausschließliche Gabe von frischem Zuckerrübenblatt über 66 Tage und ebenfalls die gleichzeitige Beifütterung von mineralstoffhaltigem Kraftfutter (Ca, P u. Spurenelemente) über 50 Tage bewirken eine Senkung des Serum-Ca-Spiegels bis an die untere Grenze der Norm. Der Serum-P-Gehalt fällt in den pathologischen Bereich ab. Durch perorale Saponingaben von **34** g über 30 Tage wird ein noch stärkerer Abfall im Serum erzielt. Das Mineralstoffdefizit läßt sich durch Wiesenheufütterung innerhalb von 4 Wochen ausgleichen. Hochtragende und Leistungskühe zeigen die stärksten Veränderungen im Ca/P-Verhältnis. Bei ihnen stellt sich das Mineralstoffgleichgewicht nur sehr langsam wieder ein. Mit dem Abfall des Serum-Ca und -P wird bei den Versuchskühen gleichzeitig eine Zunahme der Aktivität der alkalischen Serum-Phosphatase beobachtet. Das biochemische Bild nach Blattfütterung ähnelt dem der Osteomalacie und Rachitis. Die Serum-Cholesterin-Werte steigen erst am Ende der Versuchsdauer an. Im Saponinversuch ist sogar ein anfänglicher Abfall festzustellen. Größere Mengen an Hämoglobin werden nicht freigesetzt. Es fehlt daher das klinische Bild der hämolytischen Anämie, die Hämoglobinurie. H.-J. Gußmann. 8330.

Šilin, S. V. (Schilin, S. W.) Aborty u korov pri koncentratnom tipe kormlenija. **(Das Verkalben von Kühen bei vorwiegender Verfütterung von Kraftfutter.)** Tr. Smolenskoj n.-i. vet. st. **1962** Nr. 2. S. 247–253. — Aus: Referativnyj žurnal. Biologija, Moskva **1962** Nr. 22. L 91. S. 16.
Bei der Haltung von Kühen mit vorwiegender Verfütterung von Kraftfutter (500 g Kraftfutter und 1 l Getreideschlempe je kg Milch mit einem Eiweißgehalt der Futterration von 122–700 g tägl.) betrug das Verkalben in der Herde durchschnittlich 16,4%. Bei Verabreichung von wenig Kraftfutter (150–180 g Kraftfutter je kg Milch) kamen nur in einzelnen Fällen Fehlgeburten vor. Im ersten Falle kamen bei Zwillingsträchtigkeit um 3–4 Mal mehr Fehlgeburten vor als bei normaler Trächtigkeit. Das Vorhandensein von Acidose im Organismus einer Kuh bei vorwiegender Fütterung mit Kraftfutter als auch die schlechte Blutversorgung und Ernährung des Embryos im Zusammenhang mit einer Sklerose der Blutgefäße verursachten oft Fehlgeburten.
übersetzt v. Ch. Eshkowa. 8330.

Polin, Donald, Wynosky, Elizabeth R. und Porter, Curt C.; Rahway, N. J., Merck Inst. for Therapeutic Res. Amprolium. V. Studies on thiamine deficiency in laying chickens and their eggs. **(Amprolium. 5. Mitt. Untersuchungen über den Thiaminmangel legender Hühner und ihrer Eier.)** J. Nutrit. [Philadelphia] **76** (1962) Nr. 1. S. 59–68. 4. Mitt. vgl. LZ. Abt. III 8 (1963) Nr. 5. S. 1046. 8335.

Plonait, H. **Klinische Fragen der Calciumstoffwechselstörungen beim Schwein.** Dtsch. tierärztl. Wschr. **69** (1962) Nr. 7. S. 198–202.

Ca-Stoffwechselstörungen können durch Ermittlung des Plasma-Ca-Spiegels-der Normalwerte zwischen 9 und 14 mg% aufweist, nur ungenau bestimmt werden. Bei der Rachitis findet man erhöhte Werte der alkal. Serum-Phosphatase-Aktivität. Die techn. schwierige Untersuchung von Knochen, die durch Kupieren von Schwanzwirbeln erhalten werden, bringt nur brauchbare Ergebnisse im Vergleich mit entspr. Knochen gesunder Tiere. Das Röntgenbild stellt ein gutes Hilfsmittel dar, ist aber nur Kliniken vorbehalten. Abschließend schildert Vf. die klinischen und labormäßigen Untersuchungen an Ferkeln mit Osteodystrophia fibrosa. H.-J. Gußmann. 8350.

Gregorović, V., Skušek, F. und Šenk, L.; Ljubljana, Univ., Biotechn. Fak., Rinderklin. **Adlerfarn (Pteris aquilina) als Ursache einer Massenvergiftung in einem Kälbermastgroßbetrieb.** Dtsch. tierärztl. Wschr. **69** (1962) Nr. 12. S. 327–329. — 3 Abb., 6 Lit.

Die Giftigkeit des Adlerfarns für Haustiere und besonders für Einhufer und Wiederkäuer ist seit langem bekannt. In Slowenien wurden 1960 Adlerfarnvergiftungen festgestellt, nachdem ein Kälbermastbetrieb auf einem kurz zuvor gerodeten Mischwaldgelände eingerichtet worden war. Die Einstreu dieses Bestandes enthielt 25–100% Adlerfarn, die Silage etwa 10% und das Heu 4%. Versuchsmäßig wurde ermittelt, daß eine Silierung die Giftigkeit des Farnkrautes stark herabsetzt. In Heu oder Einstreu wirkt ein Farnanteil von > 30% außerordentlich giftig. E. Wiesner. 8360.

H. FÜTTERUNG DER LANDWIRTSCHAFTLICHEN NUTZTIERE

Gutknecht, H. **Zur Winterfütterung in den Trockengebieten.** Mitt. schweiz. Landwirtsch. **10** (1962) Nr. 11. S. 161–168.

Vf. schildert die sich aus der schlechten Heuernte ergebende Futtersituation im Winter 1962/63 und teilt wirksame Maßnahmen mit, um ohne wesentliche Einschränkung der Viehbestände die Futterknappheit zu überwinden. Sparmaßnahmen in der Futterzuteilung sind bei Pferden, Jungrindern über 1½ Jahren (bis 8 Wochen vor dem Abkalben) und bei Kühen mit niedrigen Leistungen durchzuführen. Es muß eine vielseitige Fütterung und eine kontinuierliche Futterzuteilung während des ganzen Winters angestrebt werden. Die regelmäßige Zufuhr von Mineralstoffen und Spurenelementen ist durchzuführen. Auf Grund ökonomischer Verhältnisse wird empfohlen, in der Milchviehfütterung das fehlende Heu durch zusätzliche Gaben von Stroh und Kraftfutter zu ersetzen, wobei für 100 kg Heu 70 kg Hafer-, Sommergersten- oder Maisstroh und 32 kg Kraftfutter (Zusammensetzung wird mitgeteilt, 15,5% verd. Rohprotein, 73 Stärkewerte) oder 60 kg Weizen- oder Roggenstroh und 38 kg Kraftfutter aufzuwenden sind. Dieser Ersatz kostet im ersten Fall 15 Fr., im zweiten Fall 17,5 Fr. und liegt unter dem Preis für Heuzukauf. Eine Verbilligung kann noch durch den Einsatz von Rapsextraktionsschrot und Harnstoff erzielt werden. M. Hoffmann. 8451.

Ivanov, P. und Zachariev, Z. (Iwanow, P. und Sachariew, S.); Sofia, Landwirtsch. Inst. „Georgi Dimitrow". Intenzivno ugojavane na bičeta v Nardodna Republika Bŭlgarija. **(Intensivmast von Jungbullen in der Volksrepublik Bulgarien.)** Meždunarodno selskostopansko spisanie, Sofija **1962** Nr. 3. S. 80–86. — 6 Abb., 6 Tab.

In einem Mastversuch mit 2 Gruppen zu je 10 Jungbullen bestanden die Rationen in Gruppe I aus 1,5 kg Kraftfutter, 3 kg Heu, 10 kg Maissilage und in Gruppe II aus 0,5 kg Kraftfutter, 2 kg Heu, 10 kg Silage. Während des Sommers bekamen die Tiere beider Gruppen in ausgiebigen Mengen Grünfutter und je 2 kg Kraftfutter. Ergebnisse dieses Versuchs (in Klammern Gruppe II): im Winter — tägl. Gewichtszuwachs 1120 (776) g, Futteraufwand je kg Zuwachs 4,09 (4,40) FE; im Sommer — 812 (1049) g bzw. 8,17 (6,07) FE, oder im Durchschnitt 982 (899) g bzw. 5,60 (5,27) FE.
N. Platikanow. 8458.

Halley, R. J. und Dougall, B. M.; Newton Abbot, Devon, Seale-Hayne Agric. Coll. The feed intake and performance of dairy cows fed on cut grass. **(Futteraufnahme und Leistung von geschnittenem Gras bei Milchkühen.)** J. Dairy Res. **29** (1962) Nr. 3. S. 241–248. – 1 Abb., 6 Tab., 14 Lit.
In 3jährigen Versuchen wurde an Guernsey-Kühe geschnittenes Gras im Stall gefüttert. Das Gras wurde zweimal tägl. geschnitten und den Tieren entsprechend ihrer Aufnahme vorgelegt. Die aufgenommene Gras-Tr.-Subst. variierte signifikant mit dem Tr.-Subst.-Gehaltes des Grases und nur in einem Jahr mit dem Rohrfasergehalt. Die aufgenommene Tr.-Subst. betrug konstant etwa 2,3% der Lebendmasse der Kuh. Die Menge des aufgenommenen Tränkwassers variierte signifikant mit dem Tr.-Subst.-Gehaltes des Grases. Die totale Wasseraufnahme, Tränkwasser und Wasser im Gras blieb konstant bei 14 gal. pro Tier und Tag. Die Verfütterung von Kraftfutter erhöhte die Milchleistung geringfügig und war nur in einem Jahr wirtschaftlich. Die Aufnahme an StE, berechnet nach der chemischen Analyse, stimmte mit der Leistung der Kühe nicht überein. Sie lag um 10–25% über dem Bedarf.
G. Leisner. 8460.

Laird jun., R. und Walker-Love, J.; Auchincruive, Ayr, West of Scotland Agric. Coll. Supplementing high-ye ilding cows at pasture with concentrates fed at a level determined by milk yield and season. **(Die Zufütterung von Kraftfutter an Hochleistungskühe auf der Weide nach Milchleistung und Jahreszeit.)** J. agric. Sci. **59** (1962) Nr. 2. S. 233–244. – 1 Abb., 10 Tab., 17 Lit.
In den Jahren 1959/60 wurden die Versuche bei Kühen mit 4½ gal. tägl. Milchleistung durchgeführt. Die Kraftfuttergabe betrug 4 lb. je gal. Milch. Die Kraftfutterbeifütterung erhöhte die Milchleistung je Kuh um 337,8 lb. während der 11wöchigen Versuchsperiode 1959, und um 315,1 lb. während der 21wöchigen Periode 1960. Die Menge der mehr produzierten Milch hängt von der Höhe der Milchleistung, der Kraftfuttergabe und dem Laktationsstadium ab. Die Zusammensetzung der Milch, Gesundheit und Fruchtbarkeit und Lebendmasse der Tiere wurden nicht beeinflußt. Während 1959 ein geringer geldlicher Reingewinn erzielt wurde, lagen 1960 die Kosten höher. Es wird gefolgert, daß bei Kühen, die bei Weideauftrieb länger als 6 Wochen abgekalbt haben, die Kraftfutterbeifütterung nicht rentabel ist.
G. Leisner. 8460.

McCullough, M. E.; Georgia Exp. Stat. Use of digestible dry matter by dairy cows groupfed silage. **(Die Verwendung der verdaulichen Trockensubstanz für Milchkühe bei Silage-Gruppenfütterung.)** J. Dairy Sci. **45** (1962) Nr. 9. S. 1107–1108. – 1 Tab., 7 Lit.
Den Ergebnissen ist zu entnehmen, daß der Erhaltungsbedarf bei Gruppenhaltung unter den Bedingungen einer Silage-Kraftfutter-Fütterung höher liegt als bei Stallfütterung (9,5 lb. TDN gegenüber 7,9 lb. TDN nach Morrison) je 1000 lb. Lgw. Der TDN-Bedarf je lb. FCM blieb von den Fütterungsbedingungen fast unbeeinflußt. 41% der aufgenommenen Nährstoffe dienten der Erhaltung, 21% für Milchproduktion und 11% für Lgw.-Veränderung. Um eine Voraussage der Verzehrsleistung bei Silagefütterung zu gewährleisten, wurden Verdaulichkeit der Silage und Futterrückstand in Beziehung gesetzt. Die ermittelte Regressionsgleichung lautet: $y = 21{,}96 - 0{,}348\,x$ (y = Futterrückstand, x = VK der Tr.-Subst.), $r = 0{,}35$. Anhand dieser Gleichung stellt Vf. fest, daß die Verzehrsleistung bei einer Verdaulichkeit von 58% des Futters um 1,8 lb. je Tag zu hoch und einer solchen von 70 um 2,8 lb. zu niedrig bestimmt wurde. Um bei Silage einen hohen Tr.-Subst.-Verzehr zu erreichen, sollte die Verdaulichkeit der Tr.-Subst. nicht unter 65% und der Tr.-Subst.-Gehalt nicht unter 24% liegen. B. Piatkowski. 8460.

Topps, J. H.; Sail sbury, S. Rhodesia, Univ. Coll. of Rhodesia and Nyasaland, Dep. of Agric. Some observations on the protein requirements of African „native" sheep. **(Einige Beobachtungen über den Proteinbedarf des afrikanischen eingeborenen Schafes.)** Trop. Agric. **40** (1963) Nr. 1. S. 49–54. – 2 Abb., 2 Tab. 8474.

Barber, R. S., Braude, R. und Mitchell, K. G.; Shinfield, Reading, Nat. Inst. for Res. in Dairying. Effect of soaking the meal ration of growing pigs in water or skim milk. **(Wirkung von in Wasser oder Magermilch eingeweichtem Trockenfutter wachsender Schweine.)** Animal Product. **4** (1962) Nr. 3. S. 313–318. – 4 Tab., 9 Lit.

4 Gruppen zu je 8 Schweinen wurden mit einer auf Gerste basierenden Mischung ad lib. gefüttert. Gruppe I: Mischen der Ration unmittelbar vor dem Füttern 1:3 mit Wasser, Gr. II: Mischen wie bei I, jedoch 24 Std. vor dem Füttern, Gr. III: Wie I unter Hinzuziehen von Magermilch, Gr. IV: Wie II unter Hinzuziehen von Magermilch. Das 24 Std. vor dem Füttern erfolgte Einweichen hatte weder bei II (Einweichen nur mit Wasser) noch bei IV (Einweichen mit Wasser und Magermilch) einen signifikanten Einfluß auf Gewichtsentwicklung, Futterverwertung, Schlachtausbeute, Schlachtkörperlänge, Rückenspeckdicke und Schlachtkörperbeurteilung. – Die bessere Futterverwertung bei den Magermilchschweinen (2,99 gegenüber 3,15) sei möglicherweise auf den um 4–5% höheren TDN-Gehalt der Magermilchration zurückzuführen. H. Jung. 8532.

Laube, W. und Weißbach, F. **Schweinemastversuche mit verschiedenen Fischsilagen und chemisch konserviertem Schlachtblut.** Tierzucht **17** (1963) Nr. 1. S. 27–31. – 11 Lit.

Unter Zusatz verschiedener Konservierungsmittel (Ameisensäure-Schwefelsäure, Kaliummetabisulfit-Schwefelsäure) wurden 4 Fischsilagen in einem Mastversuch an 4 Gruppen zu je 8 Schweinen verfüttert und mit einer Fischmehlgruppe verglichen. Mit allen Fischsilagen wurden gute Erfolge erzielt. Die Fischsilagefütterung ist bei Magerfischsilagen mit 80 kg Lgw. und bei Fettfischsilagen mit 70 kg Lgw. abzubrechen, um eine Geschmacksbeeinflussung des Schlachtproduktes zu vermeiden. – In 2 weiteren Versuchen mit konserviertem Blut, wobei Ameisensäure, Kaliummetabisulfit und Kaliummetabisulfit-Schwefelsäure als Konservierungsmittel benutzt wurden, glichen die Mastergebnisse denen der Fischmehlgruppe. Der Austausch der Futtermittel erfolgte im Verhältnis ihres Gehaltes an verd. E. Ungünstige Auswirkungen des als Konservierungsmittel verwendeten Kaliummetabisulfits ergaben sich nicht. G. Möbius. 8536.

Calder, Alex. Ad lib feeding using high energy rations. **(Ad libitum-Fütterung mit energiereichen Rationen.)** Rhodesia agric. J. **59** (1962) Nr. 2. S. 85–89. – 3 Abb.

Der Einfluß von energiereichen Futterrationen bei ad lib.- und begrenzter Fütterungstechnik wurde an 52 Large White- und 76 Landrasse-Schweinen geprüft. Bei der begrenzten Fütterung erhielten die Tiere zu den 3 tägl. Mahlzeiten so viel Futter zugeteilt, wie sie in jeweils 30 Min. fressen wollten. Für die ad lib.-Fütterung standen Futterautomaten zur Verfügung. Bei 200 lb. Lgw. wurde der Versuch beendet. Folgende Ergebnisse wurden für die beiden Rassen ermittelt (jeweils zuerst begrenzte und an 2. Stelle ad lib.-Fütterung): Tägl. Gewichtszunahme bei Large White 1,357 lb. und 1,578 lb., bei Landrasse 1,380 lb. und 1,548 lb. Futterverwertung bei Large White 3,400 und 3,563; bei Landrasse 3,770 und 3,549. Einteilung in die Schlachtwertklassen (A–C) bei Large White A = 56%, B = 37%, C = 7%; bei Landrasse A = 97%, B = 3%. R. Kürbs. 8536.

Gurtner, O.; Wien, Hochschule für Bodenkult., Agrarwirtsch. Inst. **Der Einfluß des Futtergetreidepreises auf die Rentabilität der Schweinemast.** Bodenkultur [Wien], Ausg. B **13** (1962) Nr. 2. S. 103–115. – 4 Abb., 6 Tab. 8536.

Pingel, H.; Berlin, Humboldt-Univ., Inst. für Geflügel- und Pelztierzucht. **Gedanken zur Verbesserung der Versuchsmethodik bei praktischen Fütterungsversuchen mit Legehennen.** Arch. Geflügelzucht Kleintierkunde **12** (1963) Nr. 1. S. 10–15. – nach Zus.

Bei künftigen praktischen Fütterungsversuchen mit Geflügel ist es zweckmäßig, nicht mehr das Einzeltierergebnis, sondern das Untergruppenergebnis für die biometrische Auswertung heranzuziehen. Jede Versuchsgruppe sollte unter Bedingungen der Käfighaltung mindestens 8 Untergruppen mit 3–4 Legehennen umfassen. Durch die Untergruppenbildung wird die Variabilität der Leistungseigenschaften verringert,so daß kleinere Differenzen statistisch erfaßt werden können. Zum anderen ist es möglich, im Verlauf des Versuches eingegangene Hennen zu berücksichtigen, und schließlich kann die Futterverwertung auf der Grundlage der Untergruppenergebnisse biometrisch berechnet werden. Die Untergruppenbildung ist auch bei Kükenwachstums versuchen in Käfigen und bei Legehennenversuchen in Bodenhaltungen (auch bei Haltungsversuchen) und in der Hühnerleistungsprüfung angebracht. Es muß auch darauf hingewiesen werden, daß die Untergruppenbildung eine Arbeitseinsparung bei der Erhebung der Leistungseigenschaften und bei der Auswertung mit sich bringt. 8540.

Nesheim, M. C. und Hutt, F. B.; Ithaca, N. Y., Cornell Univ., Dep. of Poultry Husbandry. Genetic differences among White Leghorn chicks in requirements of arginine. **(Genetische Unterschiede zwischen Leghronküken in bezug auf den Argininbedarf.)** Science [Washintgon] **137** (1962) Nr. 3531. S. 691–692. – 1 Abb., 1 Tab., 6 Lit.

Küken aus 3 verschiedenen Leghorn-Inzuchtstämmen wuchsen bei gleicher, an Arginin armer Diät (25% Casein, 59,75 Glucose, 3,0 Cellulose, 4,0 Maisöl, 1,0 Glykokoll, 0,40 Dl-Methionin u. 5,63% Mineralgemisch) unterschiedlich: 2 Stämme wichen von den Kontrollen (zusätzlich 0,81% l-Arginin-HCl) in der 4. Woche kaum ab, einer erheblich, sowohl im Gewicht wie in der Zahl der Todesfälle. Der gleiche Stamm wuchs als Kontrolle ebenfalls langsamer; er brauchte zum normalen Wachstum 2% Arginin, die anderen 1,6%. Innerhalb der Stämme traten ähnliche Unterschiede zwischen einzelnen Vaterfamilien auf, wobei die 4-Wochengewichte im äußersten Fall 63 bzw. 92 g betrugen, in einem anderen Stamm 197; 163 und 109 g.

C. Engelmann. 8544.

Engelmann, C.; Rostock, Inst. für Landwirtsch. Versuchs- und Untersuchungswes. der Dtsch. Akad. der Landwirtsch.-Wiss. zu Berlin. **Der Einfluß von Zuckerzusätzen auf Körpergewicht und Futterverzehr bei Hühnerküken und Gänsen.** Arch. Geflügelzucht Kleintierkunde **12** (1963) Nr. 1. S. 16–29. – nach Zus.

Hühnerküken (New Hampshire und Rebhuhnfarbige Italiener sowie Gössel) wurden von der 3. Lebenswoche an ausschließlich mit einem Schrotgemisch gefüttert, das entweder mit 0,5- bzw. 0,25molarer Rohrzucker- oder mit 0,5molarer Milchzuckerlösung angefeuchtet war. Die Hennen und die Gössel fraßen in den ersten 15–20 Min. jeder Fütterung von dem Schrot mit Rohrzuckerzusatz mehr und nahmen schneller zu. Die Hähnchen reagierten auf die verschiedenen Zusätze nicht unterschiedlich. In Zweifach-Wahlversuchen bevorzugten die Hennen Schrotproben mit 0,5molarer Milchzuckerlösung verhältnismäßig deutlich, die Hähnchen eben merklich oder gar nicht. 8544.

Kurnick, A. A., Hinds, H. B., Pasvogel, M. W. und Reid, B. L.; Tucson, Ariz., Univ., Dep. of Poultry Sci. Dietary energy levels for laying hens as related to age and environmental temperatures. 1. Effect on egg production, body weight and feed conversion. **(Die Beziehungen zwischen dem Energiegehalt in Legehennenrationen und den Umwelttemperaturen sowie dem Alter der Tiere. 1. Mitt. Der Einfluß auf Legeleistung, Körpergewicht und Futterverwertung.)** Poultry Sci. **40** (1961) Nr. 6. S. 1483–1491. – 4 Tab., 19 Lit.

Die Rationen enthielten 17% Eiweiß und einen Gehalt an P.E. von 965, 865 und 765 kcal/lb. Die Geschlechtsreife erreichten die Januarschlupftiere nach 128 Tagen, März – 159 Tage, April – 168 Tage, Mai – 182 Tage und Juni – 194 Tage. Die Futterverwertung war am günstigsten bei den Aprilschlupfhennen. Das Futter mit 765 kcal. brachte bei den Juni-, Januar- und Märztieren eine um 5–6% geringere Leistung; dies zeigte sich besonders in den Wintermonaten. In den Sommermonaten sank der Energieverbrauch um 15–26%. E. Urban. 8548.

Sullivan, T. W. und Holleman, K. A.; Lincoln, Univ. of Nebraska, Dep. of Poultry Husbandry. Effect of alfalfa meal, corn gluten meal and other dietary components on egg yolk color. **(Die Wirkung von Luzernemehl, Maisgluten-Mehl und anderer Futterkomponenten auf die Eidotterfarbe.)** Poultry Sci. **41** (1961) Nr. 5. S. 1474–1478. – 3 Tab., 11 Lit.

Es wurde die Wirkung von Luzernemehl, Maisgluten mehl und anderen Futterkomponenten auf die Dotterfarbe untersucht. Als Vergleichsgrößen wurde der β-Carotingehalt des frischen Eigelbes je g und die Kennzahlen der N.E.P.A. (National Egg Products Ass.) herangezogen. Es zeigte sich, daß 10–12% Luzernemehl oder 10% Maisgluten-Mehl dem Mischfutter zuzusetzen sind, wenn allein durch diese Zusätze eine für industrielle Erfordernisse ausreichende Dotterfarbe erzielt werden soll. Die Zugabe von 4% tierischem Fett beeinflußte nicht die Eidotterfarbe. Die Dotterfärbung wurde verstärkt, wenn das Legehennenmischfutter mit Xantophyll (rd. 20–80 mg/kg) angereichert wurde. Die Farbveränderung war jedoch unterschiedlich stark. Eine Beeinflussung der Dotterfarbe durch das Futter zeigt sich eindeutig erst nach 10 Tagen. G. Göbel. 8548.

Rudolph, W.; Merbitz, Inst. für Geflügelwirtsch. **Der Zusatz von Fett im Mastfutter bei Hähnchen.** Tierzucht **15** (1961) Nr. 11. S. 494–496. – 6 Tab., 2 Abb.

Mit je 10 Gruppen von 40 Eintags-Kreuzungshähnchen (White Plymouth Rocks ♂ × Leghorn ♀) wurden 2 Mastversuche von 10 Wochen Dauer durchgeführt, bei denen das Kalorien-Protein-Verhältnis des Grundfutters durch Beigabe von 3–12% Schweineschmalz stark erweitert wurde. Der Zusatz von 6% Fett und mehr hatte eine deutliche Verbesserung der Roh-Futterverwertung zur Folge, die in der 2. Versuchsreihe bei 12% Fettbeigabe und einem Kalorien-Protein-Verhältnis von 103 den für das verwendete Tiermaterial erstaunlichen Wert von 1:2,8 erreichte. Auch die Gewichtszunahmen konnten besonders im 2. Versuch verbessert werden. Der Vf. tritt bei Mastrationen mit geringem Energiegehalt für die Anreicherung mit Fett ein. L. Sperling. 8552.

Balevska, R. und Petkova, G. (Balewska, R. und Petkowa, G.); Sofia, Höheres Landwirtsch. Inst. „Georgi Dimitrow". Ugojavane na gŭsoci s pribavka kŭm chranata im na chlebna maja i černe piper. **(Gantermast bei Zusatz von Backhefe und schwarzem Pfeffer.)** Naučni trudove. Visš selskostopanski institut „Georgi Dimitrov". Zootechničeski fakultet, Sofija **12** (1963) S. 69–83. – 2 Abb., 10 Tab., 6 Lit. Zus. in Russ., Dtsch.

Ein Vorversuch bestätigte, daß das Stopfen der Mastganter bedeutend bessere Resultate liefert als die ad-libitum-Fütterung. In einem Versuch wurden

3 Gruppen zu je 9 sechsmonatigen Emdener Gantern mit 24 Std. eingeweichten Maiskörnern gestopft. In die Ration der Gr. II wurden bis zum 21. Tag je 7,5 g, danach je 15 g Backhefe und in die Ration der Gr. III je 1 bzw. 2 g schwarzer Pfeffer zugesetzt. Die Schlachtanalyse erfolgte nach 3-, 4-, 5- und 6 wöchiger Mast. Ergebnisse (in der Reihenfolge der Gruppen): Gewichtszuwachs bei 42tägiger Mast 1367, 1729 und 1366 g; Futteraufwand je kg Zuwachs 10,1, 8,7 und 9,7 kg; Schlachtausbeute 78,6, 77,4 und 77,9%; Lebergewicht 105,7, 173,7 und 121,5 g; Innenfett 851, 920,5 und 906 g.

M. Platikanow. 8552.

FUTTERMITTELKUNDE

A. FUTTERSTOFFE, IHRE BEEINFLUSSUNG, KONSERVIERUNG UND ZUBEREITUNG

Buhtz, E. **Über den Einfluß von Standort, Düngung und Witterung auf die Qualität von Wiesenheu im Harz und Thüringer Wald.** Z. Landeskult. **3** (1962) Nr. 2. S. 170–195. – 6 Abb., 20 Tab., 31 Lit. Zus. in Russ., Engl.
Dreijährige Ergebnisse von statischen Wiesendüngungsversuchen an 9 Standorten mit je 8 Varianten in 6facher Wiederholung werden mitgeteilt. Die chemischen Analysen betreffen den Anteil an Tr.-Subst., Rohfett, Rohfaser, N-fr. E., Rohprotein, Asche, Ca, P und K. Sie haben weitgehend bekannte Versuchsergebnisse und Erfahrungen bestätigt, nach denen die Nähr- und Mineralstoffe des Heues meist mittelbar über die Pflanzenbestandszusammensetzung, teilweise auch unmittelbar von Standort, Düngung und Witterung beeinflußt werden. Der Einfluß fester wirtschaftseigener Dünger auf die Inhaltsstoffe des Erntegutes, die Beziehungen zwischen den Inhaltsstoffen sowie die Beeinflussung des StW und verd. Rohproteins durch Standort, Düngung und Witterung werden besprochen. Die Gegenüberstellung von Ertrag und Qualität ergab bei den vorliegenden Standorten eine Qualitätsverbesserung mit sinkender Ertragsfähigkeit, hauptsächlich bedingt durch den geringen Obergrasanteil in höheren Lagen. Die N-Düngung unter montanen Verhältnissen ergibt keine Qualitätseinbuße gegenüber einer ungedüngten Narbe, was mit 6 Faktoren erklärt wird. Eine witterungsbedingte Heuertragssteigerung hatte auf die Qualität des Erntegutes mit Ausnahme des P_2O_5-Gehaltes eine leichte negative Wirkung. G. Weiland. 8610.

Karpov, M. S., Vernigor, V. A., Bat'kaev, R. Ja., Popenko, A. K. Il'ina, K. A., Imranov, N. S. und Peršina, E. P. (Karpow, M. S., Wernigor, W. A., Batkajew, R. Ja., Popenko, A. K., Ilina, K. A., Imranow, N. S. und Perschina, E. P.) Mikrobiolgičeskie processy v nazemnom silose. **(Mikrobiologische Prozesse in oberirdisch siliertem Gärfutter.)** Tr. In-ta mikrobiol. i virusol. AN Kaz.SSR **6** (1962) S. 133–140. – Aus: Referativnyj žurnal. Biologija, Moskva **1963** Nr. 3. B 248. S. 33.
Mais derselben Sorte und des gleichen Aussaattermins wurde in einer Miete und im Grabensilo siliert. Die Silierung erfolgte ohne Zusatz bakterieller Gärungsmittel. Unterschiede hinsichtlich der mikrobiologischen Prozesse sowie die Qualität konnten nicht festgestellt werden.

übersetzt v. I. Posdirca. 8730.

Zafren, S. Ja. (Safren, S. Ja.) Značenie antibakterialnych svojstv syŕja pri silosovanii kormov. **(Die Bedeutung der antibakteriellen Eigenschaften des Rohmaterials beim Silieren von Futtermitteln.)** V sb.: Mikrobiol. kormov, Alma-Ata **1961** S. 38–49. – Aus: Referativnyj žurnal. Biologija, Moskva **1962** Nr. 8. L 1. S. 1.
In einer Reihe von Versuchen der Silagebereitung wurden die antibakteriellen Eigenschaften der Pflanzen durch die Nitrate bestimmt. So waren z. B. in frischem Knaulgras, das von Parzellen stammte, die mit N gedüngt bzw. nicht gedüngt worden waren, entsprechend 0,14 und 0% Nitrate enthalten. Am

50. Tage nach dem Silieren waren im ersten Muster enthalten: pH 4,5 und an Säuren: freie Milchsäure 0,43, gebundene 1,31, freie Essigsäure 0,25, gebundene 0,35, Buttersäure 0; im 2. Muster entsprechend: 5,25; 1,25; 2,20; 0,05; 0,20 und 0,06. Obgleich im 2. Muster ohne Nitrate mehr Zucker als im 1. Muster mit Nitraten und völlig ausreichend für eine gute Silierung enthalten war, säuerte es doch nicht gut und enthielt Buttersäure. In Versuchen der Maissilierung hatten die Proben mit Nitraten anfangs einen pH-Wert von 5,8, nach 3 Tagen 5,45 und nach 30 Tagen 3,5. In der Probe ohne Nitrate entsprechend 5,5; 4,9 und 3, 9. Somit verbesserte ein Zusatz von Nitraten zur Silagemasse oder zu einer solchen mit wenig Nitraten die Qualität des Silofutters. Zu den Stoffen, die den Pflanzen antibakterielle Eigenschaften beim Silieren verleihen können, zählt der Vf. auch die Sulfide.
übersetzt v. Th.-C. Boetticher. 8730.

Anisimov, V. M., Vasylenko, A. I., Betina, A. P. und Postnikov, N. A. (Anissimow, W. M., Wassylenko, A. I., Betina, A. P. und Postnikow, N. A.) Jakist' kukurudzjanogo sylosu pry nazemnomu sylosuvani. **(Die Qualität der Maissilage beim Silieren über der Erde.)** Nauk. praci. Nauk.-dosl. in-t zemlerobstva i tvarynnyctva zachidn. r-ni v URSR **15** (1961) S. 37–45. – Orig.: ukrain., Ausz.: russ. Aus: Referativnyj žurnal. Biologija, Moskva **1962** Nr. 15. L 14. S. 3.
Die offene Silierung über der Erde lieferte gute Ergebnisse, wenn man die Miete an der Sohle mindestens 5–6m breit machte, das Futter gut verdichtete und nach erfolgter Silierung die lockere Schicht der Futtermasse von der Oberfläche der Miete entfernte. übersetzt v. Th.-C. Boetticher. 8730.

Georgiev, I. (Georgiew, I.); Sofia, Landwirtsch. Inst. „Georgi Dimitrow“. Silažirane na carevična kaša. **(Silierung von Maisschlempe.)** Naučni trudove. Visš selskostopanski institut „Georgi Dimitrov“. Zootechničeski fakultet, Sofija **12** (1963) S. 21–30. – 1 Abb., 1 Tab., 10 Lit. Zus. in Russ., Dtsch.
In 13 Behältern wurde Maisschlempe im Gemisch mit Stroh (Schlempe: Stroh = 2:1, 3:1 und 4:1) ohne und mit Zusatz von Melasse oder Gerstenmalz und Molke siliert. Alle Varianten ergaben ein gutes bis sehr gutes (?) Gärfutter (pH 4,0–4,4) mit Gehalt an Milchsäure 0,76–1,87%, freier Essigsäure 0,70–1,37%, gebundener Essigsäure 0,77–1,63%, freier Buttersäure 0–0,23% und gebundener Buttersäure 0,06–0,52%. Wesentliche Unterschiede zwischen dem Gärfutter aus Maisschlempe und Stroh (3:1) und den Gärfuttern mit verschiedenen Zusätzen (Melasse, Malz und Molke) waren nicht feststellbar. Für die Praxis wird empfohlen, Maisschlempe im Gemisch mit Stroh im Verhältnis 3:1–4:1 zu silieren. N. Platikanow. 8730.

Georgiev, I., Popov, I. und Milanov, D. (Georgiew, I., Popow, I. und Milanow, D.); Sofia, Landwirtsch. Inst. „Georgi Dimitrow“. Silažirane na krŭmno sveklo s lista. **(Einsäuerung von Runkelrüben mit der Blattmasse.)** Naučni trudove. Visš selskostopanski institut „Georgi Dimitrov“. Zootechničeski fakultet, Sofija **12** (1963) S. 327–329. – 1 Tab., 1 Lit. Zus. in Russ., Dtsch.
In einem Grabensilo von 3,5 × 3,0 × 10 m wurden Runkelrüben mit der Blattmasse und Stroh wie folgt eingesäuert: eine Schicht (5–6 cm) zerkleinerte Rüben, eine Schicht (10 cm) Stroh usw. Nach jeweils 5–6 Schichten Rüben und Stroh wird der Kettentraktor zum Verdichten eingesetzt. Auf diese Weise wird sehr gutes Gärfutter gewonnen, das die Tiere gern fressen. Die Analyse des Gärfutters ergab: Wassergehalt 50,0%, pH 4,6, Milchsäure 1,80%, freie Essigsäure 0,56%, gebundene Essigsäure 0,59%; Buttersäure (freie und gebundene) 0%. N. Platikanow. 8730.

Georgiev, I. und Kirov, N. (Georgiew, I. und Kirow, N.); Sofia, Landwirtsch. Inst. „Georgi Dimitrow“. Silažirane na ribni otpadŭci i na izvŭnstandartna riba. **(Bereitung von Fischsilage aus Fischabfällen und nichtmarktgängigen Fischen.)** Naučni trudove. Visš selskostopanski institut „Georgi Dimitrov". Zootechničeski fakultet, Sofija **12** (1963) S. 125–141. — 1 Abb., 5 Tab., 8 Lit. Zus. in Russ., Dtsch.

Die Fischabfälle und nichtmarktgängigen Fische werden durch den Fleischwolf gedreht und mit Schrot (Maisschrot, Gersten- bzw. Gerstenmalzschrot, Luzerneheumehl) im Verhältnis 1:1, 1:2 oder 2:3 gemischt. Gutes Gärfutter erhält man, wenn der Wassergehalt des Gemisches auf 40–45% gebracht wird. Dies geschieht, indem man die Fischabfälle mit dem Schrot (Gersten- oder Maisschrot) im Verhältnis 1:1 oder 2:3 mischt. Unter diesen Bedingunen wirken sich die verschiedenen Zusätze (Melasse, Hydrol, Molke, Milch- und Salzsäure sowie *Lact obact. plantarum* als Säurewecker) nicht wesentlich auf die Qualität der Fischsilage aus. Gemische aus Fischabfällen und Gerstenschrot im Verhältnis 1:1 oder 2:3 sind lange Zeit haltbar, wenn sie zu Briketts gepreßt und an der Sonne oder im Schatten getrocknet werden.

N. Platikanow. 8730.

Georgiev, I. (Georgiew, I.); Sofia, Landwirtsch. Inst. „Georgi Dimitrow". Silažirane na dŭbovi letorasli sŭs zelena rŭž. **(Einsäuerung von Eichensommertrieben mit Grünroggen.)** Naučni trudove. Visš selskostopanski institut „Georgi Dimitrov". Zootechničeski fakultet, Sofija **12** (1963) S. 323–325. — 1 Tab., 1 Lit. Zus. in Russ., Dtsch.

Am 14. 5. 1959 wurden junge Sommertriebe aus einem Eicheneinschlag im Gemisch mit 30–35% Grünroggen im Grabensilo eingesäuert und gleichzeitig in Laborgefäßen Gärfutter aus demselben Gemisch bereitet. Das im Produktionsversuch gewonnene Gärfutter war von guter Qualität und wurde von den Tieren gern aufgenommen. Die Untersuchung des Gärfutters aus den Laborgefäßen am 25.4. 1961, d. h. ca. 2 Jahre nach dessen Bereitung, ergab: Struktur vollkommen erhalten, Farbe und Geruch wie bei gutem Gärfutter; Wassergehalt 67,2%, pH 4,4, Milchsäure 2,42%, freie Essigsäure 0,86%, gebundene Essigsäure 0,97%, gebundene Buttersäure 0,01%. N. Platikanow. 8730.

Herrmann, J.; Berlin, Humboldt-Univ., Inst. für Technol. und Vorratspflege. **Fragen der Konservierung.** Ernährungsforschung **7** (1962) Nr. 3. S. 417–425.

Vortrag. Die Einführung neuer Konservierungsverfahren hat 3 Gründe: 1. Neue Erkenntnisse (z. B. Ultrakurzwellen, ionisierende Strahlen, Antibiotica, Phytonzide, chem. Konservierungsmittel, Enzympräparate). 2. Rationalisierung und Automatisierung bei Verbesserung der Qualität (z. B. Gefrierlagerung von Backwaren, Instantpulverherstellung nach dem Schaummattentrockenverfahren, Sublimationstrockenverfahren, Uperisation der Milch, Hochkurzzeiterhitzung, Smith-Ball-Verfahren, Schnellabkühlung schlachtwarmen Fleisches). 3. Herstellung ernährungsphysiologisch vollwertigerer Lebensmittel (z. B. Erhaltung von Nähr-, Wirk-, Aroma- und Farbstoffen, Vermeidung nachträglicher Veränderungen, Fernhaltung schädlicher Fremdstoffe und sichere Ausschaltung pathogener Keime). B. Gaßmann. 8750.

Fischnich, O., Pätzold, Chr. und Heilinger, F.; Braunschweig, Inst. für Pflanzenbau und Saatguterzeug. der FAL. **Verluste stärkereicher Kartoffeln im Verlaufe der Lagerung.** Kartoffelbau **13** (1962) Nr. 11. S. 243–245. — 2 Abb., 2 Tab., 9 Lit.

Die Einlagerung von mittelgroßen und großen, unverletzten Knollen der Sorten „Maritta", „Capella", „Herkula" und „Ostbote" in Feldmieten, Kellern und Lagerhausboxen zeigte bei der Aufbewahrung bis Juni im Durchschnitt von 5 Jahren, daß in den ersten Wochen der Lagerung höhere Verluste als während der späteren Zeit eintreten; nach dem Einsetzen der Keimung erhöht sich dann der Gewichtsverlust erheblich (bis April 5%, bis Juni 12%) Der Gewichtsverlust setzt sich aus dem Verlust an Wasser und Tr.-Subst.

(und damit Stärke) zusammen; von Sorte zu Sorte ergaben sich keine wesentlichen Unterschiede. Ein Parallelversuch mit einer Kühlboxe wies nach, daß konstante Kühllagerung bei etwa 4° (ebenso wie Behandlung mit Keimhemmungsmitteln) erst ab April/Mai lohnt, da zu dieser Zeit die hohen Verluste durch Keimung bei normaler Lagerung beginnen. Kleine und verletzte Knollen erleiden durch stärkere Wasserabgabe und erhöhte Fäulnis erheblich höhere Gewichtsverluste als ausgelesene Kartoffeln. R. Kämmerer. 8750.

Leong, Kam C., Jensen, Leo S. und McGinnis, James; Pullman, Washington State Univ., Dep. of Poultry Sci. Effect of water treatment and enzyme supplementation on the metabolizable energy of barley. **(Einfluß einer Wasserbehandlung und Enzymsupplementierung auf die verwertbare Energie der Gerste.)** Poultry Sci. **41** (1962) Nr. 1. S. 36–39. – 2 Tab., 18 Lit.
In Bilanzversuchen an *New-Hampshire-* und *Weiße-Leghorn*-Hähnchen, deren Futter und Faeces auf Nährstoff- und Kaloriengehalt untersucht wird, läßt sich zeigen, daß sowohl der Zusatz eines rohen Pilzenzympräparates (Merck u. Co., Rahway, N. J., 4,4 g/kg Futter) als auch eine Wasserbehandlung der Gerste (gemahlene Gerste + Wasser 1:1, bei 70 °C getrocknet und gemahlen) die Nährstoffverwertung (Kalorienausnutzung) beträchtlich ansteigen läßt (14,5 bis 26,1%). B. Gaßmann. 8820.

Nikitina, N. S., Andreev, K. P. und Rjabovič, V. I. (Nikitina, N., S., Andrejew, K. P. und Rjabowitsch, W. I.) Obogaščenie solomy belkom na osnove ee fermentativnoj obrabotki. **(Die Eiweißanreicherung von Stroh durch fermentative Behandlung.)** V sb.: Kormovye belki i biostimuljatory dlja životnovodstva, Moskva-Leningrad **1961** S. 148–159. – 28 Lit. Aus: Referativnyj žurnal. Biologija, Moskva **1962** Nr. 14. L 3. S. 1.
Das vorgeschlagene Verfahren ermöglicht es, die Qualität des Strohs durch Dämpfen zu verbessern, wobei der Proteingehalt um 5,8–7,8% steigt (bei Stroh, das mit dem Mähdrescher geerntet worden ist). Dabei wird dem Futter auch bei der Züchtung von Hefe keine Säure zugesetzt, außerdem ist eine Neutralisierung des Hydrolysats ausgeschlossen. Darin besteht die Überlegenheit dieser Methode gegenüber der Säurehydrolyse des Strohs.
übersetzt v. Th.-C. Boetticher. 8830.

Nakládal, J., Ptáček, J. und Janků, F.; Výzkumný Ústav pro Chov Skotu v Rapotíně. Učinek nepravých zákvasů připravnovaných podle metody s. Trousila na dojivost krav a jejich výzkumné ověření. **(Wirkung des Gärfutters nach der Trousilmethode auf die Milchleistung der Kühe.)** Náš Chov **1962** Nr. 10. S. 589–590. – 1 Abb., 3 Tab.
Melasse, Heuabfall oder Spreu, Futtermehl und Kleie werden in einem Bottich mit heißem Wasser (80–90 °C) übergossen, so daß der Melassegehalt der Lösung 3–4% beträgt. Diese Lösung läßt man 5–8 Min. absetzen, dann wird sie so lange verdünnt, bis die Temperatur auf 30 °C gesunken ist. Anschließend werden 5–8 kg Bierhefe zugesetzt, das ganze läßt man 3 Std. gären, wobei die Temperatur sich um 30–32 °C bewegen soll. Endlich wird die Lösung weiter verdünnt, bis auf 100 Kühe 30–40 hl Gärung entfallen, die im Sommer eine Tempeatur von 20–25 °C und im Winter 28–30 °C haben soll. Von dieser Lösung erhält jede Kuh einmal tägl. nach dem Füttern 30–40 l verabreicht. Versuche haben gezeigt, daß die Milchleistung um 0,81–1,0 kg Milch je Tier und Tag höher war. Beim Übergang zum Kaltwasser geht jedoch die Milchleistung zurück. J. Špinka. 8830.

Dinusson, W. E., Bolin, D. W., Erickson, D. O., Haugse, C. N. und Buchanan, M. L. Physical forms of hay for steers. **(Physikalische Formen von Heu für Mastochsen.)** North Dakota Farm Res., bimonthly Bull. **22** (1962) Nr. 7. S. 4–10. – 5 Tab., 4 Lit.

Es werden die Ergebnisse eines praktischen Fütterungsversuches beschrieben und erläutert. Im 1. Abschnitt (225–600 lb. Lgw.) erhielten die einzelnen Gruppen langes, gehäckseltes und pelletiertes Luzerneheu von guter Qualität. Der Tagesverzehr betrug 13,4, 12,9 bzw. 14,6 lb., der tägl. Zuwachs 1,12, 1,35 bzw. 1,81 lb. je Tier. Die Gruppe mit pelletiertem Futter erreichte das gewünschte Gewicht früher als die mit langem Heu gefütterte. Im folgenden 168-tägigen Mastabschnitt (ca. 600–1050 lb.) wurde im Verlaufe von 14 Tagen die Ration auf gequetschte Gerste + eine Beifuttermischung als Mastfutter umgestellt. Während dieser Zeit holten die Tiere, die während des Winterabschnitts schlechter zugenommen haben (Langheu), gegenüber der Pelletgruppe wieder auf. Die tägl. Zunahme lag für pelletiert, gehäckselt bzw. lang bei 1,88, 2,05 und 2,31 lb. In der gesamten Mastzeit (371 Tage) wurden 1,86, 1,73 und 1,70 lb. je Tier und Tag erzielt. Die Futterkosten je lb. Zuwachs lagen bei 0,1304, 0,1205 und 0,1122 $. B. Piatkowski. 8860.

B. DIE EINZELNEN FUTTERSTOFFE

Totev, T. und Džurkov, D. (Totew, T. und Dshurkow, D.); Kostinbrod, Bulgarien, Zentr. Forsch.-Inst. für Tierzucht „Georgi Dimitrow". Ustanovjavane na podchodjašti furažni kulturi i smeski za izkustven zelen konvejer pri uslovijata na Sofijsko. **(Feststellung geeigneter Futterkulturen und Gemenge für ein künstliches grünes Fließband unter den Standortbedingungen im Bereich von Sofia.)** Izvestija na Centralnija naučnoizsledovatelski institut po životnovŭdstvo „Georgi Dimitrov" — Kostinbrod, Sofija **13** (1962) S. 183–226. — 7 Abb., 24 Tab., 13 Lit. Zus. in Russ., Dtsch. 8910.

Baker, H. K. und Garwood, E. A.; Hurley, Berks., Grassland Res. Inst. Studies on the root development of herbage plants. V. Seasonal changes in fructosan and soluble-sugar contents of cocksfoot herbage, stubble and roots under two cutting treatments. **(Untersuchungen über die Wurzelentwicklung der Futterpflanzen. 5. Mitt. Jahreszeitliche Schwankungen des Gehaltes an Fructosanen und löslichem Zucker in Knaulgras, Knaulgrasstoppeln und -wurzeln bei zwei unterschiedlichen Ernteverfahren.)** J. Brit. Grassland Soc. **16** (1961) Nr. 4. S. 263–267. — 4 Abb., 10 Lit.

Der Gehalt sowohl an Fructosanen als auch an löslichen Zuckern erreichte in den Wurzeln nur ein geringes Ausmaß (Summe nie über 4%), woraus geschlossen wird, daß die Knaulgraswurzeln als Speicherorgane für lösliche Kohlenhydrate (lösl. K.) keine wesentliche Rolle spielen. In den oberirdischen Pflanzenteilen wechselte der Gehalt an lösl. K.mit der Jahreszeit, erreichte max. 10% und wurde durch eine unterschiedliche Schnitthäufigkeit nicht beeinflußt Den höchsten Gehalt an lösl. K. wiesen die Stoppeln auf (bis 18%), wobei der Hauptanteil auf die Fructosane entfiel, die großen jahreszeitlichen Variationen unterlagen (2–16%). Die Stoppeln der häufig geschnittenen Variante waren stets ärmer an lösl. K. Somit sind die untersten Stengelteile der wichtigste Kohlenhydratspeicher des Knaulgrases, der für einen raschen Austrieb nach der Überwinterung bedeutsam sein kann. F. Weißbach. 8910.

Larson, R. L. und Halverson, A. W.; Brookings, South Dakota State Coll., Agric. Exp. Stat. Protein quality of an alfalfa concentrate. **(Die Proteinqualität eines Luzerne-Konzentrates.)** J. agric. Food Chem. **10** (1962) Nr. 5. S. 422–425. — 3 Tab., 16 Lit.

In vergleichenden Fütterungsversuchen an Albinoratten (Sprague-Dawley-Zuchtstamm) untersuchten Vff. die Proteinqualität eines aus frisch geernteter Luzerne hergestellten Protein-Konzentrats, indem Wachstum, Futterverwertung und Proteinwirksamkeit ermittelt wurden. Das Protein war nur von mäßiger Qualität, wie die Ergänzungswirkung von Methionin + Lysin bzw.

Fischmehl oder Sojaprotein zeigte. Methionin war die primär limitierende, Lysin die sekundär begrenzende AS. Zusatz von Cholesterin zu diesem Konzentrat bewirkte nur eine geringe Verbesserung von Wachstum und Futterverwertung. H.-D. Bock. 8910.

Gruhn, K.; Jena, Inst. für Tierernähr. **Der Wert junger Grünfutterpflanzen und ihr rationeller Einsatz.** Dtsch. Landwirtsch. **13** (1962) Nr. 8. S. 399–402. – 1 Abb., 3 Tab., 11 Lit.
Die Ergebnisse der an jungen Leguminosen durchgeführten Untersuchungen ergaben, daß neben einem hohen Rohprotein-Asche- und geringen Rohfasergehalt, der Gehalt an lebensnotwendigen Eiweißbausteinen relativ hoch ist. Lysin, Valin und Methionin können bei Verfütterung an Schweine als begrenzende Eiweißbausteine auftreten. Blätter enthalten mehr Rohprotein, Spurenelemente und Carotin als die Stengel. G. Leisner. 8910.

Mažilis, A. A. (Mashilis, A. A.); Baisogala, Bezirk Šeduva, Litau.SSR, Litau. Forsch.-Inst. für Tierzucht und Veterinärmed. Opyt skarmlivanija sennoj muki svinomatkam. **(Erfahrungen mit der Verfütterung von Heumehl an Sauen.)** Svinovodstvo, Moskva **16** (1962) Nr. 6. S. 25–27. – 2 Abb., 3 Tab.
In den Futterrationen von Sauen der Litauischen Weißen Rasse waren in der 2. Hälfte der Trächtigkeit im Mischfutter 12% Vitaminheumehl (I) bzw. kein Heumehl (II) und infolgedessen 3261,1 mg (I) bzw. 10 mg (II) Carotin enthalten. Die ⌀ Wurfgröße betrug 11,1 (I) und 9 (II) Ferkel, das ⌀ Wurfgewicht bei der Geburt 12,3 (I) bzw. 10,8 (II) kg und mit 1 Monat 54,4 (I) bzw. 46,1 kg (II). Die Colostralmilch enthielt bei I – 0,1295 mg% und bei II – 0,061 mg% Vit. A, die Milch 1 Monat nach dem Ferkeln entsprechend 0,031 und 0,011 mg% Vit. A. In der Leber der neugeborenen Ferkel waren 1,093 (I) und 0,745 mg% (II) Vit. A enthalten. F. Schenk. 8910.

Lombard, P. E.; Glen, Coll. of Agric., Res. Inst. Seaweed in the ration of growing baconers. **(Seegras in der Futterration wachsender Baconschweine.)** South African J. agric. Sci. **5** (1962) Nr. 3. S. 373–380. – 6 Tab., 20 Lit. Zus. in Franz., Holl.
Vorliegende Untersuchung soll den Futterwert von Kohlenhydraten und Proteinen aus Seegras (*Ecklonia radiata* und *Ecklonia maxima*) mit dem aus Luzernemehl in Schweinefuttermischungen mit Hilfe von Stoffwechsel-, Verdauungs- und Wachstumsversuchen vergleichen. Die Verdaulichkeit des Eiweißes von Seegras (8%) war in feiner Form besser als in grober. Die besten Resultate wurden jedoch mit Luzerneheumehl erlangt. weshalb Vf. die Zufütterung von Seegras an wachsende Schweine nicht empfiehlt.
K. Männel. 8910.

Marshall, B. und Bredon, R. M.; Uganda, Dep. of Veterin. Serv. and Animal Ind., Animal Health Res. Centre. The chemical composition and nutritive value of elephantgrass (Pennisetum purpureum). **(Chemische Zusammensetzung und Nährwert von Pennisetum purpureum.)** Trop. Agric. **40** (1963) Nr. 1. S. 63–66. – 4 Tab. 8910.

Osman, H. Elsayed und Danasoury, M. S.; Shambat, Sudan, Univ. of Khartoum. The nutritive value of berseem (Medicago sativa) under Sudan conditions. **(Der Nährwert von Medicago sativa unter den Bedingungen des Sudans.)** Empire J. exp. Agric. **31** (1963) Nr. 121. S. 27–33. – 7 Tab. 8910.

Waite, R., Johnston, M. J. und Armstrong, D. G.; Kirkhill, Ayr, Hannah Dairy Res. Inst. The digestibility of the carbohydrate constituents of S_{23} rye-grass cut at four stages of growth. **(Die Verdaulichkeit von Kohlenhydraten des S_{23} Weidelgras in 4 Wachstumsstadien.)** Proc. Nutrit. Soc. **21** (1962) Nr. 2. S. XXI–XXII. 8910.

Kirov, N. (Kirow, N.); Sofia, Landwirtsch. Inst. „Georgi Dimitrow". Proučvane mikroflorata na njakoi bŭlgarski silaži. **(Untersuchung der Mikro-**

flora einiger bulgarischer Gärfutter.) Naučni trudove. Visš selskostopanski institut „Georgi Dimitrov". Zootechničeski fakultet, Sofija **12** (1963) S. 243 bis 259. — 15 Tab., 14 Lit. Zus. in Russ., Dtsch.

In allen Gärfuttern wurden, ungeachtet ihrer Art und Güte, Keime von Mikroorganismen gefunden, deren Anzahl in sehr weiten Grenzen schwankte — von Tausenden bis Milliarden je Gramm. I. allg. war die Mikroorganismenzahl in den hochwertigeren Gärfuttern niedriger als in den minderwertigeren. Eine strenge Abhängigkeit zwischen Güte und Mikroorganismenzahl bestand aber nicht. Milchsäure-, Fäulnis- und Buttersäurebakterien waren in allen Gärfutterproben nachweisbar. In den minderwertigeren Silagen wurden Bakterien von der Gruppe Coli-Aerogenes festgestellt; in den hochwertigeren fehlten sie. Doch ist das Fehlen der Coli-Aerogenes-Gruppe in einem Gärfutter kein sicheres Zeichen der Güte, da es auch minderwertige Gärfutter gibt, in denen diese Bakteriengruppe ebenfalls fehlt. Schimmelpilze fanden sich sowohl in den hochwertigen als auch in den minderwertigen Gärfutterproben, bes. aber in den trockeneren, da die anaeroben Bedingungen in ihnen schwieriger zustande kommen. N. Platikanow. 8920.

Langston, C. W., Bouma, Cecelia und Conner, R. M.; Beltsville, Md., A.R.S., Animal Husbandry Res. Div., Dairy Cattle Res. Branch. Chemical and bacteriological changes in grass silage during the early stages of fermentation. II. Bacteriological changes. **(Chemische und bakteriologische Veränderungen in Gras-Silage während der frühen Gärungsstadien. 2. Mitt. Bakteriologische Veränderungen.)** J. Dairy Sci. **45** (1962) Nr. 5. S. 618–624. — 3 Tab., 20 Lit. 1. Mitt. vgl. LZ. Abt. III 8 (1963) Nr. 2. S. 382.

Die Mehrzahl der während der frühen Gärungsphasen isolierten Bakterien waren Coccen und Gram-negative Stäbchen, die Lactobacillen traten dagegen erst später ins Übergewicht. Es konnten nur geringe quantitative Unterschiede in der Gesamtkeimzahl guter und schlechter Silagen beobachtet werden. In letzteren waren die Gram-negativen in höherem Prozentsatz vertreten und dezimierten sich auch langsamer als in guten Silagen, wo mit Zunahme der stark säuernden Lactobacillen die Gram-negativen und Coccen, mit Ausnahme der Pediococcen, schnell verschwanden. Für ein gutes Gelingen des Gärfutters ist eine hohe Coccen-Intensität im frühen Gärungsabschnitt notwenig. Dagegen ist die Größe der epiphytischen Lactobacillenflora auf dem Ausgangsmaterial keine Garantie für die zu erwartende Silagequalität. Die Reihenfolge der Keimgruppen bei gutem Siliervorgang war Streptococcen, dann Pediococcen und Leuconostoc und zuletzt Lactobacillen. Bei unzureichender Säurebildung in den belüfteten Silagen vermehrten sich die anaeroben Sporenbildner. H. H. Budzier. 8920.

Jones, J. C. und Fricker, D. J.; Wye, Kent, Nat. Agric. Advisory Serv., Nutrit. Chem. Dep. Iso-butyric acid in silage. **(Isobuttersäure in Silage.)** Nature [London] **196** (1962) Nr. 4860. S. 1211. — 1 Tab., 3 Lit.

Im Winter 1961/62 wurden in Südostengland 400 Gras- und Kleegrassilagen gaschromatographisch auf ihren Gehalt an Isobuttersäure untersucht. 38 Proben davon enthielten durchschnittlich 0,13% Isobuttersäure (auf Tr.-Subst berechnet). Sie entsteht unter den gleichen Bedingungen wie Buttersäure. Silagen vom pH 4,0–4,5 enthielten zu 4,9%, vom pH 4,6–5,0 zu 13%, vom pH 5,1–5,5 zu 57,5% und vom pH 5,6–6,0 zu 42,6% Isobuttersäure.

W. Franzke. 8920.

Lanigan, G. W. und Catchpoole, V. R. Studies on ensilage. II. Plant maturity effects in the ensilage of ryegrass and clover under laboratory conditions. **(Untersuchungen über Silage. 2. Mitt. Die Wirkung der Pflanzenreife von Raygras und Klee auf die Silierung unter Labor-Bedingungen.)** Austral. J. agric. Res. **13** (1962) Nr. 5. S. 853–863. — 3 Abb., 5 Tab. 19 Lit. 1. Mitt. vgl. LZ. Abt. III 8 (1963) Nr. 2. S. 378.

Raygras und Weißklee sind wichtige Weidegräser im Nordosten von Australien. Vf. bereitete im Labor Silage aus 3 verschiedenen Raygrassorten. Die Silos faßten 5 kg und wurden elektrisch beheizt. Sortenunterschiede wurden nicht ermittelt. Späte Schnitte ergaben bessere Silagen als frühe. Zugaben von gewogenen Weißkleemengen wirkten sich aus wie folgt:

Verhältnis Gras : Klee	In der Silage-Trockenmasse Säuren in %			
	Schnitt am 26. 10		Schnitt am 16. 11	
	Milch-	Essig-	Milch-	Essig-
100:0	7,2	2,9	6,4	2,2
80:20	7,2	2,3	7,7	1,3
60:40	5,5	3,0	8,4	2,1
40:60	4,5	2,9	8,0	1,7

Wurde Raygras bei Ende des Schossens siliert, beeinflußte die Zugabe von Weißklee die Bildung von Milchsäure kaum. Junges Raygras ergab dagegen eine schlechte Silage, wenn es mit mehr als 20% Weißklee gemischt wurde.
W. Schmidt. 8920.

Mosolova, Ė. S., Kaplan, V. A. und Staroverov, N. A. (Mossolowa, E. S., Kaplan, W. A. und Starowerow, N. A.); Charkow, Forsch.-Inst. für Tierzucht des Waldsteppen- und Polessje-Gebietes der Ukrain.SSR, Lab. für Physiol. Vlijanie silosa na process rubcovogo piščevarenija. **(Der Einfluß von Gärfutter auf den Prozeß der Pansenverdauung.)** Kukuruza, Moskva **7** (1962) Nr. 6. S. 64. — 1 Tab.

Vff. haben den Einfluß einer 6 Mon. lang andauernden Fütterung der Färsen in der Herbst-Winterperiode nur mit Maissilage (25 kg je Tier und Tag) untersucht, um die Bildung von flüchtigen Fettsäuren im Pansen (Essigsäure, Propionsäure, Buttersäure) nach Qualität und Menge und den Verlauf der Pansenverdauung zu überprüfen. Die Proben des Panseninhaltes wurden nach 1, 4 und 6 Mon. Fütterung nur mit Gärfutter untersucht: Langandauernde Fütterung nur mit Maissilage hatte keinerlei unterdrückende Wirkung auf die Prozesse der Pansenverdauung bei den Versuchstieren. L. Rang. 8920.

Bergner, H., Lehmann, H. und Münchmeyer, R.; Berlin, Humboldt-Univ., Inst. für Tierernährungslehre. **Untersuchungen über den Karotingehalt von Maissilagen.** Arch. Tierernähr. **12** (1962) Nr. 3. S. 153–160. — 2 Abb., 5 Tab., 20 Lit.

61 Maissilageproben aus 9 Großsilos enthielten im Durchschnitt bei einem Tr.-Subst.-Gehalt von 19,1% einen Carotinanteil von 20 mg/kg Frischsilage. Mit höherem Tr.-Subst.-Anteil der Silage sank der Carotingehalt. Eine gesteigerte Silagequalität, ausgedrückt in Punkten nach Flieg, bedingte ebenfalls niedrigere Carotinwerte (in beiden Fällen signifikante Korrelation). Die Ursachen hierfür sind wahrscheinlich im Reifegrad und Carotingehalt des Ausgangsmaterials zu suchen. H. Bergner. 8920.

Urbányi, L. **Beiträge zur Wertung des Silomaises vom Standpunkt des Mineralstoffwechsels.** Acta agronom. Acad. Sci. hung. **11** (1961) Nr. 1/2. S. 163–171. — Aus: Ung. Agrar-Rdsch. **1962** Nr. 4.

Anhand seiner Untersuchungen, die Vf. an 24 Proben von Silomais und Silomaissilagen unternahm, stellte er fest, daß die Pflanze bzw. die Silage viel Wasser und gleichzeitig rel. wenig mineral. Substanzen — bes. P — enthält; demgegenüber ist ihr Gehalt an Erdalkalien hoch. Der Mineralstoffgehalt dieser Futtermittel schwankt zwischen verhältnismäßig weiten Grenzen. Ihrem

Nährwert setzt ihr geringer Eiweiß- und P-Gehalt Grenzen, doch können sie — mit phosphor- und eiweißreichen Futtermitteln ergänzt — wegen ihrer günstigen diätetischen Wirkung als wertvolles Grundfutter für Mastrinder und Kühe angewandt werden. 8920.

Berke, P. und Bedő, S. A silókukorica-szilázs táplálónanyagainak emészthetősége. **(Verdaulichkeit der Nährstoffe der Silomaissilagen.)** Keszthelyi mezögazdasági Akad. Kiadványai [Mitt. landwirtsch. Akad. Keszthely] **1961** Nr. 1. S. 1–8. — Aus: Ung. Agrar-Rdsch. **1962** Nr. 4.

Vff. untersuchten die Verdaulichkeit der Nährstoffe der Silomaissilage an 2 Bullen und 2 Hammeln in Futterverwertungsversuchen. Sowohl bei den mit Bullen als auch bei den mit Hammeln durchgeführten Versuchen fanden sie, daß die Verdaulichkeit des reinen Proteingehaltes der Silomaissilage um 22,8% geringer war als der in der ungarischen z.Z. gültigen Norm No. MSZ 6830–53 angegebene Wert. Der bei den Bullen und Hammeln ermittelte Gehalt an StW. und an verdaul. E. erwies sich praktisch als gleich. So können daher die bei Hammeln versuchsmäßig ermittelten VK und der auf dieser Grundlage errechnete Nährwert auch auf Rinder bezogen werden. Bei der Verfütterung von in Milch-Wachsreife eingesäuerten Silomaissilagen konnten im Kot kaum mangelhaft verdaute Maiskörner gefunden werden. 8920.

Hoglund, C. R. Economics of feeding corn silage versus grass silage to fattening cattle. **(Die Wirtschaftlichkeit der Verfütterung von Maissilage gegenüber Grassilage in der Rindermast.)** Michigan State Univ., agric. Exp. Stat., quart. Bull. **45** (1962) Nr. 1. S. 167–176. — 1 Abb., 5 Tab., 7 Lit.

Es werden Rentabilitätskalkulationen dreier verschiedener Fütterungssysteme in der Rindermast, hohe Maissilagegaben, mittlere Maissilagegaben und mittlere Grassilagegaben, durchgeführt. Kosten und Einkommen werden verglichen. Es wird aufgezeigt unter welchen Bedingungen den einzelnen Fütterungssystemen der Vorzug zu geben ist.
G. Leisner. 8920.

Holzschuh, W., Knape, G. und Schmidt, W. **Die Verfütterung von Grassilage.** Dtsch. Landwirtsch. **13** (1962) Nr. 8. S. 407–411. — 5 Tab., 3 Lit.

Es werden die Bereitung und Verfütterung von Grassilage beschrieben. Qualitätsuntersuchungen der Grassilage zeigten eine bessere Qualität mit steigender Tr.-Subst. des Ausgangsmaterials. Fütterungsversuche bei Kälbern ergaben gute Aufnahme und Entwicklung der Tiere bei Verfütterung von Grassilage aus angewelktem Gras an Stelle von Heu. Für Jungrinder und Milchkühe werden Fütterungsbeispiele angegeben. Vff. sehen in der Bereitung von Grassilage eine Möglichkeit, die Fütterungsbedingungen der Rinder zu verbessern und die Futterkosten zu senken. Welk- oder Heusilagen sind geeignet, Heu weitgehend zu ersetzen. Silage aus frischem Gras wird oft in ungenügenden Mengen aufgenommen. G. Leisner. 8120.

Peters, G.; Rostock, Inst. für Landwirtsch. Versuchs- und Untersuchungswes. der Dtsch. Akad. der Landwirtsch.-Wiss. zu Berlin. **Praktische Hinweise zur Grassilierung.** Dtsch. Landwirtsch. **13** (1962) Nr. 9. S. 397–399. — 1 Abb., 3 Tab., 6 Lit.

Die Grassilierung ist arbeitswirtsch. günstig und entspricht bes. bei der Ernte des 2. Schnittes besser den klimatischen Bedingungen in der DDR als die Heuwerbung. Bei Zusatz von Kofasalz kann auch reines Gras siliert werden. Hochsilos und massive Durchfahrtsilos haben sich bes. bewährt. Günstig ist für den Gärungsverlauf das vorherige Anwelken des Futters auf 30–35% Tr.-Substanz. Nach bisherigen Versuchen ist auch die Mischeinsäuerung von siloreifem Mais mit 10–20% angewelktem Wiesengras aus dem 2. Schnitt möglich.
W. Fleischmann. 8920.

Karpov, M. S. (Karpow, M. S.) Silosovanie kukuruzy v smesi s pšeničnoj solomoj. **(Die Silierung von Mais im Gemisch mit Weizenstroh.)** V. sb: Mikrobiol. kormov, Alma-Ata **1961** S. 65–78. – Aus: Referativnyj žurnal. Biologija, Moskva **1962** Nr. 8. L 2. S. 1.

Die beste Vorbereitung des Strohs für die Verfütterung ist über Silierung mit Mais zu erreichen. Es wurden Versuche des Silierens unter Produktionsbedingungen in 2 Varianten durchgeführt: 70% + 30% Stroh und 80% + 20% Stroh. In beiden Varianten wurden Silagen guter Qualität erhalten, die ent-, hielten: freie Milch- und Essigsäure bis 2%, Buttersäure 0%, pH-Wert 4,1–4,65. Das Futter wurde von den Milchkühen gut gefressen. Durchschnittsfeuchtigkeit des Gemisches beim Silieren 70–74%. Die zootechnischen Erfahrungen der Verfütterung von reiner Maissilage und kombinierter Mais-Weizenstrohsilage (80% Mais + 20%) an Milchkühe haben ergeben, daß der Nährwert dieser Silage fast gleich ist. übersetzt v. Th.-C. Boetticher. 8920.

Karpov, M. S. (Karpow, M. S.) Obščedostupnyj biologičeskij sposob podgotovki solomy k skarmlivaniju. **(Eine allgemein zugängliche biologische Methode der Vorbereitung von Stroh zur Verfütterung.)** Tr. In-ta mikrobiol. i virusol. **4** (1961) S. 107–113. – Aus: Referativnyj žurnal. Biologija, Moskva **1962** Nr. 15. L 13. S. 3.

Unter den Bedingungen der Neulandregion hat Vf. 2 Versuche der Silierung von Mais mit Weizenstroh durchgeführt. Im 1. Versuch bestand das Gemisch von 30 t zu 70% aus Grünmais und zu 30% aus Weizenstroh; im 2. Versuch bestanden die 70 t Gemisch entsprechend aus 80 und 20%. In beiden Versuchen wurde eine Silage guter Qualität erhalten: Wassergehalt 61–68,5%, Milch- und Essigsäure 1,33 und 0,60, zusammen 1,63 bis 1,98, pH-Wert 4,15 bis 4,4. Die Silage hatte einen aromatischen Geruch, eine normale Konsistenz und wurde von den Milchkühen gern gefressen (bis zu 35 kg pro Kopf und Tag) Um 100 kg Silage mit normalem Wassergehalt zu erhalten, empfiehlt es sich, 75,80 und 90 kg Maismasse mit einem Wassergehalt von entsprechend 85,80 und 75% sowie 25,20 und 10 kg Stroh mit einem Wassergehalt von 16% zu nehmen. übersetzt. v Th.-C. Boetticher. 8920.

Alipov, V. V. und Plotnikova, A. E. (Alipow, W. W. und Plotnikowa, A. Je.) Opyt obrabotki kukuruznogo silosa ammiačnoj vodoj. **(Versuch einer Behandlung von Maissilage mit Ammoniakwasser.)** S. ch. Povolžja **1962** Nr. 6. S. 59–61. – Aus: Referativnyj žurnal. Biologija, Moskva **1962** Nr. 24. L 12. S. 2.

Zur Anreicherung der Rationen mit Eiweiß bei Maisfütterung fanden im Inst. für Landwirtsch. des Südostens Untersuchungen über die Behandlung der Silage mit Ammoniakwasser statt. Es wurden 2 Gruppen (eine Versuchs- und eine Kontrollgruppe) aus Jungbullen der Simmentaler Rasse im Alter von 12–16 Mon. gebildet. Die Tiere der Kontrollgruppe erhielten neben der Tagesration noch 10 kg Maissilage. Die Versuchsgruppe bekam die gleiche Grundration, jedoch wurde die Maissilage vor dem Verfüttern mit Ammoniakwasser aus Dosiervorrichtungen angefeuchtet (25% ige Konzentration), wobei 10 bis 13 kg je t Silage bei der Entnahme aus den Mieten entfielen. Die Gesamtgewichtszunahme (in kg) betrug im Durchschnitt der Gruppen je Tier in der Versuchsperiode bei der Versuchsgruppe 75,3 und bei der Kontrollgruppe 60,4. übersetzt v. S. Thienel. 8920.

Tomov, I. und Fudulov, D. (Tomow, I. und Fudulow, D.) Ustanovjane dobivnostta na carevicata za silaž i opolzotvorjavaneto mu ot ovni. **(Feststellung der Ertragsfähigkeit von Silomais und der Verwertung der Maissilage durch Hammel.)** Izvestija na Dobrudžanskija selskostopanski naučnoizsledovatelski institut, Tolbuchin – Sofija **2** (1962) S. 181–194. – 1 Abb., 10 Tab., 16 Lit. Zus. in Russ., Engl. N. Platikanow. 8920.

Orth, A., Kaufmann, W. und Koch, G.; Kiel, Inst. für Milcherzeug. **Versuche zur Silierung von Getreide.** Wirtschaftseigene Futter 8 (1962) Nr. 2. S. 127–136. – 1 Abb., 8 Tab., 9 Lit.

Es wird über Silierversuche mit heilem, feuchtem Getreidekorn und über Tierversuche mit der erhaltenen Silage berichtet. Besonders im Zusammenhang mit dem Mähdrusch bei ungünstigem Erntewetter bietet dieses Verfahren verschiedene Vorteile: Kostensenkung, verringerter Arbeitsaufwand, früheres Räumen der Flächen. Siliert wurden Hafer, Gerste und Roggen unter Zusatz von 15% Melasse. Säurezusammensetzung und Keimgruppendynamik ließen auf einen günstigen Gärungsverlauf schließen. Die Verluste an Tr.-Subst. betrugen 5–7%, die an N-fr. E. 6–7%. Der günstigste Wassergehalt für die Silierung lag bei 30–40%. In der Jungrindermast werden beim Einsatz von Silage aus heilen Getreidekörnern mindestens gleiche Ergebnisse wie mit Getreideschrot erzielt. In einem Schweineverdauungsversuch mit unzerkleinerter Gerstensilage wurden VK erzielt, die nur etwa 4–5% niedriger liegen wie die Angaben der DLG-Tabelle für Gerstenschrot. F. Weißbach. 8920.

Z el'cer, G. A. (Selzer, G. A.) Ispol'zovanie silosa iz ozimoj rži v racionnach moločnogo skota. **(Die Verwendung von Winterroggensilage in den Rationen des Milchviehs.)** Tr. Krymsk. gos. s.-ch. opytn. st. **6** (1961) S. 187–196. – Aus: Referativnyj žurnal. Biologija, Moskva **1962** S. 12. L 101. S. 15.

Die Versuche erfolgten in einem Betrieb der Landwirtsch. Versuchsstat. der Krim an 3 Gruppen laktierender Kühe der Roten Steppenrasse. Jede Gruppe bestand aus 5 Kühen im 3.–5. Mon. der Laktation. Vor dem Versuch erhielten alle Tiere gleiches Futter. In der Versuchsperiode erhielt die I. Gruppe 20 kg, die III. Gruppe 25 kg Winterroggensilage und die II. Gruppe 25 kg Maissilage pro Tier und Tag. Die Milchleistung betrug in der I und II. Gruppe 11,1 kg pro Tag und in der III. Gruppe 12,4 kg. Die Kühe der II. Gruppe erhielten 23,2% mehr Nährstoffe im Vergleich zur I. Gruppe und 13,5% mehr im Vergleich zur III. Gruppe. Die Verdaulichkeit des Proteins war am höchsten in der III. Gruppe. übersetzt. v. Ch. Eshkowa. 8920.

Richter, K., Cranz, K. L. und Antoni, J. **Silage aus Erbsenkraut in der Milchviehfütterung.** Mitt. dtsch. Landwirtsch.-Ges. **77** (1962) Nr. 24. S. 865 bis 866. – 3 Tab.

In einem Periodenversuch mit 9 Milchkühen wird bewiesen, daß 25–30 kg einwandfreie Silage aus Druscherbsenkraut je Tier und Tag gern aufgenommen und entsprechend dem Nährstoffgehalt (2,4% verd. Rohprotein, StW 10,1) verwertet werden. Die Verdaulichkeit der org. Subst. der Silage aus Druscherbsenkraut beträgt 68 und aus Pflückerbsenkraut 67. G. Rubach. 8920.

Ryley, J. W.; Yeerongpilly, Queensland Dep. of Agric. and Stock. Drought feeding studies with cattle. 6. Sorghum silage, with and without urea, as a drought fodder for cattle in late pregnancy and early lactation. **(Untersuchungen über die Trockenfütterung an Rindern. 6. Mitt. Sorghumsilage mit und ohne Harnstoff als Futter für hochtragende und im Beginn der Laktation stehende Rinder während der Dürrezeit.)** Quensland J. agric. Sci. 18 (1961) Nr. 4. S. 409–424. – 1 Abb., 8 Tab., 17 Lit. 5. Mitt. vgl. LZ. Abt. III 8 (1963) Nr. 8. S. 1745.

3 Gruppen zu je 10 trächtigen Hereford-Färsen erhielten in einem 24wöchigen Fütterungsversuch Sorghumsilage als Grundfutter. Bei 2 Gruppen wurde der Eiweißmangel der Ration durch 1,5 bzw. 2,5 oz Harnstoff pro Tier und Tag ausgeglichen. Im Durchschnitt befanden sich die Tiere zu Beginn des Versuches am 175. Trächtigkeitstag und zu Versuchsabschluß im 62. Laktationstag. Durch die Harnstoffzufütterung verminderte sich der Gewichtsverlust der Färsen während der Trächtigkeit und Säugezeit, verbesserten sich die Silageaufnahme, das Geburtsgewicht sowie die Gewichtszunahmen der Kälber

und die Milchleistung. Die Kälbersterblichkeit war bei den ohne Harnstoff gefütterten Gruppen deutlich größer. Bez. einiger klinischer Reaktionen und der Zusammensetzung des Blutes konnten keine Unterschiede zwischen den Gruppen festgestellt werden. F. Weißbach. 8920.

Castle, M. E., Drysdale, A. D. und Watson, J. N.; Kirkhill, Ayr, Hannah Dairy Res. Inst. A comparison between ryegrass and cocksfoot hay for milk production. **(Ein Vergleich von Weidelgras- und Fuchsschwanzheu für die Milchproduktion.)** J. Dairy Res. **29** (1962) Nr. 2. S. 199–206. — 4 Tab., 16 Lit.

Es wurden 4 Heusorten in einem 20wöchigen Winterfütterungsversuch mit 8 Ayrshire-Kühen verglichen: Weidelgrasheu mit Schnittzeit 23.–25. Mai (R 1) und 13.–15. Juni (R 2), Fuchsschwanzheu mit gleichen Schnittzeiten (C 1 u. C 2). R 1 hatte den höchsten Gehalt an verd. Tr.-Subst., C 2 den niedrigsten. Alle Kühe erhielten tägl. 19 lb. Heu und für je 10 lb. Milch 3,5 lb. Kraftfutter. Die Aufnahme an Kraftfutter-Tr.-Subst. war fast gleich und betrug 10,1 lb. je Tier und Tag. Die Aufnahme von C 2 lag gering, doch signifikant unter der der anderen Heusorten. Die mittlere tägliche Milchleistung betrug: R 1 — 32,1; R 2 — 29,9; C 1 — 30,5; C 2 — 26,9 lb. Die Leistung lag beim Heu des 1. Schnittes und des Weidelgrases gesichert höher als beim Heu des 2. Schnittes und des Fuchsschwanzheus. Der Fettgehalt der Milch lag bei C 2 am höchsten, die Milchfettleistung bei R 1. Die je Tier und Tag aufgenommenen StE stiegen von 13,6 lb. bei C 2 auf 15,2 lb. bei R 1. Es wird gefolgert, daß der Futterwert des Weidelgrasheus dem Heu von Fuchsschwanz überlegen ist. G. Leisner. 8930.

Jagtenberg, W. D. Het droge-stofgehalte van weidegras. **(Der Trockensubstanzgehalt von Weidegras.)** Landbouwvoorlichting **19** (1962) Nr. 11. S. 626–636. — 10 Abb., 4 Tab., 9 Lit.

Es wird über die Ergebnisse von Untersuchungen aus den Jahren 1957–1959 berichtet, in denen auf 85 Versuchsflächen insgesamt 1222 Proben und zwar zwischen 9 und 16 Uhr genommen wurden. Beim 1. Schnitt am 8. Mai betrug der Tr.-S.-Gehalt im ⌀ 17,3%, beim 2. Schnitt am 13. Juni 19,6%. Er nahm dann bis zum 5. Schnitt am 25. Okt. wieder ab bis auf 16,3%. Nach Durchführung einer Korrektur, durch die der Anteil des anhaftenden Wassers ausgeschaltet wird, ergaben sich verringerte Unterschiede im Tr.-Subst. -Gehalt der einzelnen Schnitte. Je schneller das Gras wächst, um so mehr Wasser enthält es. Der Grundwasserstand ist je nach Schnittzeit von verschiedenartigem Einfluß. Beim 1. Schnitt wirkt sich ein niedriger Grnndwasserstand wegen der besseren Durchlüftung und Erwärmung des Bodens günstig aus. Die botanische Zusammmensetzung des Grasbestandes war ohne Einfluß auf den Tr.-Subst.-Gehalt, ebenso der Humusgehalt des Bodens. Es wird gefolgert, daß nicht auf hohe Massenerträge zugunsten von hohen Tr.-Subst.-Gehalten verzichtet werden darf. J. K. Hinrichsen. 8940.

Howard, D. A., Burdin, M. L. und Lampkin, G. H. Variation in the mineral and crude-protein content of pastures at Muguga in the Kenya Highlands. **(Schwankungen im Gehalt von Mineralstoffen und Rohprotein der Weiden von Muguga im Hochland von Kenya.)** J. agric. Sci. **59** (1962) Nr. 2. S. 251–256. — 2 Abb., 2 Tab., 23 Lit.

Von den Weiden wurden in regelmäßigen Zeitabständen Proben gezogen und auf Rohprotein, P, Ca, Na, K, Mg, Cu untersucht. Die vorherrschenden Pflanzen waren *Cynodon dactylon* und *Chloris gayana*. Der Na-Gehalt war zu allen Zeiten ungenügend und in Trockenperioden auch der Gehalt an P und Rohprotein. Mit Ausnahme von Na und Ca wird der Gehalt an den untersuchten Stoffen von der Niederschlagsmenge beeinflußt, die in der Vegetationsperiode fällt. G. Leisner. 8940.

Piatkowski, B., Kasdorff, K., Steger, H. und Püschel, F.; Dummerstorf bei Rostock, Inst. für Tierzuchtforsch. der Dtsch. Akad. der Landwirtsch.-Wiss. zu Berlin. **Verdaulichkeit und Aufnahme von Weidegras, untersucht mit Hilfe der konventionellen und der Indikator-Methode an Milchkühen.** Arch. Tierernähr. **12** (1962) Nr. 3. S. 143–151. – 1 Abb., 6 Tab., 12 Lit.
Die Berechnung der Verdaulichkeit mit Hilfe der Indikator-Methode erfolgt nach folgender Formel: $V = 100 - \frac{c\ \text{Futter} \cdot 100}{c\ \text{Kot}}$, c = Chromogenkonzentration. Die Ergebnisse der Indikator-Methode stimmten mit denen der konventionellen Methode gut überein (Mai bis Anfang August). In den Herbstmonaten war die Übereinstimmung schlechter. Vergilben von Blattanteilen oder auch N-Düngung waren von Einfluß. Die Verdaulichkeit des untersuchten Weidegrases war Mitte Mai mit 76,7% am höchsten, Ende Juni bis Anfang Juli mit 66,3% am niedrigsten und stieg im August wieder auf 70%. Durch Kombination des Chromogens mit Cr_2O_3 konnten brauchbare Ergebnisse für die Messung des Futterverzehrs erhalten werden.
H. Bergner. 8940.

Corbett, J. L., Langlands, J. P. und Boyne, A. W.; Bucksburn, Aberdeen, Scotland, Rowett Res. Inst. An estimate of the energy expended for maintenance by strip-grazed dairy cows. **(Eine Bestimmung der ausgegebenen Energie für Erhaltung bei Milchkühen auf Portionsweide.)** VIII. int. Tierzuchtkongr. Hamburg **1961** Schlußber. S. 245–247. – 7 Lit.
An 57 Milchkühen mit einem Gewicht von 330–609 kg wurden bei Weidegang die tägl. Einnahme an verd. org. Subst., die Milchleistung (4,4–23,2 kg FCM) und die Lgw.-Veränderungen (– 1,5 bis + 2,1 kg Lgw.) bestimmt und aus den erhaltenen Daten folgende Regressionsgleichung ermittelt: Verd. org. Subst. $= 0{,}3\,\text{FCM} + 0{,}046\,\text{Lgw.}^{0,73} + 0{,}56$ Lgw.-Veränderungen. Vff. bringen zum Ausdruck, daß der Koeffizient für den Erhaltungsbedarf bei Weidegang praktisch mit den in Standardtabellen (NRC) gemachten Empfehlungen für Stallhaltung übereinstimmt. L. Hoffmann. 8940.

Bertrand, J. E., Rusoff, L. L., Fletcher, J. L., Hyde, C. E., Branton, C. und Farthing, B. R.; Baton Rouge, Louisiana Agric. Exp. Stat., Dairy Sci. Dep. Nutritional evaluation of pastures with dairy cattle. **(Nährwertberechnung von Weidegras mit Milchrindern.)** J. Dairy Sci. **45** (1962) Nr. 6. S. 747–753. – 7 Tab., 18 Lit.
Von Mai bis August wurde in 3 Versuchen die Verdaulichkeit von Raygras, Klee, Hafer und Grasgemisch mit Hilfe von Lignin als Indikator bestimmt. Cr_2O_3 diente zur Erfassung der Futteraufnahme. Die Milchleistung der Kühe stand in signifikanter Beziehung zur festgestellten Verdaulichkeit des Futters. Weiterhin entwickelten Vff. ein Bewertungsschema, wobei sie die Bewertungskarte von Hodgson und Shepherd zugrunde legten. Quantitätsbewertung: dichter Bestand 21–30 P., ausgeglichen 11–20, mangelhaft 0–10 P. Qualitätsbeurteilung: sehr gut 31–40, gut 21–30, angehend 11–20, gering 0–10 Punkte. Die Feststellung wurde tägl. durch dieselbe Person getroffen. Die Qualitätsbeurteilung korrelierte mit der Quantitätsbeurteilung (r = 0,60). Die Qualität hing zu 36% von der Quantität ab. Die Qualitätsbeurteilung korrelierte mit Lignin (– 0,49) und mit Rohprotein (r = 0,61). Durch die Verdaulichkeitsbestimmung und das einfache Bewertungsschema wird es möglich, bei Veränderungen eine Ergänzungsfütterung vorzunehmen, die eine kontinuierliche Produktion gewährleistet. B. Piatkowski. 8940.

Holmes, W.; Ashford, Kent, Wye Coll. Grazing management for dairy cattle. **(Die Weidebewirtschaftung mit Milchvieh.)** J. Brit. Grassland Soc. **17** (1962) Nr. 1. S. 30–40. – 1 Abb., 123 Lit.
Eine umfassende Darstellung von botanischen, tierzüchterischen und ökonomischen Überlegungen zur Verbesserung der Weidewirtschaft wird gegeben.

Die wichtigsten botanischen Betrachtungen betreffen den Einfluß der Jahreszeit auf Pflanzenwachstum und Futterwert, den Einfluß von Häufigkeit und Schärfe der Nutzung auf Ertrag und Nährwert, den Einfluß der Nutzung auf das Blattflächen-Verhältnis (L.A.I.) und den Einfluß der Weidemethode auf die Narbe. Die tierzüchterischen Erwägungen beziehen sich auf den Einfluß von Tiergröße, Milchleistung und Laktationsstand auf die Futteraufnahme, die Beeinflussung von Futterverzehr und Leistung durch die Futterqualität und den Einfluß der Tiere auf die Weidenarbe. In betriebswirtschaftlicher Hinsicht werden die Leistung je Flächeneinheit und ihre Beeinflussung durch Besatzstärke und Beweidungsschärfe, die Kraftfuttergabe, die Düngung und das Wachstumsstadium bei der Nutzung diskutiert. Schließlich folgen vergleichende Betrachtungen zur Entwicklung der Weidetechnik: Standweide — Umtriebsweide — Portionsweide — Grünfütterung. Die Besatzstärke wirkt sich stärker aus als die verschiedenen Weidemethoden. Die intensiveren Methoden können nur voll wirksam werden, wenn sie mit stärkerem Besatz verbunden werden. Es ist unwahrscheinlich, daß ein für alle Bedingungen perfektes System gefunden werden kann. G. Weiland. 8940.

Cowlishaw, S. J. Hurley, Berks., Grassland Res. Inst. The effect of stocking density on the productivity of yearling female sheep. **(Die Auswirkung der Besatzdichte auf die Leistung weiblicher Jährlingsschafe.)** J. Brit. Grassland Soc. **17** (1962) Nr. 1. S. 52–58. — 5 Abb., 5 Tab., 9 Lit.
Auf 2 Blocks weideten je 6 Gruppen zu 3 Schafen. Die 3 Koppeln jedes Blocks wurden in verschieden große Parzellen unterteilt, so daß sich 6 Besatzdichten zwischen 12 und 30 Schafen/acre ergaben Der Koppelumtrieb aller Gruppen erfolgte gleichzeitig und richtete sich nach der Gruppe mit der höchsten Besatzdichte. Die Nachwirkung der Besatzdichte auf den Nachwuchs sollte durch zwischengeschaltete Mahd und Neuverteilung der Parzellen möglichst vermindert werden. Die mittleren Gruppenzunahmen waren negativ korreliert mit der Besatzdichte, die Schwankungen des Lgw. während einer Koppelbesatzzeit waren bei allen Gruppen sehr ähnlich. Die größten Gewichtszunahmen nach 24 Std. auf der frischen Koppel hatten nicht die Gruppen mit der größten Besatzdichte (Tränkwasser unberücksichtigt!). Die Gewichtsverluste nach 16–18stündigem Hungern waren bei großer Besatzdichte niedriger. Die Freßdauer war mit 11–13 Std. tägl. relativ hoch. Bei dichterem Besatz fraßen die Tiere länger, und es verblieben die wenigsten Pflanzenreste, allerdings mit dem höchsten Tr.-Subst.-Gehalt. Der Befruchtungserfolg der Schafe war unabhängig von der Besatzdichte, d. h. vom Lgw. beim Belegen.
G. Weiland. 8940.

Arnold, G. W.; Canberra, C. S. I. R. O., A. C. T., Div. of Plant Ind. The influence of several factors in determining the grazing behaviour of Border Leicester × Merino sheep. **(Der Einfluß einiger Faktoren bei der Aufklärung des Weideverhaltens von Border Leicester x Merino-Schafen.)** J. Brit. Grassland Soc. **17** (1962) Nr. 1. S. 41–51. — 4 Abb., 9 Tab., 5 Lit.
Während 20 Mon. fanden 20 ganztägige Beobachtungen statt. Es wurden Hammel und/oder Mutterschafe geweidet. Herdengröße, Koppelgröße sowie Menge und Qualität des Weidefutters waren verschieden. Im Mittel grasten die Tiere 8,2 Std. in 7,5 Perioden und käuten 3,3 Std. wieder in 9 Perioden. Das Grasen begann meist im Morgengrauen und nahm in der Abenddämmerung ab, mit einer Spitzenzeit am Nachmittag im Herbst und Winter und 2 Spitzenzeiten im Frühjahr und Sommer. Der Einfluß der Jahreszeit war größer als der von Trächtigkeit oder Futteranfall. Zwischen den Schafen bestand eine große Variation in der Freßdauer, die in Herden bis 6 Tiere kleiner schien als in Herden von 6–12 Tieren. Die Schafe beeinflußten sich nicht gegenseitig im Weideverhalten. Je höher der N-Gehalt des Futters war, desto kürzer war die Wiederkaudauer. G. Weiland. 8940.

Esser, J.; Kleve-Kellen, Nordrhein-Westfalen, Forsch.-Stelle für Grünland. **Auf dem Wege zur „Acker-Kräuterweide". Über den Wert der Wegwarte (Cichorium intybus) als Futterpflanze.** Wirtschaftseigene Futter 8 (1962) Nr. 2. S. 98–105. – 1 Abb., 2 Tab., 9 Lit.

Als Nachteil der 2jährigen Kleegrasweide auf dem Ackerland wird oft die botanische Einseitigkeit des Futters angesehen. Die Erprobung einer in England empfohlenen Ansaatmischung, die 11 kg/ha Wegwarte (*Cichorium intybus*) neben verschiedenen Anteilen Schweden- und Weißklee enthielt, brachte bei zwar hohem Eiweißgehalt nur unbefriedigende Erträge. Noch nicht abgeschlossene, weitere Untersuchungen lassen erkennen, daß der Futtertyp der Wegwarte bei einer Saatstärke von 3 kg/ha im Frühjahr zusammen mit Kleegras ausgesät werden kann. Diese Pflanze wird in solchen Mischungen nicht unterdrückt, eignet sich gut zur Beweidung und mehrjährigen Nutzung, besitzt ein ausgeprägtes Regenerationsvermögen, wird gern gefressen und kann den Futterwert der Weide besonders hinsichtlich Vielseitigkeit und Mineralstoffgehalt verbessern. F. Weißbach. 8940.

Moir, K. W. Nutrition of grazing cattle. 1. Estimation of protein in pasture selected by grazing cattle. **(Ernährung der weidenden Rinder. 1. Mitt. Bestimmung von Protein auf selektierter Weide durch weidende Rinder.)** Queensland J. agric. Sci. **17** (1960) Nr. 4. S. 361–371. 8940.

Moir, K. W. Nutrition of grazing cattle. 2. Estimation of phosphorus and calcium in pasture selected by grazing cattle. **(Ernährung der weidenden Rinder. 2. Mitt. Bestimmung von Phosphor und Calcium auf selektierter Weide durch weidende Rinder.)** Queensland J. agric. Sci. **17** (1960) Nr. 4. S. 373–383. – 1 Mitt. vgl. vorst. Titel. 8940.

Moir, K. W. Nutrition of grazing cattle. 3. Estimation of protein, phosphorus and calcium in mixed diets. **(Ernährung der weidenden Rinder. 3. Mitt. Bestimmung von Protein, Phosphor und Calcium in gemischten Rationen.)** Queensland J. agric. Sci. **17** (1960) Nr. 4. S. 385–389. – 2. Mitt. vgl. vorst. Titel. 8940.

Moir, K. W. Nutrition of grazing cattle. 4. Selectivity exhibited by grazing cattle. **(Ernährung der weidenden Rinder. 4. Mitt. Das gezeigte Auswahlvermögen durch weidende Rinder.)** Queensland J. agric. Sci. **17** (1960) Nr. 4. S. 391–393. – 3. Mitt. vgl. vorst. Titel. 8940.

Moir, K. W. Nutrition of grazing cattle. 5. A survey of the nutrition of dairy cattle in South-Eastern Queensland. **(Ernährung der weidenden Rinder. 5. Mitt. Ein Überblick über die Ernährung der Milchrinder in Südost-Queensland.)** Queensland J. agric. Sci. **17** (1960) Nr. 4. S. 395–418. – 4. Mitt. vgl. vorst. Titel. 8940.

Bredon, R. M. und Marshall, B.; Entebbe, Uganda, Duimal Helth Res. Centre. Chemical composition of some foods and feedingstuffs in Uganda. **(Chemische Zusammensetzung einiger Nahrungs- und Futtermittel in Uganda.)** East African agric. Forestry J. 27 (1962) Nr. 4. S. 211–219. – 6 Tab., 10 Lit.

Vff. haben über 400 Proben verschiedener Nahrungs- und Futtermittel Uganda's auf Tr.-Subst.-, Rohprotein-, Rohfett-, Rohfaser-, Rohasche- und Siliciumgehalt untersucht und diskutieren die Ergebnisse. Während die Maismehle trotz unterschiedlicher Verarbeitung in ihrer Zusammensetzung nur wenig differieren, weisen die Nebenprodukte des Maises z. T. beträchtliche Unterschiede auf. Bei den Sorghum-Varietäten hat die weiße den höchsten Rohproteingehalt, es folgt die braune vor der roten Varietät. Große Unterschiede bzgl. des Proteingehaltes traten auch bei den Bohnen auf. Bei den Erbsen weisen Kuh-, Futter- und Gramerbsen die höchsten Proteingehalte auf, gefolgt von *Cicer arictinum* und Taubenerbsen(?). Auch bei den Ölsaatkuchen und anderen Futterstoffen wurden z. T. unterschiedliche Ergebnisse erhalten. H.-D. Bock. 8990.

Baker, Doris; Beltsville, Md., U.S.Dep. of Agric., Market Quality Res. Div., Agric. Marketing Serv. Fatty acid composition of oil from damaged corn and wheat. **(Fettsäurezusammensetzung des Öles aus geschädigtem Mais und Weizen.)** Cereal Chem. **39** (1962) Nr. 5. S. 393–397. – 1 Tab., 5 Lit.
Handelsmuster von Mais und Weizen wurden hinsichtlich ihrer Schädigung beurteilt und die freien sowie veresterten Fettsäuren der Öle dieser geschädigten Proben gaschromatographisch als Methylester getrennt. Die Öle aus geschädigten Mustern enthielten mehr freie Fettsäuren, der Gehalt an längerkettigen Fettsäuren (Laurin- bis Linolsäure) war kaum geändert, während zwischen den Maxima von Capron- und Caprinsäure mehrere, nicht identifizierte Maxima auftraten. Diese niedermolekularen Fettsäuren finden sich vor allem in Ölen aus Mais, der durch künstliche Trocknung, Kolbenbrand oder blue-eye mold geschädigt war, und in Öl aus hitzegeschädigtem Weizen.
W. Franzke. 8990.

Rothe, M., Fuchs, K. und Böhme, Editha; Potsdam-Rehbrücke, Inst. für Ernähr. der Dtsch. Akad. der Wiss. zu Berlin. **Zur Frage des Phytingehaltes von Vollkorngebäcken.** Ernährungsforschung **7** (1962) Nr. 2. S. 201–210.
Das im Mehl vorhandene Phytin wird im Verlauf der Herstellung von Vollkorngebäcken enzymatisch abgebaut. Das Ausmaß des Abbaues hängt weder von der Backzeit noch der Art der Sauerteigführung, wohl aber von der Dauer der Teiggärung ab. Ohne Gärung hergestellte Gebäcke wie Knäckebrot (148 mg%) oder Vollkornkeks (186 mg%) weisen die höchsten Phytinwerte auf. Sofern eine Teiggärung stattfindet, ist der in Vollkorngebäcken verbleibende Phytingehalt gering, z. B. 0–46 mg% in Roggenvollkornbrot (Phytinangaben auf Tr.-Subst. bezogen). B. Gaßmann. 8990.

Thomke, S. **Über den Futterwert verschiedener Haferqualitäten.** VIII. int. Tierzuchtkongr. Hamburg **1961** Diskuss.-Beitr. S. 175–177. – Zus. in Engl., Franz. Zusammenfassung eines Diskussionsbeitrages des Vf. zum Hauptbericht Vb: Ernährung. 8990.

Richter, K., Oslage, H. J. und Schiller, K.; Braunschweig-Völkenrode, Inst. für Tierernähr. **Hafer in der Tierernährung. 1. Mitt. Analytische und tierexperimentelle Untersuchungen über Zusammensetzung, Verdaulichkeit und Nährwert verschiedener Haferarten und -sorten.** Wirtschaftseigene Futter **8** (1962) Nr. 1. S. 48–62. – 10 Tab., 47 Lit.
6 Hafersorten (je 2 Gelbhafer, Weißhafer und Nackthafer) wurden eingehend chemisch analysiert und ihre Verdaulichkeit an Schweinen sowie die BW an Ratten bestimmt. Im Vergleich zu älteren Arbeiten wurde ein geringerer Gehalt an Gerüstsubstanzen und eine bessere Verdaulichkeit der org. Subst. (71–75%) gefunden. Der Gehalt an Ca (0,06–0,11%) und Mg (0,13–0,15%) lag relativ niedrig, der an P aber recht hoch (0,42–0,52%). Der Anteil des Phytin-P am Gesamt-P betrug 67–70%. Der Gehalt an α-Amino-N im Nicht-Eiweiß-N (10–15%) und der Anteil des Reinproteins an der gesamten N-haltigen Substanz (81–85%) erreichten etwas niedrigere Werte als die von anderen Autoren angegebenen. Die BW betrug mit einer Ausnahme 67. In Kombination mit Fischmehl zeigte sich eine deutliche Ergänzungswirkung. Die Verdaulichkeit des Rohproteins betrug 80–82%. Für 1 kg Hafer wurde ein Gesamtnährstoffgehalt von 650 g berechnet. Es zeigten sich weder chemische noch physiologische Unterschiede zwischen Gelb- und Weißhafer. Der Nackthafer erwies sich als ein sehr hochwertiges Futtermittel.
F. Weißbach. 8990.

Richter, K., Cranz, K. L. und Antoni, J.; Braunschweig-Völkenrode, Inst. für Tierernähr. **Hafer in der Tierernährung. 2. Mitt. Untersuchungen**

über den Einsatz von Hafer in der Getreidemast junger Schweine. Wirtschaftseigene Futter 8 (1962) Nr. 1. S. 63–70. – 4 Tab., 7 Lit. 1. Mitt. vgl. vorst. Ref.

Es wurden zwei Fütterungsversuche mit Schweinen im Gewichtsabschnitt von 26 bis 110 kg bei Getreidemast mit unterschiedlichem Haferanteil an der Gesamtration durchgeführt. Bestand das Futter in der Anfangsmast (bis 50 kg) zu 10% in der Mittelmast (50 bis 70 kg) zu 20% und in der Endmast (70 bis 110 kg) zu 30% aus Hafer, so betrug die tägliche Gewichtszunahme durchschnittlich 640 g pro Tier und die Verwertungszahl 275 bzw. 257. Gewichtszunahmen und Futterverwertung verschlechterten sich erheblich, wenn der Haferanteil besonders im Gewichtsabschnitt bis 70 kg erhöht wurde. Die Vff. empfehlen deshalb den Haferanteil auf durchschnittlich 25% zu begrenzen, wobei in den einzelnen Mastabschnitten 10%, 20% bzw. 30% nicht überschritten werden sollten. F. Weißbach. 8990.

Richter, K., Cranz, K. L. und Antoni, J.; Braunschweig-Völkenrode, Inst. für Tierernähr. **Hafer in der Tierernährung. 3. Mitt. Untersuchungen über den Einsatz von Hafer im Beifutter bei der Kartoffelmast junger Schweine.** Wirtschaftseigene Futter 8 (1962) Nr. 2. S. 137–146. – 7 Tab., 4 Lit. 2. Mitt. vgl. vorst. Ref.

Die Auswertung von 4 Fütterungsversuchen mit Schweinen im Gewichtsabschnitt von 22–110 kg zur Kartoffelmast unter Verwendung von Hafer als Beifutter berechtigte zu folgenden Schlüssen: Der Ersatz von Gerste in 1 kg Beifutter je Tier und Tag durch Hafer ist ohne Verminderung der Gewichtszunahmen und ohne Nachteile für die Futterverwertung möglich. Sollen geringere Mengen Kartoffeln eingesetzt werden, so kann die Hafergabe auch bis auf 2 kg gesteigert werden; in den Versuchen wurden z. T. sogar bessere Ergebnisse als nach dem üblichen Verfahren mit 1 kg Beifutter und Gerste als Hauptbestandteil erhalten. Bei jüngeren Schweinen muß der Ersatz von Gerste durch Hafer jedoch durch einen allmählichen Übergang erfolgen. F. Weißbach. 8990.

Richter, K. und Schmidt, K.-H.; Braunschweig-Völkenrode, Inst. für Tierernähr. **Hafer in der Tierernährung. 4. Mitt. Untersuchungen über die Auswirkung unterschiedlicher Haferanteile in der Futterration auf Ausschlachtungsergebnis und einige Merkmale der Schlachtkörperqualität beim Schwein.** Wirtschaftseigene Futter 8 (1962) Nr. 2. S. 147–158. – 15 Tab., 5 Lit. 3. Mitt. vgl. vorst. Ref.

Von den in vorausgegangenen Mitt. (vgl. vorst. Referat) beschriebenen Schweinemastversuchen wurden 2 zur Getreide- und 3 zur Hackfruchtmast mit unterschiedlichem Haferanteil der Rationen auf eine eventuelle Beeinflussung des Schlachtwertes hin ausgewertet. Eine wesentliche Beeinflussung der Schlachtkörperzusammensetzung bezüglich Fleisch- und Fettanteil und Fettqualität konnte nicht nachgewiesen werden. Aus der großen Schwankungsbreite der einzelnen Kennzahlen innerhalb der Gruppen wird geschlossen, daß der erblichen Anlage der einzelnen Versuchstiere eine größere Bedeutung als der unterschiedlichen Fütterung zukommt. Deutlich war nur eine leichte Erhöhung der Jodzahlen des Rückenspeckes nach der Verfütterung von Hafer. Das Ausmaß dieser Veränderung wird aber als praktisch unbedeutend angesehen. F. Weißbach. 8990.

Thomas, J. W. und Reddy, B. S. Sprouted oats as a feed for dairy cows. **(Keimhafer als Futtermittel für Milchkühe.)** Michigan State Univ., agric. Exp. Stat., quart. Bull. **44** (1962) Nr. 4. S. 654–665. – 1 Abb., 5 Tab., 19 Lit.

Die Keimung des Hafers hatte, bezogen auf Tr.-Subst., eine Erhöhung der Rohfaser von 61%, des Roheiweißes von 17%, eine Senkung der N-fr. E. von 15% gegenüber dem Ausgangsmaterial zur Folge. Die Keimung verminderte gegenüber dem Ausgangsmaterial die verd. Tr.-Subst. auf 75%, die verd. Energie auf 82%, das verd. Rohprotein auf 90%, die TDN auf 77% und erhöhte die verd. Rohfaser auf 323%. Die Nährstoffe waren im gekeimten Hafer weniger verdaulich. In der Milchleistung wurden keine Unterschiede festgestellt. Die Kosten für den Keimhafer lagen um 4 mal höher als von gewöhnlichen Hafer. G. Leisner. 8990.

Castillo, L. S. The feeding value of corn-and-cob meal and ground snapped corn meal in fattening steers and Murrah heifers. **(Der Futterwert gemahlener Maiskolben mit und ohne Lieschblätter.)** Philippine Agriculturist **45** (1962) Nr. 9. S. 466–476. — 9 Tab., 11 Lit.
Bei Fütterungsversuchen an Mastochsen und Färsen mit unterschiedlich zubereitetem Maisfutter zeigte sich, daß Maiskolben ohne Lieschblätter einen höheren Futterwert haben als solche mit Lieschblättern. Mastochsen brachten tägl. 0,59 kg Zunahme nach Verzehr von entlieschten Maiskolben und 0,61 kg bei Maiskolben mit Lieschblättern, während die entsprechenden Zunahmen der Färsen 0,52 bzw. 0,40 kg betrugen. Die Unterschiede waren nicht signifikant. Zwischen den beiden Zubereitungsarten des Maises bestand eine hohe Korrelation (r = 0,886), obgleich die Unterschiede nicht gesichert waren. Je kg Zunahme wurden von den Maiskolben mit Lieschblättern 10 kg mehr verbraucht als von den entlieschten Maiskolben. Die Ergebnisse der Untersuchung ergaben, daß beide Zubereitungsarten des Maises für Mastochsen wie für Färsen Anwendung finden können. E. Franke. 8990.

Thomke, Sigvard. Utfording av ensilerad spannmål till svin. **(Verfütterung silierten Getreides an Schweine.)** Svenska Svinavelsfören. Tidskr. **53** (1963) Nr. 1. S. 15–18. — 1 Abb., 2 Tab.
Es wurden Verdauungs- und Mastversuche mit siliertem Getreide durchgeführt. Silierter Weizen hatte die gleiche Verdaulichkeit wie trockener. Wenn er nicht zerkleinert war, war aber die Ausnutzung der org. Subst. durch Schweine um 10% schlechter als bei zerkleinertem Weizen. Bei späteren Versuchen mit Gerste und Hafer ergaben sich keine Unterschiede in der Verdaulichkeit zwischen siliertem und getrocknetem Getreide, wenn Mastschweine als Versuchstiere dienten. Ein Verdauungsversuch mit Hafersilage bei güsten Sauen ergab für die org. Subst. einen niedrigeren Verdaulichkeitswert als bei getrocknetem Hafer, was auf der wesentlich herabgesetzten Verdaulichkeit der Kohlenhydrate beruht. In Mastversuchen wurden ½ bis ²/₃ der Energiemenge des Futters in Form von Weizensilage gegeben. Es ergaben sich erheblich niedrigere Zunahmen, eine schlechtere Futterverwertung und wegen des stärkeren Fettansatzes eine schlechtere Bewertung als bei den Vergleichstieren. Dies ist als Folge der verringerten Proteinaufnahmen zu betrachten. Versuche mit Hafer hatten ähnliche Ergebnisse. Der Eiweißgehalt des Getreides geht durch die Silierung auf $^2/_3$ bis $^3/_4$ zurück. Der Anteil silierten Getreides an der Gesamtenergie des Futters soll nicht über 50% hinausgehen. Fettuntersuchungen zeigten, daß Silogetreide eine geringere Konsistenz des Fettes verursacht als getrocknetes Getreide. Dies kommt in der Jodzahl in einem ⌀ um 2 Maßeinheiten höheren Wert und in verringerter Haltbarkeit zum Ausdruck. Das spez. Gewicht des Specks ist nach Silagefütterung mit ⌀ 1,037 etwas höher als nach Verfütterung trockenen Getreides. J. K. Hinrichsen. 8990.

Schröder, J.; Mariensee. **Schweinefütterungsversuch mit Roggen.** Mitt. dtsch. Landwirtsch.-Ges. **77** (1962) Nr. 32. S. 1079–1081. — 7 Tab.
Vf. untersuchte die Wirkung von 30 bzw. 50% Roggenschrot in der Kraftfuttermischung bei der Getreidemast von Schweinen. In dem tägl. Futter- und Nährstoffverzehr und der tägl. Gewichtszunahme zeigten sich keine Unterschiede zwischen den Gruppen. Der absolute Futter- und Nährstoffaufwand je kg Gewichtszunahme im Mastabschnitt ergab keine gesicherte Differenz zwischen der Versuchs- und der Vergleichsgruppe. In der Ausschlachtung

bestehen zwischen den Gruppen in den meisten Merkmalen nur unwesentliche Unterschiede. Die Unterschiede in der Kotelettfläche dürften weniger auf den Roggenanteil in der Schrotmischung als auf erbliche Anlagen zurückzuführen sein. Die mit Roggen gefütterten Tiere zeigten keinen höheren Verfettungsgrad als die mit Gerste gefütterten. G. Koch. 8990.

Robinson, D. W. und Lewis, D.; Loughborough, Sutton Bonington, Univ. of Nottingham, School of Agric. Digestible energy value of cereals to pigs. **(Die verdauliche Energie von Cerealien bei Schweinen.)** Proc. Nutrit. Soc. 21 (1962) Nr. 2. S. XXVI–XXVII. — 1 Tab., 2 Lit.
Mit je 4 Börgen wurde in der Endmast die verdauliche Energie von gelbem Mais, Weizen, Gerste und Milo (je 97,5% in der Ration) festgestellt. Nach einer Korrektur für die Brutto-Energie des Proteins ergaben sich folgende Werte für die verdauliche Energie (kcal/g): Mais 3430, Weizen 3300, Gerste 2880 und Milo 3300. Daraus lassen sich die TDN-Werte von 78 für Mais, 77 für Weizen und Milo und 66 für Gerste errechnen. Vff. weisen darauf hin, daß die verdauliche Energie von Futtermitteln nicht unabhängig von den Rationen ist, in denen sie enthalten sind. Bei Bestimmung vollständiger Rationen erhält man daher zuverlässigere Werte. J. Wünsche. 8990.

Angelov, J. (Angelow, J.) Izpitvane vlijanieto na maksimalni količestva carevica v dažbite na praseta, ugojavani za bekon. **(Prüfung des Einflusses höchster Maismengen in den Rationen bei der Baconmast von Schweinen.)** Izvestija na Dobrudžanskija selskostopanski naučnoizsledovatelski institut-Tolbuchin, Sofija 2 (1962) S. 139–152. — 2 Abb., 10 Tab., 10 Lit. Zus. in Russ., Engl.

Die Ration enthielt 32,9, 57,5 bzw. 75,7% Maisschrot. Ergebnisse der 110-tägigen Mastperiode (in der Reihenfolge der Gruppen): tägl. Gewichtszuwachs 622, 667 und 684 g; Futteraufwand je kg Zuwachs 4,67, 4,79 und 4,69 FE;. Körperlänge 116, 116, und 121 cm; Schlachtausbeute 75,3, 77,8 und 78,1%; Speckschicht zwischen der 6. und 7. Rippe 2,86; 3,34 und 3,63 cm. Maisschrot verschlechtert die Fleischqualität, sofern dessen Anteil in der Ration 60% übersteigt. N. Platikanow. 8990.

Mehner, A. und Torges, U.; Celle, Bundesforsch.-Anst. für Kleintierzucht. **Versuche über die Eignung von Getreide zur Junghühnermast.** Arch. Geflügelkunde **26** (1962) Nr. 4. S. 253–271. — 14 Tab., 6 Lit.
In 2 Versuchsreihen wurde der Einfluß von Roggen auf die Gewichtsentwicklung von Küken geprüft: 1. 25% Roggenschrot aus a) frischer, b) überlagerter Ware im Vergleich mit 25% Gerstenschrot, entsprechend a und b. Die Roggengruppe nahm signifikant schlechter zu als die Gerstengruppe und ihre Futterverwertung war geringer. Zwischen den Gruppen a und b bestanden keine Unterschiede. 2. Unter mehreren Roggenanteilen — 5; 10; 15 und 20% — im Futter, das aus je 13,75% Weizen-, Hafer-, Gersten- und Maisschrot, 20% Weizennachmehl und 25% Eiweißkonzentrat bestand, brachte die Gruppe mit geringstem Roggenanteil die beste Zunahme; mit steigendem Roggengehalt verringerte sich das Gewicht der Küken. Bei 20% Roggen war es eindeutig schlechter als in der Kontrollgruppe ohne Roggen. Die Hähnchen waren anspruchsvoller und blieben bereits bei 15% Roggen im Gewicht zurück. Die Futterverwertung war bei 20% Roggen schlechter als bei 0; 5 oder 10%. Zwischen Roggenanteil und Sterblichkeit bestanden keine Beziehungen. C. Engelmann. 8990.

Splittgerber, H. und Gysae, M.; Unna-Königsborn, Lehr- und Versuchsanst. für Kleintierzucht. **Vergleich verschiedener Maissorten sowie ausländischer und inländischer Gerste in der Junggeflügelmast.** Arch. Geflügelkunde **26** (1962) Nr. 2. S. 135–141. — 3 Tab.

An 1600 Mastküken wurde eine Prüfung über die Eignung von Mastfuttermischungen, bei denen der Getreideanteil entweder aus La-Plata- bzw. US-Mais oder aus deutscher bzw. ausländischer Gerste bestand, vorgenommen. Nach den durchgeführten Untersuchungen bestehen in der Futterverwertung der beiden genannten Maissorten keine Unterschiede. Die Tiere, die Futtermischungen mit Gerste erhielten, wiesen gegenüber denjenigen, die Futtermischungen mit Mais bekamen, eine um 100 g schlechtere Zunahme je Tier auf. Die Gewichtszunahmen der Tiere, die Futtermischungen mit Gerste verschiedener Herkunft bekamen, waren nahezu gleich. Futtermischungen mit Gerste führten zu einem höheren Futterverbrauch gegenüber Futtermischungen mit Mais. G. Göbel. 8990.

Ryley, J. W., Gartner, R. J. W. und Morris, J. G. Drought feeding studies with cattle. 5. The use of sorghum grain as a drought fodder for non-pregnant heifers. **(Untersuchungen über die Trockenfütterung an Rindern. 5. Mitt. Die Verwendung von Sorghum-Körnern als Trockenfutter für nichtträchtige Färsen.)** Queensland J. agric. Sci. **17** (1960) Nr. 4. S. 339–359. 6. Mitt. vgl. LZ. Abt. III **8** (1963) Nr. 8. S. 1736. 8990.

Nehring, K. und Laube, W. **Untersuchungen über Schadensfälle nach Verfütterung von Speisebohnen (Phaseolus vulgaris) an Rinder und Schweine.** Mh. Veterinärmed. **17** (1962) Nr. 22. S. 888–890. – 1 Tab., 5 Lit.
Nach Verfütterung von Schrotgemischen mit Anteilen von rohen Speisebohnen aus Importen zeigten sich bei Milchkühen starke Durchfallerscheinungen und Leistungsrückgänge infolge Verweigerung jeglicher weiterer Futteraufnahme; in einigen Fällen (bis zu 300 g Bohnen je Tier und Tag) gingen die Tiere sogar ein. In Bekömmlichkeitsversuchen an Milchvieh und Schweinen bestätigte sich die Schadwirkung. Blausäure konnte in den Bohnen nicht nachgewiesen werden. Als Ursache wird vielmehr ein chem. noch nicht genau definierter hitzeempfindlicher Inhaltsstoff (Phasin) mit agglutinierender Wirkung vermutet. Eine Verfütterung in rohem Zustand schließt sich daher aus. W. Fleischmann. 9000.

Hesselbarth. **Mitteilung über Beifütterungsversuche mit Samenkörnern des Stechapfels (Datura stramonium) bei Rindern und Schweinen.** Prakt. Tierarzt **1962** Nr. 7. S. 266–267.
Nach Literaturangaben soll ein Besatz des Sojaschrotes von 0,01% *Datura-stramonium* (Stechapfel)-Samen, das sind ca. 15 Samenkörner/kg Schrot, bereits gesundheitsschädigend wirken oder gar den Tod zur Folge haben. Zur Überprüfung wurden Versuche an jungen Rindern und Schweinen durchgeführt, wobei *Datura*-Samen mit einem Gesamtalkaloidgehalt bis zu 0,26% Gesamthyoscamin verfüttert wurden. Die in dieser Arbeit beschriebene Versuchsgruppe bestand aus je 2 Rindern und Schweinen. Vom 1.–39. Versuchstag wurden von 0,09 bis zu 14,00 mg Gesamtalkaloid verfüttert; andererseits erhielten Kontrolltiere eine einmalige *Datura*-Gabe (9,5 mg), um eine mögliche Gewöhnung der Tiere auszuschalten. Unter beiden Versuchsbedingungen zeigten die Tiere weder verändertes Verhalten noch Gesundheitsstörungen bzw. Gewichtsabnahmen. H. Liebenow. 9010.

Kumanov, Stefan. (Kumanow, Stefan.) Zacharnoto cveklo i kartofite kato furaž. **(Zuckerrüben und Kartoffeln als Viehfutter.)** Selskostopanska nauka, Sofija **1(7)** (1962) Nr. 2. S. 129–138. – 7 Tab.
In der Abhandlung werden auf Grund von Literaturangaben und eigenen Untersuchungen des Vf. die Futtereigenschaften der Zuckerrüben und Kartoffeln ausführlich beschrieben. N. Platikanow. 9030.

Splittgerber, H. und Gysae, M.; Unna-Königsborn, Lehr- und Versuchsanst. für Kleintierzucht. **Prüfung von Kartoffelpreßschrot als Komponente im Geflügelmast-Alleinfutter.** Arch. Geflügelkunde **26** (1962) Nr. 2. S. 111–115.

Es wurden 2 Futtermischungen miteinander verglichen. Eine der beiden Mischungen enthielt 16% Kartoffelpreßschrot bei vermindertem Weizenanteil. Die Gewichtszunahmen der einzelnen Versuchsgruppen wiesen keine signifikanten Unterschiede auf, gleichgültig, ob die verabreichte Futtermischung Kartoffelpreßschrot enthielt oder nicht. Auch der Futterverbrauch je 1 kg Gewichtszunahme wies keinen statistisch gesicherten Unterschied auf. Durch den höheren Preis des Kartoffelpreßschrotes gegenüber Weizen ist jedoch ein wirtschaftlicher Anreiz zur Verwendung von Kartoffelpreßschrot noch nicht gegeben. G. Göbel. 9030.

Splittgerber, H. und Gysae, M.; Unna-Königsborn, Lehr- und Versuchsanst. für Kleintierzucht. **Alleinfutter für Mastküken mit Kartoffelpreßschrot-Anteilen.** Kartoffelbau **13** (1962) Nr. 11. S. 247. 9030.

Hofmann, P.; Grub, Bayer. Landesanst. für Tierzucht. **Schweinemastversuch mit Zuckerrübenvollschnitzeln.** Wirtschaftseigene Futter **8** (1962) Nr. 2. S. 159–168. — 1 Abb., 11 Tab.
In einem Schweinemastversuch wurden folgende Varianten geprüft: I Getreidemast, II 1 kg Kraftfuttergmisch und vollwertige Zuckerrübenschnitzel bis zur Sättigung und III 1 kg Kraftfutter und Kartoffeln bis zur Sättigung. Die Gruppen I und II erhielten Magermilch. Die ⌀ Aufnahme an Gesamtnährstoff betrug 1715 (I), 1940 (II) und 1832 g (III), die Aufnahme an verdaul. E. 283 (I), 263 (II) und 297 g (III). Damit wurden Gewichtszunahmen von 716 (I), 619 (II) bzw. 646 g (III) und Verwertungszahlen 240,3 (I), 314,6 (II) bzw. 285,2 (III) erzielte. Durch eine Erhöhung der Magermilchgabe bei II im Gewichtsabschnitt von 65–100 kg verbesserten sich die Zunahmen. Bei der Schlachtwertbeurteilung erzielte die Gruppe II hinsichtlich Rückenmuskelfläche und Rückenspeckdicke ebenfalls geringere Werte. Auf die geringe Qualität des Rohproteins der Zuckerrüben und auf die Notwendigkeit der Begrenzung der Futteraufnahme bei der Mast mit Zuckerrübenvollschnitzeln wird hingewiesen. F. Weißbach. 9040.

Clamohoy, L. L., Nazareno, L. E., Bontuyan, J. S. und Ordinario, P. L. The feeding value of corn gluten feed in rations for lactating dairy cows and growing dairy heifers. **(Der Futterwert von Maiskleber in Futterrationen für Milchkühe und Färsen.)** Philippine Agriculturist **44** (1961) Nr. 9. S. 453 bis 460. — 1 Abb., 4 Tab., 4 Lit.
Die durchgeführten Fütterungsversuche zeigten, daß Maiskleber im Kraftfutter sowohl bei Milchkühen als auch bei Färsen Kopramehl vollwertig ersetzen kann. Maiskleber ist Abfallprodukt der Maisstärkeherstellung und besitzt einen hohen Eiweißgehalt und eine hohe Verdaulichkeit. Wenn es nicht mehr kostet als Kopramehl, kann es mit Vorteil in der Fütterung eingesetzt werden. G. Leisner. 9110.

Beames, R. M.; Yeerongpilly, Queensland Dep. of Agric. and Stock. Bagomolasses as the basis of a fattening ration for cattle. **(„Bagomolasses“ als Grundlage einer Mastration für Rinder.)** Queensland J. agric. Sci. **18** (1961) Nr. 4. S. 425–436. — 1 Abb., 5 Tab., 36 Lit.
Unter „bagomolasses“ wird eine Mischung aus 70% Melasse und 30% zerkleinerten und abgepreßten Rückständen der Zuckergewinnung aus Zuckerrohr („bagasse“) verstanden. Die verwendete Mischung enthielt 16,5% Wasser, 3,9% Rohprot., 0,2% Rohfett, 13,0% Rohfaser, 55,5% N-fr. E. und 11,0% Asche. Die Verdaulichkeit der Tr.-Subst. betrug 52%, des Rohproteins 16,7% und der Rohfaser 21,3%. Bei Rationen mit 70 und 50% „bagomolasses“ und wechselnden Anteilen von Getreide, Eiweißfuttermitteln und Harnstoff in einem 17wöchigen Rindermastversuch mit 2jährigen Tieren waren Futteraufnahme, Gewichtszunahmen und Schlachtkörpergewicht bei der Gruppe am besten, deren Ration nur zu 50% aus dem Versuchsfuttermittel bestand.

Daraus wird der Schluß gezogen, daß in Mastrationen nicht mehr als 50% davon enthalten sein sollten. F. Weißbach. 9140.

Slesarev, I. K. und Škunkova, Ju. S. (Slessarew, I. K. und Schkunkowa, Ju. S.); Moskau, Univ., Agrobiol. Stat.; Zentr. Forsch.-Inst. für Spiritus-Ind. Kormovoe dostoinstvo bardy, obogaščennoj moločnokislym ammoniem. **(Der Futterwert der mit milchsaurem Ammonium angereicherten Schlempe.)** Vestnik sel'skochozjajstvennoj nauki, Moskva **7** (1962) Nr. 2. S. 81–88. – 8 Tab. Zus. in Engl., Franz., Dtsch.

In Fütterungsversuchen mit Jungrindern und Milchkühen erwies sich der teilweise Ersatz des Kraftfutters durch mit Ammoniumlactat angereicherte einfacher Getreideschlempe hinsichtlich Gewichtszunahmen und Milchleistungen überlegen. Die angereicherte Getreideschlempe ist wegen ihres Geschmackes am besten im Gemisch mit Silage oder Kraftfutter zu verfüttern. Die Verfütterung der Schlempe als Trank wirkt appetitbeeinträchtigend und hat einen negativen Einfluß auf den physiologischen Zustand der Tiere. Der Einsatz der angereicherten Schlempe führt zu Futterkosteneinsparungen. H. D. Bock. 9155.

Balzer, I. Istraživanja o kvaliteti djibre i njena primjena u praksi. **(Die Untersuchungen über die Schlempequalität und über ihre praktische Verwendung.)** Stočarstvo [Zagreb] **15** (1961) Nr. 7/8. S. 386–390. – 2 Abb.

Je nach dem Grad der Maischevergärung können die Futterqualitäten der Schlempe sehr unterschiedlich sein (bes. betr. des rel. Rohproteingehaltes). Die Frischschlempe dürfte wegen zu hohen Wassergehaltes in der Milchviehfütterung nicht übermäßig stark verfüttert werden (nicht über 30 l/Tag), und die freien Säuren sollten vor der Verfütterung durch die Zugabe von CaO neutralisiert werden. I. Šmalcelj. 9155.

Žuravśkyj, M. G. (Shurawsky, M. G.); Kiew, Biochem. Inst. der Akad. der Wiss. der Ukrain. SSR. Vplyv suchych pyvnych drižždiv na ketogenez i žyrnomoločnist' u koriv. **(Einfluß getrockneter Bierhefe auf die Ketogenese und Milchfettleistung bei Kühen.)** Ukraïnśkyj biochimičnyj žurnal, Kyïv **34** (1962) Nr. 4. S. 590–595. – 1 Tab., 18 Lit. Orig.: ukrain., Ausz.: russ., engl.

Getrocknete vitale Bierhefe wurde in Form einer Hefe-Kleie-Mischung an Kühe verfüttert und ihr Einfluß auf Ketogenese und Milchfett untersucht. Die Ergebnisse zeigen, daß bei Verabreichung von getrockneter Bierhefe der Ketonkörpergehalt in Milch und Harn abnimmt und der Milchfettgehalt ansteigt. J. Wünsche. 9155.

Putnynja, M. Ja. und Beker, M. E. (Putnynja, M. Ja. und Beker, M. Je.) Polučenie kormovych drožžej na patočnoj barde s primeneniem kul'tury Candida arborea. **(Das Erhalten von Futterhefe aus Melasseschlempe unter Anwendung von Candida Arborea-Kultur.)** Spirt. prom-st' **1962** Nr. 5. S. 12–13. – Aus: Referativnyj žurnal. Biologija, Moskva **1963** Nr. 3. B 245. S. 33.

Unter den 4 Kulturen (*Candida arborea, C. tropicalis* und 2 *Torulopsis utilis*-Stämme), die nach einem periodischen Zuflußschema ohne Zugabe von Nährsalzen auf Alkohol-Melasseschlempe gezüchtet wurden, erwies sich *Candida arborea* als die beste, die 10,1 g/l Biomasse (Trockengewicht) 4,2 g/l Eiweiß mit einem Riboflavingehalt von 6,3 mg% speicherte. Die optimalen Wachstumsbedingungen für *Candida arborea* wurden bestimmt, sie waren folgende: 60 g Preßhefe auf 1 l Schlempe, eine Temperatur von 30°, pH 4,5–5,0 und ein Zusatz von 1 g Ammoniumsulfat je 1 Schlempe.
übersetzt v. I. Posdirca. 9160.

Miller, Roger Wayne, Vanetten, C. H., McGrew, Clara, Wolff, I. A. und Jenes, Quentin; Preoria., Ill., U.S. Dep. of Agric., Northern Utilization Res.

and Development Div. Amino acid composition of seed meals from forty-one species of cruciferae. **(Aminosäurezusammensetzung der Extraktionsschrote von 41 Cruciferen-Spezies.)** J. agric. Food Chem. **10** (1962) Nr. 5. S. 426–430. — 4 Tab., 21 Lit.

Vff. bestimmten mit Hilfe der säulenchromatographischen Trennungs-Methode nach Spackman, Stein und Moore 18 Aminosäuren in Extraktionsschroten von 41 Spezies 29 verschiedener Cruciferen-Arten. Die Rohproteingehalte lagen zwischen 14 und 61%, die Lysingehalte zwischen 2,7 und 7,5, die Methioningehalte zwischen 0,99 und 1,9 g/16 g N. 31 Schrote wiesen — nach Mitchell modefizierte-EAA-Indices von über 70 auf. Nach Berechnung des Protein-Score auf der Grundlage eines vorläufigen AS-Standards der FAO lagen 17 Extraktionsschrote über 70. Hydroxyprolin wurde in allen Proben gefunden. *Brassica besseriana*, *Eruca sativa* und *Lepidium lasiocarpum* hatten mit EAA-Indices von 76 die höchste Proteinqualität.
H.-D. Bock. 9170.

Wilcox, R. A., Carlson, C. W. und Kohlmeyer, W. Separation by dialysis of a water soluble growth factor(s) found in soybean oil meal. **(Trennung mittels Dialyse einiger wasserlöslicher Wachstumsfaktoren, die im Sojabohnenmehl gefunden wurden.)** Poultry Sci. **40** (1961) Nr. 6. S. 1766–1767. — 1 Tab., 2 Lit.

Einzelne in verschiedenen Extraktionsverfahren von Sojabohnen gewonnene Substrate wurden in Fütterungsversuchen an Bronze-Puten hinsichtlich ihrer Wirksamkeit auf Erhöhung der Lebendgewichtszunahme untersucht. Die Extraktionsdauer war bei den einzelnen Verfahren unterschiedlich und erstreckte sich bis zu 78 Stunden. Das Wasser wurde in 6- bzw. 12stündigen Intervallen gewechselt. Die Extrakte wurden getrocknet und gemahlen. Futtermischungen, die unterschiedliche Sojamehlarten enthielten, wurden mit diesen auf verschiedene Weise gewonnenen Extrakten angereichert; insgesamt wurden 3 Extraktarten geprüft. Die Versuche erstreckten sich über 19–23 Tage. In allen Versuchen erwiesen sich die Futtermischungen, die diese genannten Futterzusätze enthielten, den Futtermischungen ohne diese Zusätze als überlegen. Die Lebendgewichtszunahmen lagen in den einzelnen Versuchsgruppen 40–100 g höher als bei der Kontrollgruppe. G. Göbel. 9170.

Hohls, H.-W.; Celle, Bundesforsch.-Anst. für Kleintierzucht. **Untersuchungen über die Qualität von Sojaextraktionsschroten.** Arch. Geflügelkunde **26** (1962) Nr. 2. S. 152–161. — 8 Abb., 1 Tab.

In 3wöchigen Wachstumsversuchen wurden an Küken 42 verschiedene Proben von Sojaextraktionsschroten auf ihre Futterqualität geprüft. Es zeigte sich keine Beziehung zwischen der Sojaschrotqualität (Gewichtszuwachs, BW des Eiweißes) und der Ureaseaktivität sowie der Proteinlöslichkeit. Zwischen physiologischem Nutzwert des Rohproteins und der Toastdauer ergaben sich statistisch gesicherte Unterschiede. G. Göbel. 9170.

Johnson, Ronald R., Klosterman, E. W. und Scott, H. W.; Wooster, Ohio Agric. Exp. Stat. Studies on the feeding value of soybran flakes for ruminants. **(Untersuchungen über den Fütterungswert von Sojakleie-Flocken für Wiederkäuer.)** J. Animal Sci. **21** (1962) Nr. 3. S. 406–411. — 1 Abb., 4 Tab., 17 Lit.

In 2 Verdaulichkeitsversuchen mit Schafen und einem Fütterungsversuch mit ♀ Jungrindern wurde der Fütterungswert von Sojakleie-Flocken geprüft. Bei alleiniger Verfütterung war die Verdaulichkeit von der Höhe der Zufuhr abhängig (VK org. Subst. full-feed 68,9, half-feed 73,0%); Häufigkeit des Fütterns und eine 3%ige Proteinergänzung hatten auf die Verdaulichkeit keinen Einfluß. Die Verdaulichkeit einer gemischten Ration (Sojakleie-Flocken: Timothee-Heu = 60:40) war für org. Subst., Cellulose und Rohfaser größer als sich aus der Verdaulichkeit der einzelnen Futterstoffe berechnen ließ.

Differenzen in der Durchgangszeit des Futters durch den Verdauungstrakt bei alleiniger und gemischter Fütterung von Sojakleie-Flocken wurden nicht beobachtet. Der Fütterungsversuch ergab, daß der Energiewert der Sojakleie-Flocken für Jungrinder dem des Getreides gleichgesetzt werden kann. L. Hoffmann. 9170.

Kirsch, W. und Fender, M. **Versuche über den Ersatz von Fischmehl durch Soja-Extraktionsschrote bei der Getreideschnellmast von Schweinen.** Z. Tierphysiol., Tierernähr. Futtermittelkunde **15** (1960) Nr. 5. S. 257–265. 9170.

Woods, Walter R., Richardson, Harvey, Kruse, Karl, Gallup, Willis D. und Tillman, Allen D.; Stillwater, Oklahoma Agric. Exp. Stat. Further studies on the nutritive value of cottonseed meals for ruminants. **(Weitere Untersuchungen über den Nährwert von Baumwollsaatmehl für Wiederkäuer.)** J. Animal Sci. **21** (1962) Nr. 2. S. 284–289. — 5 Tab., 23 Lit.
An 105 Lämmern wurden im Rahmen von Wachstums-, Verdauungs- und N-Bilanzversuchen Unterschiede zwischen verschiedenen Baumwollsaatmehlen (BSM) unter dem Aspekt, als Proteinquelle für Wiederkäuer dienen zu können, untersucht. Die Proteinverdaulichkeit von vorgepreßtem, extrahierten BSM (**I**) lag höher ($P < 0,05$) verglichen mit schraubengepreßtem BSM (**II**). Dieses wird auf die bei dieser Technologie einwirkenden höheren Temperaturen, den daraus resultierenden höheren Gehalt an Gesamt- sowie gebundenem Gossypol und den geringeren Anteil an löslichem N zurückgeführt. **I** erbrachte auch günstigere Werte für die N-Retention. Ähnliche Resultate ergaben Wachstums- sowie Ausnutzungsversuche mit Kraftfutterrationen, in denen **I** besser als **II** abschnitt. Wurden dagegen rauhfutterreiche Rationen eingesetzt, lag **II** besser als **I** ($P < 0,05$). Der Verschnitt von BSM oder Sojabohnenölmehl mit Baumwollsamenhüllen auf einen Proteingehalt von 41% verringerte den Nährwert des Proteins des Endproduktes. H. H. Budzier. 9170.

Dodsworth, T. L. und Ball, C.; Aberdeen, North of Scotland Coll. of Agric. The effects of undecorticated cotton cake added to a grass diet fed to sheep. **(Die Einflüsse von ungeschältem Baumwollsamenkuchen zugesetzt zu einer an Schafe verfütterten Grasration.)** Animal Product. 4 (1962) Nr. 2. S. 227 bis 232. — 4 Tab., 5 Lit.
In 2 Verdaulichkeitsversuchen mit je 6 Hammeln wurden folgende 3 Rationen untersucht: 1) Gras (**I**) ad lib, 2) **I** + 5 Unzen ungeschälter Baumwollsamenkuchen (**II**) tägl., 3) **I** + 10 Unzen **II** tägl. Im 1. Versuch war bei geringerem Tr.-Subst.-Gehalt von **I** (14%) die **I**-Aufnahme gering und die **II**-Zusätze wurden zusätzlich zu **I** gefressen. Im 2. Versuch betrug der Tr.-Subst.-Gehalt von **I** ca. 20%. Die Aufnahme war höher. Die Zusätze minderten die **I**-Aufnahme. Die Verfütterung von **II** hatte auf die Tr.-Subst. der Faeces keinen Einfluß, senkte jedoch die Verdaulichkeit von Tr.-Subst., Rohprotein, Rohfaser und N-fr. E. in den Rationen mit **II**. Außerdem wurden Stärkewert und TDN-Gehalte reduziert. Die Verfütterung von **II** an Weideschafe wird daher nicht empfohlen. H.-D. Bock. 9170.

Kemmerer, A. R., Heywang, B. W., Nordby, H. E. und Phelps, R. A.; Tucson, Univ. of Arizona, Southwest Poultry Exp. Stat. Effect of cottonseed oil on discoloration of cold storage eggs. **(Der Einfluß von Baumwollsaatöl auf die Mißfärbung kalt gelagerter Eier.)** Poultry Sci. **41** (1962) Nr. 4. S. 1101 bis 1103. — 2 Tab., 8 Lit.
Die Arbeit setzt die voraufgegangenen Versuche fort (vgl. LZ. Abt. III **7** [1962] Nr. 8. S. 1681.) und weist nach, daß Fütterung mit rohem Baumwollsaatöl (2,5 und 5% im Futter), das kein Gossypol enthielt aber 0,63% Fettsäuren mit Cyclopropanonstruktur, die gleichen Wirkungen auf Gossypol ausübt wie Sterkulsäure, nämlich Vertiefung der Grünfärbung des Dotters und der Rosafärbung des Weißeis bei 1 bzw. 3 Mon. gelagerten Eiern.

2,5 und 5% Baumwollsatöl im Futter färbten bei einer Lagerungsdauer von 3 Mon. bei 35 °F bereits ohne Gossypolzusatz das Weißei rosa.

C. Engelmann. 9170.

Fangauf, R., Vogt, H. und Penner, W.; Kiel-Steenbek, Lehr- und Versuchsanst. für Kleintierzucht. **Mitteilung über einen Versuch mit Erdnußschrot im Geflügelmastfutter.** Arch. Geflügelkunde **26** (1962) Nr. 2. S. 116–118.
In einem 8wöchigem Mastversuch mit Masthybridküken wurde der Einsatz von Erdnuß- und getoasteten Sojaschrot als pflanzliche Eiweißfuttermittel verglichen. Mit der Erdnußration wurden gegenüber der Normalration mit beiden Futtermitteln bei gleicher Futterverwertung statistisch gesicherte niedrigere Gewichtszunahmen erzielt. Bei der Sojaration lag die Verschlechterung der Futterverwertung und der Gewichtszunahmen gegenüber der Normalration noch innerhalb der Fehlergrenzen. Die besten Ergebnisse zeigte die Kombination beider Eiweißfuttermittel. G. Göbel. 9170.

Clausen, Hjalmar, Haagen Petersen, F., Højgaard-Olsen, N. J., Hansen, Villy, Madsen, Arne, Nielsen, Henning und Eggum, Bjørn O. Forsøg med slagterisvin. Skummetmaelkspulver. **(Versuche mit Schlachtschweinen. Magermilchpulver.)** Beretn. landøkon. Forsøgslab. **1961** S. 62–65. — 2 Tab.
Es wurden 9 Versuche durchgeführt, in denen z.T. Magermilchpulver allein, z.T. zusammen mit einer Eiweißmischung aus $^2/_3$ Sojaschrot und $^1/_3$ Fleischknochenmehl, gefüttert wurde. Es wurde sprühgetrocknetes und walzengetrocknetes Magermilchpulver verwendet. Letzteres verlangsamte das Wachstum etwas und verschlechterte die Futterverwertung in stärkerem Maße, als dies bei sprühgetrocknetem Magermilchpulver im Vergleich zu Frischmagermilch der Fall war. Wenn die Schwierigkeiten bei der Umstellung auf Magermilchpulver überwunden sind, kann jedoch mit Sprühpulver allein oder zusammen mit einer Eiweißmischung der gleiche Futtererfolg erzielt werden wie mit Magermilch. Bei geringen Eiweißgaben in Form von 1 kg Magermilch oder 100 g Magermilchpulver setzten die Tiere in stärkerem Maße Fett an. Der Austausch der Magermilch blieb ohne Einfluß auf die Schlachtqualität.

J. K. Hinrichsen. 9210.

Clausen, Hjalmar, Haagen Petersen, F., Højgaard-Olsen, N.J., Hansen, Villy, Madsen, Arne, Nielsen, Henning und Eggum, Bjørn O. Forsøg med slagterisvin. Forskellige proteintilskudsfodermidlers indvirkning på svinenes kødfylde. **(Versuche mit Schlachtschweinen. Die Einwirkung verschiedener Eiweißfuttermittel auf die Fleischfülle von Schweinen.)** Beretn. landøkon. Forsøgslab. **1961** S. 78–79. — 1 Tab.
Im Versuch wurden verschiedene Eiweißfuttermittel, die allein oder zusammen mit 1 kg Magermilch gegeben wurden, mit Magermilch in Tagesgaben von 3 kg verglichen. Mit keiner Kombination wurden hinsichtlich des Fleischansatzes so günstige Ergebnisse erzielt wie mit Magermilch, die zu einem Verhältnis von 1:1 zwischen Fettfläche und Fleischfläche am Rückenmuskelquerschnitt führte. Die günstige Wirkung der Magermilch wird auf den hohen Gehalt an Milchzucker, an Zitronensäure und an Vitaminen des B-Komplexes zurückgeführt, neben denen aber auch Aminosäuren, Enzyme und nicht identifizierte Wachstumsfaktoren von Bedeutung sein können. Außerdem wird eine besondere diätetische Wirkung der Magermilch vermutet.

J. K. Hinrichsen. 9210.

Richter, K., Cranz, K. L., Oslage, H. J. und Schiller, K.; Braunschweig-Völkenrode, Forsch.-Anst. für Landwirtsch., Inst. für Tierernähr. **Untersuchungen über den ernährungsphysiologischen Wert von Tiermehlen (Tierkörpermehlen) und deren Einsatz in der Fütterung.** Landwirtsch. Forsch. **15** (1962) Nr. 1. S. 75–87. — 8 Tab., 10 Lit.

Nach 3 Verfahren hergestellte Tiermehle (Extraktionsverfahren, Preßverfahren nach Hartmann und Naßverfahren nach Venuleth und Ellenberger) wurden analytisch und tierexperimentell untersucht. Im Rohnährstoffgehalt zeigten sich gegenüber früheren Produkten Verbesserungen. So war der Rohproteingehalt höher, Rohfett- und Rohaschegehalt lagen dagegen niedriger. Das Rohprotein besteht zu 80–90% aus Reineiweiß, dieses wiederum zu 40–50% aus Leim. Die Rohproteinverdaulichkeit betrug im Mittel 76%. Die im Rattenversuch ermittelte BW lag nur bei 40. In Mastversuchen mit Schweinen schnitten extrahiertes und gepreßtes Tiermehl jedoch nicht wesentlich schlechter ab als Fischmehl. Nach dem Naßverfahren hergestelltes Tiermehl war von schlechterer Qualität. H.-D. Bock. 9220.

Laube, W. und Weißbach, F. **Untersuchungen über die Haltbarkeitsdauer und die Bekömmlichkeit von Fischsilagen.** Mh. Veterinärmed. **17** (1962) Nr. 13. S. 526–529. — 2 Abb., 3 Tab., 6 Lit.

Es wird über einen Konservierungsversuch mit Herings- und Dorschabfall bei Anwendung von Ameisensäure, Kaliummetasulfit und Schwefelsäure berichtet. Die Aufbewahrungstemperatur war unterschiedlich. Die Bekömmlichkeit verdorbener Fischsilage wurde im Experiment geprüft. Auf Grund der Untersuchungsergebnisse und der praktischen Erfahrungen bei der Verfütterung von Fischsilagen wird ein Gehalt von 0,3% NH_3 hierin als Grenzwert und Maßstab der Eignung zur Verfütterung vorgeschlagen. Für das Kalimetabisulfitverfahren wird bei Fettfisch (Heringsabfällen) eine Haltbarkeitsdauer von 6 Mon., bei Magerfisch (Dorschabfall) eine solche von 5 bis 6 Mon. am besten erachtet. Der Konservierungserfolg bei Anwendung von Ameisensäure war fast gleichwertig. Schwefelsäure garantiert bei Fettfisch jedoch nur eine Haltbarkeit von 3 bis 4, bei Magerfisch von 2 bis 3 Monaten.
H. Busse. 9230.

Klenk, E. und Eberhagen, D.; Köln, Univ., Physiol.-Chem. Inst. **Über die Zusammensetzung des Fettsäurengemisches verschiedener Fischöle.** Hoppe-Seyler's Z. physiol. Chem. **328** (1962) Nr. 3/6. S. 180–188. — 6 Tab., 9 Lit. Zus. in Engl.

Leber- und Körperfette von 12 Fischen verschiedener Herkunft wurden mit der 30fachen Menge 1 n methanol. NaOH verseift. Aus den durch Ansäuern mit HCl erhaltenen Fettsäuregemischen konnten durch entsprechende Kristallisation in der Kälte die Fraktionen der gesättigten und der ungesättigten Fettsäuren gewonnen werden. Die mit 5%iger methanol. HCl in die Methylester überführten Fettsäuren werden gaschromatographisch bei 190° auf Kieselgel mit 20% Reoplex 400 (Firma Geigy, Cambridge, England) in Säulen von 120×0,5 cm getrennt. Die Fettsäurenzusammensetzung, aufgegliedert nach Kettenlänge und Zahl der Doppelbindungen, der Öle wird angegeben. Unter den Polyensäuren aller Proben herrschten die C_{20} und C_{22}-Säuren vor. Die durch reduktive Ozonidspaltung der ungesättigten Fettsäuren erhaltenen Abbaualdehyde wurden in Form ihrer Dinitrophenylhydrazone chromatographisch getrennt und photometrisch bestimmt. Aus diesen Untersuchungen geht hervor, daß die Polyensäuren der untersuchten Fischöle vorwiegend dem Linolensäuretyp angehören. H. Kreienbring. 9230.

Mason, Michael E., Sacks, Jacob und Stephenson, E. L.; Fayetteville, Univ. of Arkansas, Dep. of Animal Ind. and Veterin. Sci. Isolation and nature of an unidentified growth factor(s) in condensed fish solubles. **(Isolierung und Natur eines nicht identifizierten Wachstumsfaktors [oder von Wachstumsfaktoren] in condensed fish solubles.)** J. of [Philadelphia] Nutrit. **75** (1961) Nr. 3. S. 253–264. — 1 Abb., 16 Tab., 17 Lit.

Um die Natur des nicht identifizierten Wachstumsfaktors in condensed fish solubles aufzuklären, wurden diese nach verschiedenen Verfahren wie Extra-

hieren, Filtrieren, Fällen, Dialysieren, Chelatbildung und Veraschen in einzelne Fraktionen aufgeteilt. Die aus einem Schema ersichtlichen Fraktionen wurden in Fütterungsversuchen, zu denen 4 unterschiedliche Grunddiäten Verwendung fanden, 2 oder 4 Wochen lang an Gruppen von je 10 einzelnen gewogenen Eintagsküken bei 4facher Wiederholung geprüft. Nach den durch Feststellung des Zuwachses der Tiere erzielten Ergebnissen sind an der durch die fish solubles bewirkten Wachstumsreaktion sowohl org. als auch anorgan. Komponenten beteiligt. Unter den anorgan. Elementen spielen Cu und Mo eine wichtige Rolle. Die wachstumsfördernde Substanz ist sehr stabil und geht bei Dialyse durch eine Cellophanmembran vollständig hindurch. Der dialysierte Wachstumsfaktor ließ sich durch Fällen mit Methanol erheblich konzentrieren.
L. Sperling. 9230.

Lillie, Robert J., Menge, H. und Denton, C. A.; Beltsville, Md., Poultry Res. Branch, Animal Husbandry Res. Div. Evaluation of condensed fish solubles as a chick growth stimulant in an 8-year study. **(Bewertung von condensed fish solubles als Wachstumsstimulans für Küken bei 8jährigen Untersuchungen.)** Poultry Sci. **41** (1962) Nr. 4. S. 1202–1206. – 4 Tab., 32 Lit.
Zur Bestimmung der Höhe der Wachstumsreaktion von Küken auf die Zugabe von 4% „condensed fish solubles" zu einer rein pflanzlichen, wohl ausgeglichenen Ration wurden die bei 8 Jahre langer Aufzucht erhaltenen 4-Wochen-Gewichte von Hähnchen aus der Kreuzung von New Hampshire-Hahn × Silber Cornish-Henne denen gegenübergestellt, die bei Ernährung der Tiere mit dem gleichen Grundfutter ohne „condensed fish solubles" erzielt wurden. Dabei wurden für die einzelnen Jahre 3 Perioden unterschieden, und zwar die Peroide 1 von Nov. bis einschließlich Febr., die Periode 2 von März bis einschließlich Juni und die Periode 3 von Juli bis einschließlich Oktober. Die Variationsanalyse ließ erkennen, daß die Zugabe der „condensed fish solubles" signifikant höhere Gewichtszunahmen bewirkte, wobei Periode 1 wiederum den Perioden 2 und 3 überlegen war. Zwischen den Ergebnissen der einzelnen Jahre bestanden zum Teil sngifikante Unterschiede. Die Ergebnisse werden diskutiert. L. Sperling. 9230.

Göbel, G. **Fütterungsversuche an Legehennen mit einigen inländischen Fischpreßsaftpräparaten.** Jb. Arbeitsgemeinsch. Fütterungsberat. **3** (1960/61) S. 265–270. – 7 Tab., 1 Lit.
In einem ganzjährigen Versuch mit weißen Leghorn wurden folgende Fischpreßsaftpräparate verfüttert: 1. eingedickter Fischpreßsaftextrakt, der bei der Verarbeitung von Fischen und Fischrückständen auftritt, 2. Rügen-Gold (Fischpreßsaft mit 10% Streptomycinrückständen angereichert) 3. Saßnitzer-Spezial ($^2/_3$ Fischpreßwasserextrakt, $^1/_3$ Weizenkleie), 4. Rügen-Extra (Saßnitzer-Spezial mit 10% Streptomycinrückständen). Je Tier und Tag wurden in je 4 Gruppen 10 bzw. 12 g der genannten Präparate verfüttert. Saßnitzer-Spezial und Rügen-Extra scheinen in der Legehennenfütterung wegen des höheren Tr.-Subst.-Gehaltes geeigneter zu sein, die Legeleistung der damit gefütterten Versuchsgruppen lag zwischen 173 und 191 Eiern je Tier und Jahr. Die einzelnen Versuchsgruppen zeigten keine signifikanten Unterschiede in Legeleistung, Eimasse und Futterverwertung. U. Hofmann. 9230.

FISCHEREI

A. ALLGEMEINES

Swingle, H. S.; Auburn, Ala. Careers in fisheries. **(Fischereilaufbahnen.)** Trans. Amer. Fisheries Soc. 88 (1959) Nr. 1. S. 16–17. 6010.

Carlander, Kenneth D.; Ames, Iowa State Coll. A survey of technical fishery personnel. **(Ein Überblick über das technische Fischereipersonal.)** Trans. Amer. Fisheries Soc. 88 (1959) Nr. 1. S. 18–22. – 9 Tab. 6010.

Bank, Otto; Höchstadt/Aisch, Außenstelle für Karpfenteichwirtsch. der Staatl. Lehr- und Versuchsanst. für Fischerei Starnberg. **Aus der Tätigkeit der Außenstelle für Karpfenteichwirtschaft in Höchstadt/Aisch.** Allg. Fischerei-Ztg. 87 (1962) Nr. 20. S. 583–584. – 4 Abb.
Der Dienstbereich der Außenstelle für Karpfenteichwirtschaft der Staatl. Lehr- und Versuchsanstalt für Fischerei Starnberg umfaßt die Teichwirtschaft in Nordbayern. In den Wintermon. finden allwöchentlich 1-tägige Fortbildungskurse statt. Als Versuchsteiche dienen 17 Kleinteiche mit insgesamt 1,15 ha Fläche. Die Versuchstätigkeit erstreckt sich auf die Prüfung der methodischen Anwendbarkeit theoretischer Forschungsergebnisse, die zu Produktionssteigerungen führen, und umfaßt alle Fragen, die Wahl und Dosierung der Betriebsmittel bstimmen. M.-L. Albrecht. 6010.

Mirica, Gh. Sarcinile institutului de cercetări piscicole in perspectiva anilor 1960–1963. **(Die Aufgaben des Instituts für Fischereiforschung in den Jahren 1960–1963.)** Bul. Inst. Cercetări piscicole 19 (1960) Nr. 1. S. 5–8.
Die in dem genannten Zeitraum zu bewältigenden Aufgaben des Instituts für Fischereiforschung sind folgende: Hydrobiol. Arbeiten über Umwelt und Nahrung der Fische und deren Einfluß auf die Wanderungen, ichthyologische und fischereiliche Untersuchungen zur Intensivwirtschaft und zur Verbesserung von Fischrassen und die Akklimatisation neuer rentabler phytophager Arten, fangtechn. und netzkonservierende Arbeiten. Bes. Aufmerksamkeit wird der Fischerei in den Donaubalten und dem Donaudelta gewidmet, ferner dem Teichbau und der Karpfenteichwirtschaft und Karpfenfütterung zur Erzielung von Erträgen bis 1500 kg/ha. Weiter sind vorgesehen: Fischpathologische und fischtherapeutische Untersuchungen und Bekämpfung von Fischfeinden sowie meeresfischereiliche Untersuchungen. Alle Arbeiten sind darauf ausgerichtet, der Praxis direkte Anleitung zur Steigerung der Fischproduktion zu geben. E. Amlacher. 6010.

Mirică, Gh. Sarcinile institutului de cercetări piscicole în lumina directivelor congresului al III-lea al P.M.R. **(Die Aufgaben des Institutes für Fischereiforschung im Rahmen der Direktiven des 3. Parteitages der Rumänischen Arbeiterpartei.)** Bul. Inst. Cercetări piscicole 19 (1960) Nr. 2. S. 5–6.
Innerhalb der Lebensmittelindustrie fallen auch der Fischerei bestimmte Aufgaben zu, die im Jahre 1965 gegenüber 1959 eine 3,5fache Produktionssteigerung vorsehen. Den Mitarbeitern des Institutes für Fischereiforschung erwächst die Aufgabe, durch wiss. Studien und Forschungsarbeit die besten und am schnellsten anwendbaren Methoden zur Steigerung der fischereilichen Produktion zu finden. Im Rahmen des Aufbaues einer riesigen Papierproduktion fällt die Lieferung der Rohstoffe (Schilf) einem Teil des Donaudeltas zu. Das bedeutet eine Einschränkung der fischereilichen Nutzflächen und zwingt die Fischereiforschung dazu, nach Methoden zu suchen, die eine Produktionssteigerung in den verbleibenden Flächen sichern. Eine enge Zusammenarbeit mit der Industrie ist daher geboten. Desgleichen soll e ne Produktionssteigerung in den rumänischen Binnengewässern erfolgen. Eine bes. Aufgabe wird weiter darin bestehen, neue fischereilichen Nutzflächen zu erschließen. Dazu gehört eine Intensivierung der Arbeiten auf dem Gebiet

der Fischzucht, der Ozeanologie und der fischereilichen Ökonomie neben einer Verbesserung der Qualität der fischereilichen Produkte. Dabei soll von 1959–1965 die Arbeitsproduktivität beim Fischfang um 75% gesteigert werden bei einer Selbstkostensenkung für die wichtigsten Fischarten um 10%. Wissenschaft und Praxis müssen dabei eng zusammenarbeiten.
E. Amlacher. 6010.

Piskunov, I. A. (Piskunow, I. A.); Astrachan. Kaspijskij naučno-issledovatel'skij institut morskogo rybnogo chozjajstva i okeanografii (KaspNIRO). **(Das Kaspische Wissenschaftliche Forschungsinstitut für Meeresfischerei und Ozeanographie [KaspNIRO].)** Rybnoe chozjajstvo, Moskva **36** (1960) Nr. 7. S. 30–35. – 4 Abb. 6010.

Kaganovskij, A. G. (Kaganowski, A. G.); Wladiwostok. Tichookeanskij naučno-issledovatel'skij institut morskogo rybnogo chozjajstva i okeanografii (TINRO). **(Das Wissenschaftliche Forschungsinstitut für Meeresfischerei und Ozeanographie des Stillen Ozeans [TINRO].)** Rybnoe chozjajstvo, Moskva **36** (1960) Nr. 7. S. 23–26. – 4 Abb. 6010.

Someren, Vernon D. van. The inland fishery research station, Sagana, Kenya. **(Die Binnenfischereiforschungsstation Sagana, Kenya.)** Nature [London] **186** (1960) Nr. 4723. S. 425–426. – 1 Abb., 15 Lit. 6010.

Pearsall, W. H. The Freshwater Biological Association and its laboratory. **(Die Freshwater Biological Association und ihr Laboratorium.)** Advancement of Sci. **15** (1959) Nr. 61. S. 521–523. 6010.

Mortimer, C. H. The physical and chemical work of the Freshwater Biological Association, 1935–57. **(Die physikalischen und chemischen Arbeiten der Freshwater Biological Association, 1935–57.)** Advancement of Sci. **15** (1959) Nr. 61. S. 524–530. – 4 Abb., 17 Lit. 6010.

Reichenbach-Klinke, H. und Riedmüller, S.; München, Bayer. Biol. Versuchsanst. (Demoll-Hofer-Inst.). **Die fischereiliche Untersuchungsmethodik bei Fischen und ihre Bedeutung für die Praxis.** Allg. Fischerei-Ztg. **87** (1962) Nr. 20. S. 591–593. – 2 Abb.
Die Untersuchungsmethoden gliedern sich in Routineuntersuchungen (äußere und innere Überprüfung des Fisches) und spez. Untersuchungen, die im Rahmen größerer fischereilicher Forschungsvorhaben entstanden sind und deren Ergebnisse für die praktische Fischerei ausgewertet werden. Dabei handelt es sich vor allem um die elektrophoretische Bluteiweißuntersuchung, bakteriol., physiol.-therapeutische und ökol. Freilanduntersuchungen.
M.-L. Albrecht. 6010.

Liebmann, H. und Keiz, G.; München; Wielenbach, Bayer. Biol. Versuchsanst. (Demoll-Hofer-Inst.). **Teichwirtschaftliche Untersuchungen an der Bayerischen Biologischen Versuchsanstalt in den Jahren 1954–1960.** Allg. Fischerei-Ztg. 87 (1962) Nr. 20. S. 578–579. 581–582. – 44 Lit.
Die Untersuchungen befaßten sich hauptsächlich mit den Wechselwirkungen zwischen Fisch und Umwelt. Sie erstreckten sich auf Karpfen- und Forellenfütterungsversuche, Untersuchungen an Teichfischen über den Gehalt an Vitamin A, Carotinoiden und Fetten sowie die Zusammensetzung der Bluteiweißkörper. Andere Arbeiten beschäftigen sich mit der künstlichen Erbrütung, Vererbungs- und Leistungsprüfung von Teichfischen sowie ihrer Toleranz gegenüber den Einwirkungen chem. und phys. Faktoren. Untersuchungen zur Pathologie und Bekämpfung von Seuchen bei Teichfischen wurden ergänzt durch Beobachtungen und Experimente an Teich- und Fischschädlingen. Weitere Studien galten der Prüfung des Buhnenteichverfahrens am Main.
M.-L. Albrecht. 6020.

B. BIOLOGIE DER FISCHEREILICHEN NUTZTIERE

Biologie der Fische

Benda, H., Bruschek, E., Schussmann, M., Schefold, K. und Tomaschko, G. **Zur Naturgeschichte und Fischereiwirtschaft des Huchens.** Österreichs Fischerei **15** (1962) Nr. 11/12. S. 134–140. – 4 Abb., 12 Lit. Vgl. LZ. Abt. III **7** (1962) Nr. 11. S. 2401; 2408.

Nach einigen Bemerkungen zu verschiedenen Fragen, die die Biologie und Fischereiwirtschaft von *Hucho hucho* betreffen, wird mitgeteilt, daß in der slowakischen Salmonidenzuchtanstalt Dubna-Skala in einem ca. 150 m² großen und 2 m tiefen Teich (Durchstrom 7–18 l/s, Wassertemperatur 14 bis 18 °C, max. 20 °C) 78 Laichhuchen (40% Männchen, 60% Weibchen) von 2–20 kg Gewicht (Gesamtgewicht ca. 420 kg) gehalten werden, die zur Laichzeit regelmäßig zum Abstreichen gelangen, wobei jährlich ca. 350000 Eier gewonnen werden. Gefüttert wird mit lebenden Cypriniden. Die Junghuchen erhalten in den Teichen bis zum Alter von 1½ Jahren das gleiche Futter wie Forellen, später lebende Fische. Mit Vollendung des 2. Jahres sind sie 500 g schwer. Im Unterlauf des Inn wurden in früheren Jahren Huchen mit Netz- bzw. Kopfeisen gefangen. W. Steffens. 6080.

Skornjakov, V. I. (Skornjakow, W. I.); Kaliningrad, Fischereitechn. Hochschule. Morskie karasi (sparovye). **(Meerbrassen [Sparidae].)** Rybnoe chozjajstvo, Moskva **38** (1962) Nr. 3. S. 8–11. – 1 Tab.

Die Familie *Sparidae* wird durch 10 Gattungen mit 20 Arten vertreten. Einige von ihnen haben infolge ihres zahlenmäßig starken Vorkommens wirtschaftliche Bedeutung. Es handelt sich dabei vor allem um *Pagrus pagrus*, *Pagrus ehrenbergi*, *Dentex filosus*, *D. canariensis*, *Pagellus canariensis* und *Box boops*. Einige biologische Daten dieser Fische von der afrikanischen Küste werden beschrieben. Nach Untersuchungen an der afrikanischen Küste kommen die Meerbrassen auf einem Gebiet von 200000 km² vor, auf dem sie in Tiefen bis zu 100 m wirtschaftlich nicht genügend genutzt werden. Der Fang mit dem Schleppnetz ist möglich. Geschmacklich sind die Fische gut. Auch Versuche mit Konserven brachten gute Resultate. G. Predel. 6080.

Moss, Melvin L.; New York, N.Y., Columbia Univ., Coll. of Physicians and Surgeons, Dep. of Anatomy. Studies of the acellular bone of teleost fish. 1. Morphological and systematic variations. **(Untersuchungen über die azellulären Knochen der Teleosteer. 1. Mitt. Morphologische und systematische Veränderungen.)** Acta anatom. [Basel] **46** (1961) Nr. 4. S. 343–362. – 12 Abb., 1 Tab., 39 Lit.

Vf. untersuchte das Knochengewebe von 71 Fischgattungen. Azellulärer Knochen (ohne Osteozyten) fand sich in der Regel oberhalb der Ordnungen der Clupeiformes und Scopeliformes. Bei diesen war die Knochenart in einer Gattung i. allg. gleichartig. Mit nur einer Ausnahme war das Bild des Knochengewebes im ganzen Skelett einer Art gleichmäßig. Der Polymorphismus der Fischknochen wird hervorgehoben. Die Unterschiede im azellulären Knochen in bezug auf eingeschlossene Gefäßkanäle und nicht verkalkte Faserbündel wurden untersucht. Der Spongiosaknochen bildete ein „proto-Haverssches" System und schloß die Bindegewebsmassen ein. Gefäßkanäle in der Compacta waren primäre Osteone, die durch Volkmannsche Kanäle verbunden waren. Die Zellen in diesen seitlichen Kanälen ähneln oft denjenigen im zellulären Knochen. In den endgültigen Tubuli waren oft unverkalkte Faserbündel großen Durchmessers eingeschlossen. Dieses Gewebe nennt Vf. „Pseudodentin". Die Zellen in diesen Tubuli zeigten ebenfalls eine gewisse Ähnlichkeit mit denjenigen in zellulärem Knochen. W. Steffens. 6085.

Moss, Melvin, L.; New York, N.Y., Columbia Univ., Coll. of Physicians and Surgeons, Dep. of Anatomy. Studies of the acellular bone of teleost fish.

II. Response to fracture under normal and acalcemic conditions. **(Untersuchungen über die azellulären Knochen der Teleosteer. 2. Mitt. Reaktion auf Bruch unter normalen und Kalkmangelbedingungen.)** Acta anatom. [Basel] **48** (1962) Nr. 1/2. S. 46–60. – 12 Abb., 28 Lit. 1. Mitt. vgl. vorst. Ref.

Vf. prüfte unter verschiedenen experimentellen Bedingungen die Reaktion auf die Fraktur des Operculums und von Unterkieferelementen bei *Tilapia macrocephala* (azellulär, d. h. ohne Osteozyten) und *Carassius auratus* (zellulär, d. h. osteozytenhaltig). Dabei wurden der Kalziumgehalt der Nahrung und des umgebenden Wassers sowie die Temperaturen in verschiedenen Kombinationen variiert. Unter normalen Bedingungen bildete sich bei beiden Arten innerhalb von 15 Tagen ein Callus, der verkalkte und unverkalkte Knorpel wie auch verkalkte Knochen enthielt. Eine kalziumfreie Nahrung veränderte diese Reaktion nicht, dagegen hemmten Senkung der Umgebungstemperatur und Hungerzustand die Callusbildung deutlich. In kalziumfreien Wasser war nur die osteozytenhaltige Art in der Lage, einen normalen Callus zu bilden, und das sogar bei kalziumfreier Nahrung. Bei den Fischen mit azellulären Knochen war die Callusbildung auch bei normaler Ernährung stark verlangsamt. Es wird gefolgert, daß die Osteozyten bei Knochenfischen eine gewisse Fähigkeit besitzen, im Skelett eingelagertes Kalzium unter den besonderen Bedingungen dieser Experimente zu mobilisieren, obgleich eine Glandula parathyreoidea nicht vorhanden ist. W. Steffens. 6085.

Moss, Melvin L.; New York, N.Y., Columbia Univ., Coll. of Physicians and Surgeons, Dep. of Anatomy. Studies of the acellular bone of teleost fishe 3. Intraskeletal heterografts in the rat. **(Untersuchungen über die azellulären Knochen der Teleosteer. 3. Mitt. Intraskeletale Transplantate bei der Ratte.)** Acta anatom. [Basel] **49** (1962) Nr. 3. S. 266-280. – 12 Abb., 27 Lit. 2. Mitt. vgl. vorst. Ref.

Frische, keine Osteozyten enthaltende (*Tilapia macrocephala*) und osteozytenhaltige (*Carassius auratus*) Fischknochen, die von Periost, Endost und gefäßhaltigem Gewebe gesäubert worden waren, wurden intraskeletal und subkutan ausgewachsenen Ratten implantiert. Die Reaktion des Wirtsorganismus war für beide Arten von Heterotransplantaten identisch. Bei intraskeletaler Lage wurden die Heterotransplantate in neugebildeten Knochen eingeschlossen und anschließend langsam abgebaut. Bei subkutaner Lage bewirkten beide Arten von Heterotransplantaten eine Immunitätsreaktion, welche von einer Einkapselung des Implantats sowie dessen Resorption gefolgt war. Die Anwesenheit oder das Fehlen von Osteozyten in den heterogenen Implantaten änderte diese Reaktionen in keiner Weise. Die günstige intraskeletale Implantataufnahme wurde auf das Fehlen von Lymphgefäßen im Knochen zurückgeführt. Die ungünstige subkutane Reaktion wird als Antwort auf die löslichen Anteile der org. Matrix des implantierten Knochens aufgefaßt.
W. Steffens. 6085.

Swarup, H. und Belsare, D. K. A note on the so called „sub-pharyngeal sinus" in fishes. **(Eine Bemerkung über den sogenannten Sub-Pharyngal-Sinus bei Fischen.)** Sci. and Cult. [Calcutta] **25** (1959) Nr. 3. S. 221. – 1 Abb., 4 Lit. 6085.

Singh, Ganga Prasad; Varanashi, Banaras Hindu Univ., Dep. of Zool. A note on the carotid labyrinth in freshwater teleosts. **(Eine Bemerkung über das Karotis-Labyrinth bei Süßwasserknochenfischen.)** Sci. and Cult. [Calcutta] **24** (1959) Nr. 10. S. 475–476. – 3 Abb., 1 Tab., 3 Lit. 6085.

Bianki, V. L. (Bianki, W. L.) Fiziologičeskaja struktura zritel'nogo analizatora ryb v svjazi s ego parnym funkcionirovaniem. **(Die physiologische Struktur des Gesichtsorganes bei Fischen im Zusammenhang mit seiner**

paarigen Funktionsweise.) Vestnik Leningradskogo universiteta **15** (1960) Nr. 3. Serija biologii Nr. 1. S. 150–163. – 7 Abb., 44 Lit. Zus. in Engl. 6085.

Dijkgraaf, S.; Utrecht, Univ., Lab. of Comparative Physiol. Hearing in bony fishes. **(Das Gehör der Knochenfische.)** Proc. Roy. Soc. [London], Ser. B **152** (1960) Nr. 946. S. 51–54. 6085.

Creutzberg, F.; Den Helder, Netherlands, Zool. Stat. Discrimination between ebb and flood tide in migrating elvers (Anguilla vulgaris Turt) by means of olfactory perception. **(Unterscheidung von Ebbe und Flut durch wandernde Glasaale [Anguilla vulgaris] vermittels der Geruchsempfindung.)** Nature [London], Suppl. **184** (1959) Nr. 25. S. 1961–1962. – 6 Lit. 6085.

Hoar, William S. und Robertson, G. Beth; Vancouver, Univ. of Brit. Columbia, Dep. of Zool. Temperature resistance of goldfish maintained under controlled photoperiods. **(Aufrechterhaltung der Temperaturresistenz von Goldfischen unter kontrollierten Belichtungsperioden.)** Canad. J. Zool. **37** (1959) Nr. 4. S. 419–428. – 2 Abb., 3 Tab., 20 Lit. Vgl. LZ. Abt. III **3** (1958) Nr. 2. S. 299. 6085.

Saxena, Devendra B.; Kanpur, D.A.V. Coll., Dep. of Zool. On the influence of carbon dioxide on the respiratory movements of the fish Heteropneustes fossilis. **(Über den Einfluß von Kohlendioxyd auf die respiratorischen Bewegungen von Heteropneustes fossilis.)** Sci. and Cult. [Calcutta] **24** (1959) Nr. 10. S. 483–485. – 1 Abb., 2 Tab., 7 Lit. 6085.

Bishai, H. M.; Cullercoats, Dave Marine Lab. The effect of gas content of water on larval and young fish. **(Die Wirkung des Gasgehaltes des Wassers auf Fischlarven und Jungfische.)** Z. wiss. Zool., Abt. A **163** (1960) Nr. 1/2. S. 37–64. 6085.

Frolova, L. K. (Frolowa, L. K.); Moskau, Unions-Forsch.-Inst. für Hochseefischerei und Ozeanogr., Lab. für Physiol. Nekotorye voprosy povedenija radioaktivnogo kobal'ta v organizme ryb. **(Einige Fragen des Verhaltens radioaktiven Kobalts im Fischorganismus.)** Žurnal obščej biologii, Moskva **21** (1960) Nr. 4. S. 301–305. – 3 Tab., 5 Lit. Zus. in Engl. 6085.

Piggins, D. J.; Newport, Ireland. Thyroid feeding of salmon parr. **(Schilddrüsenverfütterung an einjährige Lachse.)** Nature [London] **195** (1962) Nr. 4845. S. 1017–1018. – 4 Lit.

69 Tage lang (20.2.-1.5.) sind einjährige Lachse (*Salmo salar*) mit frischen Schilddrüsen gefüttert worden. Die Kontrollen erhielten nur zerkleinerte Leber, während bei den Versuchstieren 20% der Futtermenge die Schilddrüsen ausmachten. In der Versuchsgruppe war die Rate der zum Silberlachs umgewandelten Tiere größer als bei den Kontrollen, nämlich 24,2%:14,7%. Das Längenwachstum konnte ebenfalls beeinflußt werden. Die Kontrolltiere wuchsen 72–78 mm, die Versuchstiere dagegen 71–88 mm. Die behandelten Fische zeigten außerdem einen intensiveren Silberglanz als die Kontrollen. M. Hegemann. 6085.

Boyd, E. S. und Gardner, L. C.; Rochester, N.Y., Univ., Dep. of Pharmacol. Positive and negative reinforcement from intracranial stimulation of a teleost. **(Positive und negative Verstärkung von intracranialer Stimulation eines Knochenfisches.)** Science [Washington] **136** (1962) Nr. 3516. S. 648–649. – 3 Abb., 10 Lit.

Es wurde der Versuch unternommen, im Gehirn von *Carassius auratus* Regionen positiver oder negativer Verstärkung durch direkte elektrische Reize nachzuweisen, da bisher nur Säuger erfolgreich getestet worden waren. Die Versuchsanordnung und die Reaktionen der Fische werden ausführlich beschrieben. Von 13 getesteten Fischen verhielt sich nur einer neutral. Nach dem

Versuch wurden die Fische getötet; das Gehirn wurde untersucht, um die Lage der Elektroden zu erkennen. J. Waldmann. 6085.

Lohniský, Karel; Prag, Karls-Univ., Naturwiss. Fak., Zool. Inst., Abt. für Ichthyol. **Ökologische Variabilität des Gründlings (Gobio gobio [Linnaeus], 1768) in böhmischen Gewässern.** Věstník českoslov. Společnosti zool. **26** (1962) Nr. 2. S. 160–173. — 1 Abb., 6 Tab., 17 Lit. Zus. in Russ., Tschech.
Die Arbeit faßt die Ergebnisse von Untersuchungen der Variabilität einiger meristischer und plastischer Merkmale von insgesamt 745 Gründlingen aus 24 fließenden und stehenden Gewässern des Elbe- und Oder-Systems zusammen. Es wurde festgestellt, daß die Anzahl der Schuppen in der Seitenlinie nicht von den ökologischen Bedingungen abhängt. Männchen weisen in der Regel eine größere Anzahl von Schuppen auf als Weibchen. In den untersuchten Flußgebieten herrscht die langmäulige Form des Gründlings vor. Die rel. Länge des Mauls und der Barteln ist bei unreifen und reifen Fischen unterschiedlich. Die ausgeprägt limnophilen Populationen besitzen die längsten Barteln, während die Gründlinge aus dem schnell fließenden Bach Výmola die kürzesten Barteln aufweisen. Während des Wachstums des Fisches vor der Geschlechtsreife vergrößert sich die rel. Entfernung der Bauchflossen vom After. Bei geschlechtsreifen Männchen ist diese Entfernung kürzer als bei den Weibchen. F. Svoboda. 6085.

Bargetzi, Jean-Pierre; Neuchâtel, Univ., Inst. de Zool. Application de méthodes d'analyse biochimique à un problème taxonomique: les Corégones du Lac de Neuchâtel. **(Die Anwendung biochemischer Analysenmethoden bei einem taxonomischen Problem: die Coregonen des Neuchâteler Sees.)** Schweiz. Z. Hydrol. **22** (1960). Nr. 2. S. 641–758. — 18 Abb., 6 Tab., 255 Lit.
Im Neuchâteler See leben 2 Coregonenarten, deren gemeinsame Merkmale sehr auffallend sind. Es handelt sich um den Gangfisch, *Coregonus macrophthalmus* = *C. lavaretus* natio *jurassica* Ökotypus *nanus*, und den Sandfelchen, *C. fera* = *C. lavaretus* natio *jurassica* Ökotypus *primigenius*. Vf. prüft mit modernen Hilfsmitteln die Frage der verwandtschaftlichen Beziehungen zwischen Gangfisch und Sandfelchen. Die Arbeit beginnt mit einer ausführlichen Beschreibung des Biotops (geographische Lage, Ausdehnung, Tiefe, Wasservolumen und Topographie des Neuchâteler Sees, limnologische und produktionsbiologische Charakteristiken). Der 1. Teil der Arbeit befaßt sich mit der klassischen Taxonomie: 1) Lokalisation und Artwerdung: geographische Isolation, ökol. Absonderung vor allem in sexueller Hinsicht, Verschiedenheit der Laichzeit, ethologische Kriterien. 2) Morphol. Taxonomie: Kennzeichnung der meristischen Merkmale und ihrer embryologischen Wurzeln, Akklimatisation und Variabilität sowie Ernährungs- und Milieurelationen, Einwirkung phys. Faktoren, Untersuchung der ökol. Merkmale und der Statolithen insbesondere der Sagitta, vergleichende hämatologische Untersuchung, innerhalb derer diskutiert werden: Anoxämie und Konservierung des Blutes, zelluläre Hämatologie (Megalocyten, Granulocyten, Basophile, Neutrophile, Eosinophile, Monocyten, Plasmocyten, Lymphocyten, Thrombocyten, undefinierte Zellen), physiol. Hämatologie (Hb-Gehalt, Erythrocytenzahl, Erythrocytendimensionen). 3) Cytotaxonomie: Es werden die Chromosomenformeln für *C. fera* mit $2\,N = 78 \pm 2$ und für *C. macrophthalmus* mit $2\,N = 78 \pm 3$ angegeben. Die phylogenetische Evolution der Coregonen von der Chromosomenzahl $N = 20$ ausgehend und als Polyploidie aufgefaßt, wird für wenig beweisend angesehen. Im Experiment wurde versucht, Gangfisch und Sandfelchen durch künstliche Befruchtung zu kreuzen. Die Sterblichkeit der Eier betrug 55%. Die kritische Phase der Umstellung auf Naturnahrung überlebten nur 12 Tiere. Der letzte Fisch starb nach 16 Mon. bei einer Länge von 10,5 cm. Die Kreuzung Sandfelchen ♂ × Gangfisch ♀ scheiterte daran, daß eine langfristige Aufbe-

wahrung des Spermas nicht durchführbar ist. 4) Ontogenetische Taxonomie: Vergleichend-embryologische Beobachtungen der Kreuzung Gangfisch ♂ × Sandfelchen ♀. Die Entwicklung der Sandfelcheneier betrug 318 ± 32 D°, die der Gangfischeier 285 ± 12 D°. Die Eigrößen beider Arten sind verschieden. Im Laufe der Entwicklung zeigen die Hybriden eine Melanisierung, die jener der Sandfelchen gleicht, die Größe der befruchteten Eier entspricht jener des Gangfisches. Im 2. Teil der Arbeit werden die biochem. Aspekte des Problems analysiert. 1) DNS-Werte: es wurden die DNS-Mengen in somatischen Kernen (Erythrocyten) und Gameten (Spermatozoen) bestimmt. Sie betrugen für *C. fera* in den Spermatozoen 2,85 · 10^{-9} mg/Kern und in den Erythrocyten 5,80 · 10^{-9} mg, bei *C. macrophthalmus* 3,02 · 10^{-9} mg für den Spermatozoenkern und 6,02 · 10^{-9} mg für den Erythrocytenkern. Kontrollbestimmungen an der Regenbogenforelle wurden durchgeführt. Die cytophotometrische Größenanalyse der Erythrocyten bei Feulgenfärbung und 550 mμ betrug für *C. fera* 6,66 Mx und für *C. macrophthalmus* 7,04 Mx, die Umrechnung auf mg/Kern ergab entsprechend 5,80 · 10^{-9} bzw. 6,13 · 10^{-9}. Diese Werte werden zu den Chromosomenformeln in Beziehung gebracht und diskutiert. 2) Systematische Immunologie: es werden die spez. Reaktionen der Plasmaproteine mittels der Immunoelektrophorese geprüft und 20 Streifen, also mehr als im Humanserum, gefunden. Ferner erfolgte die Kreuzreaktion der γ-Globuline mittels Agargeldiffusion. 3) Biochem. Artcharakter: Die molekularbiol. Resultate der vorliegenden Arbeit gestatten mit ausreichender Sicherheit die Trennung von Sandfelchen und Gangfisch als 2 voneinander unterschiedliche Arten. E. Amlacher. 6085.

Tonna, E. A., Cronkite, E. P. und Sanen, F. J.; Upton, N.Y., Brookhaven Nat. Lab., Med. Res. Center; Hicksville, N.Y., Fougera and Co., Inc. Fracture repair after treatment with deoxyribonucleic acid from fish. **(Heilung von Brüchen nach Behandlung mit Fisch-Desoxyribonukleinsäure.)** Nature [London] **195** (1962) Nr. 4837. S. 157–159. – 3 Abb., 7 Lit.
Die Verabreichung von Herings-DNS hatte im Gegensatz zu den Ergebnissen anderer Autoren keine beschleunigende Wirkung auf die Heilung von Knochenbrüchen. Auch wirkte die DNS nicht carcinogen. Als Versuchstiere dienten weibliche weiße Mäuse, die 6 Mon. alt waren. D. Barthelmes. 6085.

Aasen, Olav; Bergen, Inst. for Fishery and Marine Investigations. On the correlation between the arrival and spawning of the Norwegian winter herring. **(Über die Wechselbeziehungen zwischen Ankunft und Ablaichen des norwegischen Winterherings.)** Cons. permanent int. Explorat. Mer [Copenhague], J. Cons. **27** (1962) Nr. 2. S. 162–166. – 1 Abb., 1 Tab., 3 Lit.
Für die Spanne von **34** Jahren wird die Zeit vom Beginn der Großen Heringsfischerei bis zum Beginn des Laichens von *Clupea harengus* verglichen. Die Analyse ergibt, daß die Zeitdifferenz in den Jahren von 1927–1960 rel. unabhängig von den zeitlichen und räumlichen Fluktuationen in der Fischerei ist. Die mittlere Zeitverzögerung zwischen Ankunft und Ablaichen beträgt 38 Tage mit einer Standardabweichung von 1 Woche. J. Waldmann. 6090.

Niculescu-Duvăz, M. Consecinţele condiţiilor hidrologice si bioclimatice ale anului 1959, asupra producţiei de peşte din regiunea inundabilă a Dunării inferioare. **(Die Auswirkung der hydrologischen und bioklimatischen Bedingungen des Jahres 1959 auf die Fischproduktion im unteren Überschwemmungsgebiet der Donau.)** Bul. Inst. Cercetări piscicole **19** (1960) Nr. 2. S. 57–63. – 2 Tab.
Die geringen und verspäteten Überschwemmungen des Jahres 1959 haben dazu geführt, daß die Verbindungskanäle der Seen im Überschwemmungsgebiet der Donau ihrer Aufgabe nicht gerecht werden konnten, wodurch der Aufstieg der Laichfische zu den Laichplätzen in den Seen verzögert wurde. I. allg. war die Vermehrung der Fische 1959 schwach. Außer dem Karpfen

(*Cyprinus carpio*), dessen Fortpflanzung und Brutaufkommen seit 1954 nicht optimal war, zeigten auch Raubfische wie Hecht (*Esox lucius*) und Wels (*Silurus glanis*) in einigen Gebieten nur eine schwache Vermehrung. Die Arten, die sich zu Beginn des Frühjahrs fortpflanzen, wie Barsch (*Perca fluviatilis*) und Zander (*Lucioperca lucioperca*), und jene mit späterer Fortpflanzung wie Schleie (*Tinca tinca*) und Karausche (*Carassius carassius*) wurden in ihrer Fortpflanzung durch den hohen Wasserstand im Febr. und März bzw. Juni und Juli begünstigt. In Erwägung der Bedingungen der Jahre 1956–1958 und bes. jener des Jahres 1959 und mit Rücksicht auf die Verringerung der Karpfenproduktion ab 1956 schließt Vf., daß die Fischreserven des Überschwemmungsgebietes im Unterlauf der Donau eine Produktionserhöhung in den nächsten 2 Jahren nicht gestatten. Es wird daher bes. auf die Schonung der Karpfenbestände und auf eine gelenkte Besiedlung flacher Donauseen hingewiesen. E. Amlacher. 6090.

Nicolau, Aurelia und Cristian, Alexandra. Observaţii asupra reproducerii crapului de cultură şi a crapului de Dunăre. **(Beobachtungen über die Vermehrung des Teich- und des Donaukarpfens.)** Bul. Inst. Cercetări piscicole **19** (1960) Nr. 3. S. 32–44. – 4 Tab., 10 Lit. Zus. in Russ., Franz.
Die Untersuchungen wurden in den Jahren 1958 und 1959 durchgeführt. Folgende Ergebnisse sind erzielt worden: Auslösung und Zahl der Laichakte sind abhängig vom Reifegrad der Gonaden, der Optimaltemperatur, dem Verhältnis der Geschlechter und dem zur Eiablage verfügbaren Pflanzensubstrat. Bei einem Verhältnis Männchen:Weibchen = 1:3 erfolgte 1–4malige Eiablage. Unter ungünstigen Umweltbedingungen wurde die Laichablage selbst bei Gegenwart einer größeren Männchenzahl verzögert. Die Zahl der geschlüpften Brut war um 30% verringert. 16–25% der Weibchen legten ihre Eier nicht im Mai ab. Junge Laichfische laichten schneller als ältere. Die größte Fruchtbarkeit im Vergleich zum Körpergewicht wurde bei Weibchen zwischen 4–6 Jahren festgestellt. Das Gesamtmaterial umfaßte 3–9-jährige Weibchen. Der Prozentsatz an überlebenden Nachkommen, gerechnet vom Ei bis zum 17 Tage alten Brutfisch, schwankte zwischen 9–42 (im Mittel 27%) bei dem Wildkarpfen und zwischen 12–22 (im Mittel 17%) bei dem Teichkarpfen. Die aus der ersten Laichablage hervorgegangene Zahl 15–17 Tage alter Brutfische betrug beim Wildkarpfen im Mittel 48000, beim Teichkarpfen 131000. Von der 15–17 Tage alten Brut überlebten bei den Wildkarpfen 93%, bei den Lausitzer Teichkarpfen 75%. Das Wachstum unter gleichen Bedingungen bei Fütterung war bei den Teichkarpfen besser als bei den Wildkarpfen. Bei Naturnahrung war unter gleichen Bedingungen das Wachstum der Wildkarpfen besser als das der Teichkarpfen.
E. Amlacher. 6090.

Susai, I. Un procedeu simplu pentru mărirea eficacităţii reproducerii crapului în mediul natural. **(Eine einfache Methode zur wirksamen Steigerung der Fortpflanzung des Karpfens unter natürlichen Bedingungen.)** Bul. Inst. Cercetări piscicole **19** (1960) Nr. 1. S. 44–52. – 5 Abb., 3 Lit. Zus. in Russ., Franz.
Zur wirksamen Steigerung der Fortpflanzung des Karpfens (*Cyprinus carpio*) unter natürlichen Bedingungen werden folgende Maßnahmen vorgeschlagen: 1. Einrichtung von Laichkissen aus *Ceratophyllum*; 2. Entfernung der natürlichen Laichplätze des Karpfens; 3. Erbrütung der befruchteten Eier in Bruttrögen unter optimalen Schlüpfbedingungen. Diese Maßnahmen werden als bes. wirksam auch unter ungünstigen Laichbedingungen (Niedrigwasserstand) erachtet. Die Aufzucht der Brut soll dabei in vorher radikal abgefischten kleinen Balten erfolgen. Das manuelle Ablesen der befruchteten Eier durch einen Arbeiter umfaßt tägl. 35–45 m^2. Desgleichen kann ein Arbeiter/Tag 20–25 Laichkissen von 2 m^2 Größe herstellen bzw. 35–40 an

Ort und Stelle einrichten. Auf einem Laichkissen werden zwischen 60 000 bis 270000 Eier/m² abgelegt. Die Zahl der abgelegten Eier hängt von der Größe und Dichte der Laichschwärme ab. E. Amlacher. 6090.

Steopoe, I. und Teodorescu-Leonte, Rodica. Contribuţii la cunoaşterea structurii gonadei mature de scrumbie de dunăre (Alosa pontica Eichw.) şi a ultimelor stadii de maturare a acesteia. **(Beiträge zur Kenntnis der Struktur der reifen Gonade und ihrer letzten Reifestadien bei der „Donaumakrele" [Alosa pontica].)** Bul. Inst. Cercetări pisciole **19** (1960) Nr. 3. S. 70–77. – 4 Abb., 1 Tab., 10 Lit. Zus. in Russ., Franz.
Es wurden morphol.-histol. Untersuchungen über die Gonaden in den letzten Reifestadien von *Alosa pontica* im Bereich ihres Laichgebietes in der Donau zwischen km 20 und 900 durchgeführt und 7 Stadien der Oozyten-Entwicklung charakterisiert. Innerhalb dieser Entwicklungsstadien werden 5 Reifestadien abgegrenzt. Das Entwicklungsstadium 7 entspricht dem Reifestadium 5. Es werden atretische Follikel beschrieben, doch sind Atresie und Ovulation voneinander nicht abhängig. Aus dem Grad der Rückbildung von Follikeln kann auf die Anzahl der erfolgten Laichablagen geschlossen werden. Diese makroskopischen Beobachtungen wurden durch histol. Untersuchungen vollauf bestätigt und ergänzt. Die Reifung der Gonaden findet während der Einwanderung in die Donau statt und zwar, nachdem die ersten 200 km durchwandert worden sind. Die meisten laichreifen Fische werden in Höhe von km **400** beobachtet. E. Amlacher. 6090.

Swarup, Krishna, Allahabad, Univ., Dep. of Zool. Certain interesting abnormalities in the gonads of Hilsa ilisha Hamilton. **(Einige interessante Abnormitäten in den Gonaden von Hilsa ilisha.)** Proc. nat. Acad. Sci., India, Sect, B **28** (1958) Nr. 6. S. 406–409. – 3 Abb., 10 Lit. 6090.

Mito, Satoshi; Kyushu Univ., Fac. of Agric., Fisheries Lab. Pelagic fish eggs from Japanese waters. IV. Trachinina and Uranoscopina. **(Pelagische Fischeier aus japanischen Gewässern. 4. Mitt. Trachinina und Uranoscopina.)** Sci. Bull. Fac. Agric., Kyushu Univ. **19** (1962) Nr. 3. S. 369–376. – 65 Abb., 6 Lit. Orig.: jap., Ausz.: engl. 2. Mitt. vgl. LZ. Abt. III **7** (1962) Nr. 7. S. 1509.
In der 4. Fortsetzung werden Eier und Larven der Unterordnungen Trachinina und Uranoscopina in der gleichen Weise beschrieben und in Abb. dargestellt wie es bereits mit den anderen systematischen Fischgruppen gleicher Herkunft geschehen ist. Es handelt sich hierbei um zahlreiche Formen von 3 Hauptgruppen der Trachinina und eine Art der Uranoscopina.
K. Anwand. 6090.

Mito, Satoshi; Kyushu Univ., Fac. of Agric., Fisheries Lab. Pelagic fish eggs from Japanese waters. V. Callionymina and Ophidiina. **(Pelagische Fischeier aus japanischen Gewässern. 5. Mitt. Callionymina und Ophidiina.)** Sci. Bull. Fac. Agric., Kyushu Univ. **19** (1962) Nr. 3. S. 377–380. – 20 Abb., 7 Lit. Orig.: jap., Ausz.: engl. 4. Mitt. vgl. vorst. Ref.
In der 5. Mitteilung werden 3 Formen der Unterordnung Callionymina und 2 Formen der Unterordnung Ophidiina beschrieben und durch Abb. erläutert.
K. Anwand. 6090.

Šapiro, I. M., Rott, N. N. und Rass, I. T. (Schapiro, I. M., Rott, N. N. und Rass, I. T.); Moskau, Sewerzow-Inst. für Tiermorphol. der Akad. der Wiss. der UdSSR, Helminthol. Lab. Radiacionnoe povreždenie jadra kak faktor, opredeljajuščij ugnetenie processa delenija kletki. **(Die Beschädigung des Kernes durch Bestrahlung als Faktor, der die Zellteilungsprozesse behindert.)** Žurnal obščej biologii, Moskva **21** (1960) Nr. 4. S. 289–296. – 6 Abb., 1 Tab., 14 Lit. Zus. in Engl. 6090.

Ginzburg, A. S. (Ginsburg, A. S.); Moskau, Sewerzow-Inst. für Tiermorphol. der Akad. der Wiss. der UdSSR. Blokirovanie polispermii pri oplodotvorenii jaic osetrovych i lososevych ryb i rol' kortikal'nych granul (al'veol) v ėtom processe. **(Die Verhinderung der Polyspermie bei der Befruchtung von Acipensoriden- und Salmonideneiern und die Bedeutung der Cortical-granula [Alveolen] für diesen Vorgang.)** Žurnal obščej biologii, Moskva **21** (1960) Nr. 6. S. 419–429. – 5 Abb., 3 Tab., 45 Lit. Zus. in Engl. 6090.

Le Cren, E. D. Experiments with populations of fish in Windermere. **(Versuche mit Fischpopulationen im Windermere-See.)** Advancement of Sci. **15** (1959) Nr. 61. S. 534-538. – 3 Abb., 4 Lit. 6095.

Nikol'skij, G. V. (Nikolski, G. W.); Moskau, Univ., Lehrstuhl für Ichthyol.; Sewerzow-Inst. für Tiermorphol. der Akad. der Wiss. der UdSSR. O formach prisposoblenij k samoreguljacii čislennosti populjacii u ryb. **(Über die Arten der Selbstregulation der Bestandsdichte bei Fischen.)** Žurnal obščej biologii, Moskva **21** (1960) Nr. 4. S. 233-244. – 2 Tab., 69 Lit. Zus. in Engl. 6095.

Lander, Robert H.; Seattle, Wash., U.S. Bureau of Commercial Fisheries, Biol. Lab. A method of estimating mortality rates from change in composition. **(Eine Methode zur Schätzung der Sterblichkeitsrate aus der Bestandsveränderung.)** J. Fisheries Res. Board Canada **19** (1962) Nr. 1. S. 159-168. – 1 Abb., 1 Tab., 10 Lit.
Vf. prüft das Problem der Abschätzung der Sterblichkeitsrate aus der Kenntnis des Fanges und der Bestandsänderung, die die selektive Befischung von einem oder zwei Jahrgängen einer Population verursacht. Formeln für die fischereiliche Sterblichkeit ohne natürliche Sterblichkeit und zusammen mit ihr werden mitgeteilt. Ein numerisches Beispiel erläutert die Methode. Einige Probleme werden diskutuiert, und Anwendungsmuster werden vorgeschlagen. J. Waldmann. 6095.

Moyle, John B. und Clothier, William D. Effects of management and winter oxygen levels on the fish population of a prairie lake. **(Einflüsse der Bewirtschaftung und des winterlichen Sauerstoffgehalts auf die Fischpopulation eines Prärie-Sees.)** Trans. Amer. Fisheries Soc. **88** (1959) Nr. 3. S. 178-185. – 1 Abb., 4 Tab., 20 Lit. 6095.

Templeman, Wilfred; St. John's, Newfoundland, Fisheries Res. Board of Canada, Biol. Stat. Record of the oceanic puffer, Lagocephalus lagocephalus (L.), family Tetraodontidae, from Newfoundland. **(Meldung von Lagocephalus lagocephalus, Familie Tetraodontidae, von Neufundland.)** J. Fisheries Res. Board Canada **19** (1962) Nr. 5. S. 811-814. – 5 Abb., 4 Lit.
Ein weibl. Exemplar eines Kugelfisches der Art *Lagocephalus lagocephalus* wurde am 26. Aug. 1961 am Strand bei Point Verde, Placentia Bay, 47° 14'N; 54°01'W gefangen. Das Tier war 60 cm lang. Es handelt sich um die erste Fangmeldung dieser Art aus dem westl. Atlantik. Sie ist im Mittelmeer und im tropischen afrikanischen Atlantik heimisch. Der Fisch wird ausführlich beschrieben und abgebildet. J. Waldmann. 6100.

Templeman, Wilfred und Squires, H. J.; St. John's, Newfoundland, Fisheries Res. Board of Canada, Biol. Stat. Record of the blue ling, Molva byrkelange (Walbaum), from the Newfoundland area. **(Meldung eines Blauen Leng, Molva byrkelange, aus dem Neufundlandgebiet.)** J. Fisheries Res. Board Canada **19** (1962) Nr. 5. S. 891-894. – 1 Abb., 1 Tab., 11 Lit.
Ein weibl. Blauer Leng (*Molva byrkelange*) wurde am 17. Sept. 1959 in der Hermitage Bay (47°33'N; 56°06'W) gefangen. Im Atlantik westl. oder südl. von Westgrönland war die Art bisher nicht vorgekommen. Der Fisch war 115 cm lang und wog etwa 3,8 kg. Das Tier wird abgebildet und beschrieben, die meristischen Merkmale werden mitgeteilt. J. Waldmann. 6100.

Berry, Frederick H. und Rivas, Louis R.; Brunswick, Ga., U.S. Bureau of Commercial Fisheries, Biol. Lab.; Miami, Univ., Dep. of Zool., Ichthyol.

Museum; Lab. Data on six species of needlefishes (Belonidae) from the Western Atlantic. **(Daten über sechs Beloniden-Arten aus dem westlichen Atlantik.)** Copeia [Philadelphia] **1962** Nr. 1. S. 152-160. — 3 Abb., 2 Tab., 3 Lit.

Im westl. Atlantik kommen 6 Beloniden-Arten vor, die 4 Gattungen angehören: *Belone argala*, *Strongylura notata*, *Str. timucu*, *Tylosurus acus*, *T. raphidoma* und *Ablennes hians*. Daten über die Variation zählbarer Merkmale und ontogenetischer Veränderungen in der Morphologie und Morphometrie dieser Arten werden mitgeteilt. Über die systematischen Verhältnisse, Artenunterschiede und ökologischen Beobachtungen wird berichtet. Zahlreiche Synonyme werden angegeben. J. Waldmann. 6100.

Smith, J. L. B. Two interesting fishes from South Africa. **(Zwei interessante Fische aus Südafrika.)** South African J. Sci. **56** (1960) Nr. 4. S. 91-92. — 1 Abb., 1 Tab. 6100.

Cristea, Anghel und Cristea, Elisabeta. Observații asupra puietului de scrumbie de Dunăre (Alosa pontica Eichw.) intrat din dunăre în bălțile din sectorul Brăila. **(Beobachtungen an der Brut von Alosa pontica in den Donauseen bei Brăila.)** Bul. Inst. Cercetări piscicole **19** (1960) Nr. 3. S. 78-85. — 2 Abb., 6 Tab., 13 Lit. Zus. in Russ., Franz.

Große Mengen der Brut von *Alosa pontica* gelangen mit dem Überschwemmungswasser in die Donauseen, wo sie bes. in den tiefen Seen reichlich Nahrung finden. Dies führt zu einer ausgezeichneten Entwicklung, so daß in den Seen der Insel Brăila die Brut von *Alosa pontica* eine mittlere Länge von 10 cm und ein mittleres Gewicht von 9 g erreicht. In den Seen des Gebietes Crapina-Jijila beträgt die mittlere Länge der Brut 10,3 cm bei einem mittleren Stückgewicht von 8,5 g. Die biol. Analysen zeigten, daß die Brut 100%ig der Art *A. pontica* zuzurechnen war. Die Zahl der Dornen auf dem ersten Kiemenbogen schwankte zwischen 36-60. Es wird gezeigt, daß bei dem Fang von *Clupeonella delicatula delicatula* bedeutende Mengen von *Alosa*-Brut vernichtet werden. Es werden Vorschläge zur Schonung der Brut gemacht. E. Amlacher. 6110.

MacDonald, T. H.; Glasgow, Univ., Dep. of Zool. Estimates of length of larval life in three species of lamprey found in Britain. **(Schätzungen der Länge des Larvenlebens bei drei britischen Neunaugenarten.)** J. Animal Ecol. **28** (1959) Nr. 2. S. 293–298. — 3 Tab., 7 Lit. 6110.

Helm, William. T.; Logan, Utah State Univ., Dep. of Wildlife Management. A simple method for increasing contrast in scale reading. **(Eine einfache Methode zur Kontrastvergrößerung beim Schuppenlesen.)** Trans. Amer. Fisheries Soc. **88** (1959) Nr. 4. S. 356. — 1 Abb. 6110.

Schiemenz, Friedrich; Hannover, Niedersächs. Inst. für Binnenfischerei. **Beobachtungen über das Verhalten der Forellen beim Aufstieg über ein Felsenwehr, bedeutungsvoll für die Konstruktion von Fischtreppen.** Allg. Fischerei-Ztg. **87** (1962) Nr. 19. S. 553-558.; Nr. 20. S. 602-605. — 12 Abb., 9 Lit.

Vf. teilt Beobachtungen über das Verhalten verschiedener Fischarten in der Strömung mit. Folgende Gesetzmäßigkeiten wurden erkannt: Der Fisch kann nur diejenige Wasserströmung spüren, die unmittelbar seinen Körper berührt. Diese Strömung kann nur eine einzige sein und nicht zugleich mehrere. Also kann ein Fisch, wenn er im Hauptstrom schwimmt, nicht gleichzeitig den Einfluß eines entfernten Einlaufes einer Fischtreppe als Strömung wahrnehmen. Unterschreitet die Strömungsgeschwindigkeit ein gewisses Maß, so wirkt sie nicht mehr richtungsweisend. Bei stärkerer Strömung schwimmen die Fische in ihr stromauf. In starker Strömung suchen die Fische Seitenberührung mittels ihrer Brustflossen. Forellen lassen sich von der Strömung mit dem Vorderende an den Grund festdrücken und verankern sich mit ihren gespreizten Brustflossen. Ruhepausen beim Aufstieg der Forellen in seichtem Wasser deutet Vf. als ein Kräftesammeln und Kennenlernen des Raumes. M.-L. Albrecht. 6110.

Jones, J. W.; Liverpool, Univ., Zool. Dep. Eel migration. **(Aalwanderung.)** Nature [London] **184** (1959) Nr. 4695. S. 1281-1283. — 30 Lit. 6110.

Moriarty, Christopher; Dublin, Dep. of Lands, Fisheries Div. Movement of salmon. **(Lachswanderung.)** Nature [London] **196** (1962) Nr. 4854. S. 595.
Vor der Küste von Mayo (Irland) wurden in Treibnetzen gefangene Lachse (*Salmo salar*) markiert und unmittelbar hinterher freigelassen. Ein am 29. Juni 1962 markierter Fisch von 65 cm Länge konnte am 28. Juli 1962 bei Ängelholm (Südschweden) wiedergefangen werden. Er hatte somit 1750 km zurückgelegt. Es ist dies der erste Wiederfang eines irischen Lachses an der Küste des europäischen Kontinents. W. Steffens. 6110.

Goščevskij, A.N. (Gostschewski, A. N.); Wolgograd, Abt. des Staatl. Forsch.-Inst. für Binnenfischerei. Distancionnyj gruppovoj zapusk mečenych ryb v zadannuju točku. **(Gruppenweises Freilassen markierter Fische auf bestimmten Entfernungen und Plätzen.)** Rybnoe chozjajstvo, Moskva **38** (1962) Nr. 3. S. 20-23. — 2 Abb.
Im Zimljansker Stausee wurden verschiedene Methoden des gruppenweisen Aussetzens markierter Fische vor einem bewegten Schleppnetz erprobt. Mit Hilfe dieser Methode sollten Aufschlüsse über das Verhalten von Fischen vor dem Fanggerät erlangt werden. Am besten eignete sich ein zylindrisch-konischer Sack, der mit den markierten Fischen in eine bestimmte Stellung zum bewegten Schleppnetz gebracht und dann vom Schiff aus geöffnet wird. Bau und Wirkungsweise der Vorrichtung werden beschrieben. Das Gerät kann in allen Gewässern in Tiefen von 30 m und mehr angewandt werden. In größeren Tiefen muß eine zusätzliche Beschwerung erfolgen, in Tiefen unter 30 m kann das Gerät ohne bes. Zusätze angewandt werden.
G. Predel. 6115.

Biologie der Meeressäuger

Fraser, F. C. und Purves, P. E.; London, British Museum. Anatomy and function of the cetacean ear. **(Anatomie und Funktion des Walohrs.)** Proc. Roy. Soc. [London], Ser. B **152** (1960) Nr. 946. S. 62-77. 6120.

Fish, Marie Poland und Mowbray, William H.; Narragansett, Marine Lab. Production of underwater sound by the white whale or beluga, Delphinapterus leucas (Pallas). **(Die Erzeugung von Unterwasserlauten durch den Weißwal oder Beluga, Delphinapterus leucas.)** J. Marine Res. **20** (1962) Nr. 2. S. 149 bis 162. — 8 Abb., 36 Lit.
Das Verhalten von 3 Exemplaren der Art *Delphinapterus leucas* wurde über längere Zeit in der Gefangenschaft beobachtet, und ihre Unterwasserlaute wurden aufgenommen. Schall und Aktivität der Weißwale hingen voneinander ab. Die produzierten Laute wurden mit denen anderer Walarten verglichen. Repräsentative Laute von 10 verschiedenen Kategorien wurden bei den Weißwalen registriert. Frequenzkomponenten vom Infra- bis zum Ultraschall wurden gemessen. Die benutzte Apparatur wird geschildert.
J. Waldmann. 6120.

C. LEBENSRAUM DER FISCHE

Neumann, J.; Jerusalem, Hebrew Univ., Dep. of Meteorol. Maximum depth and average depth of lakes. **(Maximaltiefe und Durchschnittstiefe von Seen.)** J. Fisheries Res. Board Canada **16** (1959) Nr. 6. S. 923-927. — 2 Abb., 1 Tab. 6135.

Barthelmes, Detlev; Berlin. **Die Bedeutung der zuflußbedingten und windbedingten Strömungen im Großen Müggelsee.** Wasserwirtsch.-Wassertechn. **12** (1962) Nr. 8. S. 362-365. – 9 Abb., 1 Tab., 8 Lit.

Mit Hilfe der Driftkörper-Methode wurden im Großen Müggelsee die Strömungen bei vollständiger Eisbedeckung und bei offenem Wasser untersucht. Die Spree erzeugt im See einen einfachen Durchfluß, wobei der Stromstrich – wenn er überhaupt ausgebildet ist – am Nordufer entlangführt und die Wasserwerksdüker berührt. Aus den völlig abweichenden und dazu äußerst variablen Strömungssystemen bei offenem Wasser kann gefolgert werden, daß die Spreeströmung im See schnell in den herrschenden Windtriftsystemen aufgeht und diese nur leicht modifiziert. D. Bathelmes. 6135.

Bosset, E.; Lausanne. Le Lac de Joux. Étude hydrologique du bassin. Recherches de mai 1953 à avril 1957. **(Der See von Joux. Eine hydrologische Studie des Seebeckens. Untersuchungen von Mai 1953 bis April 1957.)** Schweiz. Z. Hydrol. **24** (1962) Nr. 1. S. 90-151. – 32 Abb., 5 Tab., 42 Lit.

Die Untersuchungen wurden in erster Linie in Hinblick auf die Verunreinigung und die Selbstreinigung des Wassers sowie auf die Nutzung des Sees als Trinkwasserreservoir vorgenommen. Die Hauptursachen für die zunehmende Eutrophierung des Sees sind a) die natürliche Alterung, b) Primärverunreinigungen, bedingt durch den Zufluß von Kloakenrohwasser, Rieselwässern, Torfwaschwässern usw., c) Sekundärverunreinigungen durch absterbende Wasserpflanzen und Plankton, deren Entwicklung entsprechend dem steigenden Nährstoffangebot zunimmt und d) die Nutzung des Sees als hydroelektrischer Stau, wodurch die biochem. Verhältnisse beeinflußt werden. Um der fortschreitenden Eutrophierung Einhalt zu gebieten, wäre es erforderlich, den Zufluß von Abwässern einzustellen und eine künstliche Belüftung des Hypolimnions durchzuführen. M.-L. Albrecht. 6135.

Riedel, Dietmar; Managua. **Der Margheritensee (Südabessinien). Zugleich ein Beitrag zur Kenntnis der Abessinischen Graben-Seen.** Arch. Hydrobiol. **58** (1962) Nr. 4. S. 435-466. – 9 Abb., 10 Tab., 34 Lit.

Vf. berichtet über seine ausführlichen Untersuchungen am Margheritensee im nördl. Teil des Großen Afrikanischen Grabens. Der 70 km lange und max. 29 km breite See liegt in 1285 m Höhe, hat eine Oberfläche von 1160 km² und eine max. Tiefe von 13 m. Entsprechend seiner Lage unterliegt er tropischen Klimaeinflüssen mit einer kleinen Regenzeit im Frühjahr und einer großen im Herbst. Das Wasser weist eine Rotfärbung durch kolloidales Eisen auf, das auch für die geringe Sichttiefe von nur 10-12 cm verantwortlich ist. Der Sauerstoffgehalt lag an der Oberfläche zwischen 3 und 5 mg/l. Eine chem. oder thermische Vertikalschichtung tritt infolge der geringen Tiefe und der Windeinwirkung nicht auf. Die typischen Florengemeinschaften der Ufer werden beschrieben. Für den stellenweise sehr breiten Schilfgürtel hat sich durch die Weide der Nilpferde und die Nutzung des Schilfes durch den Menschen offensichtlich ein ausgewogenes Gleichgewicht eingestellt, so daß es nicht zu nennenswerten Verlandungserscheinungen kommt. Die Fischfauna ist durch eine überwiegende Raubfischpopulation bestimmt, wodurch der Anteil kleiner Fische in den Netzfängen sehr gering ist. Eine pelagische Fischfauna fehlt dem See. Von den 21 festgestellten Fischarten sind 6 endemische, 9 nilotische und 6 „abessinische“ Formen mit z. T. weit größerer Verbreitung. Im Zusammenhang mit der Fischfauna wird die Entwicklungsgeschichte des Sees diskutiert. Der in einem Schema dargestellte Nahrungskreislauf hat nicht den Fisch als Endglied der ersten Phase, sondern das Krokodil. Die Nilpferde als Konsumenten der Uferflora spielen eine wesentliche Rolle als Dunglieferanten für den See und wirken außerdem der Verlandung des Sees entgegen. W. v. Tümpling. 6135.

Balinsky, B. I. und James, G. V. Explosive reproduction of organisms in the Kariba Lake. **(Schlagartige Vermehrung von Organismen im Kariba-See.)** South African J. Sci. **56** (1960) Nr. 4. S. 101-104. 6135.

Lund, W. G. Investigations on the algae of Lake Windermere. **(Untersuchungen über die Algen des Windermere-Sees.)** Advancement of Sci. **15** (1959) Nr. 61. S. 530-534. — 1 Lit. 6135.

Proctor, Vernon W.; Lubbock, Texas Technol. Coll., Dep. of Biol. Dispersal of fresh-water algae by migratory water birds. **(Verbreitung von Süßwasseralgen durch wandernde Wasservögel.)** Science [Washington] **130** (1959) Nr. 3376. S. 623-624. — 1 Tab., 5 Lit. 6135.

Round, F. E. und Brook, A. J.; Bristol, Univ.; Pitlochry, Freshwater Fisheries Lab. The phytoplankton of some Irish loughs and an assessment of their trophic status. **(Das Phytoplankton einiger irischer Seen und eine Einschätzung ihres Trophiestandes.)** Proc. Roy. Irish Acad., Sect. B **60** (1959) Nr. 4. S. 167-191. — 8 Abb., 8 Tab., 14 Lit. 6135.

Kessler, Erich und Langner, Wolfgang; Marburg/Lahn, Univ., Bot. Inst. **Jahresperiodische Aktivitätsschwankungen bei einer Chlorella.** Naturwissenschaften **49** (1962) Nr. 14. S. 331-332. — 2 Abb., 7 Lit.

Vff. stellten an *Chlorella*-Kulturen jahresperiodische Aktivitätsschwankungen fest, und zwar trat bezüglich der Hydrogenaseaktivität im Sept./Okt. ein Maximum und im März ein Minimum auf. Es wird angenommen, daß eine derartige Jahresperiodik des H_2-Stoffwechsels auch bei anderen einzelligen Algen vorkommt. M. Schlüter. 6135.

Das, S. M. und Srivastava, V. K.; Lucknow, Univ., Dep. of Zool. Studies on freshwater plankton. Part III. Qualitative composition and seasonal fluctuations in plankton components. **(Untersuchungen über Süßwasserplankton. 3. Mitt. Qualitative Zusammensetzung und jahreszeitliche Schwankungen der Planktonbestandteile.)** Proc. nat. Acad. Sci., India, Sect. B **29** (1959) Nr. 4. S. 174-189. — 8 Abb., 43 Lit. 6135.

Das, S. M. und Srivastava, V. K.; Lucknow, Univ., Dep. of Zool. Studies on freshwater plankton. Part IV. The fish-food and the role of plankton components. **(Untersuchungen über Süßwasserplankton. 4. Mitt. Die Fischnahrung und die Bedeutung der Planktonbestandteile.)** Proc. nat. Acad. Sci., India, Sect B **29** (1959) Nr. 4. S. 190-196. — 2 Abb., 17 Lit. 3. Mitt. vgl. vorst. Ref. 6135.

Srivastava, Vinay K.; Lucknow, Univ., Dep. of Zool. Studies of freshwater bottom fauna. II. Qualitative composition and variation of the available food-supply for fishes. **(Untersuchungen über die Süßwasserbodenfauna. 2. Mitt. Qualitative Zusammensetzung und Unterschiede im nutzbaren Futterangebot für die Fische.)** Proc. nat. Acad. Sci., India, Sect. B **29** (1959) Nr. 4. S. 207-216. — 3 Abb., 22 Lit. 6135.

Srivastava, Vinay K.; Lucknow, Univ., Dep. of Zool. Studies on freshwater bottom fauna. III. The correlation between bottom fauna and the food of fishes. **(Untersuchungen über die Süßwasserbodenfauna. 3. Mitt. Die Beziehung zwischen der Bodenfauna und der Fischnahrung.)** Proc. nat. Acad. Sci., India, Sect. B **29** (1959) Nr. 4. S. 217-223. — 1 Abb., 1 Tab., 22 Lit. 2. Mitt. vgl. vorst. Ref. 6135.

Brinkhurst, R. O. Introductory studies on the British Tubificidae (Oligochaeta). **(Einleitende Untersuchungen über britische Tubificidae [Oligochaeta].)** Arch. Hydrobiol. **56** (1960) Nr. 4. S. 395–412. — 14 Abb., 8 Lit. 6135.

Kiefer, Friedrich und Einsle, Ulrich; Konstanz, Anst. für Bodenseeforsch. **Über das Vorkommen verschiedener Arten der Gattung Cyclops (s. restr.) in schweizerischen Seen.** Schweiz. Z. Hydrol. **24** (1962) Nr. 1. S. 44–48. — 5 Lit.

Vff. beschreiben aus den Jahren von 1943 bis 1961 aus 20 Seen der Schweiz das Vorkommen von 4 Formen der Gattung *Cyclops s. restr. C. abyssorum praealpinus* besiedelt die meisten der Seen, wobei zahlreiche lokale und temporäre Variationen auftreten. Hierüber werden ausführliche morphometrische Daten angegeben, die auch eine Unterscheidung von *C. strenuus* und *C. abyssorum* ermöglichen sollen. Für die übrigen Arten können vorläufig keine weitreichenden Angaben gemacht werden. W. v. Tümpling. 6135.

Džamusova, T. A. und Šapiro, E. A. (Dshamussowa, T. A. und Schapiro, Je. A.); Leningrad, Cytol. Inst. der Akad. der Wiss. der UdSSR, Lab. für Vergleichende Cytol. und Physiol. Teploustojčivost' myšečnoj tkani u raznych vidov i populjacij presnovodnych molljuskov. **(Die Wärmebeständigkeit des Muskelgewebes bei verschiedenen Arten und Populationen von Süßwassermollusken.)** Žurnal obščej biologii, Moskva **21** (1960) Nr. 6. S. 447–454. – 3 Abb., 2 Tab., 23 Lit. Zus. in Engl. 6135.

Saha, K. C., Sen, D. P. und Sen Gupta, J. C. Note on the biochemical stratification in pond fisheries and their productivity. **(Bemerkung über die biochemische Schichtung in Fischteichen und ihre Produktivität.)** Sci. and Cult. [Calcutta] **25** (1959) Nr. 3. S. 216–218. – 2 Tab., 2 Lit. 6140.

Soleanu, Bonna. Inflorirea apei şi productivitatea piscicolă a heleşteelor staţiunii Nucet în 1957–1959. **(Wasserblüte und fischereiliche Produktivität der Teiche der Station Nucet von 1957–1959.)** Bul. Inst. Cercetări piscicole **19** (1960) Nr. 1. S. 9–25.
Ganz allg. scheint, unabhängig von der Intensität der Wasserblüte, eine starke Algenentwicklung einen quantitativen Rückgang der aquatischen Wirbellosen hervorzurufen. Bes. die Copepodenentwicklung scheint gehemmt zu sein. Wechselhafte Wasserblüte scheint dagegen stimulierend auf das Zooplankton, nicht aber auf das Benthos zu wirken. Auch der Naturzuwachs der Fische steigt in solchen Fällen an. Daher ist vom teichwirtschaftlichen Standpunkt die max. Algenentwicklung zu verhindern, was durch portionsweise Düngung während der Abwachsperiode der Fische zu erreichen ist. Teiche mit starker Algenentwicklung müssen gewintert werden. Abschliessend werden Betrachtungen über Algenblüte und Coregonenwachstum angestellt. E. Amlacher. 6140.

Roşca, Grigore und Vasilescu-Rarinca, Elena. Humusul, variaţia şi importanţa lui pentru apele piscicole. **(Der Humus, seine Verschiedenheiten und seine Bedeutung für die Fischgewässer.)** Bul. Inst. Cercetări piscicole **19** (1960) Nr. 3. S. 18–31. – 10 Tab., 8 Lit.
Es wurden nach Erprobung mehrerer Methoden quantitative Humusbestimmungen nach der titrimetrischen Methode von Schollenberger am Schlamm fischereilicher Gewässer durchgeführt. Vff. machen mengenmäßige Angaben über den prozentualen Humusgehalt verschiedener Karpfenteiche im Delta und im Überschwemmungsgebiet der Donau. Es wird gefunden, daß die Zersetzung von Pflanzenresten nur in bestimmten Optimalgrenzen zu einem Anstieg des Humusgehaltes für jeden Gewässertyp führt. In Fällen, in denen die Mineralisationsprozesse im Schlamm nicht normal verlaufen und auf Grund von Sauerstoffmangel verlangsamt sind, kommt es zu einer abnormen Anhäufung von Humus. Folgende Schwankungsbereiche wurden dabei festgestellt: Großflächige Balten im Überschwemmungsgebiet der Donau 1,14–5,56%, Balten der Insel Brăila 3,46–9,17%, Donaudelta 5,03–40,54%, andere Baltenkomplexe des Donaudeltas 7,04–32,52%, Teichwirtschaften 0,46–6,72%. Eine Anreicherung von Humussubstanzen findet bes. im Mündungsgebiet der Donau statt, wo die Mineralisation nur verzögert stattfinden kann. Es erfolgt eine abschließende Klassifizierung der Fischereigewässer nach ihrem Humusgehalt. Für produktive Gewässer der unter-

suchten Gebiete liegen die Optimalwerte zwischen 1–11%. Gewässer, die verschlechterte Bedingungen aufweisen, enthalten bis zu 20% Humus, degradierte und unproduktive Gewässer enthalten 20–40%.
E. Amlacher. 6140.

Willis, Harold; Emporia, Kansas State Teachers Coll. Some limnological conditions of Turkey Creek and two ponds near Shawnee, Kansas, from June 8, 1957 to August 16, 1957. **(Einige limnologische Bedingungen des Truthahn-Flusses und zweier Teiche in der Nähe von Shawnee, Kansas, vom 8. Juni bis 16. August 1957.)** Trans. Kansas Acad. Sci. **62** (1959) Nr. 1. S. 20–28.
6145.

Gessner, Fritz; Kiel, Univ., Inst. für Meereskunde, Bot. Abt. **Der Elektrolytgehalt des Amazonas.** Arch. Hydrobiol. **58** (1962) Nr. 4. S. 490–499. – 3 Abb., 3 Tab., 5 Lit.
Der Elektrolytgehalt aller Flüsse des Amazonasgebietes ist sehr gering, was in enger Beziehung zur Armut der Böden an Mineralstoffen steht. Vf. gibt eine tabellarische und graphische Übersicht über die Leitfähigkeit des Amazonas und einiger Nebenflüsse anläßlich einer Bereisung im Sept. 1960. Für den Zusammenfluß des Solimoes und des Rio Negro läßt sich die Wasserführung beider in ihrem Verhältnis zueinander bestimmen. Durch die fehlende Trockenzeit in seinem Einzugsgebiet ist die Wasserführung des Rio Negro im Sommer und Herbst wesentlich höher als im Apr. Weiter flußabwärts führt nur der Rio Madeira zu einer Erhöhung der Leitfähigkeit im Amazonas, während alle übrigen Nebenflüsse infolge ihrer zu geringen Wasserführung ohne Einfluß auf den Amazonas sind. W. v. Tümpling. 6145

Drăgăşanu, Ştefan, Vasilescu-Rarinca, Elena und Stoina, Tiberiu. Contribuţii la studiul fizico-chimic al apelor Dunării inferioare în sectorul romînesc. **(Beiträge zum Studium der physikalisch-chemischen Verhältnisse des Wassers der unteren Donau im rumänischen Sektor.)** Bul. Inst. Cercetări piscicole **19** (1960) Nr. 4. S. 5–28. – 16 Tab., 5 Lit.
Das Donauwasser wurde in monatl. Abständen, beginnend im März 1958 bis zum März des folgenden Jahres, untersucht. Die Untersuchung erfolgte an 6 Stationen zwischen dem km 957 und der Meile 2 (Sulina). Die ermittelten Werte haben ähnliche Größen und Schwankungsbreiten. Dem Salzgehalt nach wird das Donauwasser in die Gruppe kalziumhaltiger Bicarbonatgewässer eingestuft. Entsprechend dem Grad der Mineralisation erfolgt eine Einstufung zwischen die Kategorie von Gewässern verringerter Mineralisation (bis zu 200 mg/l) und die Kategorie von Gewässern mittlerer Mineralisation (200–500 mg/l). Der tägliche Wärmehaushalt, die Aktivität der Mikroorganismen und der Sauerstoffgehalt nähern sich der Sättigungsgrenze. Das Donauwasser zeigt eine schwache org. Belastung, eine geringe Sauerstoffzehrung und eine niedrige Oxydierbarkeit. E. Amlacher. 6145.

Popescu, Ecaterina. Observaţii asupra planctonului în regiunea de amonte a Dunării inferioare (km 1042–km 957). **(Beobachtungen am Plankton im unteren Donaugebiet vom km 1042–957.)** Bul. Inst. Cercetări piscicole **19** (1960) Nr. 3. S. 5–17. – 6 Tab., 6 Lit. Zus. in Russ., Franz.
Unter den hydrol. und klimatischen Bedingungen des Jahres 1958 zeigte das Plankton in dem untersuchten Gebiet, wo der Einfluß der Überschwemmungsseen wenig spürbar ist, eine monotone Zusammensetzung. Diese entspricht einerseits der Strömungsgeschwindigkeit, andererseits den phys.-chem. Wasserfaktoren und den verschiedenen Fortpflanzungs- und Ernährungsbedingungen der dort lebenden Organismengruppen. Daher besteht der große Teil der Organismen aus euplanktischen Formen, die mit dem Wasserstrom aus den benachbarten Seen eingeschleust werden, wobei die pflanzlichen Organismen leicht überwiegen. Im Phytoplankton dominieren

die Diatomeen, im Zooplankton die Rotatorien. Die Gesamtzahl der gefundenen Arten beträgt 160, davon gehören 120 den Algen an. Die max. Entwicklung des Planktons wird in den Mon. des niedrigen Wasserstandes und langsamer Wasserströmung beobachtet. Die Verteilung und Dichte des Planktons in vertikaler und horizontaler Richtung ist sehr variabel. Als Nahrung der Fische hat das Plankton keine Bedeutung, woraus sich die niedrige fischereiliche Produktion im Gebiet erklären läßt.

E. Amlacher. 6145.

Mircea, Oltean und Cristea, Elisabeta. Un caz tipic de înflorire cu diatomee a apelor Dunării inferioare. **(Ein typischer Fall von Diatomeenblüte im Unterlauf der Donau.)** Bul. Inst. Cercetări piscicole **19** (1960) Nr. 4. S. 29–34. – 1 Abb., 2 Tab.

Es wird über einen Fall von Wasserblüte zwischen Brăila und Reni (km 167 bis 126) am 19. und 20. Okt. 1959 berichtet. Es wurden Planktonproben entnommen und die einzelnen Arten folgender Diatomeen-Gruppen bestimmt: Diatomeae (20 Arten), Cyanophyceae (2 Arten), Flagellatae (1 Art), Chlorophyceae (12 Arten) und Conjugatae (1 Art). Den Hauptanteil an der Wasserblüte haben *Asterionella formosa* und zum Teil *Fragilaria crotonensis*. Es wird angenommen, daß diese Wasserblüte ein für die Donau typischer Fall ist, da die Arten, die den Hauptanteil daran hatten, im wesentlichen für die Donau charakteristisch sind. Es wird auch angenommen, daß diese Wasserblüte nicht eine Folge des Zuflusses von Wasser aus den Donauseen ist, da diese im wesentlichen eine Blaualgen-Wasserblüte aufweisen (*Anabaena* und *Aphanizomenon*). Quantitativ betrug die Menge der Wasserblüte 4 Md. Kolonien/m^3. Es wird gefolgert, daß die Entwicklung dieser Wasserblüte dazu berechtigt, phytoplanktonfressende Fischarten wie *Hypophthalmichthys molitrix* einzubürgern. E. Amlacher. 6145.

Bursche, Eva-Maria; Plön, Max-Planck-Ges., Hydrobiol. Anst. **Untersuchungen über die in der Polenz vorherrschenden Bewuchsdiatomeen.** Arch. Hydrobiol. **58** (1962) Nr. 4. S. 474–489. – 10 Abb., 3 Tab., 16 Lit.

In einem kleinen Mittelgebirgsfluß im Elbsandsteingebirge wurden an 4 Untersuchungsstationen, die sich vor allem in Hinblick auf die Beleuchtungsverhältnisse unterscheiden, monatl. einmal quantitative Diatomeenbewuchsproben entnommen. Das Bewuchsbild wurde durch *Navicula viridula*, *N. cryptocephala* und *Cocconeis placentula* bestimmt. Der Mengenwechsel dieser Arten ist im einzelnen verfolgt worden. Die *Navicula*-Arten zeigten ein recht einheitliches Verhalten hinsichtlich ihrer Periodizität und Lichtansprüche Von Ende Okt. bis Anfang Apr., der Zeit der Maximalentfaltung, waren die Individuenzahlen auf 1 cm^2 Substratoberfläche an den Stationen am größten, wo die günstigsten Lichtbedingungen herrschten. In den anderen Mon. mit allg. günstigeren Beleuchtungsverhältnissen kamen diese Unterschiede nicht zum Ausdruck. *Cocconeis* war dagegen offenbar nicht abhängig von der Lichtintensität des Standortes und zeigte auch keine ausgeprägte Periodizität. M.-L. Albrecht. 6145.

Davies, H. R. J.; Khartoum, Univ., Dep. of Geography. Effects of the water hyacinth (Eichornia crassipes) in the Nile valley. **(Wirkungen der Wasserhyazinthe [Eichornia crassipes] im Niltal.)** Nature [London], Suppl. **184** (1959) Nr. 14. S. 1085–1086. 6154.

Scheuring, L. und Zehender, C.; München, Univ., Bot. Inst. **Untersuchungen zur Stoffwechselphysiologie des „Abwasserpilzes" Fusarium aquaeductuum Lagh.** Schweiz. Z. Hydrol. 24 (1962) Nr. 1. S. 152–171. – 1 Abb., 3 Tab., 12 Lit.

Es wurde der Umsatz von Kohlehydraten beim Wachstum und bei der Atmung von *Fusarium aquaeductuum* untersucht. Vom pH des Mediums wurde sowohl die endogene als auch die exogene Atmung innerhalb des Bereichs von pH 3–10 nicht beeinflußt. Niedere und höhere Werte führten zu einer verstärkten Bildung von Konidiosporen. Glukosekonzentrationen bis 40% wurden ohne Schädigung ertragen. Außer Ribose, Laktose und Polysacchariden mit β-glukosidischer Bindung wurden alle untersuchten Kohlehydrate ± gut verwertet. Für die einzelnen Kohlehydrate wurden der „Synthetische Wirkungsgrad" und der „Ökonomische Koeffizient" bestimmt.

M.-L. Albrecht. 6145.

Gils, Hermann; Egestorf/Deister. **Die wechselnde Abflußhemmung in verkrauteten Gewässern.** Dtsch. gewässerkundl. Mitt. **6** (1962) Nr. 5. S.102–110. — 10 Abb., 6 Tab., 7 Lit.

Es wurde ein Verfahren ausgearbeitet, das die Bestimmung des Abflusses aus Pegelaufzeichnungen ermöglicht, indem auf Grund der Abflußmessungen jedem Tag ein Krautfaktor zugeordnet wird, der zusammen mit dem Wasserstand den gesuchten Tagesabfluß liefert. Als Bezugsbasis dient die Linie des krautfreien Abflusses. Das Verfahren erhebt Anspruch auf Gültigkeit für den nicht ausufernden Bereich. Mittels des neuen Verfahrens kann man die Abflüsse verkrauteter Gewässer statistisch auswerten. Bei Rechtsstreitfällen besteht die Möglichkeit, Auskunft über die Ursache von hohen Sommerwasserständen zu geben. M.-L. Albrecht. 6145.

Sattler, Werner; Schlitz, Hessen, Max-Planck-Ges., Hydrobiol. Anst., Limnol. Flußstat. **Über den Körperbau, die Ökologie und Ethologie der Larve und Puppe von Macronema Pict. (Hydropsychidae), ein als Larve sich von „Mikro-Drift" ernährendes Trichopter aus dem Amazonasgebiet.** Arch. Hydrobiol. **59** (1963) Nr. 1. S. 26–60. — 34 Abb., 2 Tab., 25 Lit. 6145.

Rattray jun., Maurice und Hansen, Donald V.; Seattle, Wash., Univ., Dep. of Oceanography. A similarity solution for circulation in an estuary. **(Eine Ähnlichkeitslösung für die Zirkulation in einem Ästuar.)** J. Marine Res. **20** (1962) Nr. 2. S. 121–133. — 9 Abb., 6 Lit.

Eine Reihe von Differentialgleichungen und Grenzbedingungen wird mitgeteilt, um die Strömung und Vermischung in einem Ästuar zu beschreiben. Eine Gruppe von Transformationen dient dazu, eine Annäherungslösung zu erreichen, die phys. realistisch ist. Die Ergebnisse zeigen, daß die Verteilung von Dichte und Strömungsgeschwindigkeit nicht durch die Geometrie beeinflußt wird und daß bei Ästuarzirkulationen gute Ergebnisse durch eine Anzahl von Querschnitten zu erwarten sind. J. Waldmann. 6148.

Krishna, Daya und Baid, Inder Chand; Jodhpur, Jaswant Coll., Dep. of Zool. Studies on the population of Artemia salina of the Sambhar Lake, Rajasthan. **(Untersuchungen über die Population von Artemia salina des Sambhar-Sees, Rajasthan.)** Proc. nat. Acad. Sci., India, Sect. B **28** (1958) Nr. 6. S. 416–423. — 2 Abb., 2 Tab., 19 Lit. 6148.

Gilchrist, Barbara M. und Green, J.; London, Univ., Bedford Coll. The pigments of Artemia. **(Die Pigmente von Artemia.)** Proc. Roy. Soc. [London], Ser.B **152** (1960) Nr. 946. S. 118–136. — 2 Abb., 5 Tab., 44 Lit. 6148.

Schmidt, W. J.; Gießen, Univ., Zool. Inst. **Über Carotinoidkristalle bei Artemia salina.** Arch. Hydrobiol. **58** (1962) Nr. 4. S. 500–506. — 4 Abb., 5 Lit.

Vf. beobachtete im Polarisationsmikroskop rötliche doppelbrechende Kristalle in den blattförmigen Exopoditen von *A. salina.* Daneben kamen bei anderen Tieren auch orangefarbene Fetttropfen vor. Das optisch anisotrope Material ist in den Epidermiszellen lokalisiert. Die rötliche Farbe, hohe Doppelbrechung und starker Dichroismus weisen auf Karotinoidkristalle hin, was durch die Blaufärbung bei Zugabe von konzentrierter Schwefelsäure (Lipocyanreaktion) nachgewiesen wird. Die Bildung von Kristallen scheint durch Fettmangel begünstigt zu werden. W. v. Tümpling. 6148.

Capstick, C. K.; Newcastle-on-Tyne, Univ. of Durham, King's Coll., Dep. of Zool. The distribution of free-living nematodes in relation to salinity in the middle and upper reaches of the River Blyth estuary. **(Die Verteilung freilebender Nematoden im Verhältnis zum Salzgehalt in den mittleren und oberen Bereichen der Mündung des Flusses Blyth.)** J. Animal Ecol. **28** (1959) Nr. 2. S. 189–210. – 4 Abb., 10 Tab., 19 Lit. 6148.

Şerpoianu, Gh. und Chirilă, V. Observaţii asupra variaţilor sezoniere ale condiţiilor fizico-chimice în cursul anului 1959 în zona marină din dreptul Constanţei. **(Beobachtungen über die jahreszeitlichen Schwankungen der physikalisch-chemischen Bedingungen in der marinen Zone in Höhe von Constanta im Jahre 1959.)** Bul. Inst. Cercetări piscicole **19** (1960) Nr. 2. S. 7–21. – 9 Abb., 8 Tab., 11 Lit.

Im rumänischen Teil des Schwarzen Meeres zeigen die phys.-chem. Faktoren i. allg. große Schwankungen, bedingt einerseits durch die Verschiedenheit der Richtung, mit der das Süßwasser im nordwestlichen Eck des Schwarzen Meeres von den Meeresströmungen weiter transportiert wird, andererseits durch das Klima, das betonte thermische jahreszeitliche Schwankungen verursacht. Obwohl die untersuchte Zone dem Einfluß des Süßwassers am wenigsten ausgesetzt ist, ist dessen Einfluß dennoch für eine Reihe von Besonderheiten verantwortlich zu machen, die vor allem in der instabilen Hydrologie der oberen Wasserschichten zum Ausdruck kommen. Bis zu 30 Seemeilen vom Land entfernt überschreitet die Sichttiefe des Meerwassers zu keiner Jahreszeit 7 m. Der Salzgehalt schwankt in weiten Grenzen zwischen 11–18‰ an der Oberfläche und 13–18‰ in 10 m Tiefe, eine Folge der Unregelmäßigkeit der Meeresströmungen. Die Verringerung des Salzgehaltes in der untersuchten Zone wirkt sich negativ auf den Fang einiger Fischarten aus, die sich vom Ufer entfernen. Die Wassertemperatur zeigt starke jahreszeitliche Schwankungen in einer Tiefe von 0–25 m. Die Schwankungs-Amplitude liegt zwischen 5°–27 °C. Diese Schwankungen sind determinierende Faktoren für die Auslösung der Fischwanderungen und den Aufenthalt der wichtigsten Fischarten, z. B. der Sprotte, in Nähe des Meeresstrandes. So kann das frühe oder späte Erscheinen der Fische erklärt werden. Das führt zu großen jährlichen Schwankungen in der Höhe der Fangerträge. In 25–50 m Tiefe herrscht eine ziemliche Stabilität im Temperatur- und Salzhaushalt.

E. Amlacher. 6150.

Knauss, John A.; La Jolla, Calif., Univ., Scripps Instn. of Oceanography. Observations of internal waves of tidal period made with neutrally buoyant floats. **(Beobachtungen der internen Wellen von Tidenperioden mit Neutral-Schwimm-Bojen.)** J. Marine Res. **20** (1962) Nr. 2. S. 111–118. – 5 Abb., 1 Tab., 9 Lit.

Neutral-Schwimm-Bojen zeigten bei 28° 12′ N; 139° 07′ W und 28° 48′ N; 117° 41′ W zwischen 500 und 2500 m Tiefe eine ausgeprägte periodische Bewegung. Die Schwimmkörper bewegten sich auf einer Bahn im Uhrzeigersinne mit Geschwindigkeiten von 5–18 cm/s und mit einer Periode von etwa 25 Std. Eine derartige Bewegung wurde in anderen Breiten nicht beobachtet. Es wird angenommen, daß die beobachtete Bewegung auf interne Wellen zurückzuführen ist und daß sie auf einen begrenzten Breitenbereich beschränkt ist.

J. Waldmann. 6150.

Reid jun., Joseph L.; La Jolla, Calif., Scripps Instn. of Oceanography. Distribution of dissolved oxygen in the summer thermocline. **(Die Verteilung von gelöstem Sauerstoff in der sommerlichen Temperatursprungschicht.)** J. Marine Res. **20** (1962) Nr. 2. S. 138–148. – 7 Abb., 28 Lit.

Im Sommer wird die max. O_2-Konzentration im Ozean fast stets in einer Tiefe gefunden, die mit dem unteren Teil der winterlichen Durchmischungszone übereinstimmt. Vf. zeigt, daß die Sauerstoffkonzentration in der Tiefe des sommerlichen Maximums und darüber während des ganzen Jahres nahe der Sättigungsgrenze bleibt und von der Temperatur abhängt. Der mögliche Effekt der Photosynthese wird diskutiert, jedoch sind die bisherigen Erfahrungen zu gering, und die Ergebnisse stehen zum Teil im Gegensatz zueinander. J. Waldmann. 6150.

Trites, R. W.; Halifax, Fisheries Res. Board of Canada, Atlantic Oceanographic Group. Temperature and salinity in the Quoddy Region of the Bay of Fundy. **(Temperatur und Salzgehalt in der Quoddy-Region der Fundy-Bucht.)** J. Fisheries Res. Board Canada **19** (1962) Nr. 5. S. 975–978. – 2 Abb., 2 Lit.
Auf 43 Fahrten in den Jahren 1957–1958 in die Quoddy-Region wurden auf 14 Stationen Temperatur und Salzgehalt festgestellt. Die Messungen waren ein Teil der internationalen Untersuchungen zur Vorhersage der Auswirkungen des geplanten Gezeiten-Kraftwerkes auf die Fischerei. Im Frühjahr und Sommer nimmt die Wassertemperatur seewärts ab, das Maximum liegt an der Oberfläche. Im Herbst und Winter steigt sie seewärts. Das Minimum liegt nun an der Oberfläche. Die jährl. Temperaturkurven der Inneren und Äußeren Quoddy-Region zeigen einen Mittelwert von 13–10 °C an der Oberfläche und von 11–9 °C am Boden. 1957/58 betrug das Maximum 15,9° und das Minimum –0,6 °C. Der Salzgehalt nimmt das ganze Jahr über seewärts zu. Die Unterschiede zwischen küstennahen und küstenfernen Stationen waren groß und schwankten in den Untersuchungsjahren mit den Niederschlagsmengen. J. Waldmann. 6150.

Cassie, R. Morrison; Wellington, New Zealand, Dep. of Sci. and Ind. Res., Oceanographic Inst. Frequency distribution models in the ecology of plankton and other organisms. **(Häufigkeitsverteilungsmodelle in der Ökologie des Planktons und anderer Organismen.)** J. Animal Ecol. **31** (1962) Nr. 1. S. 65 bis 92. – 7 Abb., 6 Tab., 36 Lit.
Vf. gibt mathematische Häufigkeitsverteilungsmodelle für die Verteilung von Organismen im Raum unter bes. Berücksichtigung der Planktonökologie. Behandelt werden die Binomial-Familie, die „discrete log-normal distribution" und andere „contagiöse" Modelle. Der Einfluß der Umweltfaktoren auf das „Poisson-log-normal"- Modell wird untersucht; dieses Modell wird zur Verwendung vorgeschlagen und begründet. J. Waldmann. 6150.

Stewart, W. D. P.; Nottingham, Univ., Dep. of Bot. Occurrence of Cystoseira tamariscifolia (Huds.) Papenf. on the West Coast of Scotland. **(Vorkommen von Cystoseira tamariscifolia an der Westküste von Schottland.)** Nature [London] **195** (1962) Nr. 4839. S. 402–403. – 7 Lit.
Cystoseira tamariscifolia ist eine an der atlantischen Küste von Nordafrika und Europa häufige, an wärmeres Wasser angepaßte Art. Vf. fand diese Art an der Westküste der äußeren Hebriden in Gezeitentümpeln, vergesellschaftet mit *Codium fragile* subsp. *atlanticum* und *Halidrys siliquosa.* Aus angespültem Material wird geschlossen, daß weitere Vorkommen im Sublitoral vorhanden sind. M. Schlüter. 6150.

Rees, D. A. und Conway, E.; Edinburgh, Univ., Dep. of Chem.; Glasgow, Univ., Dep. of Bot. Water-soluble polysaccharides of Porphyra species: a note on the classification of P. naiadum. **(Wasserlösliche Polysaccharide von Porphyra-Arten: Eine Bemerkung zur Klassifikation von P. naiadum.)** Nature [London] **195** (1962) Nr. 4839. S. 398–399.
Vff. untersuchten einige 50 verschiedene Proben verschiedener *Porphyra*-Arten der Westküste Schottlands und von der pazifischen Küste von Nordamerika auf ihre wasserlöslichen Polysaccharide. Die Zusammensetzung der

extrahierten Polysaccharide war bei allen geprüften, Arten ähnlich mit Ausnahme von *P. naiadum*. Vff. unterstützen daher die Ansicht von Hollenberg (1959), diese Art zu einer neuen Gattung, *Smithora*, zu stellen.
M. Schlüter. 6150.

Hurley, D. E.; Wellington, New Zealand, Dep. of Sci. and Ind. Res., Oceanographic Inst. A second species of Priapulus from New Zealand waters. **(Eine zweite Priapulus-Art aus neuseeländischen Gewässern.)** New Zealand J. Sci. **5** (1962) Nr. 1. S. 13–16. – 4 Lit.
Die Art *Priapulus australis*, die bisher nur aus Tiefen von 90–390 m aus südamer. Gewässern bekannt war, wurde jetzt in der Hawke Bay, Neuseeland. gefunden. Bisher waren nur die beiden Unterarten *P. tuberculatospinosus tuberculatospinosus* und *P. t. abyssorum* im Untersuchungsgebiet bekannt. Ein Bestimmungsschlüssel für die in neuseeländischen Gewässern lebenden Priapuliden wird mitgeteilt. J. Waldmann. 6150.

Southward, Eve C.; Plymouth, Citadel Hill Lab. A new species of Galathealinum (Pogonophora) from the Canadian Arctic. **(Eine neue Galathealinum-Art [Pogonophora] aus der kanadischen Arktis.)** Canad. J. Zool. **40** (1962) Nr. 3. S. 385–389. – 10 Abb., 1 Tab., 3 Lit.
Die für die Wissenschaft neue Art *Galathealinum arcticum* wurde in der Thetis Bay, Hershell Is., Yukon, gefunden. Es lagen 2 unvollständige Exemplare, ein männl. und ein weibl. vor., Die Art wird ausführlich beschrieben und abgebildet. J. Waldmann. 6150.

Kunz, Helmut; Bischmisheim bei Saarbrücken. **Revision der Paramesochridae (Crust. Copepoda).** Kieler Meeresforsch. **18** (1962) Nr. 2. S. 245–257. – 3 Abb., 25 Lit. 6150.

Guinot, Danièle; Paris, Muséum Nat. d'Histoire Naturelle. Sur une collection de Crustacés Décapodes Brachyoures des îles Maldives et de Mer Rouge (Expédition „Xarifa" 1957–1958). **(Über eine Sammlung von Crustacea Decapoda Brachyura von den Malediven und aus dem Roten Meer [„Xarifa"-Expedition 1957–1958].)** Kieler Meeresforsch. **18** (1962) Nr. 2. S. 231–244. – 5 Abb., 47 Lit. 6150.

Thiel, Hjalmar; Kiel, Univ., Zool. Inst. **Untersuchungen über die Strobilisation von Aurelia aurita LAM. an einer Population der Kieler Förde.** Kieler Meeresforsch. **18** (1962) Nr. 2. S. 198–230. – 20 Abb., 16 Tab., 30 Lit. 6150.

Cushing, D. H.; Lowestoft, Fisheries Lab. An alternative method of estimating the critical depth. **(Eine Methode zur Feststellung der kritischen Tiefe.)** Cons. permanent int. Explorat. Mer [Copenhague], J. Cons. **27** (1962) Nr. 2. S. 131–140. – 5 Abb., 5 Tab., 18 Lit.
Eine Modifikation von Sverdrup's Methode zur Bestimmung der kritischen Tiefe wird entwickelt. Sie trägt der Hemmung der Photosynthese bei hohen Lichtintensitäten und der Energieextinktion Rechnung. Es wird gezeigt, daß die Produktionsrate des Phytoplanktons während der Frühjahrsblüte 1954 auf den neunfachen Wert anstieg. Das wurde durch Verdoppeln der Kompensationstiefe, Verdoppeln der Produktionsrate und Reduktion der Mischtiefe auf ein Drittel erreicht. J. Waldmann. 6200.

Marples, Timothy G.; Otago, New Zealand, Univ., Dep. of Zool. An interval plankton sampler for use in ponds. **(Ein Gerät für Serienplanktonfänge in Teichen.)** Ecology **43** (1962) Nr. 2. S. 323–324. – 3 Abb.,
Das beschriebene Gerät besteht im Prinzip aus einer Anzahl (4) Schließnetzen, die als einheitlicher Block unter einem Schwimmer angebracht sind. Das Gerät wird horizontal an einer quer über den Teich gespannten Leine gezogen,

wobei die einzelnen Schließnetze nacheinander in Tätigkeit treten, so daß man eine der Netzzahl entsprechende Zahl nebeneinander entnommener Proben erhält. Die Netze fischen 20–30 cm unter der Wasseroberfläche und sollen jeweils 9 l Wasser filtrieren. D. Barthelmes. 6200.

Armstrong, F. A. J. und Wickstead, J. H.; Plymouth, Citadel Hill Lab. A note on the preservation of plankton samples with formalin. **(Eine Bemerkung über die Konservierung von Planktonproben mit Formalin.)** Cons. permanent int. Explorat. Mer [Copenhague], J. Cons. **27** (1962) Nr. 2. S. 129 bis 130. – 3 Lit.
Die Formalinfixierung von Planktonproben wird am häufigsten angewendet. Die Methode hat jedoch ernste Nachteile, da das techn. Formalin Ameisensäure und gelöstes Eisen enthält. Kalkschalen werden deshalb schnell gelöst. Das Neutralisieren mit Boraten sollte vermieden werden, da Mazerierschäden auftreten. Auch das gelöste Eisen kann durch Niederschlagsbildung stören. Vff. schlagen Zugabe von Rochelle-Salz (Na-K-Tartrat) vor. Genaue Vorschriften werden mitgeteilt. Das Verfahren hat sich gut bewährt.
J. Waldmann. 6200.

Teal, J. M. und Halcrow, K.; Southampton, Univ., Woods Hole Oceanographic Instn. A technique for measurement of respiration of single copepods at sea. **(Ein Verfahren zur Messung der Atmung einzelner Copepoden im Meer.)** Cons. permanent int. Explorat. Mer [Copenhague], J. Cons. **27** (1962) Nr. 2. S. 125–128. – 2 Abb., 5 Lit.
Es wird eine Technik beschrieben, die es ermöglicht, den Sauerstoffverbrauch einzelner großer Copepoden im Meer zu messen. Die Methode benutzt polarographische Sauerstoffelektroden und bringt Ergebnisse, die mit denen anderer Autoren mit ähnlichem Untersuchungsmaterial vergleichbar sind. Versuchsanordnung und -durchführung werden beschrieben. J. Waldmann. 6200.

D. FISCHEREIWIRTSCHAFT

Binnenfischerei

Miricǎ, Gh. und Manea, Gh. I. Piscicultura şi pescuitul în Republica Cehoslovacǎ. **(Fischzucht und Fischerei in der Tschechoslowakei.)** Bul. Inst. Cercetǎri piscicole **19** (1960) Nr. 2. S. 23–39. – 5 Abb., 2 Tab. Zus. in Russ., Franz.
Der Bericht über eine Studienreise rumänischer Fischereiwissenschaftler in die ČSSR behandelt: Die hydroklimatischen Eigenschaften der fischereilichen Gebiete, die fischereilichen Gewässer und ihre Bewirtschaftung, Geschichte der Fischzucht, Methoden der Züchtung und Fütterung des Karpfens, Besatz von Gewässern mit Fischen. Es werden die teichwirtschaftliche Karpfenproduktion und die Maßnahmen zur Erhöhung der Produktivität, insbesondere durch Teichdüngung diskutiert. In einem Abschnitt, der sich mit der Karpfenfütterung beschäftigt, wird über die Zusammensetzung und Verteilung des Futters berichtet. Ein bes. Abschnitt ist den Fortschritten, die in der Vorbeugung und Behandlung der Infektiösen Bauchwassersucht des Karpfens erzielt wurden, gewidmet. In den letzten Kapiteln werden Fragen der Mechanisierung der Fischerei und der Erhöhung des Absatzes und Konsums von Karpfen sowie die Herstellung von Konserven und Halbkonserven erwähnt. Den Abschluß bildet ein kurzer Überblick über die Sportfischerei.
E. Amlacher. 6225.

Manea, Gh. I. Piscicultura în Republica Popularǎ Chinezǎ. **(Die Fischzucht in der Volksrepublik China.)** Bul. Inst. Cercetǎri piscicole **19** (1960) Nr. 3. S. 45–61. – 13 Abb., 1 Tab., 5 Lit. Zus. in Russ., Franz.
Es wird ein Überblick über die chinesische Fischerei gegeben, deren Erträge um das Dreifache von 1670 t im Jahr 1952 auf 5200 t im Jahr 1959 gesteigert

wurden. Es wird über die Aufzuchtmethoden von Fischbrut berichtet, die zur Wiederbesiedlung von Gewässern dient. Es handelt sich um folgende Fischarten: *Cyprinus carpio*, *Carassius auratus gibelio*, ferner Arten, die nur in China beheimatet sind: *Ctenopharyngodon idella* (pflanzenfressender Fisch), *Hypophthalmichthys molitrix* (Phytoplanktonfresser), *Mylopharyngodon piceus* (Benthosfresser, bes. Mollusken), *Aristichthys nobilis* (Zooplanktonfresser), *Cirrhina molitorella*, *Mugil soiuy* (Pflanzendetritusfresser). Es werden die Methoden der Satzfischproduktion geschildert: eine natürliche, eine gelenkte und eine künstliche. Die Brutfische werden aus den Flüssen gefangen und in zwei Etappen herangezogen: In der Vorentwicklung, die 25 Tage dauert, und in einer Aufzuchtperiode bis zum Aussetzen. Es werden die Besatzzahlen, der Wachtums-Index und Methoden zur Steigerung der Nährstoffreserven in den Gewässern angegeben. Weiter wird über verschiedene Düngemittel gesprochen wie Gras und Fäkalien. Die gegenwärtige Fischproduktion in China beträgt in Teichen ohne Fütterung 700 kg/ha, bei Fütterung 7500 kg/ha. Es werden hierbei 1 kg Pflanzen zur Erzeugung von 1 kg Fischfleisch täglich gefüttert. Es wird auch über experimentelle Untersuchungen zur Ertragssteigerung berichtet. In einem bes. Kapitel werden die Methoden und theoretischen Grundlagen der chinesischen Fischerei diskutiert. Der Autor schlägt die Einbürgerung einiger chinesischer Fischarten für das Jahr 1961 in Rumänien vor: 800 000 Setzlinge von *Ctenopharyngodon idella*, 200 000 Setzlinge von *Hypophthalmichthys molitrix* und 50 000 Setzlinge von *Mylopharyngodon piceus*. E. Amlacher. 6225.

Bhimachar, B. S. Inland fisheries of India and their problems. **(Die Binnenfischerei Indiens und ihre Probleme.)** Sci. and Cult. [Calcutta] **24** (1959) Nr. 12. S. 545–554. 6225.

Orlov, Ju. I. Aclimatizarea organismelor acvatice în U. R. S. S. **(Die Akklimatisierung von Wasserorganismen in der Sowjetunion.)** Bul. Inst. Cercetări piscicole **19** (1960) Nr. 3. S. 62–69. – 5 Abb. Zus. in Russ., Franz.
Eine der Maßnahmen, die zur Steigerung der Fischreserven führen, ist die Einbürgerung von Fischen und anderen Wasserorganismen. In der SU wird die Akklimatisation von einer Zentralstation durchgeführt. Von dieser Station wird das entsprechende Material gefangen, aufgezogen und ausgesetzt. Auch der Transport der Fische wird mit Spezialeinrichtungen durchgeführt. Die meisten der durchgeführten Akklimatisationsversuche hatten positive Resultate. Es wurden eingebürgert: Der Karpfen im Balchasch-See, der Blei in Ubinsk, der Giebel in Kamtschatka, die Meeräsche des Schwarzen Meeres im Kaspischen Meer, die Coregonen des Oberlaufes des Ob im europäischen Teil der SU. An Nährtieren wurden eingebürgert: Kaspische Nereiden im Aral-See, die Mysideen des Unterlaufs des Don im Staubecken von Zimljansk. In den Flüssen Amudarja und Sirdarja fängt man seit dem vergangenen Jahr Sternhausen, die aus dem Aral-See in das Kaspische Meer verpflanzt wurden. Es wurden 2 Weibchen von 5 bzw. 7 kg Gewicht gefangen. Im Delta des Ural wurde ein *Ctenopharyngodon idella* von 4 kg erbeutet E. Amlacher. 6240.

Manea, Gh. und Nicolau, A. Cîteva date în legătură cu reproducerea artificială şi dirijată a crapului efectuată pe scara industrială în bălţile dunărene în primăvara anului 1959. **(Einige Angaben über die gelenkte künstliche Fortpflanzung des Karpfens in industriellem Maßstab in den Donauseen im Frühjahr 1959.)** Bul. Inst. Cercetări piscicole **19** (1960) Nr. 1. S. 53–58. – 1 Tab., Zus. in Russ., Franz.
Die Untersuchungen zeigen, daß die Maßnahmen zur künstlichen Vermehrung des Karpfens (*Cyprinus carpio*) nicht ausreichen, um die Rückwirkungen durch Deichbau und die Wasserverhältnisse der Donau auf die natürliche Fortpflanzung zu verhindern. Daher wurde 1959 erstmalig eine große Aktion

zur künstlichen Fortpflanzung des Karpfens in 15 fischereilichen Zentren durchgeführt. Es wurden 15450 Paar Laicher verwendet. Erzeugt wurden 309000 kg K_0, die als Satzfische für die fischereilichen Einheiten der Donau dienten. In der Arbeit werden neben den erzielten Resultaten auch die verwendeten Technologien, die gemachten Beobachtungen und die Schlußfolgerungen für 1959 aufgeführt. Damit die Schlüpfzahl und die Zahl der überlebenden Brut optimal bleiben, ist es notwendig, alle Raubfische und laichfressenden Fische zu fangen. Gleiches gilt auch für die Gewässer, in denen die Brutaufzucht erfolgt. In den Aufzuchtgewässern darf der Prozentsatz an Raubfischen und wirtschaftlich wertlosen Fischen 10% nicht übersteigen. Die Abzäunung der Laich- und Aufzuchtflächen erfolgt durch Schilfgeflecht, die Eier werden auf Laichkissen abgelegt (beispielsweise Weidenzweige oder Unterwasserpflanzen). Die Aktion soll in größerem Maßstab 1960 fortgeführt werden. E. Amlacher. 6240.

Amman, E.; Zürich. **Forellenaufzucht und Forelleneinsatz.** Schweiz. Fischerei-Ztg. **71** (1963) Nr. 1. S. 18–21. – 4 Tab., 5 Lit.

Vf. tritt nachdrücklich dafür ein, nicht zwei- und dreijährige, d. h. bereits fangfähige Forellen in die Bäche auszusetzen, da diese den Aussatzort vielfach rasch verlassen, verhungern oder dem vorzeitigen Raub durch Mensch und Tier zum Opfer fallen. Es sollten vielmehr alle Maßnahmen unterstützt werden, die das Aufkommen von Jungfischen ermöglichen und einen Besatz mit Brut erfolgreich gestalten. In Gewässern mit reicher natürlicher Vermehrung werden die Schaffung von Schwellen mit Unterständen, die Anpflanzung von schattengebendem Gebüsch und die Verhinderung der Einleitung von Abwässern empfohlen. Reicht die natürliche Fortpflanzung nicht aus, so ist der Besatz mit Brut allen anderen Besatzmaßnahmen vorzuziehen. Hierfür sind geeignete Quellbäche mit natürlicher Linienführung, ausreichendem Wasser, Temperaturen unter 16–18 °C, gutem Nährtierbestand usw. erforderlich. Unter gewissen Bedingungen ist die Aufzucht von Sömmerlingen ratsam, die dann im Herbst abzufischen sind. An Hand von Beispielen aus den Kantonen Zürich und Bern wird gezeigt, daß in kleinen Bächen (max. 1 m breit), in die kein Fischaufstieg möglich ist, nach Besatz von 4–15 Stck. Brut/m^2 17–37% des Besatzes als Sömmerlinge bzw. Jährlinge wiedergefangen werden können. W. Steffens. 6240.

Filatova, G. P. (Filatowa, G. P.); Hauptverwalt. für Fischerei des Fernen Ostens. Vosproizvodstvo dal'nevostočnych lososej. **(Die Vermehrung der fernöstlichen Lachse.)** Rybnoe chozjajstvo, Moskva **38** (1962) Nr. 3. S. 12–13.

Der Rückgang der fernöstlichen Lachsbestände (*Oncorhynchus* sp.) hat die UdSSR veranlaßt, eine Reihe von Maßnahmen zu ihrer Förderung einzuleiten. Dazu gehören u. a.: Fangverbote in den Flüssen, wasserbauliche Maßnahmen zur Verbesserung der Wanderwege, Neubau von Aufzuchtbetrieben. Insgesamt sind zur Zeit 31 Fischzuchtanstalten vorhanden, die eine Kapazität von 365 Mill. Eiern haben. Der Neubau von weiteren 9 Anlagen ist vorgesehen. Große Aufmerksamkeit wird auch auf die künstliche Ernährung der Jungfische und die Bekämpfung der Fischkrankheiten gerichtet. Dabei stehen die prophylaktischen Maßnahmen (z. B. mit Malachitgrün) im Vordergrund. Es wird aber betont, daß alle diese Maßnahmen wirkungslos bleiben müssen, wenn der japanische Hochseelachsfang nicht entsprechend reguliert wird. G. Predel. 6240.

Almquist, Elisabeth; Uppsala, Inst. of Limnol. Observations on the effect of rotenone emulsives on fish food organisms. **(Beobachtungen über die Wirkung von Rotenon-Emulsionen auf Fischnährtiere.)** Rep. Inst. Freshwater Res., Drottningholm Nr. **40** (1959) S. 146–160. – 3 Tab., 31 Lit. 6240.

Dumitriu, F. und Băleanu, N. Pentru un pescuit rațional al Brateșului. **(Für eine rationelle Befischung des Brateș-Sees.)** Bul. Inst. Cercetări piscicole **19** (1960) Nr. 3. S. 91–96. — 2 Tab., Zus. in Russ., Franz.
Es wird über hydrol. Untersuchungen des Brateș-Sees berichtet, die das Verhältnis der freien Wasserfläche zu der mit *Phragmites* bestandenen zum Inhalt haben. Dann werden die Bedingungen geschildert, unter denen gegenwärtig der Fischfang in diesem See betrieben wird. Es wird festgestellt, daß der Fang mit großen Stellnetzen und mit Reusen unrentabel ist und infolgedessen eine negative Wirkung auf die Gesamtproduktion hat. Da die Möglichkeit besteht, den Wasserspiegel des Brateș-Sees zu regulieren, was zu einer Entfernung der *Phragmites*-Bestände führt, schlagen Vff. vor, nach Durchführung dieser Maßnahmen die Stellnetz- und Reusenfischerei aufzugeben und sie durch eine motorisierte Zugnetzbefischung zu ersetzen.
E. Amlacher. 6245.

Ziemiankowski, Vl., Cristea, A. und Băleanu, N. Considerații privind eficacitatea pescuitului cu vintire și taliane de baltă. **(Betrachtungen über die Rentabilität der Reusenfischerei im Vergleich zu der Fischerei mit Zugnetzen.)** Bul. Inst. Cercetări piscicole **19** (1960) Nr. 1. S. 71–79. — 3 Abb., 4 Tab., Zus. in Russ., Franz.
Es wurden zahlreiche Paralleluntersuchungen über Fangertrag und Anschaffungskosten von Zugnetzen und Reusen in verschiedenen Fischereibetrieben im Überschwemmungsgebiet der Donau angestellt. Diese experimentellen Untersuchungen basieren auf dem Produktionsäquivalent Reuse/Zugnetz, ausgedrückt durch die Zahl der Reusen, die notwendig ist, um die Produktion eines Zugnetzes zu erreichen (41 in der Insel Brăila, 32 in Crapina und 17 in Brateș). Die Rentabilität besteht sowohl in einer Steigerung der Arbeitsproduktivität als auch in einer Materialeinsparung. Um die gleiche Produktion zu erreichen sind beispielsweise nötig: 192 Reusen zu 42 Lei (insgesamt 8064 Lei) oder 6 Zugnetze zu 426 Lei (insgesamt 2556 Lei). Es wird mit den Zugnetzen eine Einsparung von 5508 Lei erreicht.
E. Amlacher. 6245.

Soulsby, J. J. The status of the lake Mweru fishery. **(Der Stand der Fischerei im Mweru-See.)** Rhodesia agric. J. **56** (1959) Nr. 6. S. 248–264. — 22 Abb., 5 Tab. 6255.

Mirică, Gh. Elemente de proiectare a rezervațiunilor pentru iernatul peștelui în bazinele stuficole tip I-II din delta Dunării. **(Grundlagen für die Projektierung von Überwinterungsmöglichkeiten in der Phragmites-Region Typ I-II — im Donaudelta.)** Bul. Inst. Cercetări piscicole **19** (1960) Nr. 2. S. 71–81. — 1 Abb., 8 Tab. Zus. in Russ., Franz.
Die Bewirtschaftung der Schilfbestände im Donaudelta verändert die fischereiliche Bewirtschaftung dieses Gebietes grundsätzlich. Es ergibt sich daraus eine Nutzung des Typs I-II, die in der Eindeichung der bewirtschafteten Zonen besteht, zum Zwecke der Austrocknung dieser Gebiete und der „trokkenen“ Schilfernte (15. Nov.–15. März). Um die fischereilische Produktion in diesen Gebieten trotzdem zu ermöglichen und zu entwickeln, sind eine Reihe von Meliorationsarbeiten in dem Sinne der Errichtung von Brutanstalten und Winterungsmöglichkeiten für die Fische notwendig. In der vorliegenden Arbeit werden die Grundlagen eines Projekts für Überwinterungsmöglichkeiten der Fische im Pardina-Becken dargelegt. Die Arbeit enthält 4 Kapitel. Im 1. wird der Fischbestand berechnet, der entsprechend dem Wachstum, der Ernährung und dem Alter sowie den zu erwarteten Verlusten in diesem Gebiet untergebracht werden kann. Im 2. Kapitel wird die Topographie des ausgewählten Geländes genau erläutert. Das 3. Kapitel enthält Hinweise über die Art der Bewirtschaftung dieses Gebietes im Jahresablauf. Das letzte Kapitel stellt die wichtigsten notwendigen Arbeiten zur Fertig-

stellung dieses Projekts heraus. Das vorliegende Bewirtschaftungsmodell soll als Muster für ähnliche Gebiete im Donaudelta unter Rücksichtnahme auf die jeweiligen lokalen Gegebenheiten dienen. E. Amlacher. 6255.

Manea, Gh. I., Medregan, St., Grozavu, P. und Iordache, I. Asigurarea rezervelor piscicole în bunurile zonei inundabile a Dunării din regiunea Constanta. **(Die Sicherung der fischereilichen Reserven im Bewirtschaftungsgebiet der Überschwemmungszone der Donau im Gebiet von Constanța.)** Bul. Inst. Cercetări piscicole **19** (1960) Nr. 1. S. 37–43. — 10 Lit. Zus. in Russ., Franz.

Mit Bezugnahme auf fischereiliche Gebiete der Donau, die durch Deichbau der Landwirtschaft zur bes. Nutzung übergeben wurden, wird gezeigt, welche Rentabilität diese Wasserflächen zu der Zeit hatten, als sie noch der Überschwemmung ausgesetzt waren. Vff. zeigen die Möglichkeiten auf, die es gestatten, von der gegenwärtigen extensiven Wirtschaftsweise zu einem besseren, gelenkten Wirtschaftssystem zu gelangen. Der erste Schritt in dieser Richtung besteht in der Errichtung von Karpfenbrutanstalten. Den Berechnungen der Vff. zufolge müßten diese Brutanstalten die Bewirtschaftung einer Wasserfläche von 3575 ha ermöglichen. Die Produktion von Karpfenbrut von 3–5 g Gewicht wird mit 786 500 kg veranschlagt. Diese Satzfischmenge soll eine Karpfenproduktion gewährleisten, wie sie gegenwärtig in den eingedeichten Gewässerflächen erzielt wird. Als Prototypen der zu errichtenden Brutanstalten werden die Bauten im Delta der Wolga, der Kura, des Kuban und des Dons angegeben, die den Bedingungen im Donaudelta und im Überschwemmungsgebiet der Donau am meisten gerecht werden. Schließlich werden bes. Maßnahmen diskutiert, die die Steigerung der Reserven an wertvollen Fischen sicherstellen. Dazu gehören z. B. die Schaffung neuer Ab- und Zuflußkanäle, die Schaffung von Fischzäunen zur Zurückhaltung der Fische vor allem in jenen Gewässern, die der Überwinterung dienen, die Intensivierung des Raubfischfanges und die mech. und chem. Bekämpfung der harten und weichen Wasserflora. E. Amlacher. 6255.

Bugai, Klim. Condițiile de reproducere a peștilor semimigratori în niprul inferior După construirea hidrocentralei de la Kakovka. **(Die Fortpflanzungsbedingungen der Halb-Wanderfische im Unterlauf des Dnjepr nach Errichtung der Talsperre von Kachowka.)** Bul. Inst. Cercetări piscicole **19** (1960) Nr. 4. S. 49–59. — 5 Abb. Zus. in Russ., Franz.

Es werden die Fortpflanzungsbedingungen der wichtigsten Arten von Halb-Wanderfischen in Abhängigkeit von den hydrol. Bedingungen untersucht. Es handelt sich um folgende Arten: *Rutilus rutilus*, *Abramis brama*, *Pelecus cultratus*, *Cyprinus carpio* und *Lucioperca lucioperca*. In Jahren mit Niedrigwasser sind die Fortpflanzungsbedingungen ungünstig, da die Laichplätze austrocknen. Das führt zu großen Verlusten an Fischbrut. In Jahren mittleren Wasserstandes kommt es zu einer entsprechenden Vergrößerung der Laichflächen, die aber durch tägl. Pegelschwankungen und auf Grund einer zu kurzen Dauer der Überschwemmungszeit ebenfalls beeinträchtigt werden. Selbst in Jahren großen Hochwassers wird die Fortpflanzung nicht begünstigt, weil sich im Überwemmungsgebiet große Tiefen und somit starke Strömungen bilden. Es wurde beobachtet, daß von den untersuchten Arten Plötze, Ziege und Blei bes. durch die Sperrmaßnahmen beeinträchtigt werden. Unbeeinträchtigt bei ihrer Laichablage vor allem im Delta des Dnepr bleiben Karpfen und Zander. Um die Laichbedingungen der 3 in Mitleidenschaft gezogenen Fischarten zu verbessern, wird vorgeschlagen, den Wasserstand so zu regulieren, daß die tägl. Pegelschwankungen 10–15 cm nicht überschreiten. Es sollen alle überschwemmbaren Flächen so hergerichtet werden, daß sie dem Laichen dienen können. In Jahren mit Niedrigwasser sollen künstliche Substrate zur Eiablage ausgelegt werden. Außerdem sind Aufsicht und Schutz der natürlichen Laichablage erforderlich. E. Amlacher. 6255.

Mirică, Gh. Pierderile din efectivul de puiet-crap în bălţile naturale ale luncii şi deltei Dunarii şi măsurile de combatere. **(Die Verluste an Karpfenbrut in den Seen des Überschwemmungsgebietes und des Deltas der Donau und Maßnahmen zu ihrer Verhütung.)** Bul. Inst. Cercetări piscicole **19** (1960) Nr. 1. S. 27–36. —. 3 Tab., 3 Lit. Zus. in Russ., Franz.
Der Karpfen (*Cyprinus carpio*) ist der wichtigste Fisch im Überschwemmungsgebiet der Donau. Im Gegensatz zu den guten Daseinsbedingungen in diesen Gewässern ist die Karpfenproduktion unbefriedigend. Die Hauptgründe dafür sind die großen Brutverluste. Nach Darstellung der Brutverluste anhand des Beispiels der Karpfenteichwirtschaft Nucet, werden die mittleren Verluste in den Donauseen für die Zeit von 1954–1958 berechnet. Von 300 000 Eiern, die von einem Satz Laichkarpfen im Jahr abgelegt werden, erntet man lediglich 17 Speisekarpfen. Der Prozentsatz der Verluste schwankt von Jahr zu Jahr. Die Höhe der Verluste ist ebenfalls unterschiedlich, wenn man das Überschwemmungsgebiet der Donau mit dem Donaudelta vergleicht. Die Verluste im Donaudelta sind deshalb höher, weil dort zahlreiche Raubfische vorhanden sind. Das Gleichgewicht zwischen den Fischbeständen der eben genannten fischereilichen Einheiten wird durch die Möglichkeit der Wanderung zur Laichzeit der Fische und der Wanderung der Brut zur Zeit des Frühjahrshochwassers aufrechterhalten. Durch die geplanten staatlichen Maßnahmen auf dem Gebiet der Landwirtschaft kommt es zu einer Verringerung der bewirtschafteten Gewässerfläche auf die Hälfte. Das zwingt die Fischereiwirtschaft dazu, ihre Fischproduktion im Donaudelta um 100% und in der Donauebene um 400% gegenüber dem Mittel der letzten 10 Jahre zu steigern. Der einzige Fisch, mit dem diese Steigerung möglich ist, ist der Karpfen, wenn das Brutaufkommen gesichert werden kann. Dazu gehören die Aufzucht von einjährigen Karpfen in bes. Brutanstalten, die systematische Abfischung der befischbaren Zonen des Donaudeltas, der intensive Fang der Raubfische und das Aussetzen der Brut nur in solche Seen, deren Anteil an Raubfischen 4% nicht übersteigt.
E. Amlacher. 6255.

Kostomarov, Boris. Plemenářské otázky v odchovných rybničních hospodářstvích. **(Zuchtfragen in den Teichwirtschaften.)** Českoslov. Rybářství **1962** Nr. 6. S. 85.
Bei der Auswahl von Zuchtmaterial in der Karpfenteichwirtschaft sollen folgendePunkte berücksichtigt werden: Wachstum,Körperform,Ernährungszustand, normale Ausbildung der Seitenlinie, Beschädigungen, Körperfarbe, Gesundheit, dem Standard entsprechendes Gewicht u. a. Bei der Auswahl von Fischen, die die Geschlechtsreife erreicht haben, beurteilt man die Ausprägung der Geschlechtsmerkmale, den Laichverlauf und den Fruchtbarkeitsgrad. Eine enge Verwandtschaft der Laichfische ist unerwünscht, um einer Minderung der Vitalität und damit der Erträge vorzubeugen. Bei der Aufzucht von Laichern ist die Schaffung einer ausreichenden Futtergrundlage von bes. Wichtigkeit. F. Svoboda. 6310.

Zoltán, Kászoni. Metoda maghiară de reproducere artificială a crapului. **(Die ungarische Methode zur künstlichen Vermehrung des Karpfens.)** Bul. Inst. Cercetări piscicole **19** (1960) Nr. 2. S. 40–52. — 13 Abb., 4 Lit. Zus. in Russ., Franz.
Nach einem kurzen historischen Überblick über die künstliche Befruchtung von Fischen, insbesondere des Karpfens (*Cyprinus carpio*), hebt Vf. hervor, daß 1950–1952 Woynarowich erstmalig die künstliche Fortpflanzung des Karpfens in industriellem Maßstab durchführte. Die verwendete Methode enthält alle Operationen von der Behandlung der Laichfische bis zum Schlüp-

fen der Brut und wird als ungarische Methode benannt. Nach dieser Methode erfolgt die künstliche Befruchtung der Eier auf trockenem Wege nach Vrasskii. Die Entwicklung der Eier erfolgt nach der Original-Methode von Woynarowich durch Besprühen. Vf. gibt ein Originalschema für eine „Entwicklungskammer" der Eier. Im Stadium der Beweglichkeit des Embryos werden die Eier auf einem Baumwolltuch oder auf Plastikflächen ausgebreitet und zum Schlüpfen in Spezialbecken aus Eisenbeton gebracht. Die Brut bleibt 15–20 Tage in diesen Becken, wobei sie reichlich mit Naturnahrung gefüttert wird. E. Amlacher. 6310.

Bank, Otto; Höchstadt/Aisch, Außenstelle für Karpfenteichwirtsch. der Staatl. Lehr- und Versuchsanst. für Fischerei Starnberg. **Algen, ihre Bekämpfung mit chemischen Mitteln.** Fischwirt **12** (1962) Nr. 9. S. 260–269. – 14 Abb., 4 Lit.

Eine Massenentwicklung von „Punktalgen", die in Teichen zu schädlichen pH-Wert-Erhöhungen, Sauerstoffmangel und Kiemenfäule führen kann, läßt sich durch Ausbringen von Branntkalk (150 kg/ha und mehr) bekämpfen. Fadenalgen werden durch Kupfersalze, Superphosphat und Fungizide vernichtet. Von den ersteren hat sich Kupfersulfat bes. bewährt. In sauren Wässern werden 0,5–1,0 g $CuSO_4/m^3$ Wasser, in weichen Wässern 1,5–2,0 g $CuSO_4/m^3$ Wasser angewandt. Die Wassertemperatur soll dabei mindestens 10 °C (besser noch mehr) betragen. Auf sorgfältige Verteilung ist zu achten. Unter Umständen kann sich auch bereits die Verwendung eines Kupfersiebes am Teicheinlauf günstig auswirken. Von Superphosphat (16–17%ig) werden 600 kg/ha benötigt. Gekörntes Phosphat ist unbrauchbar. Die Fungizide können nur eingesetzt werden, wenn die Algenwatten bereits die Wasseroberfläche erreicht haben. 3 kg/ha werden gezielt auf alle aus dem Wasser ragenden Fadenalgen versprüht. Dazu ist es erforderlich, diese Mengen vorher in 200–300 l Wasser zu lösen. Wird die Substanz verspritzt, müssen 3 kg pro ha in 1000 l gelöst werden. Bewährt haben sich sowohl anorg. (Cupravit, Grünkupfer, Coprantol) als auch org.(Polyram-Kupfer, Polyram-combi, Dithane-M) Fungizide. W. Steffens. 6335.

Florin, J.; St. Gallen. **Hälterung von Laichforellen.** Schweiz. Fischerei-Ztg. **71** (1963) Nr. 2. S. 54–55. – 2 Abb.

Zur Hälterung von Laichforellen kommen in Frage: 1. Abgetrennte Bachstrecken oder kleine Teiche, 2. Rechteckbecken, 3. Rundbecken, 4. Spiralbecken. Die letzteren können unterteilt werden und mehrere Zuflüsse haben, ihr Durchmesser beträgt oft ca. 25 m. Die Hälteranlagen müssen eine ausreichende und regulierbare Versorgung mit qualitativ geeignetem Wasser ermöglichen und Verletzungen der Fische verhindern (Beton- oder Eternitbehälter sind abzuschleifen und durch Anstrich mit Kunststoffarben zu glätten). Kiesunterlagen oder die gemeinsame Hälterung von männl. und weibl. Tieren scheinen den Reifungsprozeß zu fördern, können aber auch negative Auswirkungen haben. W. Steffens. 6415.

Hass, G.; Wiesbaden. **Aufzucht- und Fütterungsverfahren in der Salmonidenzucht.** Fischwirt **12** (1962) Nr. 10. S. 285-291. – 6 Abb.

In vielen Ländern (z. B. Österreich, Schweiz, Frankreich, Schweden, USA) gehen die Salmonidenzüchter immer mehr zur Aufzucht der Jungfische in Becken über. Vf. beschreibt Aufzuchtbecken für Brut (aus Holz oder Kunststoff), die 2×2 m groß sind und abgerundete Ecken haben (Grundfläche 3,9 m²), ihre Höhe beträgt 50 cm, der Wasserstand 10–25 cm. Die Becken enthalten 400–1000 l Wasser (Zustrom 30–90 l/min., Erneuerung alle 10 bis 15 Min.) und werden mit 1500 Stck. schwimm- und freßfähiger Brut/m² besetzt. Für einsömmerige Setzlinge werden Zementrundbecken von 9 und 11 m² Durchmesser (Grundfläche 64 bzw. 95 m²) benutzt, die innen mit einer Plastikmasse ausgekleidet sind. Ihnen werden bei 30–60 cm Wasser-

tiefe und 30–60 m^3 Wasserinhalt 12–16 l/s. Wasser zugeführt (Erneuerung alle 0,5–1 Std.). Der Besatz beträgt im Sommer 150 (1–4 kg) und im Winter 225 (5–6 kg) Setzlinge/m^2. Die geschilderten Becken besitzen gegenüber Teichen zahlreiche Vorteile (bessere Übersicht, niedriger Wasserbedarf, geringere Verluste, leichte Fütterung, schnelle Abfischbarkeit, Arbeitsersparnis). Um Brut und Setzlinge kontinuierlich arbeitskräfte- und zeitsparend füttern zu können (3mal stündl. mit Ausnahme der Nacht), werden Futterautomaten benutzt, von denen 2 Typen beschrieben sind.
W. Steffens. 6415.

Cotta, Vasile, Gava, Mihai, Băbuția, Th. und Grobnic, Gh. Experimentare privind creșterea pe cale naturală, în toplițe, a puilor de păstrav comun (Salmo [Trutta] Morpha fario L.). **(Die Aufzucht von Bachforellenbrut in Naturteichen.)** Bul. Inst. Cercetări piscicole **19** (1960) Nr. 4. S. 35 bis 48. – 5 Abb., 8 Tab., 5 Lit. Zus. in Russ., Franz.

Zur Steigerung der Erträge der Forellengewässer Rumäniens werden diese in zunehmendem Maße mit 5–6 Mon. alter Forellenbrut (*Salmo trutta fario*) besetzt. Diese Forellenbrut wird in bes. Brutanstalten aufgezogen, die im wesentlichen aus kleinen Bachverbauungsteichen bestehen. In den Jahren 1957 und 1958 wurden Versuche gemacht, die der Ermittlung optimaler Brutaufzuchtbedingungen dienten. Es wurden 1957 16 Teiche mit je 23 646 Stück Bachforellenbrut von 4–8 Wochen und 1958 35 Teiche mit je 48 549 Stück Forellenbrut gleicher Art und gleichen Alters verwendet. Bei der im Mai/Juni ausgesetzten Forellenbrut betrug der Prozentsatz an überlebenden Fischen bis zum Aug./Sept. im Jahre 1957 28% und 1958 33%. Bei der Abfischung im Aug. und Sept. hatte die Forellenbrut ein mittleres Stückgewicht von 2,13 g im Jahre 1957 und 2,05 g im Jahre 1958. Die Erzeugerkosten für einjährige Forellen, die mit Naturnahrung aufgezogen wurden, sind um 39% geringer als jene bei künstlicher Fütterung. Die erzielten Ergebnisse sind zum guten Teil abhängig von der Lage, dem Bau der Teiche und der entsprechenden Aufsicht. E. Amlacher. 6415.

Deufel, Josef; Langenargen, Staatl. Inst. für Seenforsch. und Seenbewirtsch. **Fütterungsversuche an Regenbogenforellenbrut mit Trockenfutter.** Allg. Fischerei-Ztg. 88 (1963) Nr. 2. S. 36–37. – 2 Tab.

Vf. konnte 2 verschiedene Sorten von gekörntem Trockenfutter (Eiweißgehalt 41 bzw. 38% erfolgreich an Regenbogenforellenbrut (*Salmo gairdneri*) verfüttern. Bei alleiniger Verabreichung vom Beginn der Freßfähigkeit an (4–6mal täglich) wurden in 5 Wochen Futterquotienten von 1,8–2,0 erzielt. Die Verluste betrugen 5–6%, bei Milzfütterung hingegen 12–15%. Als tägl. Futtermengen werden empfohlen: bei 2 °C 1–2%, bei 4 °C 3,0%, bei 6 °C 3,5%, bei 8 °C 4,5% des Fischgewichtes. Das Gewicht von 1000 Stck. Brut bei Fütterungsbeginn kann im Durchschnitt mit 140 g angegeben werden.
W. Steffens. 6420.

Herrmann. **Besichtigung von dänischen Forellenteichwirtschaften.** Fischwirt **12** (1962) Nr. 12. S. 365–369. – 4 Abb.

In Jütland liegen an größeren Wasserläufen, die auch in wasserarmen Zeiten eine Mindestzuflußmenge von 200–300 l/s garantieren, oft mehrere Forellenteichwirtschaften hintereinander. Aus seuchenhygienischen Gründen handelt es sich dabei um reine Abwachsbetriebe, die den Besatz aus spez., isoliert liegenden Zuchtbetrieben erhalten und eine Jahresproduktion von 50 bis 200 t Speiseforellen haben. Die Futterfische werden aus den Fischereihäfen tägl. mit dem LKW angeliefert. Der Absatz ist durch zwei Exportarbeitsgemeinschaften gesichert. Die Forellen (*Salmo gairdneri*) werden in Größen von 160–220 g und 200–260 g lebend, gefroren oder in Eis verpackt verkauft. 1961 stieg die dänische Forellenproduktion auf über 7000 t an, wozu rund 50 000 t Seefische (zu 80% kleine Heringe) als Futter benötigt werden. W. Steffens. 6425.

Logvinovič, D. N. (Logwinowitsch, D. N.) O srokach zalivanija donskich rybcovych prudov. **(Über die Fristen der Überschwemmung der Donteiche für Zährtenzucht.)** Rybnoe chozjajstvo, Moskva **38** (1962) Nr. 3. S. 23–24. – 1 Tab.

Bei der Aufzucht von Zährtenlarven (*Vimba vimba*) kommt es sehr auf den Termin der Bespannung der Teiche vor dem Besatz an, damit die Nahrung in den Teichen die für die Larven richtige Größe hat. Bei Versuchen wurde einmal 30 Tage und zum anderen 3–5 Tage vor dem Larvenbesatz mit dem Bespannen der Teiche begonnen. Im ersten Fall waren die Nährtiere für die Zährtenlarven bereits zu groß, und es traten hohe Verluste infolge Nahrungsmangels auf. Erfolgte das Bespannen der Teiche jeoch 3–5 Tage vor dem Besatz, betrugen die Verluste nur 13,5% und damit ca. 50% der im Plan vorgesehenen. Die Nährtiere im Gewässer hatten infolge der kurzen Zeit der Bespannung die für die Larven richtige Größe. G. Predel. 6450.

Smíšek, Jaroslav; Vodňany, Výzkumný Ústav Rybářský. Výzkum přirozené potravy a růst candáta obecného (Lucioperca lucioperca L.) v prvním roce jeho vývoje. **(Untersuchung der natürlichen Nahrung und des Wachstums des Zanders [Lucioperca lucioperca] während des ersten Jahres.)** Živočišná Výroba **7(35)** (1962) Nr. 6. S. 429–436. – 2 Abb., 11 Lit. Zus. in Russ., Dtsch.

In der 2. Julihälfte und Anfang August nimmt der Jungzander die meiste Nahrung auf. Minimale Nahrungsaufnahme wurde am 8. Sept. festgestellt. In dieser Zeit hungerten die Fische, was sich auch durch gesteigerten Kannibalismus und Verluste bemerkbar machte. Die Aufzucht des Zanders ist wirtschaftlich vertretbar in der ersten Wachstumsphase der Brut, bevor diese zur Aufnahme der gröberen Wasserfauna übergeht. In diesem Stadium beträgt die Körperlänge 18–20 mm und das Gewicht 60–100 mg. Die Zander sind dann 24–27 Tage alt. Danach ist ein Abfischen der Brut und Versetzen in einen mit geeigneter Nahrung versehenen Teich unbedingt erforderlich. Kannibalismus wurde bei Zandern im Alter von 41 Tagen festgestellt. F. Svoboda. 6450.

Certov, L. F. Cresterea artificială a clupeidelor migratoare în Uniunea Sovietică. **(Die künstliche Aufzucht wandernder Clupeiden in der Sowjetunion.)** Bul. Inst. Cercetări piscicole **19** (1960) Nr. 3. S. 86–90. – 7 Lit. Zus. in Russ., Franz.

Obwohl bis zum Augenblick das wichtige und schwierige Problem der künstlichen Aufzucht wandernder Clupeiden in der SU noch nicht befriedigend gelöst werden konnte, wurden dennoch beachtliche Fortschritte in dieser Art der Aufzucht erzielt. Die Versuche wurden 1934–1935 begonnen. Aus den ersten Versuchen wurde geschlossen, daß eine künstliche Befruchtung von *Alosa* nicht duchführbar sei. Als günstigste Lösung ergibt sich, daß es vorteilhaft ist, die Laichfische in bes. Fischfarmen zu halten und ihnen günstigste Lebensbedingungen zu bieten, die zur Gonadenreife und zur Laichablage führen. Zu diesen Bedingungen gehört, daß die Fische in einem großen Kanal bei ständigem Wasserstrom und optimalen Wassertemperaturen gehalten werden. Um die Bestände an wandernden Clupeiden zu erhalten, werden außer den Aufzuchtmaßnahmen auch die Regulierung des Fanges, der Schutz der Brutenwicklungsstätten und die Akklimatisation dieser wertvollen Fische auf breiter Basis vorgeschlagen. E. Amlacher. 6450.

Tertișcu, I. Un aparat îmbunătățit pentru incubarea icrelor de sturioni. **(Ein verbesserter Apparat zur Erbrütung von Störeiern.)** Bul. Inst. Cercetări piscicole **19** (1960) Nr. 2. S. 53–56. – 2 Abb., 3 Lit. Zus. in Russ., Franz.

Im Hinblick auf die Mängel des Apparates „Justschenko" zur künstlichen Erbrütung von Störeiern hat der Autor ein verbessertes Modell entwickelt. Es wird eine genaue Beschreibung der techn. Einzelheiten und der Funktion des verbesserten Gerätes gegeben. Sodann werden die Vorteile, die der Apparat im Vergleich zu dem älteren Modell aufweist, diskutiert. Durch langsames Rotieren der Inkubatoren wird jegliche Verletzung der Eier ausgeschaltet und gleichzeitig eine perfekte Belüftung gesichert. Die Eier verbleiben bis zum Schlüpfen in den Inkubatoren. Der einfache Mechanismus des Apparates beansprucht keine ständige Kontrolle und bietet große hygienische Vorteile. Die Inkubationskapazität ist um 70% größer als in dem älteren Modell, der Prozentsatz an geschlüpfter Brut liegt um 20% höher. Das verbesserte Modell ist nicht teurer als das alte. E. Amlacher. 6450.

Küsten- und Hochseefischerei

Bușnită, Th. Biologia si pescuitul chefalilor din dreptul litoralului romînesc al Mării negre. **(Biologie und Fang der Meeräsche im rumänischen Küstengebiet des Schwarzen Meeres.)** Bul. Inst. Cercetări piscicole **19** (1960) Nr. 1. S. 59–70. – 5 Tab., 8 Lit. Zus. in Russ., Franz.

Die Untersuchungen betreffen Nahrung, Fortpflanzung und Wachstumsrhytmus der Meeräschen *Mugil cephalus, M. auratus, M. saliens.* Daneben erfolgen Angaben über den Fang dieser Fische. Das langsame Wachstum der Schwarzmeer-Äschen im Vergleich zu jenen in Teichen und im Kaspischen Meer ist durch die hydrobiol. Faktoren bedingt. Im Schwarzen Meer sind Wassertiefen zwischen 0–10 m, die von den Mugiliden bewohnt werden, nur sehr selten im Vergleich zu anderen Meeren. Das ist deshalb wichtig, weil die Meeräschen in diesen Regionen ein Massenangebot an Naturnahrung finden. Eine ähnliche Begrenzung erfahren die Wanderungen der Äschen nach den litoralen Seen und Lagunen. Als Folge davon ist die Jahresproduktion an Meeräschen im rumänischen Litoral große Schwankungen unterworfen. Der Fang der Meeräschen mittels Fischzäunen betrifft ein- bis dreijährige Tiere, die noch keine Nachkommen gehabt haben. Um die Produktion zu steigern, schlägt Vf. vor, diesen Fang der Mugiliden zu verbieten und den Fang ausschließlich auf das Meer zu beschränken. Dabei werden folgende Fangmaße für geeignet erachtet: 24 cm für *M. cephalus*, 22 cm für *M. auratus* und *M. saliens.* E. Amlacher. 6480.

Swarup, Krishna; Allahabad, Univ., Dep. of Zool. The Hilsa fishery at Allahabad. **(Die Hilsa-Fischerei in Allahabad.)** Proc. nat. Acad. Sci., India, Sect. B **28** (1958) Nr. 6. S. 379–394. – 6 Abb., 5 Tab., 13 Lit. 6480.

Jelescu, Nicolae. Pescuitul industrial al delfinidelor din Marea neagră în dreptul litoralului romînesc. **(Der industrielle Fang von Delphinen im Schwarzen Meer entlang der rumänischen Küste.)** Bul. Inst. Cercetări piscicole **19** (1960) Nr. 2. S. 64–70. – 9 Abb., Zus. in Russ., Franz.

Der Delphinfang ist einer der wichtigsten Zweige der Fischerei im Schwarzen Meer. Die Jagd auf Delphine erweitert die Möglichkeit der Nutzung biol. Quellen des Meeres und vermindert die Zahl der Delphine, die bekanntlich wertvolle Fische in großen Mengen fressen. Zum anderen wird eine bessere Ausnutzung der Fischereiflotte bewirkt. Vf. macht zusammenfassende Angaben über die 3 Delphinarten des Schwarzmeeres: *Delphinus delphis, Phocaena phocaena* und *Tursiops tursio.* Als Fangmethode empfiehlt Vf. die Jagd mit Feuerwaffen. Er beschreibt die einzelnen Phasen des Fanges und der Jagd und geht auf Vor- und Nachteile dieses Fangsystems ein. Um einen max. Nutzeffekt zu erzielen, macht Vf. einige Vorschläge, die techn. und organisatorische Maßnahmen betreffen und die Planerfüllung für das Jahr 1960 sicherstellen helfen sollen. E. Amlacher. 6610.

E. BEEINFLUSSUNG DER FISCHEREI DURCH DIE UMWELT

Keetman, Eberhard und Wollmann, Horst; Bendorf/Rh., Säurebau und Keramikwerke. **Messen und Regeln in Neutralisations- und Entgiftungsanlagen.** Wasserwirtschaft **52** (1962) Nr. 10. S. 281–286. — 8 Abb.
Vff. behandeln zunächst ausführlich die Theorie des pH-Wertes und seine Bestimmungsmethodik. Zur automatischen Überwachung von Neutralisationsanlagen ist nur die potentiometrische pH-Messung entweder mit der Glaselektrode oder der Antimonelektrode geeignet. Die Regelung erfolgt auf photoelektrischem Wege oder durch einen Fallbügelregler über Motorregelventile oder Magnetventile. Ferner wird auf die Misch- und Registrierverfahren eingegangen. Auch die Bestimmung der Cyanidkonzentration und des Chromsäuregehalts kann unter Verwendung geeigneter Meßfühler — allerdings mit beträchtlichem Kostenaufwand — automatisch erfolgen. Zur elektrischen Temperaturmessung werden Widerstandsthermometer benutzt und zur Leitfähigkeitsmessung Spezialelektroden aus V4A-Stahl oder ringförmige platin-platinierte Elektroden verwendet. Alle Meß- und Regelvorgänge werden an Hand von Beispielen ausführlich geschildert. D. Nehring. 6655.

Winter, Werner; Berlin. **Der biochemische Abbau von Detergentien bei der Abwasserreinigung.** Wasserwirtsch.-Wassertechn. **12** (1962) Nr. 6. S. 265 bis 271. — 11 Abb., 2 Tab., 15 Lit.
Vf. ermittelte für zahlreiche Detergentien die Abbaurate unter Verwendung eines Warburg-Gerätes. Zur Gewöhnung an die WAS benötigen die Mikroorganismen (natürl. Belebtschlamm) 3-6 Wochen. Anionaktive Detergentien, wie Alkylsulfate, Alkylsulfonate, Alkylarylsulfonate, Fettsäure- und Eiweißkondensate sowie natürl. Seifen werden beträchtlich besser biochem. abgebaut als nichtionogene oder kationaktive Detergentien, die infolge bakterizider Eigenschaften praktisch überhaupt nicht angegriffen werden. Allg. bewirkt eine Verlängerung der Kohlenstoffkette bei den Detergentien eine Abnahme der Löslichkeit und Verzögerung der Abbaugeschwindigkeit. Abschließend wird eine Unterteilung in leicht abbaubare, abbaubare und schwer oder nicht abbaubare Detergentien vorgenommen.
D. Nehring. 6655.

Halsband, E.; Hamburg, Bundesforsch.-Anst. für Fischerei. **Biologische Testmethoden zur Bestimmung der Abwasserlast eines Gewässers.** Fischwirt **12** (1962) Nr. 1. S. 1–8. — 5 Abb., 2 Tab.
Nach Meinung des Vf. reichen die Feststellung des Gleichgewichtsverlustes und der Todeseintritt bei Fischen nicht zur Ermittlung der Schädlichkeit von Abwässern aus. Es werden deshalb vom Vf. 3 Verfahren aufgezeigt, um physiol. Schäden bei Tieren durch lang andauernde Abwassereinwirkung feststellen zu können. Das 1. Verfahren beruht auf der Messung der Stoffwechselintensität an Hand des Sauerstoffverbrauchs. Durch Wasserverschlechterung nehmen die Intensität des Stoffwechsels und somit auch der Sauerstoffverbrauch ab. Zwischen der Reizempfindlichkeit der Fische und der Stoffwechselintensität besteht eine Korrelation. Im 2. Verfahren wird deshalb die Erregbarkeit der Fische durch den elektrischen Strom zur Ermittlung von Wasserverunreinigungen benutzt. Das 3. Verfahren schließlich verwendet die Fluchtreaktion der Fische zur Charakterisierung von mit Abwasser belasteten Gewässern. In 2 Plexiglasröhren, die durch einen Gang miteinander verbunden sind, zirkulieren ein Reinwasser- und ein Abwasserkreislauf. Infolge Zirkulation tritt keine Mischung der Kreisläufe ein, Fische können jedoch von einer Röhre in die andere schwimmen. Verlassen die Fische bei bestimmter Abwasserkonzentration die eine Röhre, so ist dies ein Zeichen für das Auftreten physiol. Störungen. D. Nehring. 6665.

Lloyd, R. und Herbert, D. W. M.; Stevenage, Herts., Water Pollution Res. Lab. The influence of carbon dioxide on the toxicity of un-ionized ammonia to rainbow trout (Salmo gairdnerii Richardson). **(Der Einfluß von Kohlendioxyd auf die Toxizität von Ammoniak gegenüber Regenbogenforellen [Salmo gairdnerii].)** Ann. appl. Biol. 48 (1960) Nr. 2. S. 399-404. – 2 Abb., 1 Tab., 10 Lit. 6665.

Hubbs, Clark, Littlejohn, Murray J. und Littlejohn, Patricia G.; Austin, Tex., Univ., Dep. of Zool. Reduced survival of young etheostomatine fishes and hylid tadpoles due to ammonia fumes produced by a rodent colony. **(Verringerte Überlebensrate von jungen Etheostomatinen und Kaulquappen von Hyliden durch Ammoniakdünste einer Nagetierkolonie.)** Copeia [Philadelphia] **1960** Nr. 1. S. 68-69. – 10 Lit. 6665.

Kerényi, Peter. Vplyv agrochemických prípravkov na ryby. **(Einfluß agrochemischer Präparate auf Fische.)** Pol'ovníctvo Rybárstvo **16** (1962) Nr. 7. S. 15.
Es wird die Schädlichkeit von künstlichen Düngemitteln und Pflanzenschutzpräparaten vom Standpunkt der Fischzucht behandelt. Bei unvorsichtiger Arbeit mit Düngemitteln können diese leicht in Gewässer gelangen, wo es dann zum Absterben der Fische kommt. Bes. toxisch wirken die im Pflanzenschutz angewandten verschiedenen gemischten Präparate. Alle diese Pflanzenschutzmittel (DDT, HCH, DNOK u. a.) sind als stark giftig für Fische anzusehen. Bei fahrlässiger Anwendung können leere Säcke, Blechdosen und Flaschen mit Resten dieser Präparate in die Gewässer gelangen, wo sie Fischverluste verursachen. Unzulässig ist auch eine Reinigung der zum Bespritzen oder Bestäuben von Pflanzen benutzten Apparate am Bach oder am Teich. Es wurde festgestellt, daß z. B. eine Konzentration von nur 0,99 mg/l DDT das Absterben von Fischen hervorrief. F. Svoboda. 6665.

Darsie, Richard F. und Corriden, F. Eugene. The toxicity of malathion to killifish Cyprinodontidae in Delaware. **(Die Toxizität von Malathion auf Cyprinodontidae in Delaware.)** J. econ. Entomol. **52** (1959) Nr. 4. S. 696 bis 700. – 1 Abb., 5 Tab., 15 Lit. 6665.

Toman, Miroslav und Šťota, Zdeněk; Bratislava-Predmestie, Forsch.-Inst. für Agrochem. Technol. **Die Toxizität des α-Pentachlorcyclohexans (1) gegenüber Fischen.** Biológia [Bratislava] **17** (1962) Nr. 6. S. 460–462. – 1 Abb., 5 Lit. Zus. in Russ., Engl., Slovak.
In Versuchen mit Barben (*Barbus conchonius*) und Karpfen (*Cyprinus carpio*) wurde die Toxizität des α-Pentachlorcyclohexans im Vergleich zu der von γ-Hexachlorcyclohexan, α-Hexachlorcyclohexan und 1,2,4-Trichlorbenzol ermittelt. Es ergab sich, daß das α-Pentachlorcyclohexan eine geringere toxische Wirkung als die 3 anderen Substanzen hat. Daraus läßt sich schließen, daß die biol. Wirkung aller geprüften Derivate des Benzols durch ihre Molekülkonfiguration beeinflußt wird. Die Toxizität steigt mit der Zahl der Chloratome im Molekül, erreicht bei 1,2,4-Trichlorbenzol das Maximum, um dann bei den höher chlorierten Gliedern der Reihe plötzlich abzufallen. Die Versuchsergebnisse sind von praktischer Bedeutung in Hinsicht auf die Anwendung der geprüften Stoffe als Insektizide. F. Svoboda. 6665.

F. FISCHKRANKHEITEN

French, Robert R.; Seattle, Wash., U. S. Fish and Wildlife Serv., Bureau of Commercial Fisheries. Rainbow trouts, Salmo gairdneri, with anomalous caudal and pelvic fins. **(Regenbogenforellen, Salmo gairdneri, mit anomalen Schwanz- und Bauchflossen.)** Copeia [Philadelphia] **1960** Nr. 3. S. 247-248. – 1 Abb., 1 Tab. 6710.

Nečaeva, N. L. (Netschajewa, N. L.); Moskau, Unions-Forsch.-Inst. für Hochseefischerei und Ozeanogr. Borba s kostiazisom i girodaktilezom na ososevych zavodach. **(Die Bekämpfung von Costia und Gyrodactylus in den Lachszuchtanstalten.)** Rybnoe chozjajstvo, Moskva **36** (1960) Nr. 11. S. 24-26. 6730.

Saha, K. C., Sen, D. P. und Chakraborty, S. K. Gammexane in the treatment of a new parasitic infection in fish. **(Behandlung eines neuartigen Parasitenbefalls bei Fischen mit Gammexan.)** Sci. and Cult. [Calcutta] **25** (1959) Nr. 2. S. 159. — 1 Tab., 1 Lit. 6730.

Avdošev, V. S., Demčenko, I. F., Karpenko, I. M. und Kulakovskaja, O. P. (Awdosjew, W. S. Demtschenko, I. F., Karpenko, I. M. und Kulakowskaja, O. P.); Lwow, Stat. für Fischzucht. Lečenie i mery profilaktiki poraženija ščuk pijavkami. **(Heilung und Prophylaxe des Fischegelbefalls bei Hechten.)** Veterinarija, Moskva **39** (1962) Nr. 7. S. 60. — 1 Abb.
Die rel. geringe Beweglichkeit der Hechte (*Esox lucius*) begünstigt den Befall dieser Fischart mit Egeln. In einigen sowjet. Fischereibetrieben wurden im Herbst 1961 Hechte gefangen, die mit 50 bis 300 Fischegeln befallen waren. Zur Bekämpfung dieser Parasiten wurden 2,5%ige Kochsalz- und 0,2%ige Lysolbäder angewandt. Auch Kurzbäder (2-5 Sek.) in frischangesetzen Branntkalklösungen brachten den gewünschten Erfolg. Bes. wirksam sind jedoch, wie neuere Versuche gezeigt haben, ammonialkalische Kupfersulfatlösungen, die dem Teichwasser hinzugefügt werden. Als günstigste Konzentration wurde 0,4-0,5 mg/l Kupfersulfat ermittelt.
A. Kozianowski. 6750.

Vismanis, K. Filometroz karpa v prudovych chozjajstvach Latvijskoj SSR. **(Philometra-Befall der Karpfen in den Teichwirtschaften der Lettischen SSR.)** Izvestija Akademii nauk Latvijskoj SSR, Riga **1962** Nr. 4. S. 93-96. — 3 Abb., 1 Tab., 4 Lit. Orig.; russ., Ausz.: engl.
Im Herbst 1960 wurde bei den Karpfen (*Cyprinus carpio*) einiger lettischer Teichwirtschaften in den Schuppentaschen ein Vertreter der Gattung *Philometra* entdeckt, der nach näherer Bestimmung als eine neue Art angesehen werden muß. Vf. beschreibt die biometrischen und biol. Eigenschaften der neubestimmten Art *Philometra lusii* und veranschaulicht die Häufigkeit und den Grad des *Philometra*-Befalls in den Tukumer Karpfenteichen.
A. Kozianowski. 6750.

Vergun, G. I. (Wergun, G. I.); Charkow, Univ., Lehrstuhl für Zool. der Wirbellosen. Molljuski reki severnyj Donec kak dopolnitel'nye chozjaeva trematod. **(Mollusken des nördlichen Donez als zusätzliche Wirte von Trematoden.)** Zoologičeskij žurnal, Moskva **41** (1962) Nr. 4. S. 519-527. — 5 Abb., 21 Lit. Zus. in Engl.
Während einer Untersuchung der Mollusken des nördl. Donez mit seinen Altarmen und Buchten wurden u. a. 8 Metacercarienarten bestimmt, die durch Massenbefall gefährliche Erkrankungen bei Fischen und Vögeln hervorrufen können. Als häufigste zusätzliche Zwischenwirte werden *Sphaerium solidum*, *Sph. rivicola*, *Acroloxus lacustris*, *Bithynia tentaculata*, *B. leachi*, *Viviparus viviparus* und *Limnaea stagnalis* genannt.
A. Kozianowski. 6750.

Lei Ching, Hilda; Honolulu, Hawaii, Univ., Coll. of Agric., Agric. Exp. Stat. Some digenetic trematodes of fishes of Friday Harbor, Washington. **(Einige digene Trematoden aus Fischen von Friday Harbor, Washington.)** J. Parasitol. [Lancaster] **46** (1960) Nr. 2. S. 241-250. — 6 Abb., 26 Lit. 6750.

Achmerov, A. Ch. und Gusev, A. V. (Achmerow, A. Ch. und Gussew, A. W.); Moskau, Akad. der Wiss. der UdSSR., Lab. für Helminthol.; Leningrad, Zool. Inst. der Akad. der Wiss. der UdSSR. O chozjaevach Ancyrocephalus subaequalis Achmerow, 1952. **(Über die Wirte von Ancyrocephalus**

subaequalis.) Zoologičeskij žurnal, Moskva **41** (1962) Nr. 6. S. 935-936. — 1 Abb., 2 Lit. Zus. in Engl.
Auf den Kiemen von *Ctenopharyngodon idella* aus dem Amur fand Achmerow 1952 Exemplare von *Ancyrocephalus subaequalis*. Bei genauer Überprüfung dieser Angaben durch ein Kollektiv im Zool. Inst. wurde festgestellt, daß der Name *A. subaequalis* ein Synonym für *A. pavlovskyi* ist. Der Fund dieses Parasiten auf den Kiemen des Weißen Amurs dürfte als Zufall zu werten sein, denn als die charakteristischen Wirte für *A. subaequalis* sind die Vertreter der Fischgattung *Hemibarbus* bekannt. G. Predel. 6750.

Kubů, František; Trěboň, ČSSR, Staatl. Teichwirtsch. **Heilung der mit Ichthyophthirius befallenen Fische durch Malachitgrün.** Dtsch. Fischerei-Ztg. **9** (1962) Nr. 9. S. 290-291. — 3 Tab., 1 Lit.
Mit *Ichthyiophthirius multifiliis* befallene Laichkarpfen (*Cyprinus carpio*) wurden zur Vernichtung der Parasiten im Mai in Malachitgrünlösung gebadet. Es wurden Konzentrationen von 0,25-0,5 mg Malachitgrün/l Wasser benutzt. Die Behandlung wurde in Hältern vorgenommen. Nach 1-3 Tagen wurde die Lösung abgelassen und durch ein neues Bad ersetzt. Bei Temperaturen von 18-20 °C war eine Erneuerung der Lösung nach 24 Std. erforderlich. Am besten sind Hälter mit festem Boden ohne org. Subst. geeignet. Nach 4maliger Behandlung waren die Parasiten abgestorben. Es wurden insgesamt 367 Laichkarpfen behandelt, die bald darauf gut ablaichten.
W. Steffens. 6760.

El-Bolock, Abdel Rahman Mohamed; Erlangen-Nürnberg, Univ., Zool. Inst., Untersuchungsstelle für Teichwirtsch. **Die Bekämpfung von Ichthyophthirius bei Karpfen mit Malachitgrün.** Fischwirt **12** (1962) Nr. 10. S. 292 bis 295. — 17 Lit.
Vf. behandelt zwei- und dreisömmerige Karpfen (*Cyprinus carpio*), die sehr stark mit *Ichthyophthirius multifiliis* befallen waren, in einem Zementbecken (8 × 2 m) im Freien bei ca. 20 °C mit Malachitgrün. Die Konzentration betrug 0,4 mg/l, wobei das Bad alle Tage zur Hälfte erneuert wurde. Nach 4 Tagen Aufenthalt in der Malachitgrünlösung konnten keine Parasiten mehr auf der Haut der Fische festgestellt werden. Da die Karpfen bereits bei Versuchsbeginn sehr stark geschwächt waren, betrugen die Verluste 75%.
W. Steffens. 6760.

Bank, Otto; Höchstadt/Aisch, Außenstelle für Karpfenteichwirtsch. der Staatl. Lehr- und Versuchsanst. für Fischerei Starnberg. **Die Verfütterung des Leukomycins an bws-kranke Karpfen.** Fischbauer **13** (1962) Nr. 162. S. 653; Nr. 163. S. 658-659. — 2 Tab.
Versuche deuten an, daß Beifütterung von Leukomycin während der Abwachszeit zur Ausheilung schwerer Erkrankungen bei *Cyprinus carpio* führt. Dabei können noch beachtliche Fischzuwachserfolge/ha erzielt werden. Offen bleibt die Methodik der Futterherstellung bei größeren Fischbeständen. Die Futtermischung je Fisch bestand im vorliegenden Fall aus 5 g Mehl (Weizen) 3 mg Leukomycin und Protan-Stabilisator. Letzterer ist ein Alginat und schützt das Antibiotikum vor Ausspülverlusten; 5% der Mehlmenge wurden hiervon zugesetzt. Diese Fütterung wurde in wöchentlichen Abständen 3 mal wiederholt. Um dem Entstehen widerstandsfähiger Erreger vorzubeugen, sollte diese Behandlungsmethode nur in dringenden Fällen verwendet werden.
G. Merla. 6790.

Pearcy, William G.; Corvallis, Oreg., Univ., Dep. of Oceanography. A tailless flounder. **(Eine schwanzlose Flunder.)** Trans. Amer. Fisheries Soc. **91** (1962) Nr. 2. S. 233-234. — 1 Abb., 4 Lit.
Unter mehr als 5000 juvenilen Exemplaren von *Pseudopleuronectes americanus*, die im Mystic-Fluß-Ästuar gefangen worden waren, befand sich ein Tier

ohne Schwanzflosse. Die röntgenologische Untersuchung ergab 26 Wirbel im Gegensatz zu 37-39 beim normalen Fisch. Es wird angenommen, daß die Verstümmelung sehr wahrscheinlich durch Räuber verursacht wurde. Berichte über andere Fische ohne Schwanzflosse liegen vor, die beschriebene Flunder ist jedoch wahrscheinlich der erste schwanzlose Plattfisch. Andere Autoren beschrieben, daß Dorsal- oder Analflossen nach Verlust des Schwanzes länger werden, um das Fehlen der Schwanzflosse auszugleichen. Bei der beschriebenen Flunder vereinigten sich Dorsal- und Analflosse zu einem fortlaufenden Flossensaum. J. Waldmann. 6805.

Webster, Dwight A.; Ithaca, N. Y., Cornell Univ., Dep. of Conserv. Toxicity of the spotted newt, Notophthalmus viridescens, to trout. **(Toxizität von Notophthalmus viridescens für Salmoniden.)** Copeia [Philadelphia] **1960** Nr. 1. S. 74-75. – 3 Lit. 6805.

Rădulescu, Ion und Suceveanu, Natalia. Degenerarea grasă a ficatului boală de carență la coregon (Coregonus lavaretus maraenoides Poliakov). **(Lipode Leberdegeneration als Ernährungsstörung bei Coregonen [Coregonus lavaretus maraenoides].)** Bul. Inst. Cercetări piscicole **19** (1960) Nr. 4. S. 60–63. – 3 Lit. Zus. in Russ., Franz.
Es wird eine Erkrankung mit teilweise tödlichem Ausgang bei 4jährigen Coregonen beschrieben. Trotz optimaler Wasserbedingungen verhielten sich die Fische apathisch und zeigten Seitenlage und Gleichgewichtsstörungen. Die Fische befanden sich in einem guten Ernährungszustand, fraßen aber wenig bzw. gar nichts. Bei fortschreitender Erkrankung kam es zu einer schwarzen Pigmentierung der Seiten. Die Sektion zeigte eine Verfärbung der Leber von Schokoladenbraun bis Weiß. Die Nieren waren geschwollen. Paraffinschnitte zeigten vakuolisierte Leberzellen und starke Hyperämie der Nieren mit Parenchymdegeneration. Bakteriologische und parasitologische Untersuchungen waren negativ. Die Krankheit ähnelt der INuL. Vff. führen sie auf einseitige, vitaminarme Ernährung mit Pferdefleisch zurück. In Anlehnung an die Resultate von Besse wurde eine Umstellung in der Ernährung vorgenommen, wobei frische Rinderleber mit Hefezusatz verfüttert wurde. Bis auf schwer erkrankte Fische erholten sich alle übrigen. Eine noch schnellere Heilung wurde erzielt, wenn Vit. B_{12} i.m. und Streptomycin i.p. injiziert wurden.
E. Amlacher. 6805.

Wunder, Wilhelm; Erlangen; Nürnberg, Univ., Zool. Inst., Teichwirtsch. Untersuchungsstelle. **Mißbildung des Unterkiefers beim Karpfen.** Fischwirt **12** (1962) Nr. 8. S. 231-235. – 3 Abb.
Bei der Überprüfung von Fischbeständen fielen Mißbildungen des Unterkiefers beim Karpfen (*Cyprinus carpio*) auf. Vf. beschreibt 3 Fälle, die eine Reihe immer weitergehender Verkümmerungen des Unterkiefers darstellen. Als mögliche Gründe für die Mißbildungen werden Erbfehler oder Entwicklungsstörungen und -hemmungen auf rachitischer Grundlage angeführt. Solche Tiere sind infolge ihres schlechten Wachstums selbstverständlich von der Zucht auszuschließen. G. Merla. 6820.

Britov, V. A. (Britow, W. A.); Kasan, Veterinärmed. Inst., Lehrstuhl für Pathol. Anatomie. O roli ryb i rakoobraznych v peredače trichinelleza morskim mlekopitajuščim. **(Die Rolle der Fische und Krebse bei der Übertragung von Trichinen auf Meeressäugetiere.)** Zoologičeskij žurnal, Moskva **41** (1962) Nr. 5. S. 776-777. – 6 Lit. Zus. in Engl.
Bei der Untersuchung von Seehunden wurden wiederholt Trichinen im Fleisch festgestellt. Als Überträger der Trichinen kommen sowohl Vögel als auch Krebse, Fische und die mit Trichinen infizierte Nahrung aufgenommen haben, in Betracht. Die Übertragung kann mechanischer Art sein, indem die Seehunde mit der Nahrung die Exkremente von Vögeln und Krebsen aufnehmen.

Auf der anderen Seite kann auch ein direkter Befall durch das Fressen infizierter Tiere vorkommen. G. Predel. 6821.

Wood, John L. und Andrews, Jay D.; Gloucester Point, Va., Inst. of Marine Sci. Haplosporidium costale (Sporozoa) associated with a disease of Virginia oysters. **(Eine Erkrankung von Crassostrea virginica durch Haplosporidium costale.)** Science [Washington] **136** (1962) Nr. 3517. S. 710–711. – 1 Abb., 8 Lit.

Eine bisher unbekannte Krankheit der virginischen Auster *Crassostrea virginica* wurde durch die neuentdeckte Sporozoenart *Haplosporidium costale* an der Ostküste von Virginia verursacht. Die Art ist durch kleine (3,1–2,6 μ) gedeckelte glatte Sporen charakterisiert. Die Infektion wurde zuerst im späten Winter festgestellt. Die Sterblichkeit erreichte im Juni ihren Höhepunkt. Die Parasiten leben im Bindegewebe der Auster. Die Krankheit wurde 3 Jahre hintereinander beobachtet. J. Waldmann. 6822.

Bychowsky, Boris E. **Monogenetic trematodes. Their systematics and phylogeny.** Washington: American Institute of Biological Sciences. 1961. (XX, 627 S. m. 315 Abb., 17 Tab., 350 Lit. u. Reg.) 22×28,5 cm. $ 9,–. Es ist das Verdienst von P. C. Oustinoff (Übersetzer) und W. J. Hargis jun. (Herausgeber) sowie des Amerikanischen Instituts für Biologische Wissenschaften, daß dieses zweifellos umfassendste Werk über die monogenen Trematoden jetzt in englischer Sprache vorliegt. Der weltbekannte Autor schloß seine Arbeiten daran 1955 ab, das Buch selbst erschien 1957 erstmalig in russischer Sprache. Das große Werk ist in 3 Hauptteile gegliedert. Der 1. Teil ist der Morphologie und Biologie dieser Parasitengruppe gewidmet. In 4 Kapiteln werden gesondert behandelt: Morphologie, Biologie, Embryologie und Lebenszyklus der monogenen Trematoden. Nähere Angaben über die Embryologie einzelner Arten und Gattungen finden sich in einem ausführlichen Anhang. Im 2. Hauptteil beschreibt der Vf. das Vorkommen der monogenen Trematoden auf ihren Wirten. Die einzelnen Abschnitte haben zum Inhalt: I. Wirte der monogenen Trematoden; II. Vorkommen der Arten monogener Trematoden auf den Arten und Gattungen ihrer Wirtsfische; III. Vorkommen der Gattungen monogener Trematoden auf den Familien und Ordnungen ihrer Wirtsfische; IV. Vorkommen der Familien monogener Trematoden auf Ordnungen ihrer Wirtsfische; V. Vorkommen der monogenen Trematoden bei Amphibien und Reptilien; VI. Einige allgemeine Betrachtungen über Vorkommen und Spezifität; VII. Monogenoidenfauna gesonderter Wirtsgruppen. Systematik und Phylogenie der monogenen Trematoden sind Gegenstand des 3. Hauptteiles. Nach Darstellung der Grundzüge der Phylogenie und einem kurzen Überblick über die Systematik der monogenen Trematoden nimmt die eingehende Schilderung des Systems der Parasitengruppe breiten Raum ein. In den 3 abschließenden Kapiteln dieses Teiles behandelt der Autor die phylogenetischen Beziehungen zwischen den Familien der monogenen Trematoden, bestimmte allgemeine Besonderheiten der phylogenetischen Entwicklung und die Stellung der monogenen Trematoden im System der Plathelminthen. Im Literaturverzeichnis, das alle einschlägigen Veröffentlichungen bis Mitte 1955 berücksichtigt, sind 350 Arbeiten aufgeführt. Etwa ein Drittel davon stammt von sowjetischen Autoren. 2 alphabetische Register der Namen der monogenen Trematoden sowie der Namen der Wirte dieser Parasiten beschließen das mit 315 Zeichnungen ausgestattete Werk. Die Seitenzahlen des in russischer Sprache erschienenen Originals sind jeweils am Rand der Übersetzung angegeben, was einen Vergleich mit dem ursprünglichen Text erleichtert. W. Steffens.

G. FISCHVERARBEITUNG

Schwerin, K.-O.; Saßnitz, Fischuntersuchungsstelle des Veterinäruntersuch.- und Tiergesundheitsamtes Greifswald. **Aktuelle Probleme bei der Untersuchung von Seefischen im Binnenland.** Mh. Veterinärmed. **17** (1962) Nr. 5. S. 240–244.

Für die Beurteilung von Fischen und Fischwaren werden als Sachverständige immer wieder Kreistierärzte herangezogen. Vf. behandelt deshalb die wichtigsten Gesichtspunkte, die bei einer derartigen Beurteilung berücksichtigt werden müssen. Die Fische werden bereits bei der Anlandung nach Handelsklassen A und B eingestuft. B-Waren sind Fische mit leicht abweichendem Kiemengeruch, leichter Verblassung des Hautpigments, leichter Auflockerung der Muskulatur, Heringe mit weichen Bauchdecken usw. Ein Posten Fische mit 5% B-Anteil ist schon keine A-Ware mehr. Die Untersuchung beschränkt sich also zunächst auf Aussehen, Konsistenz und Geruch. In Zweifelsfällen muß insbesondere bei der Genußtauglichkeitsprüfung die Geschmacksprobe des gekochten oder gebratenen Fisches herangezogen werden. Jede Geschmacksabweichung macht alle Fische für den freien Verkauf ungeeignet. Eine Beurteilung der Ware allein nach bakteriol., chem. und phys. Untersuchungsmethoden gibt keine sicheren Anhaltspunkte. D. Nehring. 6825.

Nikolov, V. (Nikolow, W.) Mikrobiologični i biochimični promeni v prjasnata riba, konservirana s antibiotičen led. **(Mikrobiologische und biochemische Veränderungen bei in antibiotikahaltigem Eis aufbewahrten frischen Fischen.)** Izvestija na Centralnija naučnoizsledovatelski veterinarnochigienen institut za životinski produkti, Sofija 1 (1961) S. 91–101. – 4 Abb., 3 Tab., 9 Lit. Zus. in Russ., Dtsch. 6830.

Dietrich, Rudolf; Bremerhaven, Inst. für Meeresforsch. **Über die Wechselwirkung der Alkalien und Erdalkalien, insbesondere des Calciums, auf das Fischeiweiß.** Veröff. Inst. Meeresforsch. Bremerhaven 8 (1962) Nr. 1. S. 1–20. – 5 Abb., 3 Tab., 10 Lit.
Vf. untersuchte den Einfluß von Ca-Ionen auf frische Herings-, Rotbarsch- und Kabeljaufilets und fand, daß der Zusatz von löslichen Calciumsalzen (0,08% Ca als $CaCl_2$) zum Garbad ein schnelleres Eindringen des Kochsalzes in das Fischfleisch bewirkt und so den Marinierprozeß beschleunigt. Weiterhin wird hierdurch die annähernd stöchiometrische Verteilung der Na- und Cl-Ionen des Kochsalzes im Fisch günstig beeinflußt. Andere Versuche ergaben, daß die Verteilung der Na- und Cl-Ionen pH-abhängig ist und zwar bedingt durch die Ca-Ionen. Die experimentellen Befunde werden theoretisch gedeutet, wobei darauf hingewiesen wird, daß Alkali- und Erdalkali-Ionen als Antagonisten wirken und einen Einfluß auf die Enzyme ausüben können. D. Nehring. 6850.

Panajotova, M. und Bajl'ozov, D. (Panajotowa, M. und Bajljosow, D.) Sŭstav na soleni ribi. **(Über die chemische Zusammensetzung der Salzfische.)** Izvestija na Centralnija naučnoizsledovatelski veterinarnochigienen institut za životinski produkti, Sofija 1 (1961) S. 259–266. – 3 Tab., 6 Lit. Zus. in Russ., Dtsch. 6850.

Reiske, J. und Horn, D.; Rostock-Marienehe, Inst. für Hochseefischerei und Fischverarb., Abt. Verfahrenstechnol. **Versuche zur Entsalzung von Salzheringen. 1. Mitt. Konserven und Bratmarinaden.** Fischereiforschung 5 (1962) Nr. 3. S. 16–21. – 15 Abb., 4 Tab., 4 Lit.
Vff. untersuchten die günstigsten Methoden, um bei der Produktion von Marinaden und Konserven einen Ersatz der Frisch- oder Frostheringe durch salzgare Heringe zu ermöglichen. Die Entsalzung soll in Gefäßen erfolgen, die ca. 10 cm über dem Boden einen Lattenrost aufweisen. Unterschiede bei stehendem und fließenden Wasser ergaben sich nicht. Nach 16–20 Std. ist der Entsalzungsprozeß beendet. Die Fertigwaren zeigten eine zähe Konsistenz und teilweise einen leichten Trangeschmack. Prinzipiell ist die Herstellung von Konserven möglich, die Bratmarinaden kamen dem Frischfischprodukt nahe. F.-K. Löwe. 6850.

Greckaja, O. P., Emšanova, A. V., Dikun, P. P. und Gorelova, N. D. (Grezkaja, O. P., Jemschanowa, A. W., Dikun, P. P. und Gorelowa, N. D.); Inst. für Onkol. der Akad. der Med. Wiss. der UdSSR; Forsch.-Inst. des Min. für Fischind. Vlijanie režima dymogeneracii na soderžanie 3,4-benzpirena v koptil'nom dyme i kopčenoj rybe. **(Einfluß der Rauchgenerierung auf den Gehalt an 3,4 Benzpyren im Rauch und im geräucherten Fisch.)** Rybnoe chozjajstvo, Moskva 38 (1962) Nr. 3. S. 56–62. – 1 Abb., 5 Tab., 9 Lit.
Durch Versuche wurde nachgewiesen, daß der Gehalt des Rauches in Räucheranlagen an 3,4-Benzpyren in bedeutendem Maß von den Bedingungen der Raucherzeugung abhängt. Mit Erhöhung der Luftzufuhr während der Holzverbrennung steigen die Verbrennungstemperaturen und auch der Gehalt an 3,4-Benzpyren im Rauch erheblich an. G. Predel. 6850.

Stascheit, J.; Rostock-Marienehe, Inst. für Hochseefischerei und Fischverarb., Abt. Fischverarb. **Zur Verbesserung der Sterilisationseinrichtungen in der Fischverarbeitungsindustrie.** Fischereiforschung 4 (1961) Nr. 8/9. S. 20–23. – 5 Abb., 1 Lit.

Die gegenwärtig in der Fischindustrie benutzten Sterilisationseinrichtungen (Überdruckautoklaven) arbeiten diskontinuierlich, lassen keine gleichbleibende Vollkonservenqualität zu und erfordern schwere körperliche Arbeit. Durch Verbesserungen in Form von Programmsteueranlagen usw. kann Qualitätsverbesserung erreicht werden. Die beste Lösung ist ein kontinuierlich arbeitender Autoklav, der sich harmonisch in eine Fließbandstraße einordnen läßt, Qualitätsgut liefert und zu erheblicher Arbeitskräfteeinsparung führt.
F.-K. Löwe. 6850.

Lukov, V. Z. (Lukow, W. S.) Delikatesnye preservy iz sel'di. **(Delikateß-Präserven aus Hering.)** Rybnoe chozjajstvo, Moskva **38** (1962) Nr. 3. S. 51 bis 52.

Das Sortiment der Fertigprodukte aus Heringen (*Clupea harengus*) ist in der UdSSR noch nicht breit genug entwickelt. In der Rigaer Konservenfabrik „Kaija" wurden in den Jahren 1959/60 Rezepturen für 9 neue Präservenarten ausgearbeitet. Darüber hinaus wurden 1961 weitere Rezepturen nach dem Vorbild importierter Heringspräserven übernommen. Als Rohstoff für die Präserven dient Heringsfilet, als Tunken finden vorwiegend Feinschmeckersoßen Verwendung. Bei den Fertigprodukten gelangen in der Hauptsache Kleinverpackungen zum Einsatz. Die einzelnen Produkte werden kurz beschrieben.
G. Predel. 6850.

Simson, S. A. und Ivanova, E. M. (Simson, S. A. und Iwanowa, Je. M.); Lijepaja, Lett.SSR, Fischkonserven-Kombinat. Konservy iz treski „ucha rybnaja". **(Dorschkonserven „Fischsuppe".)** Rybnoe chozjajstvo, Moskva **37** (1961) Nr. 10. S. 54–55.

Im Fischkonservenkombinat Lijepaja wurde eine neue Konserve hergestellt. Es handelt sich um ein tischfertiges Gericht „Fischsuppe aus Dorsch". Die Konserve hat folgende Zusammensetzung (in Gewichtsteilen): Dorschfleisch 611 Teile, Leber 10 Teile, Zwiebel 6 Teile, Lorbeerblatt 0,04 Teile und Pfeffer 0,07 Teile.
G. Predel. 6850.

Mironov, P. A. (Mironow, P. A.); Murmansk, Fischkombinat, Versuchsabt. Kulinarnye izdelija iz zubatki. **(Kulinarische Erzeugnisse aus Katfisch.)** Rybnoe chozjajstvo, Moskva **38** (1962) Nr. 3. S. 53–56.

Der Gefleckte Katfisch (*Anarhichas minor*) bringt ca. 2–3% der sowjet. Trawlfänge im Nordatlantik. Bisher erfolgte die Verwendung in frischem, gefrostetem und gesalzenem Zustand. Versuche zur Erweiterung des Sortiments aus diesen Fischen ergaben eine Reihe von Produkten, die von einer Kommission für den Massenverbrauch empfohlen wurden. Es handelt sich u.a. um: Gebratene Schnitzel und Kotelett, geräucherte Rouladen, gebratenen Katfisch und Schaschlik aus Katfisch. Die Rezepturen und Verarbeitungstechnologien werden beschrieben.
G. Predel. 6850.

Jangaard, P. M. und Ackman, R. G.; Halifax, Nova Scotia, Fisheries Res. Board of Canada, Technol. Stat. Fatty alcohols from marine oils and segregated esters. **(Fettalkohole aus Fischölen und fraktionierten Estern.)** J. Fisheries Res. Board Canada **18** (1961) Nr. 5. S. 865–872. – 2 Abb., 5 Tab., 15 Lit.

Vff. analysierten die Fettalkohole von in Kanada wirtschaftlich wichtigen Fischölen mittels unterschiedlicher Methoden. Zur Untersuchung gelangten Dorschöl, Dorschleberöl, Seehundöl, Herings- und Haileberöl. Die Untersuchungsverfahren wurden anhand der Untersuchungsergebnisse miteinander verglichen.
K. Anwand. 6850.

Wood, J. D. und Topliff, J.; Vancouver, Brit. Columbia, Fisheries Res. Board of Canada, Technol. Stat. Dietary marine fish oils and cholesterol metabolism. 3. The comparative hypocholesterolemic activities of fish oil and vitamin A. **(Mit der Nahrung aufgenommene Meeresfischöle und Cholesterolstoffwechsel. 3. Mitt. Der Vergleich der hypocholesterinämischen Aktivitäten des Fischöles und Vitamins A.)** J. Fisheries Res. Board Canada **18** (1961) Nr. 3. S. 377–382. – 2 Abb., 3 Tab., 4 Lit.
Es wird der Einfluß des Fischleberöles sowie des Vit. A aus Getreidekörnern auf den Cholesterolstoffwechsel von Hühnern miteinander verglichen. Durch 1–4%igen Zusatz der Stoffe zum Normalfutter konnte die Cholesterolproduktion proportional der beigefügten Menge gesenkt werden. Diese Wirkung ist in erster Linie dem Vit. A zuzuschreiben. Unklar blieb allerdings die Ursache der besseren Wirkung des Fischleberöles im Verhältnis zu der des Vit. A.
K. Anwand. 6850.

Papenfuß, H.-J.; Rostock, VEB Fischkombinat. **Beitrag zur Fischpülpeherstellung auf See.** Fischereifoschung **4** (1961) Nr. 5. S. 24–26. – 18 Lit.
Vf. gibt einige Rezepte zur Fischpülpeherstellung auf See; es handelt sich um eine Vorkonservierung. Allerdings steht der Einführung der behandelten Rezepturen in die Praxis die Verwendung von konzentrierter Schwefelsäure entgegen. F.-K. Löwe. 6850.

Papenfuß, H.-J.; Rostock, VEB Fischkombinat. **Beitrag zur Nutzung der auf See anfallenden Schlachtabfälle für die Tierernährung.** Fischereiforschung **4** (1961) Nr. 8/9. S. 23–26. – 2 Tab., 4 Lit. Vgl. vorst. Ref.
Da auf den meisten Schiffen aus techn. und ökonomischen Gründen eine Installierung von Fischmehlanlagen nicht möglich ist, bleibt nur die Herstellung von Fischpülpe. Es werden Rezepte für eine Vorbehandlung der Abfälle ohne Zusatz von Schwefelsäure für verschiedene Fangreisenlängen gegeben. Dieses vorbehandelte Gut wird dann an Land endgültig verarbeitet. Damit werden die früher angegebenen Rezepturen durch bessere und realisierbare ersetzt. F.-K. Löwe. 6850.

Kraack, E.; Potsdam-Rehbrücke, Inst. für Ernähr. **Die Verwendung der bei der Dorschleberölgewinnung anfallenden Lebergraxe für Futterzwecke als Vitaminträger.** Fischereiforschung **4** (1961) Nr. 8/9. S. 26–27. – 4 Lit.
Vf. prüfte in Testversuchen die Wirksamkeit des aus der Lebergraxe hergestellten Produktes „Ferkelsan", das folgende Vit. enthält: A, D, B_1, B_2 und B_{12}. Es zeigten sich bessere Gewichtszunahmen bei Schweinen und schwerere und vitalere Ferkel bei Zugaben an tragende Sauen. „Ferkelsan" ist gut haltbar. F.-K. Löwe. 6850.

Wolschon, A. und Papenfuß, H.-J.; Rostock-Marienehe, Inst. für Hochseefischerei und Fischverarb.; VEB Fischkombinat. **Erhaltung der auf See anfallenden Fischleberrückstände.** Lebensmittel-Ind. **8** (1961) Nr. 11. S. 342 bis 343. – 2 Tab., 4 Lit.
Die bei der Leberölgewinnung auf See anfallenden Fischleberrückstände, „Graxe" genannt, sind ernährungsphysiol. wertvoll und haben neben einem hohen Vitamingehalt (bes. A) denselben Nährwert wie Schweinefleisch. Diese Rückstände sind bei Kühllagerung um 0 °C unter bestmöglichem Luftabschluß (Milchkanne mit Gummideckel) durchaus noch für die menschliche Ernährung verwendbar (Leberpasten und Konserven), während überlagerte und nach anderen Verfahren (Vakuum) hergestellte Graxe für die Tierernährung verwendbar bleibt. Weitere Untersuchungen sind geplant.
F.-K. Löwe. 6850.

Larsen, B. A. und Hawkins, W. W.; Halifax, Nova Scotia, Nat. Res. Council, Atlantic Regional Lab. The quality of fish flour, liver meal, and visceral meal as sources of dietary protein. **(Die Qualität von Fischmehl, Leber-**

mehl und Eingeweidemehl als Quellen für Nahrungsprotein.) J. Fisheries Res. Board Canada **18** (1961) Nr. 1. S. 85–91. — 2 Tab., 18 Lit.
Es wurden Untersuchungen mit jungen Ratten über die Verdaulichkeit und die Futterqualität des Proteins sowohl im getrockneten, entfetteten Muskelfleisch (Fischmehl), als auch im Eingeweidemehl von Kabeljau und Schellfisch und im Lebermehl von Kabeljau durchgeführt. Als Bezugsprotein dienten Eialbumin und Casein. Die scheinbaren Verdaulichkeiten der Fischmehle und Eingeweidemehle glichen mit über 90% dem Eialbumin und dem Casein. Der entsprechende Wert für das Lebermehl lag etwa 9% tiefer. Das Proteinwirkungsverhältnis (PER) war bei Fischmehl und Eialbumin gleich, beim Casein lag es 20% niedriger. Bezogen auf Eialbumin lagen das Proteinwirkungsverhältnis von Casein, Lebermehl und Eingeweidemehl bei 77%, 30% und 12%; die entsprechenden N-Bilanzen lagen bei 89%, 51% und 54%, die biol. Wertigkeiten bei 92%, 80% und 86% vom Eialbumin. Die biol. Wertigkeit betrug beim Fischmehl 68%, beim Eialbumin 75%, beim Casein 62%. Das Fischmehl erwies sich so als sehr geeignet in bezug auf Futterqualität seines Proteins, während Eingeweide- und Lebermehl von geringer Qualität sind.
H. Kreienbring. 6850.

Preisler, R. **Die Werbung für Seefisch 1960.** Jber. dtsch. Fischwirtsch. **1960** (hrsg. 1961) S. 284–288.
Die Werbung für Seefische in der BRD konzentrierte sich im Berichtszeitraum vor allem auf die Frage der Ausbildung in der Fischzubereitung. Zu diesem Zweck wurden eine Reihe von Kochkursen durchgeführt, Plakate, Rezepte und Kochbücher herausgegeben. Durch Werbungen in der Presse wurden diese Arbeiten unterstützt. G. Predel. 6850.

Kurjo, H.-W. **Absatzförderung.** Jber. dtsch. Fischwirtsch. **1960** (hrsg. 1961) S. 289-291. – 1 Abb.
Durch die Bereitstellung von zinsverbilligten Krediten konnte auch 1960 eine Reihe von Einrichtungen zur Förderung des Fischabsatzes gefördert werden. Dazu gehören u. a. 33 neue Fischfachgeschäfte, 20 modernisierte Fischfachgeschäfte, 5 neue Fischgaststätten, 15 neue Fischfachabteilungen, 20 Vorhaben des Binnengroßhandels (davon 8 Tiefkühl- und Kühllager).
G. Predel. 6850.

H. FANGGERÄTE

Jones, F. R. Harden und McCartney, B. S.; Lowestoft, Fisheries Lab.; Birmingham, Univ., Electrical Engng. Dep. The use of electronic sector-scanning sonar for following the movements of fish shoals: sea trials on R.R.S. „Discovery II". **(Die Verwendung von elektronischem Sektoren-Prüf-Schall zur Verfolgung der Bewegungen von Fischschwärmen: Seeversuche mit RRS „Discovery II".)** Cons. permanent int. Explorat. Mer [Copenhague], J. Cons. **27** (1962) Nr. 2. S. 141–149. – 4 Abb., 7 Lit.
Vf. beschreibt die Versuche zur Verfolgung von Fischschwärmen mit elektronischen Sektoren-Prüf-Lauten in Beziehung zum Gezeitenstrom. Der Vorgang des Versuches wird beschrieben, die Grenzen der Methode werden diskutiert. Die Mehrzahl der beobachteten Fischschwärme bewegte sich in Richtung des Gezeitenstroms. Es müssen weitere Versuche unternommen werden, bevor grundsätzlich auf das Verhalten der Schwärme geschlossen werden kann. Die Versuche zeigen, daß die Methode Möglichkeiten bietet, die nicht durch andere Mittel zu erreichen sind. J. Waldmann. 6862.

Klust, G.; Hamburg, Inst. für Netz- und Materialforsch. **Das tex-System als neue Netzgarn-Numerierung.** Fischwirt **11** (1961) Nr. 11. S. 333–336. – 1 Tab., 7 Lit.
Nach dem Normblatt DIN 61250 werden die bisherigen Feinheitsbezeichnungen von Netzgarnen stufenweise durch das neue tex-System ersetzt. Die

Umrechnung erfolgt nach den Formeln tex = 100: Nm, tex = 590,5: Ne, tex = 0,111 × Td. Als Beispiel: Nm 20/9 = Ne 12/9 = 50 tex × 3 × 3. Die fischereilichen Vorteile der neuen Numerierung liegen bes. darin, daß diese für alle Sorten von Netzgarnen (Natur- oder Chemiefasern, Stapelfasern oder endloses Material) und -drähten gilt. E. Schlieker. 6864.

Roşca, Grigore, Munteanu, Gheorghe I. und Cristea, Anghel. Experimentări privind introducerea firelor de relon la confecţionarea avelor de crap şi a setcilor de scrumbie. **(Untersuchungen zur Einführung von Relongarnen zur Herstellung von Spezialnetzen für den Fang von Karpfen und Maränen.)** Bul. Inst. Cercetări piscicole **19** (1960) Nr. 4. S. 64–72. — 6 Tab., 4 Lit. Zus. in Russ., Franz.
Um die Qualität der Relonfasern zu erhöhen, wird empfohlen, sie warm zu dehnen, um sie widerstandsfähiger und besser knotbar zu machen. Das Strekken der Netze muß durch Spezialmaschinen erfolgen. Um die Knoten zu fixieren, ist es zweckmäßig, das Relonnetz in 5%iger Bitumen-Lösung zu autoklavieren. Es wird der große ökonomische Nutzen dieses Verfahrens veranschaulicht und der Import von Dehn- und Streckmaschinen befürwortet. E. Amlacher. 6864.

Halbich, Rolf; Dresden. **Die bisherigen Erfahrungen bei der Herstellung von knotenlosen Netzen.** Dtsch. Fischerei-Ztg. 8 (1961) Nr. 11. S. 321–325. — 4 Abb., 3 Tab.
Mit der Hochleistungsmaschine Typ 5201 HRM werden nach bes. Legungsarten im VEB Dresdener Netzwerke Heidenau seit 1961 knotenlose Netze nach dem Raschelverfahren hergestellt. Vergleichbare geknotete Netze sind zwar fester in den Fadenverbindungsstellen, jedoch soll ein gewisser Ausgleich in der gleichmäßigeren Ausführung der Raschelnetze liegen, die eine gleichmäßigere Belastung des Netztuches gestattet. Auch könnte eine Garnseele die Bruchfestigkeit der Raschelfäden erhöhen. Praktische Erprobungsversuche haben begonnen. E. Schlieker. 6866.

Anonym. **PeCe-Reuse fischt bereits 20 Jahre.** Bundesforsch.-Anst. Fischerei Hamburg, Inform. Fischwirtsch. 8 (1961) Nr. 4. S. 104.
Die PeCe-Faser wurde als erste synthetische Faser in Deutschland bereits vor dem letzten Krieg in der Fischerei verwendet. Wegen der mäßig hohen Reißfestigkeit und der geringen Scheuerfestigkeit wurde sie meist nur für stehende Geräte empfohlen. In der Nähe von Emden ist eine PeCe-Reuse schon fast 20 Jahre in Betrieb und noch durchaus gebrauchsfähig. E. Schlieker. 6866.

Rosca, Grigore, Munteanu, Gheorghe I. und Cristea, Anghel. Folosirea relonului la confecţionarea uneltelor de pescuit fixe (vintire). **(Die Verwendung von Relon bei der Herstellung stationärer fischereilicher Fanggeräte [Reusen].)** Bul. Inst. Cercetări piscicole **19** (1960) Nr. 1. S. 80–88. — 7 Abb., 4 Lit. Zus. in Russ., Franz.
Es werden erste Resultate über die Fängigkeit von Reusen vermittelt, die aus der in Rumänien hergestellten Polyamidfaser Relon gefertigt wurden. Nacheinander werden die Eigenschaften der Fasern demonstriert, die zur Herstellung der Relonfäden dienen, und dann die Eigenschaften des Garnes selbst diskutiert. Es wurden Reusen aus verschiedenen Relonfäden innerhalb des Donaudeltas, der Insel Braila und des Babadag-Sees erprobt. Die Relonreusen ermöglichen gegenüber den Baumwollreusen eine Steigerung der Fänge um 50–80%, so daß die Herstellung von Relonreusen vom ökonomischen Standpunkt aus rentabel ist. E. Amlacher. 6866.

Fridman, S. L. Tralovye amortizatory. **(Schleppnetz-Stoßdämpfer.)** Rybnoe chozjajstvo, Moskva **37** (1961) Nr. 10. S. 42–45. — 1 Abb.

Bei der Schleppnetzfischerei, insbesondere bei schlechtem Wetter, treten häufig stoßweise Belastungen auf, die an die Netzwinde und an das geschleppte Geschirr hohe Ansprüche stellen. Vf. weist rechnerisch die Wirkung von Stoßdämpfern zur Abschwächung der unperiodischen Überlastungen, wie sie bei der Schleppnetzfischerei vorkommen, nach. Empfohlen wird die Zwischenschaltung von starken Federn oder Tauen mit hoher Elastizität zur Dämpfung.
G. Predel. 6866.

Krause, Gunther und Siedler, Gerold; Kiel, Univ., Inst. für Meereskunde. **Zur kontinuierlichen Bestimmung der Tiefenlage von Schleppgerät im Meere.** Kieler Meeresforsch. 18 (1962) Nr. 1. S. 29-33. — 5 Abb., 5 Lit.
Zur kontinuierlichen Tiefenregistrierung von geschleppten Forschungsgeräten und Fischereinetzen wurde ein aufzeichnendes Tiefenmeßinstrument entwickelt, das mit einem Druck-Frequenz-Meßwandler arbeitet und bei geringem techn. Aufwand eine Genauigkeit von 3-4% vom Bereichssendewert erreicht, z. B. bei 50 m Tiefe nur 1,75 m. Der Tiefenbereich kann beliebig variiert werden. Vff. beschreiben Arbeitsweise, Aufbau und phys. Voraussetzungen an Hand von Abb. und Formeln. Eine Überprüfung der Tiefenlage des Schleppgerätes „Hai", bei dem man bis jetzt mittels des Drahtwinkels und der Leinenlänge die Tiefenlage berechnete, ergab nur für hohe Schiffsgeschwindigkeiten bei geringen Leinenlängen und für große Leinenlängen gute Näherungswerte bei Anwendung der rechnerischen Methode.
F.-K. Löwe. 6866.

Eliseev, Ju. I. (Jelissejew, Ju. I.); Poltawa, Gebietskontor für Fischwirtsch. O rasčetach amortizacii orudij lova. **(Über Amortisationsberechnungen von Fanggeräten.)** Rybnoe chozjajstvo, Moskva 37 (1961) Nr. 10. S. 74-76.
Bei der Berechnung des Verschleißes von Fanggeräten wurde bisher ein fester Satz von 56,3% des Anschaffungswertes zugrundegelegt. Ein Fischer mit hoher wertmäßiger Erfüllung des Planes und entsprechend höherem Verschleiß an Fanggeräten wurde dadurch benachteiligt. Eine neue Abrechnungsmethode legt den jährlichen Verschleiß der Fanggeräte mit 19,5% vom planmäßigen Fangwert fest. Diese Abrechnungsmethode regt den Fischer unmittelbar dazu an, seine Fangergebnisse sowohl quantatitiv als auch qualitativ zu steigern.
G. Predel. 6866.

Livingstone jun., Robert; Woods Hole, Mass., U.S. Dep. of the Interior, Fish and Wildlife Serv., Bureau of Commercial Fisheries, Biol. Lab. Underwater television observations of haddock (Melanogrammus aeglefinus (Linnaeus) in the cod-end. **(Unterwasser-Fernsehbeobachtungen am Schellfisch [Melanogrammus aeglefinus] im Netz.)** Cons. permanent int. Explorat. Mer [Copenhague], J. Cons. 27 (1962) Nr. 1. S. 43-48. — 3 Abb., 10 Lit.
Durch den Einbau einer Fernsehkamera in ein Otter-Trawl konnte das Verhalten gefangener Schellfische (*Melanogrammus aeglefinus*) beobachtet werden. Die Fische kamen in Gruppen von 3-26 Tieren in das Netz und schwammen entweder aktiv mit dem Kopf gegen den Strom von Netzwand zu Netzwand und wichen den Maschen aus, bevor sie in den Steert gerieten, oder schwammen oder trieben mit dem Strom durch den Tunnel unmittelbar in den Steert hinein. Die Beobachtungen sind im Hinblick auf das Selektionsvermögen von Schleppnetzen von Bedeutung. K. Anwand. 6866.

Breitenstein, Werner; Hubertushöhe, Fischereischule. **Über die Ausbildung der Elektrofischer.** Dtsch. Fischerei-Ztg. 8 (1961) Nr. 10. S. 284-287. — 3 Abb., 18 Lit.
Auf Grund der Anordnung über die Elektrofischerei vom 11.11. 1958 hat die Fischereischule für Seen- und Flußfischerei in Storkow/Mark in Zusammenarbeit mit dem Ministerium für Landwirtschaft, Erfassung und Forstwirtschaft sowie mit der Zweigstelle für Fangtechnik des Inst. für Fischerei eine Aus-

bildungs- und Prüfungsordnung für die Erlangung des Befähigungsnachweises für Elektrofischer ausgearbeitet. Eine abgeschlossene fischereiliche Ausbildung ist Voraussetzung. Die Ausbildung sieht das Erwerben von Kenntnissen in der praktischen Durchführung der Elektrofischerei und in den gesetzlichen Bestimmungen vor. E. Schlieker. 6868.

Hattop, Hans-Wolfgang; Potsdam-Sacrow, Zweigstelle für Fangtechn. des Inst. für Fischerei der Dtsch. Akad. der Landwirtsch.-Wiss. zu Berlin. **Der gegenwärtige Stand der Verwendung von Elektrofanggeräten in unseren Fischereibetrieben.** Dtsch. Fischerei-Ztg. 8 (1961) Nr. 10. S. 281–283. – 2 Abb., 1 Tab.
In den vergangenen 4 Jahren hat die Elektrofischerei eine erfreuliche Weiterentwicklung erfahren. Die gesetzliche Regelung zur Durchführung der Elektrofischerei von 1958 und die daraus resultierende Möglichkeit der obligatorischen Ausbildung von Elektrofischern, die Ausarbeitung von Sicherheitsvorschriften, die steigende Zahl von Elektrofanggeräten sowie die techn. Weiterentwicklung der Geräte, nicht zuletzt der zunehmende Übergang zu Netzanschlußgeräten sind als bes. wichtig hervorzuheben. Schwierigkeiten liegen nach wie vor in der Beschaffung der Geräte. E. Schlieker. 6868.

Brümmerstädt, Manfred; Witzke. **Ist eine Weiterentwicklung der Elektrofischerei möglich?** Dtsch. Fischerei-Ztg. 8 (1961) Nr. 10. S. 293–295. – 1 Abb.
Ein reusenartiges Auffanggerät soll über einen guten Vorfang mit entsprechender Breite die Fische aufnehmen, die mittels einer zwischen zwei Kähnen herangeführten Scheuchkette an das Netzfanggerät herangebracht werden. Der „Stromzaun" (als Scheuchkette) kann je nach Gewässertiefe aus mehreren parallel laufenden elektrischen Leitern bestehen. Der Vorschlag soll als Anregung zur Weiterentwicklung der Elektrofischerei dienen.
E. Schlieker. 6868.

Mal'kjavičus, S. K. (Malkjawitschus, S. K.); Klaipeda, Litau.SSR. Abt. des Staatl. Entwurfsbüros für die Fischfangflotte. Perspektivy lova ryby ėlektrotokom. **(Aussichten des Elektrofischfangs.)** Rybnoe chozjajstvo, Moskva **37** (1961) Nr. 10. S. 31–37. — 7 Abb., 1 Tab.
Vf. diskutiert allg. die Frage der Elektrofischerei in Meer und Süßwasser und gibt sowjet. Versuchsergebnisse von Fangvergleichen mit elektrifizierten und einfachen Schleppnetzen bekannt. Es zeigte sich, daß das elektrische Trawl im Mittel 3,5 mal so große Fänge brachte wie das gewöhnliche Trawl. Dabei war der Anteil der Kleinfische im elektrischen Trawl sowohl abs. als auch rel. wesentlich geringer, so daß auch die Fragen der Selektion mit dem elektrischen Trawl besser gelöst wurden. G. Predel. 6868.

Šentjakov, V. A. (Schentjakow, W. A.); Borok, Inst. für Biol. der Stauseen der Akad. der Wiss. der UdSSR. Vlijanie dliny ėlektropodbory na ulovistost' ėlektrificirovannogo trala. **(Einfluß der Länge der Elektrodenkette auf die Fängigkeit des elektrifizierten Schleppnetzes.)** Rybnoe chozjajstvo, Moskva **37** (1961) Nr. 10. S. 37–41. — 1 Abb., 1 Tab., 5 Lit.
In Stauseen der UdSSR wurden Fangversuche mit elektrifizierten Schleppnetzen gemacht. Geklärt werden sollte vor allem die Frage, in welchem Verhältnis die Länge der Elektrodenkette zu der Gesamtlänge der Netzteile an der Vorderkante bzw. zu der gesamten Leinenlänge zwischen den Scherbrettern stehen soll. Günstigste Fangeffekte wurden erzielt, wenn die Elektrodenkette 10 bis 60% der Länge der Netzteile und 0,6 bis 0,7 der Gesamtlänge der Leinen am Vordernetz betrug. Der Mehrfang der elektrifizierten Schleppnetze belief sich auf 103 bis 308%. G. Predel. 6868.

Cuinat, Robin; Biarritz, Stat. d'Hydrobiol. Dangers de la pêche électrique; précautions à prendre. **(Gefahren der Elektrofischerei und erforderliche Vor-**

sichtsmaßnahmen.) Bull. franç. Piscicult. **34** (1962) Nr. 204. S. 125–131. – 3 Abb.

Die Widerstandskraft des menschlichen Körpers gegen den elektrischen Strom ist sehr unterschiedlich und von der Temperatur, der Volt-Zahl, der Dauer der Einwirkung, dem Zustand der Haut und verschiedenen physiol. Faktoren abhängig. Die Stromintensität beginnt gefährlich, manchmal auch tödlich zu wirken, wenn sie über 0,05 A ansteigt. Zeitweilig unterbrochener Strom ist gefährlicher als dauernd eingeschalteter Strom. Wird die positive Elektrode gleichzeitig als Fangkäscher verwendet, besteht die Gefahr, daß die Hilfskräfte beim Ausleeren der Fische mit ihr in Berührung geraten. Befindet sich der positive Pol im Wasser, so können Unfälle vor allem eintreten, wenn jemand innerhalb des elektrischen Feldes beim Arbeiten ins Wasser fällt oder beide Hände gleichzeitig ins Wasser steckt. Die negative Elektrode ist stets gut geerdet. Durch sie entstehen fast keine Unfälle. Die Vorsichtsmaßnahmen ergeben sich aus den genannten Gefahrenquellen.
M.-L. Albrecht. 6868.

Clugston, James P.; Fort Lauderdale, Fla., Game and Freshwater Fish Commiss. Electrofishing safety or „surprise“ switch for use in small boats. **(Sicherheits- oder „Überraschungs“-Schalter bei der Elektrofischerei mit kleinen Booten.)** U.S. Dep. Interior, Fish Wildlife Serv., progr. Fish-Culturist **23** (1961) Nr. 4. S. 186. – 2 Abb.

Zur Sicherheit des Elektrofischers dient ein Trittschalter, der den Stromfluß zur Fangelektrode nach Entfernen des Fußes unterbricht. Für den Fall, daß der Fischer über Bord fällt, droht ihm durch die Elektrizität keine Gefahr. Außerdem kann der Schalter dazu verwendet werden, zunächst die Fangelektrode nahe genug an den zu fangenden Fisch heranzubringen und dann erst den Strom einzuschalten. Bei kontinuierlich fließendem Strom verlassen viele Fische vorher durch die Scheuchwirkung der Elektrizität ihre Verstecke und kommen leicht außer Reichweite des Fanggerätes. G. Seifert. 6868.

Wiesner; Augsburg. **Zur Fischerei in den Fließgewässern. Stellungnahme zu den Beiträgen von Dr. Singer über Fischhege, Einsatz und Elektrofischerei in der Allg. Fischerei-Ztg. Nr. 20/1960, Nr. 4/1961 und Nr. 2/1962.** Allg. Fischerei-Ztg. **87** (1962) Nr. 4. S. 105–108. – 2 Abb.

Vf. beschäftigt sich mit allg. Fragen über Fischhege und Einsatz und insbesondere mit Klagen über unsachgemäß durchgeführte Elektroabfischungen. Es wird festgestellt, daß derartige Beanstandungen Einzelfälle betreffen, denn i. allg. hat sich in Schwaben die richtig betriebene Elektrofischerei als brauchbare und wertvolle Fangmethode erwiesen. Die Vorsichtsmaßnahmen bei der Durchführung der Elektrofischerei werden erörtert, und es wird an die Verantwortlichkeit der Elektrofischer appelliert. Vor allem ist darauf zu achten, daß zu hohe Stromdichten vermieden werden und daß bes. beim Fang von Salmoniden der Sauerstoffbedarf bei der Hälterung gesichert wird. Bei der Bestandsregulierung, bes. durch Herausfangen unerwünschter Nebenfische, können Elektrofanggeräte mit gutem Erfolg eingesetzt werden. G. Seifert. 6868.

Schell, Klaus-Dietrich; Potsdam, VEB Binnenfischerei. **Die Verwendung von Netzstrom zur Elektrofischerei im VEB Binnenfischerei Potsdam.** Dtsch. Fischerei-Ztg. 8 (1961) Nr. 10. S. 287–293. – 4 Abb., 3 Tab.

Auswertungen der Elektrofischerei im Großen und Kleinen Plessower See in den Jahren 1958–1960 ergaben, daß die Elektrofischerei als sehr günstig anzusehen ist. Gesamteinnahmen von 8796 DM standen nur Ausgaben von 1401 DM gegenüber. Dabei erwies sich das Arbeiten mit dem Netzanschlußgerät nach Hattop als am vorteilhaftesten. Auch die vorläufigen Ergebnisse von 1961 bestätigen diese Auswertungen. E. Schlieker. 6868.

K. FISCHEREIRECHT

Pape. **Ordnung des Verkehrs auf den Seen in Österreich.** Fischwirt **12** (1962) Nr. 3. S. 82–83.

Zur Vorbeugung einer sich anbahnenden Entwicklung chaotischer Zustände auf den österreichischen Gewässern durch den Fremdenverkehr wurde das Gesetz über die Regelung des Schiffsverkehrs auf Seen geschaffen. Durch dieses Gesetz sind die Führer von Wasserfahrzeugen verpflichtet, übermäßiges Motorengeräusch, Rauch und Wasserverunreinigungen zu vermeiden, Lichter zu führen und Manöver durch Schallzeichen anzukündigen. Netze dürfen nur so ausgelegt werden, daß sie die Linienschiffahrt nicht beeinträchtigen, die Netze müssen gekennzeichnet sein, und die Schiffsführer haben einen Abstand von 50 m zu halten. Die Fahrtgeschwindigkeit darf 50 km/h, nachts und bei schlechter Sicht 25 km/h nicht übersteigen. Weiterhin kann die Schiffahrt erforderlichenfalls durch Rechtsverordnung eingeschränkt werden. G. Seifert. 6880.

Paul, Ludwig; München. **Theorie und Praxis bei der Anwendung des Bundeswasserhaushaltsgesetzes, insbesondere seiner Haftungsbestimmungen.** Allg. Fischerei-Ztg. **87** (1962) Nr. 1. S. 14–16.

Das Bundeswasserhaushaltsgesetz (WHG) trat am 1. März 1960 in Kraft. Leider wurden nicht alle Erwartungen erfüllt, die sich die an der Reinhaltung der Gewässer interessierten Kreise sowie die Fischerei von diesem Gesetz erhofft hatten. Hier müssen die einzelnen Landeswassergesetze ergänzend eingreifen. Für die Fischereiberechtigten ist § 22 des WHG über die „Haftung für Änderungen der Beschaffenheit des Wassers" von größter Bedeutung. Wichtig sind ferner die §§ 26 und **34**, die im Interesse der Reinhaltung der Gewässer die Lagerung oder Ablagerung von verunreinigenden Stoffen sowie die Beförderung von Flüssigkeiten und Gasen durch Rohrleitungen verbieten, wenn durch diese Art und Weise der Lagerung, Ablagerung oder Beförderung eine Verunreinigung oder sonstige nachteilige Veränderung des Wassers zu befürchten ist. D. Nehring. 6880.

Pape, A. und *Prause, F.* **Fischereirecht in Schleswig-Holstein.** Kiel: Landesfischereiverband Schleswig-Holstein. 1962. (Loseblattsammlung.) 15 × 21 cm. Die einzelnen, nicht fortlaufend paginierten Teile der Sammlung erschienen zunächst (ab Mai 1959) als Beilagen der Fachzeitschriften „Der Fischwirt" und „Das Fischerblatt". Später erfolgte nur noch ein Versand auf Bestellung. Mit der 21. Lieferung ist das in Form einer Loseblattsammlung gehaltene ergänzungsfähige Werk vorläufig abgeschlossen. Die Zusammenstellung, die alle in Schleswig-Holstein auf dem Gebiet der Binnen- sowie der See- und Küstenfischerei geltenden Vorschriften des Landes- und Bundesrechts enthält, ist in 4 Hauptteile gegliedert. Im 1. Abschnitt finden sich allg. Vorschriften. Der 2. Teil ist dem eigentlichen Fischereirecht gewidmet. Das Recht der Fischverarbeitung ist im 3. Kapitel wiedergegeben. Im abschließenden 4. Teil, dem Archiv, sind die nicht mehr gültigen Vorschriften eingeordnet. Ein alphabetisches Sachregister bildet das Ende des umfangreichen Werkes. W. Steffens.

L. FISCHEREILICHE WIRTSCHAFTSGEOGRAPHIE

Anonym. Canadian fisheries statistics 1941-1960. **(Kanadische Fischereistatistik von 1941 bis 1960.)** Canad. Fisherman **49** (1962) Nr. 6. S. 79-101. – 56 Tab.

In einer umfangreichen und ausführlichen tabellarischen Übersicht ist die Entwicklung der gesamten kanadischen Fischwirtschaft in den letzten 20 Jahren dargestellt. Die Zusammenstellung bezieht sich u. a. auf Fangmenge und -wert, Erträge in den einzelnen Regionen des Landes, Fang einzelner Fischarten, Verarbeitung, Zahl der Beschäftigten im Fischfang und in der Fischverarbeitung, Fischhandel. An der Ostküste stieg der Fangertrag von 621747 pounds 1943 auf 1342602 pounds 1960, in der Binnenfischerei im gleichen Zeitraum von 91075 pounds auf 123024 pounds. Der Lachsfang an der pazifischen Küste ging im Berichtszeitraum um mehr als die Hälfte zurück, dagegen erhöhten sich die Heilbuttfänge um ca. das 3fache. An der Ostküste stiegen die Schollenfänge um das 30fache an. G. Predel. 6890.

Brandt, A. v.; Hamburg. **Die Fischerei von Taiwan.** Protokolle z. Fischereitechn. 7 (1962) Nr. 34. S. 349–366. – 1 Abb., 10 Tab., 7 Lit.

Nach einer Schilderung der geographischen Lage und der sich daraus ergebenden fischereilichen Situation werden mehrere Fischereigebiete unterschieden: Schleppnetz-Gebiete, Thunfischerei-Gründe, Makrelen-, Sardinen- und Bonito-Gebiete. Nur wenige Fischereihäfen sind vorhanden; 12 Fischgruppen sind wirtschaftlich interessant. 4 Fischereisparten werden unterschieden; die Fangerträge lagen in den letzten Jahren (1960 und 1961) um 300000 t. Fischereibevölkerung, Fischereigeräte, Fahrzeuge, Verwaltung, Organisationen, Ausbildung, Forschung, Fischverarbeitung und Fischmärkte werden behandelt. F.-K. Löwe. 6890.

Brandt, A. v.; Hamburg. **Die Fischerei von Korea.** Protokolle z. Fischereitechn. 7 (1962) Nr. 34. S. 367–390. – 1 Abb., 15 Tab., 8 Lit.

Nach kurzer Schilderung der Lage und der politischen Verhältnisse werden die Seefischerei-Gebiete und die Fischereihäfen aufgezählt. Genutzt werden 75 Fischarten, 20 Schalentierarten und 15 Arten von Algen und Tangen. 3 Fischereisparten werden unterschieden, der Fangertrag lag 1958 bei 380000 t Fischereibevölkerung (789342 Beschäftigte im Jahre 1959), Fischereigeräte, Fahrzeuge, Verwaltung, Organisationen, Ausbildung, Forschung, Fischverarbeitung und Fischmärkte werden behandelt. F.-K. Löwe. 6890.

Büttner, S.; Bremerhaven. **Die deutsche Hochseefischerei im Jahre 1961.** Jber. dtsch. Fischwirtsch. **1961** (hrsg. 1962) S. 250–256. – 12 Tab.

Am Ende des Jahres 1961 befanden sich 170 Hochseetrawler in Betrieb, von denen 50 mit Fischmehlanlagen, 35 mit Tiefgefrieranlagen, 15 mit Filetiermaschinen und 22 mit einer Heckaufschleppe ausgerüstet waren. Der Strukturwandel der Hochseeflotte zu größeren und leistungsfähigeren Fahrzeugen wurde durch Veränderungen der Fangmöglichkeiten hervorgerufen und zog durch den Zwang der Seefrostung das Problem der „Vermarktung" der Frostware nach sich. Die Entwicklung führte zu einem Absinken der Anlandungen der deutschen Hochseefischerei an Frischfisch von 290306 t (1960) auf 260400 t (1961) und an Frischhering von 62419 t (1960) auf 29922 t (1961), was auch durch größere Anlandungen ausländischer Fischereifahrzeuge und Importe nicht ausgeglichen wurde. Die wirtschaftl. Lage der westdeutschen Hochseefischerei wird als existenzbedrohend bezeichnet. Die Kostenunterdeckung betrug 1961 30 Mill. DM. Über die westdeutsche Fischereipolitik im Rahmen der EWG bestehen noch keine endgültigen Konzeptionen.
K. Anwand. 6890.

Sommer, K.; Statist. Bundesamt, Ref. Forstwirtsch. und Fischerei. **Die See- und Küstenfischerei und die Fischversorgung der Bundesrepublik Deutschland im Jahre 1961.** Jber. dtsch. Fischwirtsch. **1961** (hrsg. 1962) S. 22–110. – 2 Abb., 82 Tab.

1961 betrug der Gesamtfang der See- und Küstenfischerei der BRD 559100 t mit einem Wert von 278,6 Mill. DM. Wenn auch der Gesamterlös gegenüber 1960 um 8,0 Mill. DM anstieg, zeigte sich durch den starken Rückgang der Heringsfänge und den Verlust anhegelegener Fangplätze ein weiteres Nachlassen der Erträge um 50000 t im Vergleich zum Vorjahr. Die Große Hochseefischerei war mit 64%, die Große Heringsfischerei mit 11% und die Kleine Hochsee- und Küstenfischerei mit 25% an den Anlandungen in der Bundesrepublik beteiligt. Von den Fischarten machten Heringe, Kabeljau und Rotbarsch zusammen 70% aus. Die wichtigsten Fanggebiete waren Nordsee, Grönland und Island. Die durch die Fangausfälle der eigenen Flotte entstandene Lücke wurde durch Einfuhren von 247000 t Fischen und Fischwaren ausgeglichen. Insgesamt standen 783700 t zur Verfügung, von denen 111200 t nicht für den menschlichen Verzehr verwendet wurden. Durch

Ausfuhren blieben 607100 t Fische und Fischwaren zum Verbrauch in der Bundesrepublik, was einem Verbrauch pro Kopf und Jahr von 10,8 kg entspricht. K. Anwand. 6890.

Groening, Albert M.; Außenhandelsstelle für Erzeugnisse der Ernähr. und Landwirtsch., Abt. Fische. **Der fischwirtschaftliche Außenhandel im Jahre 1961.** Jber. dtsch. Fischwirtsch. **1961** (hrsg.1962) S. 151–165. – 7 Tab. Die fischwirtschaftl. Ein- und Ausfuhren erreichten 1961 in der BRD einen neuen Rekordstand. Es wurden 247040 t Fische und Fischwaren im Werte von 238 Mill. DM eingeführt. Es handelte sich dabei um frische Heringe, Salzherigen, frische Fische und Süßwasserfische, Konserven und einige Spezialitäten, von denen die frischen Heringe zur Versorgung der Verarbeitungsbetriebe mehr als die Hälfte der eingeführten Menge ausmachten. Wertmäßig standen die Fischkonserven an der Spitze. Ausgeführt wurden 53739 t frische Heringe, Salzheringe, frische Fische und Süßwasserfische sowie Fischwaren im Werte von 74 Mill. DM. Die Lieferungen der BRD an die DDR betrugen 12815 t im Werte von 15,5 Mill. VE. K. Anwand. 6890.

Yearbook of fishery statistics 1961. Bd. 14. Production. Rom: Food and Agriculture Organization of the United Nations. 1962. (431 S. m. graph. Darst.) 30×24 cm. $ 4,50. Vgl. vorst. Ref. Wie schon in früheren Jahrbüchern sind die Zahlen über die fischereiliche Produktion nach einigen einleitenden graphischen Darstellungen in 7 Hauptabschnitten zusammengefaßt: A) Übersicht über Fänge und Anlandungen der Welt; B) Übersicht über Fänge und Anlandungen in einzelnen Ländern; C) Anlandungen: Quantität; D) Anlandungen: Wert; E) Disposition der Fänge; F) Fischwaren; H) Walfang. Die Angaben in den einzelnen Tab. beziehen sich auf die Jahre 1956 bis 1961. Die wichtigsten Fischereiländer der Erde, deren Erträge über 1 Mill. t liegen, sind Japan, China, Peru, UdSSR, USA, Norwegen und Kanada. Der Weltfang an Fischen und anderen Wassertieren (außer Säugern) sowie Wasserpflanzen erhöhte sich von 38 Mill. t 1960 um 8 % auf 41 Mill. t 1961; reichlich 10 % davon sind Süßwasserfische. W. Steffens

Redaktionsschluß: 22. 5. 1963

Herausgeber: Deutsche Demokratische Republik · Deutsche Akademie der Landwirtschaftswissenschaften zu Berlin, Institut für Landwirtschaftliche Information und Dokumentation, Berlin W 8, Krausenstraße 38/39; Fernsprecher: 225161. Chefredakteur: Dr. Ursula Wittbrodt, stellvertretender Chefredakteur: Dr. Werner Kleeberg, Berlin W 8, Krausenstraße 38/39; Fernsprecher: 225161. Redaktion der Abteilung III – Tierzucht · Tierernährung · Fischerei: Dr. Hans Dieter Hennig, Dr. habil. Bernhard Piatkowski und Dr. Werner Steffens, Berlin W 8, Krausenstraße 38/39; Fernsprecher: 225161. Verlag: Akademie-Verlag GmbH, Berlin W 8, Leipziger Straße 3–4; Fernsprecher: 220441, Telex-Nr. 011773, Postscheckkonto: Berlin 35021. Bestellnummer dieses Heftes: 1030 III – VIII/8. Das Landwirtschaftliche Zentralblatt, Abt. Tierzucht · Tierernährung · Fischerei, erscheint monatlich. Einzelheft DM 20,–; einseitig bedruckte Ausgabe DM 24,–. Jahresbezugspreis DM 240,–; einseitig bedruckte Ausgabe DM 288,– einschl. Register, zuzüglich Porto- und Versandkosten. Gesamtherstellung: VEB Druckerei „Thomas Müntzer" Bad Langensalza. Veröffentlicht unter der Lizenznummer 1290 des Presseamtes beim Vorsitzenden des Ministerrates der Deutschen Demokratischen Republik.

Bei Fragen zur Produktsicherheit wenden Sie sich bitte an:
If you have any questions regarding product safety,
please contact:

Walter de Gruyter GmbH
Genthiner Straße 13
10785 Berlin
productsafety@degruyterbrill.com